承德生态文明示范区自然资源综合调查探索与实践

殷志强 等 著

科学出版社

北京

内 容 简 介

本书对自然资源综合调查支撑承德生态文明建设和自然资源管理中心工作的内容和路径等进行了系统研究。全书共15章，内容涉及积极拓展地质调查工作服务领域、注重成果表达方式创新和转化应用，在塞罕坝水源涵养能力研究、宜林宜草科学绿化地质条件评价、狼毒防治和天然湖泊修复等方面形成多项创新成果，有效服务了承德市国土空间规划、乡村振兴和地质文化村建设、农业高质量发展等，形成了自然资源综合调查的“承德”模式。

本书可供从事自然资源综合调查及地表基质研究等领域的科研和专业技术人员使用，也可作为相关专业的研究生读本。

审图号：冀承 S(2024)001 号

（本书插图界线仅供参考，不作为划界依据）

图书在版编目(CIP)数据

承德生态文明示范区自然资源综合调查探索与实践／殷志强等著．北京：科学出版社，2024.10

ISBN 978-7-03-077556-6

Ⅰ.①承…　Ⅱ.①殷…　Ⅲ.①自然资源-资源调查-调查研究-承德　Ⅳ.①P962

中国国家版本馆 CIP 数据核字（2024）第 013741 号

责任编辑：韦　沁／责任校对：何艳萍

责任印制：肖　兴／封面设计：北京图阅盛世

科学出版社出版

北京东黄城根北街16号

邮政编码：100717

http://www.sciencep.com

北京九州迅驰传媒文化有限公司印刷

科学出版社发行　各地新华书店经销

*

2024年10月第　一　版　开本：787×1092　1/16

2024年10月第一次印刷　印张：18 1/2

字数：439 000

定价：258.00 元

（如有印装质量问题，我社负责调换）

资 助 项 目

国家自然科学基金重点项目："北方关键生态功能区地表基质异质性对植被生态约束机理研究——以张承地区为例"（U2344227）；

中国地质调查局地质调查项目："承德资源环境承载能力综合地质调查与评价"（DD20190310）、"承德地区水文地质调查"（DD20190311）和"承德地区土地质量地球化学综合调查"（DD20190822）

作者名单

殷志强　卫晓锋　邵　海　庞菊梅　邢　博
刘文波　李　霞　彭　令　贾红娟　秦小光
王瑞丰　邢英梅　谷明旭　万利勤　李文娟
周智勇　任　伟　于　军　陈　亮　赵　磊
刘　卫　李志明　朱伟伟　杨　瑞　任玉祥
王晓峰　陈自然　马光伟　丁　一　李琛曦
翟延亮　彭　超　田钰琛　李成祥　金爱芳
和泽康

序

人类文明经历了史前文明、农业文明、工业文明和生态文明四个发展阶段，生态文明以人与自然和谐共生为主旨，以可持续发展为依据，是人类历史发展的必然选择。生态文明建设不仅需要树立尊重自然、顺应自然和保护自然的理念，还应该根据不同地区的资源环境承载能力，优化国土空间开发格局和山水林田湖草沙一体化保护和系统修复，而这需要科技创新作为支撑。

作为国家首批生态文明建设先行示范区之一的河北承德，是京津冀水源涵养功能区和生态环境支撑区，承担着筑牢京津生态屏障的重任。2019 年以来，由中国地质调查局殷志强博士领衔的承德自然资源综合地质调查团队以支撑服务生态文明建设与自然资源管理为己任，大胆创新，积极拓展地质调查工作服务领域，在承德塞罕坝地区水源涵养能力调查研究、宜林宜草科学绿化地质条件评价、草地外来物种入侵防治和天然湖泊修复等方面开展了一系列研究工作，有效服务了承德市国土空间规划、乡村振兴和地质文化村建设、农业高质量发展、城市规划和山体保护立法等，实现地质工作服务生态文明建设与自然资源管理的转型升级，形成了自然资源综合地质调查的“承德模式”。

新的科学范式下，学科交叉融合越来越多。我很欣喜地看到《承德生态文明示范区自然资源综合调查探索与实践》将地质工作与植被生态进行了深度融合，相信该专著出版后不仅对全国开展自然资源综合地质调查具有指导意义，也能够为我国的地质工作支撑生态文明建设和自然资源管理起到示范效应。

中国科学院院士 傅伯杰

2024 年 6 月于北京

目　　录

绪　论

0.1　研究背景

河北承德位于坝上高原与燕山山地过渡带、季风与非季风交汇区，是国家首批生态文明建设先行区，也是习近平总书记亲自定位的京津冀水源涵养功能区，同时是国家可持续发展议程创新示范区，生态环境脆弱敏感，生态地位举足轻重。

承德全域土地面积3.95万km^2，地势北西高、南东低，北部为内蒙古高原的东南边缘（坝上高原），中部为浅山区，南部为燕山山脉（冀北山地）。海拔在200～2118m，坝上高原相对平坦，主要为风成沉积；浅山区发育多条河流，河谷区阶地发育，成为人类主要生活区；燕山山地风化壳成为林果业种植适宜区。年平均降水量为451～850mm，森林覆盖率为60.03%，是京津唐重要的水源地。主要的水系有滦河流域、三河流域、辽河流域（包括辽河水系和大凌河水系），其中滦河流域面积占市域面积的72.5%。承德市现辖3区（双桥区、双滦区、鹰手营子矿区），1市（平泉市），4县（隆化县、承德县、滦平县、兴隆县），3个少数民族自治县（宽城满族自治县、丰宁满族自治县、围场满族蒙古族自治县），1个国家级高新技术产业开发区（简称高新区）。2019年末，全市共有户籍人口382.5万人，常住人口358.3万人。

承德作为“四河之源，两库上游”，是京津地区重要水源地，2014年被列入国家首批生态文明示范区，发展定位是“京津冀水源涵养功能区、国家绿色发展先行区、环首都扶贫攻坚示范区、国际旅游城市”，将加快建设山川秀美、富有活力、独具特色的“生态强市、魅力承德”，对自然资源的数量及质量有较高需求。

2019年以来，中国地质调查局以综合地质调查支撑服务生态文明建设与自然资源管理为己任，在海南、福建、承德、宜昌和广安等2省3市部署了综合地质调查工程和项目，目标是探索地质调查支撑生态文明建设与自然资源管理的工作模式，在支撑国土空间规划、用途管制及生态保护修复等方面提供地学解决方案。其中，在承德部署了“承德生态文明示范区综合地质调查”工程及所属的“承德资源环境承载能力综合地质调查与评价”“承德地区水文地质调查”“承德地区土地质量地球化学综合调查”3个二级项目，牵头实施单位均为中国地质环境监测院，首席专家为殷志强博士，项目负责人分别为殷志强博士、刘文波博士和李霞高级工程师，工作周期为2019～2021年。

2021年8月，习近平总书记视察承德塞罕坝，提出在推动绿色发展、增强碳汇能力等方面大胆探索，切实筑牢京津生态屏障的重要指示，为2022～2025年的地质调查支撑生态屏障建设指明了方向。

0.2 主要研究内容

主要围绕新时代自然资源综合调查的服务目标和调查内容，开展了以下 3 个方面的调查研究工作（图 0.1）：

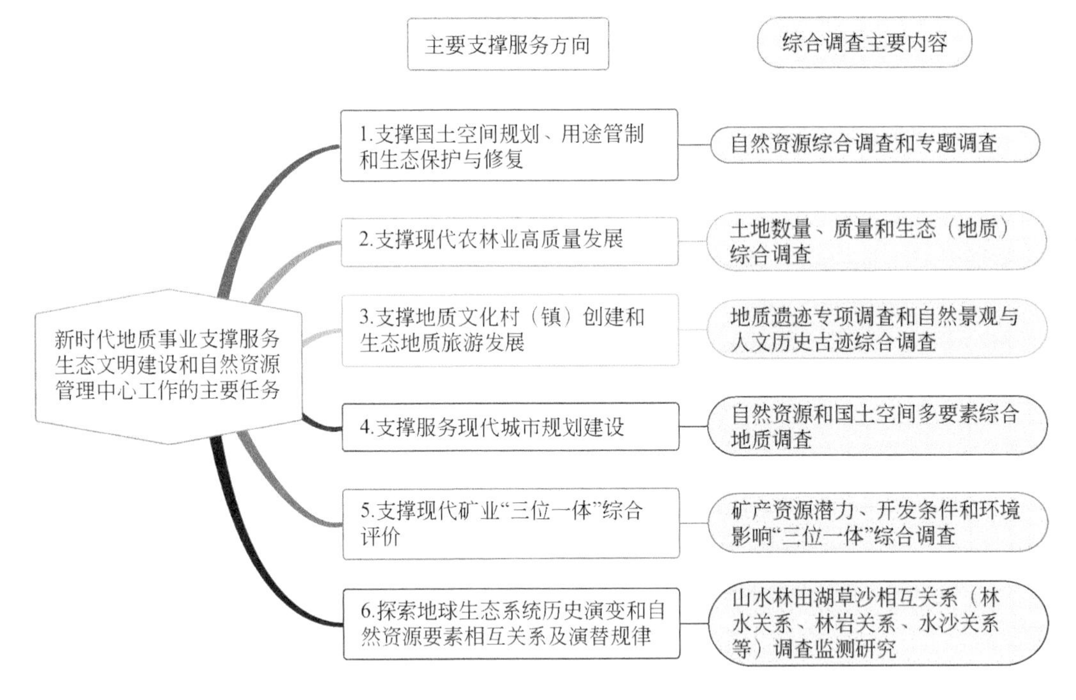

图 0.1 自然资源综合调查的服务目标和调查内容示意图

（1）积极拓展地质调查工作服务领域，在塞罕坝地区水源涵养能力调查研究、宜林宜草科学绿化地质条件评价、狼毒等外来物种入侵防治和天然湖泊修复等方面形成多项创新成果。

①聚焦塞罕坝人工林水平衡，研究发现人工林的种植改善了区域气候环境、起到了削峰补枯生态效应，增强了水源涵养能力。

②深化塞罕坝地区地表基质调查，为河北省再造 3 个“塞罕坝”提供地质选址适宜性评价。

③针对坝上高原御道口地区外来物种狼毒入侵，揭示了狼毒发育的地质成因，并提出了防治对策建议。

④开展坝上高原月亮湖区水文地质与水资源调查评价，提出了月亮湖区地下水与地表水联合调蓄补水方案。

⑤开展滦河和潮河流域水环境研究，为京津冀水源涵养功能区流域生态补偿考核提供了技术支撑。

（2）注重成果表达方式创新和转化应用，有效服务了承德市国土空间规划、乡村振兴和地质文化村建设、农业高质量发展、城市规划和山体保护立法等。

①在摸清承德自然资源家底基础上，编制承德市资源环境承载能力和国土空间开发适宜性评价（“双评价”）报告和图集，以及《承德市自然资源保护和利用“十四五”规划》等，支撑服务承德市自然资源和国土空间规划取得重大创新。

②地质遗迹专项调查和自然景观与人文古迹综合调查助力承德市乡村振兴和地质文化村建设，填补了承德在地质文化村建设领域的空白。

③探索了地表基质与农林业和生态的关系，提出了农林业空间格局优化和适宜性区域的规划建议，助力承德全域农林业高质量发展。

④提出承德市中心城区山体分级分类保护名录和地下空间开发利用建议，为城市控制性详细规划建设提供了地质支撑。

（3）构建了高效顺畅的多方协调联动工作机制和成果对接服务机制，形成了“转型升级支撑服务国家战略发展、科技攻关破解制约地方发展难题”的自然资源综合调查服务模式。

①厘定和开展地表基质的科学内涵与不同尺度的调查、编图方法探索。

②不断完善中央与地方协调配合、供需互动的工作机制，为地质工作服务生态文明建设提供了承德样板。

0.3　自然资源综合调查主要成果

以承德生态文明示范区自然资源综合调查为例，研究了自然资源综合调查的目标定位，立足支撑国土空间规划、生态保护修复、特色地质资源保护利用和服务城市规划，系统总结了近年来在“双评价”、地表基质研究、地质文化村创建、山体保护等领域取得的主要成果。

1. 自然资源和国土空间多要素综合调查，支撑多尺度国土空间规划编制

结合自然资源综合调查和专题调查成果，充分运用规划的理念，在承德开展了全域（3.95 万 km^2，1∶25 万资源环境承载能力评价和国土空间开发适宜性评价）、武烈河流域（3223km^2，1∶5 万自然资源综合评价）和滦河新城区（297km^2，1∶1 万自然资源综合评价）3 个尺度的自然资源评价，编制完成承德市“双评价”报告和图集，支撑服务武烈河百公里生态与文化产业走廊地质调查报告和图集，以及支撑服务承德市滦河新城区城市设计地质调查报告和图集，打通了地质支撑规划的“最后一公里”，有力支撑了《承德市国土空间总体规划（2021—2035 年）》、流域国土空间规划和城区城市设计等多尺度规划编制。

2. 古环境古植被群落重建和林水关系研究，支撑坝上高原生态保护修复

孢粉古环境古植被群落重建和历史地理学研究发现，塞罕坝地区的乡土树种主要是栎、桦、榆等乔木。塞罕坝地区 1 万年以来气候大致经历了冷干、暖湿和气温升降变化。植被类型整体以草本为主，景观为稀树草原，森林为针阔混交林。距今 6000～2000 年的暖湿期与当前气候条件相似，建议下一步塞罕坝周边地区科学绿化应推广针阔混交林，并

增加蒙古栎、白桦和榆等乡土树种。并首次探索完成塞罕坝林水关系和狼毒外来生物物种入侵防治研究，向自然资源部提交的地质调查专报为塞罕坝及邻近地区科学部署绿化工作提供了决策依据，获部领导批示肯定。

3. 土地数量质量评价，支撑特色农林业高质量发展

以地表基质和元素地球化学特征为基础，通过土壤类型、养分元素、健康元素、重金属元素等自然要素套合分析，结合承德市生态保护功能区划、农林产业发展规划等成果，综合农业发展、水源涵养、生态修复3个方面需求，提出了承德市土地利用适宜性分区建议：北部土地沙漠化草地保护修复区、中部水源涵养（中草药）发展区、南部特色林果产业发展和生态林保护区、河谷耕地农业用地发展区等7个重点保护和利用建议区，为承德市特色农林业科学规划提供科学支撑。

4. 支撑现代城市规划建设

针对承德市人大关于中心城区山体保护立法的需求，研究提出了中心城区（双桥区、双滦区和高新区）山体资源分级分类保护名录和山体修复保护对策建议，编制完成《承德市中心城区山体保护研究报告》，直接支撑了承德市国土空间用途管制和市人大山体保护立法。

另外，针对承德市中心城区控制性规划编制需求，在对砂砾岩山体详细调查和勘察基础上，编制了“承德市中心城区侧向山体空间开发利用建议报告”和相应图件，划分了4处可开发利用适宜区和7处侧向山体资源潜力区，为承德市中心城区城市控制性详细规划建设提供了地质支撑。

5. 支撑诗上庄地质文化村创建

通过地质遗迹专项调查和自然景观与人文历史古迹综合调查，支撑承德全域生态地质旅游发展和诗上庄地质文化村创建。在承德市全域文旅规划基础上，将自然地质与人文历史相结合，在查清自然资源本底基础上，以兴隆县安子岭乡诗上庄村蓟县系叠层石和褶皱地貌遗迹资源为主要抓手，结合当地富锌土地、乡土诗歌文化和生态游与康养村特点，成功建成地质+生态康养型诗上庄地质文化村，并入选国家首批地质文化村名录，有力支撑地质文化村（镇）创建和生态地质旅游发展。

0.4 本书创新点

本书内容分为四大板块：承德自然资源禀赋及动态板块（第1章到第4章）、综合地质调查支撑服务板块（第5章到第10章）、科技创新板块（第11章到第14章）、结论建议板块（第15章），在地质调查转型升级、支撑高质量发展和新发展格局构建等方面取得了重大创新。

（1）转型升级支撑服务国家战略发展需求。将地质调查升级为自然资源综合调查，打通了支撑服务京津冀协同发展区自然资源管理、筑牢京津生态屏障和探索地表基质与生态

保护与修复等技术路径。

（2）科技攻关破解制约地方发展难题。攻关富硒等地质元素迁移理论技术，破解草莓等特色经济作物种植难题，划定承德市生态与农业高质量发展区和水土生态修复区，提出承德市山体保护名录和可供利用的山体资源潜力区，助力承德市经济社会发展和生态文明建设。

（3）探索形成以“双评价”支撑国土空间格局优化，以多要素自然资源和国土空间综合调查支撑城市新发展格局，以水土质量、地质遗迹、地热资源等调查支撑乡村振兴和地质文化村建设，以生态地质和地表基质调查评价支撑生态保护修复与农林业种植格局优化等的“承德模式”。并以此形成了自然资源综合调查技术方法和示范经验。

0.5 相关专项报告和图集

在项目实施过程中，编制完成了系列专项报告和图集。

1. 专项报告

（1）塞罕坝地区森林草原生态系统水平衡和水源涵养能力评价报告；
（2）承德市北部新区浅层地温能资源调查评价报告；
（3）承德市自然资源第十四个五年规划；
（4）承德市资源环境承载能力和国土空间开发适宜性评价报告；
（5）承德市山体资源生态保护研究报告；
（6）承德坝上高原生态保护与修复对策建议报告；
（7）承德中部矿产资源“三位一体”调查评价报告；
（8）承德市地质遗迹资源调查与保护研究报告；
（9）兴隆县安子岭乡诗上庄地质文化村建设方案；
（10）承德市城市地下空间开发利用建议报告；
（11）丰宁县小坝子乡槽碾沟村地学科普基地申报方案；
（12）承德市幅和滦河幅环境地质调查报告及附图；
（13）支撑服务承德滦河新城区城市设计地质调查报告；
（14）坝上高原塞罕坝地区全新世环境演变过程及其意义研究报告。

2. 图集

（1）《承德自然资源图集》；
（2）《承德市资源环境承载能力与国土空间适宜性评价图集》；
（3）《支撑服务武烈河百公里生态与文化产业走廊地质调查图集》；
（4）《支撑服务承德滦河新城区城市设计地质调查图集》。

0.6 编写人员及致谢

项目实施及运行过程中，接受中国地质调查局及其下设华北地区地质调查项目管理办公室管理。中国地质环境监测院为本项目所属工程的实施单位，也是本项目的承担单位和委托管理单位。中国地质环境监测院在中国地质调查局和项目实施单位的统一组织和领导下，组成项目组，负责项目的野外调查、施工和研究工作；在项目实施过程中，项目组通过承担单位委托了北京矿产地质研究院有限责任公司、河北省地质矿产勘查开发局第四地质队、天津华北地质勘查局五一四地质队、中国科学院地质与地球物理研究所等单位分别协助开展了环境地质调查、工程地质钻探和物探勘察、第四系沉积物样品采样分析等工作。

殷志强为项目的第一责任人，负责项目的设计编写、组织实施、质量检查、工作协调、成果验收和调查、研究等工作。在项目实施过程中，参加项目论证、设计编写、野外调查、资料收集整理和综合研究的人员有邵海、庞菊梅、邢博、李霞、李文娟、万利勤、谷明旭、卫晓锋、王瑞丰、秦小光、彭令、丁一、和泽康、朱伟伟、刘卫、贾红娟、邢英梅、陈亮等。

本书撰写分工：前言由殷志强撰写，第1章由刘文波、李志明、马光伟、金爱芳、和泽康撰写；第2章由李霞、万利勤、刘卫、杨瑞、彭令、赵磊撰写；第3章由邵海、殷志强、王瑞丰、谷明旭撰写；第4章由任伟、李琛曦、李成祥、殷志强、邵海撰写；第5章由殷志强、邵海、李霞、周智勇撰写；第6章由殷志强、贾红娟、邢博、彭超、刘文波、任玉祥撰写；第7章由卫晓锋、李霞、殷志强、王晓峰撰写；第8章由王瑞丰、翟延亮、庞菊梅、殷志强、丁一撰写；第9章由卫晓锋、陈自然、李霞、李琛曦、殷志强撰写；第10章由庞菊梅、于军、殷志强撰写；第11章由殷志强、邵海、卫晓锋、陈自然、田钰琛撰写；第12章由邢博、彭超、殷志强撰写；第13章由殷志强、卫晓锋、彭令、李霞、任玉祥、和泽康撰写；第14章由殷志强撰写；第15章由殷志强撰写。全部文稿由殷志强统一编定成稿，全文校核由万利勤、丁一完成，插图统编由李文娟、万利勤、秦小光、朱伟伟、刘卫、邢英梅和陈亮完成，原始资料整理由邵海、庞菊梅、鲁青原和万利勤完成。

在项目的实施过程中，得到了中国地质调查局总工室、财务部及水环部领导的大力支持；项目实施单位中国地质环境监测院科技处、人事处、财务处和装备处等职能处室全程跟进项目进展，从项目管理、人员配备、经费执行及技术设备等方面为项目组保驾护航；中国地质环境监测院原郝爱兵院长在项目调查施工过程中，不辞辛苦亲临现场指导；中国地质调查局华北地区地质调查项目管理办公室赵更新、刘永顺等专家对项目中期优化运行管理，给予专业上支持和技术指导；承德自然资源和规划局的吴双麒和任玉祥一直支持本项目实施，并在协调承德市各部门方面给予大力支持。

在此，一并对上述单位、领导、专家和同事给予的指导和支持，致以由衷感谢！

第1章 水 资 源

1.1 降水动态特征

以多年降水量模比系数差积曲线反映降水量年际间的丰、枯变化情况，即以差积曲线上升、下降趋势的不同，来反映不同的降水周期。当一段时间内差积曲线总体呈现下降趋势时，说明此阶段为枯水期；当一段时间内差积曲线总体趋势是上升时，说明此时期为丰水期。

本次研究选用承德地区及周边近70年（1951～2020年）的降水序列。但受限于雨量站的分布，主要以反映承德境内滦河水系的降水动态趋势为主，分别选用多伦县54208站、围场满族蒙古族自治县（围场县）54311站、隆化县54318站代表承德北部滦河上游地区；丰宁满族自治县（丰宁县）54308站代表西部北三河流域；滦平县54420站、双桥区54423站、承德县54430站代表中部滦河流域中段；兴隆县54425站、平泉市54319站、宽城满族自治县（宽城县）54432站代表南部滦河下游地区。选用的站点均最少要包含一个丰、平、枯水期的水文周期，因丰水期过多时，可能会使系列特征值中的均值偏大；而枯水期偏多时，可能会使系列均值偏小，两者都会使系列的代表性不充分。

1951～2020年降水量模比系数差积曲线分别见图1.1～图1.3。

北部滦河上游地区：1951～1959年、1990～1998年、2014～2020年曲线具有上升趋势，为典型丰水期；1960～1972年、1979～1989年、1999～2010年曲线具有下降趋势，为典型枯水期（图1.1）。

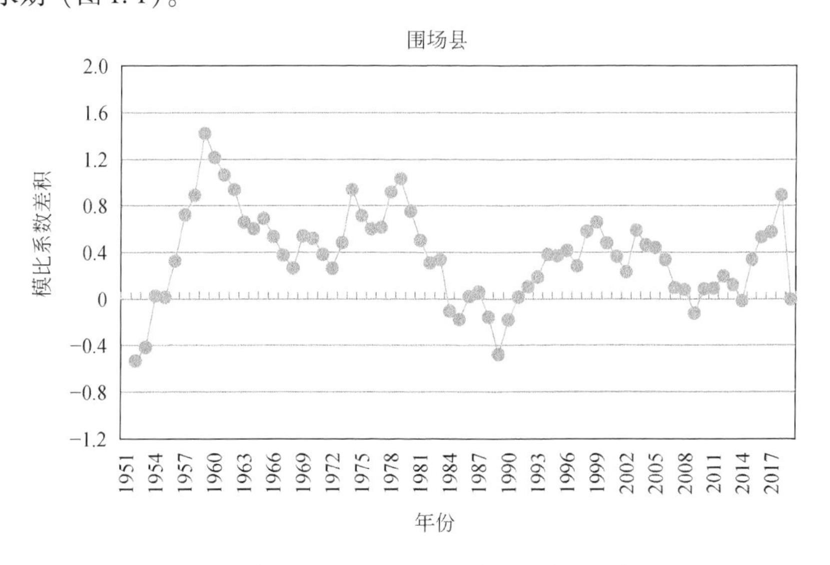

图1.1 承德北部地区1951～2020年降水量模比系数差积曲线

中部滦河流域中段：1951～1979年、1990～1995年曲线具有上升趋势，为典型丰水期；1980～1989年、1999～2010年曲线具有下降趋势，为典型枯水期（图1.2）。

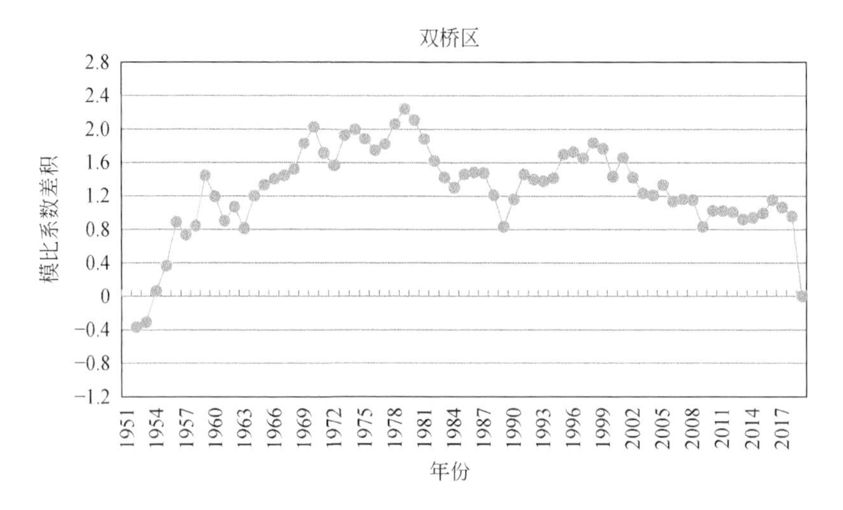

图1.2　承德中部地区1951～2020年降水量模比系数差积曲线

南部滦河下游地区：1976～1978年、1984～1995年、2014～2020年曲线具有上升趋势，为典型丰水期；1979～1983年、1996～2010年曲线具有下降趋势，为典型枯水期（图1.3）。

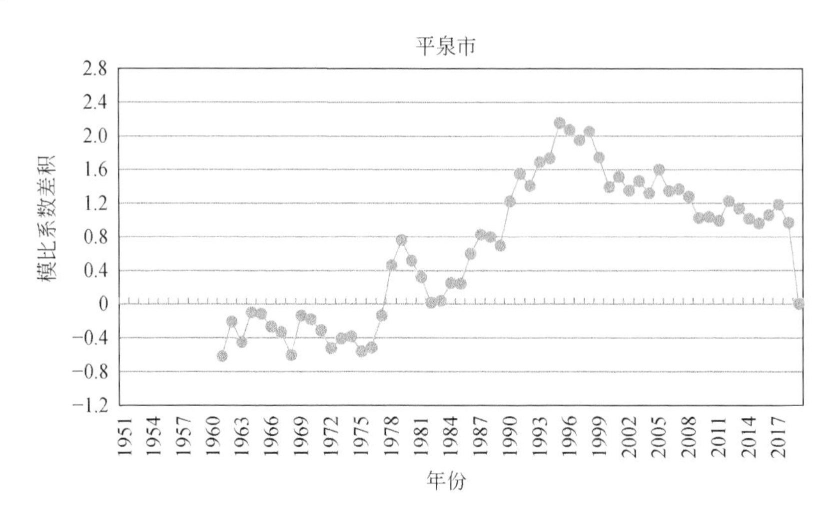

图1.3　承德南部地区1951～2020年降水量模比系数差积曲线

综上，近70年来，模比系数差积曲线趋势反映出降水量总体呈现明显衰减趋势，典型雨量站降水量有丰、枯交替变化的规律。从而可以看出，所选年份丰水年和枯水年交替出现，整个系列包括了连续丰、枯系列，具有代表性。

近20年来，降水曲线反映出的最典型的趋势为1999年前后，承德全域均遭遇连续的枯水期，枯水期一直持续到2014年左右；2015年至今，降水量开始呈现小幅回升趋势，这种回升趋势，在承德北部滦河及潮白河上游地区表现明显，在承德中部、南部滦河中段及以下区域趋势较弱。

1.2 蒸 发 量

1.2.1 分区水面潜在蒸发量

根据气象部门有关标准，并参考“河北省水面蒸发研究报告”（1994年6月），将不同型号蒸发皿的观测值统一折算为标准E601蒸发器的蒸发量。再根据单站水面蒸发量折算分析成果，结合降水、径流的成果分析，采用网格插值方法计算，得到各水资源分区水面蒸发量（表1.1、表1.2）。

表1.1 承德市各县（市、区）、各水系多年平均蒸发量表

分区	面积/km^2	多年平均蒸发量/mm
承德市区	1252.07	929.6
承德县	3626.43	967.5
丰宁县	8826.25	979.4
宽城县	1941.62	942.8
隆化县	5518.25	981.1
滦平县	2992.59	980.8
平泉市	3295.45	969.5
围场县	8901.76	978.6
兴隆县	3151.90	885.4
全域合计	39506.32	966.9
滦河水系	28616.58	965.9
北三河水系	6758.31	962.5
辽河水系	3703.37	984.2
辽东湾水系	428.05	948.7

注：承德市区包括双桥区、双滦区和鹰手营子矿区。

表1.2 承德市各河流多年平均蒸发量表

分区	面积/km^2	多年平均蒸发量/mm
白河	689.39	908.5
潮河	5250.99	967.8
大凌河	428.05	948.7
蓟运河	682.87	889.9
老哈河	904.88	996.4
老牛河	1683.93	992.4

续表

分区	面积/km²	多年平均蒸发量/mm
柳河	1191. 93	883. 6
滦河干流	5597. 70	962. 9
暖儿河	233. 18	990. 9
瀑河	1987. 41	963. 6
青龙河	864. 54	930. 4
潵河	986. 05	884. 3
闪电河	1166. 85	1016. 7
汤河	824. 46	989. 0
吐里根河	418. 35	971. 8
武烈河	2606. 75	969. 7
西路嘎河	1271. 57	947. 1
小滦河	2025. 21	968. 0
兴洲河	1966. 25	984. 8
伊逊河	4314. 97	981. 0
蚁蚂吐河	2422. 63	990. 1
阴河	1526. 92	1007. 4
长河	461. 45	923. 2

从表 1. 1 可以看出，承德市全域多年平均蒸发量为 966. 9mm，各县（市、区）多年平均蒸发量为 885. 4 ~ 981. 1mm，其中滦河水系和北三河水系分别为 965. 9mm 和 962. 5mm，辽河水系和辽东湾水系分别为 984. 2mm 和 948. 7mm。

从表 1. 2 可以看出，承德市各流域多年平均蒸发量为 883. 6 ~ 1016. 7mm。较大的为丰宁县北部的闪电河和围场县北部的阴河，多年平均蒸发量超过 1000mm，分别为 1016. 7mm 和 1007. 4mm；较小的为兴隆县南部降水量较大的蓟运河、柳河和潵河，多年平均蒸发量小于 900mm，分别为 889. 9mm、883. 6mm 和 884. 3mm。

多年平均蒸发量数据反映出，承德市水面蒸发量的空间分布从北向南逐步减小，其中滦河水系滦河最上游的闪电河及辽河水系的阴河蒸发量最大，多年平均蒸发量超过 1000mm；兴隆县南部的北三河水系的蓟运河，以及滦河水系的柳河和潵河蒸发量较小，多年平均蒸发量小于 900mm；其他区域的蒸发量在 900 ~ 1000mm。

1. 2. 2 潜在蒸发量多年动态

蒸发量动态是复杂的气象过程，气象要素不仅对水面蒸发的年内变化有直接影响，而且由于大气环流的运动，大范围的天气系统变化也影响了水面蒸发的年际变化。本次收集的蒸发量资料仅到 2000 年前后。因此，蒸发量多年动态采用承德地区水资源评价成果数据（数据序列为 1956 ~ 2014 年）。

从水资源分区内选择代表站各水面蒸发量年际变化可以看出，年最大水面蒸发量一般出现在枯水年份，如1989年、2000年和2011年等；年最小水面蒸发量则出现在1985年、2003年和2010年等。

1.3 地表水资源量

地表水资源是支撑经济社会可持续发展和维系良好生态环境的重要资源，地表水资源量评价在水资源评价中占有非常重要的地位。地表水资源量指河流、湖泊、冰川等地表水体中由当地降水形成的、可以逐年更新的动态水量，用天然河川径流量表示。

1.3.1 区域分布

进行地表水资源量（天然径流量）核算前，在17个单站实测径流量计算的基础上，实现向天然年径流的还原计算。常用的径流还原计算方法有分项调查法、降雨径流模式法和蒸发插值法，一般评价采用分项调查法还原实测径流系列。分项调查法以水量平衡为基础，根据各项措施对径流的影响程度采用逐项还原或对其中的主要影响项目进行还原。

结合地区实际，还原量主要有生产耗水量、生活耗水量、水库蓄变量和水库蒸发量。选用水文站天然年径流量特征值还原计算后的结果列于表1.3中。

表1.3 水文站记录的天然年径流量特征值一览表

水文站	控制面积/km²	统计参数			不同频率天然年径流量/亿 m³			
		均值/亿 m³	C_v	C_s/C_v	20%	50%	75%	95%
沟台子	1890	0.9370	0.46	3.4	1.2305	0.8301	0.6202	0.4590
郭家屯	1300	3.6959	0.45	3.5	4.8252	3.2768	2.4753	1.8648
波罗诺	1346	0.8699	0.70	3.2	1.2146	0.6665	0.4477	0.3407
三道河子	17100	5.9292	0.48	3.3	7.8560	5.2120	3.8404	2.8014
围场	1227	0.5938	0.78	4.0	0.7777	0.4081	0.3167	0.2974
边墙山	562	0.2931	0.76	3.0	0.4176	0.2176	0.1393	0.1024
庙宫	2400	1.2450	0.61	2.7	1.7516	1.0468	0.6896	0.4286
下河南	2403	1.1265	0.62	3.4	1.5386	0.9030	0.6344	0.4895
韩家营	6732	3.4951	0.64	3.4	4.7880	2.7614	1.9317	1.5065
承德	2480	2.1511	0.71	2.4	3.1591	1.7418	1.0381	0.5383
下板城	1615	1.3464	0.84	2.8	1.9639	0.9551	0.5732	0.4020
兴隆	96	0.2099	0.75	2.0	0.3187	0.1721	0.0940	0.0319
李营	626	1.2153	0.69	2.2	1.7914	1.0115	0.5985	0.2728
平泉	372	0.2681	1.00	2.1	0.4268	0.1826	0.0791	0.0228
宽城	1661	1.7308	0.86	2.3	2.6432	1.2777	0.6684	0.3071
蓝旗营	646	1.4519	0.81	2.0	2.2410	1.1497	0.5906	0.1759
潘家口	33700	20.3684	0.61	2.8	28.5439	17.0261	11.3081	7.2976

续表

水文站	控制面积/km²	统计参数			不同频率天然年径流量/亿 m³			
		均值/亿 m³	C_v	C_s/C_v	20%	50%	75%	95%
闪电河	890	0. 1877	0. 88	2. 2	0. 2901	0. 1383	0. 0695	0. 0275
大河口	1086	0. 7026	0. 34	4. 9	0. 8612	0. 6395	0. 5280	0. 4475
外沟门子	8930	1. 8513	0. 36	3. 6	2. 3305	1. 7113	1. 3585	1. 0475
土门子	2822	3. 1104	0. 80	2. 4	4. 6631	2. 3714	1. 3241	0. 6818
冷口	502	1. 0013	0. 83	2. 1	1. 5448	0. 7744	0. 3970	0. 1353
大阁	1865	1. 0145	0. 64	3. 7	1. 3664	0. 7886	0. 5719	0. 4769
戴营	4266	2. 5444	0. 74	3. 2	3. 5649	1. 8892	1. 2610	0. 9854
二道宣	1538	1. 0800	0. 67	2. 7	1. 5438	0. 8759	0. 5561	0. 3448
水平口	820	1. 8378	0. 76	2. 3	2. 7485	1. 4537	0. 8222	0. 3880
初头朗	2869	0. 9241	0. 62	3. 5	1. 2558	0. 7367	0. 5234	0. 4130
杨树湾子	674	0. 4906	0. 88	3. 3	0. 6806	0. 3222	0. 2210	0. 1936
兴聚德	697	0. 3145	0. 75	2. 9	0. 4511	0. 2374	0. 1495	0. 1041
哈巴气	1821	1. 1102	0. 70	2. 0	1. 6581	0. 9353	0. 5365	0. 2025
甸子	1643	1. 2960	0. 94	2. 1	2. 0445	0. 9264	0. 4257	0. 1275

注：C_v 为变差系数；C_s 为偏差系数。

承德市径流深地区分布总体趋势为从北向南逐步增加，承德市北部滦河水系的闪电河、滦河干流上游、小滦河、伊逊河上游，辽河水系的阴河及其支流西路嘎河，多年平均径流深为 20 ~ 50mm，是承德市降水产流较小区域；承德市南部北三河水系的安达木河（兴隆县潮河）、蓟运河以及滦河水系的瀑河、柳河、长河和瀑河下游，多年平均径流深为 120 ~ 240mm，是承德市降水产流较大地区；其他区域径流深值范围为 60 ~ 120mm。

对 1956 ~ 2014 年序列资料的评价结果，承德市全市多年天然年径流总量为 30. 6579 亿 m³，折合成径流深为 77. 6mm。

各县（区）内，地表水资源最丰富的是南部的兴隆县，多年平均天然年径流量为 6. 4947 亿 m³，最小的是面积较小的承德市区，为 1. 1575 亿 m³，其他县在 2. 1026 亿 ~ 4. 3206 亿 m³。

各流域分析，地表水资源相对丰富的为面积较大的潮河和滦河干流，分别为 3. 9561 亿 m³和 3. 4073 亿 m³，相对贫乏的是面积较小的暖儿河、吐里根河和丰宁县北部的闪电河，分别为 2138 万 m³、2249 万 m³和 2275 万 m³。

天然年径流量按流域进行统计，其中滦河水系为 22. 3384 亿 m³，占全市的 72. 9%，北三河水系为 6. 0486 亿 m³，占全市的 19. 7%，辽河水系和辽东湾水系由于汇水面积较小，天然年径流量相对较少，分别为 1. 9475 亿 m³和 0. 3234 亿 m³，占全市的 6. 35% 和 1. 05%。

1.3.2 年际动态

地表水资源量的年际变化主要取决于降水量的多年变化，同时还受到径流的补给类型及流域内地形地貌、地质条件的影响。

地表水资源的年际变化呈现出与降水量类似的地带性差异，但由于受降水、下垫面条件和人类活动的影响，地表水资源的年际变化幅度比降水量更大，地区间的差异也更悬殊。

承德市各县（市、区）及流域地表水资源模比系数差积曲线图反映出比降水更一致的规律，并且各分区地表水资源的年际变化趋势基本一致。

本次研究以 1956～2014 年 59 年的序列为例，来说明地表水资源量（天然河川径流量）的动态特征。丰水期有 3 个主要阶段，分别为 1956～1959 年、1973～1979 年及 1990～1998 年，曲线整体上升，处于偏丰水期；枯水期也有 3 个阶段，分别为 1960～1972 年、1980～1989 年及 1999～2014 年，曲线出现了下降趋势，处于偏枯水期。

承德市各分区天然年径流量年际变化呈现明显的连续偏丰和连续偏枯的特点，最长连丰年是 1990～1998 年，最长连枯年是 1999～2014 年。这种径流量的年际变化特点对承德市居民生活和生产用水会产生较为不利的影响，当面临连续多年干旱时，抗旱任务非常艰巨。

1.4 地下水资源量

地下水资源量是指参与现代水循环且可以逐年更新的地下水量。与地表水资源一样，地下水资源是水资源的重要组成部分，是支撑经济社会可持续发展和维系良好生态环境的重要资源。

需要说明的是，虽然承德地区基岩裂隙类地下水也具有相当的比例，但是根据地下水资源量的定义，只作为存储量，而不计入资源量。赋存于松散层中的浅层地下水作为地下水评价的主要对象。承德市整体上属于一般山丘区，根据《地下水资源评价技术要求（试行)》，山丘区地下水资源数量评价可用排泄量来计算。山丘区地下水排泄量包括河川基流量、山前泉水出流量、山前侧向流出量、河床潜流量、潜水蒸发量和地下水实际开采净消耗量，各项排泄量之和为总排泄量，即地下水资源量。

本书所引用的评价结果中，将山前泉水出流量、山前侧向流出量、河床潜流量和潜水蒸发量忽略不计，因而，地下水资源量简化为河川基流量与地下水实际开采净消耗量之和。

1.4.1 河川基流量

河川基流量是山丘区地下水的主要排泄项。对 17 个控制站河川基流比采用直线斜割法计算，分区河川基流量采用水文比拟法计算。

承德市全域及主要流域基流量特征为承德市多年平均河川基流量为 13.6108 亿 m^3，占天然年径流量的 44.4%，其中，滦河水系 9.9300 亿 m^3，占天然年径流量的 44.5%；北三河水系 2.6720 亿 m^3，占该区天然年径流量的 44.2%；辽河水系和辽东湾水系分别为 0.8529 亿 m^3 和 0.1560 亿 m^3，分别占天然年径流量的 43.8%、48.2%。

基流量空间差异性为各河基流占天然年径流量的比例各不相同，其中承德市北部的吐里根河、闪电河和小滦河所占比重相对较大，分别为 74.9%、63.1% 和 63.0%；承德市南部的澈河、长河和蓟运河所占比重相对较小，分别为 31.3%、31.4% 和 32.3%；其他河流所占比重为 36.7% ~54.0%。

1.4.2　地下水开采净消耗量

山丘区地下水开采量主要包括生产、生活等浅层地下水的实际开采量。近年来，随着山区地下水开采量的不断增加，使得地下水开采净消耗量成为山区地下水的重要排泄项。确定山区地下水灌溉回归系数（β），（$1-\beta$）即农业开采净消耗系数，将承德市工业用水的耗水率作为工业开采净消耗系数。承德地区浅层地下水不同用途的开采量，根据不同行业的开采净消耗系数（ρ），分区逐年计算山丘区地下水开采净消耗量。经调查资料统计，承德市多年平均地下水开采净消耗量为 1.7100 亿 m^3，其中滦河水系 1.3479 亿 m^3，北三河水系 0.2043 亿 m^3，辽河和辽东湾水系分别为 0.1230 亿 m^3 和 0.348 亿 m^3。

各县（市、区）地下水开采净消耗量：最大的为滦平县 0.2762 亿 m^3，最小的为宽城县 0.0910 亿 m^3，其他县在 0.1129 亿 ~0.2447 亿 m^3（表 1.4）。

各河流地下水开采净消耗量：地下水开采净消耗量较大的有经济较发达的滦河干流，为 0.3247 亿 m^3，武烈河为 0.1985 亿 m^3，最小的汤河仅为 0.0118 亿 m^3；县城所在河流的瀑河（平泉市、宽城县）、老牛河（承德县）、柳河（兴隆县）、伊逊河（围场县、隆化县和双滦区）、潮河（丰宁县）超过 0.1000 亿 m^3，其他河流均相对较小，在 0.0132 亿 ~0.0664 亿 m^3（表 1.5）。

表 1.4　承德市各县（市、区）多年平均地下水资源量表

分区	多年平均基流量/亿 m^3	地下水开采净消耗量/亿 m^3	地下水资源总量/亿 m^3	地下水径流模数/(万 m^3/km^2)
承德市区	0.4673	0.1129	0.5802	4.63
承德县	1.4788	0.2210	1.6998	4.69
丰宁县	2.3137	0.1590	2.4727	2.80
宽城县	1.0139	0.0910	1.1049	5.69
隆化县	1.6489	0.2359	1.8848	3.42
滦平县	0.9279	0.2762	1.2041	4.02
平泉市	1.1964	0.2447	1.4411	4.37
围场县	2.3190	0.1723	2.4913	2.80
兴隆县	2.2449	0.1970	2.4419	7.75
合计	13.6108	1.7100	15.3208	3.88

表1.5　承德市各河流多年平均地下水资源量表

分区	多年平均基流量/亿 m^3	地下水开采净消耗量/亿 m^3	地下水资源总量/亿 m^3	地下水径流模数/(万 m^3/km^2)
白河	0.3419	0.0350	0.3770	5.47
瀑河	0.8303	0.1352	0.9655	4.86
长河	0.2417	0.0201	0.2618	5.67
潮河	1.8768	0.1561	2.0329	3.87
大凌河	0.1560	0.0348	0.1908	4.46
蓟运河	0.4978	0.0364	0.5342	7.82
老哈河	0.2584	0.0664	0.3248	3.59
老牛河	0.6161	0.1006	0.7167	4.26
柳河	0.8451	0.1077	0.9528	7.99
滦河干流	1.6277	0.3247	1.9525	3.49
暖儿河	0.0991	0.0132	0.1122	4.81
青龙河	0.4625	0.0446	0.5071	5.86
澈河	0.6641	0.0530	0.7171	7.27
闪电河	0.1436	0.0287	0.1723	1.48
汤河	0.2974	0.0118	0.3092	3.75
吐里根河	0.1686	0.0218	0.1904	4.55
武烈河	0.9194	0.1985	1.1179	4.29
西路嘎河	0.3320	0.0292	0.3612	2.84
小滦河	0.6352	0.0357	0.6709	3.31
兴洲河	0.5437	0.0598	0.6035	3.07
伊逊河	1.1932	0.1093	1.3025	3.02
蚁蚂吐河	0.5979	0.0600	0.6579	2.72
阴河	0.2625	0.0275	0.2900	1.90

1. 地下水空间特征

通过地下水径流模数来分析承德地区地下水空间分布规律。

承德市全域：多年平均地下水径流模数为3.88万 m^3/km^2，各县地下水径流模数在2.80万~7.75万 m^3/km^2。处于承德市南部的兴隆县和宽城县较大，分别为7.75万 m^3/km^2 和5.69万 m^3/km^2；承德市北部的围场县和丰宁县较小，均为2.80万 m^3/km^2；其他县在3.42万~4.69万 m^3/km^2。

各河流：位于承德市南部滦河水系的柳河、澈河以及北三河水系的蓟运河地下水径流模数较大，分别为7.99万 m^3/km^2、7.27万 m^3/km^2 和7.82万 m^3/km^2；承德市北部滦河水系的闪电河和辽河水系的阴河较小，分别为1.48万 m^3/km^2 和1.90万 m^3/km^2；其他河流在2.72万~5.86万 m^3/km^2。

2. 年际动态

通过对多年地下水资源量的分析可知，承德市多年平均地下水资源量为15.3208亿m^3，最大值为35.2515亿m^3，最小值为8.0710亿m^3，极值比为4.4，大于同期降水量的极值比（2.0），小于同期年地表水资源量的极值比（11.2）。

其中，滦河水系、北三河水系和辽东湾水系地下水资源量极值比相差不大，分别为4.4、4.3和4.2；辽河水系极值比最大，为7.0。

各县（市、区）中，隆化县地下水资源量极值比最大，为6.9，丰水年和枯水年的地下水资源量相差较大；承德县和滦平县极值比最小，为4.1，丰水年和枯水年的地下水资源量相差相对较小；其他县（市、区）地下水资源量极值比在4.3～5.9。

在各河流中，瀑河和小滦河地下水资源量极值比最大，为9.9；吐里根河地下水资源量极值比较小，为2.9；其他河流地下水资源量极值比在3.6～8.9。

将截至2014年的地下水资源量评价结果外推至2018年，并取1956～1979年、1956～2018年和1980～2018年3个时段序列，进行曲线对比分析（图1.4），结果表明：1956～1979年总体均处于丰水期；1980～2018年总体处于枯水期，近40年来，全域及各曲线平均地下水资源量及地下水资源总量均显著衰减。

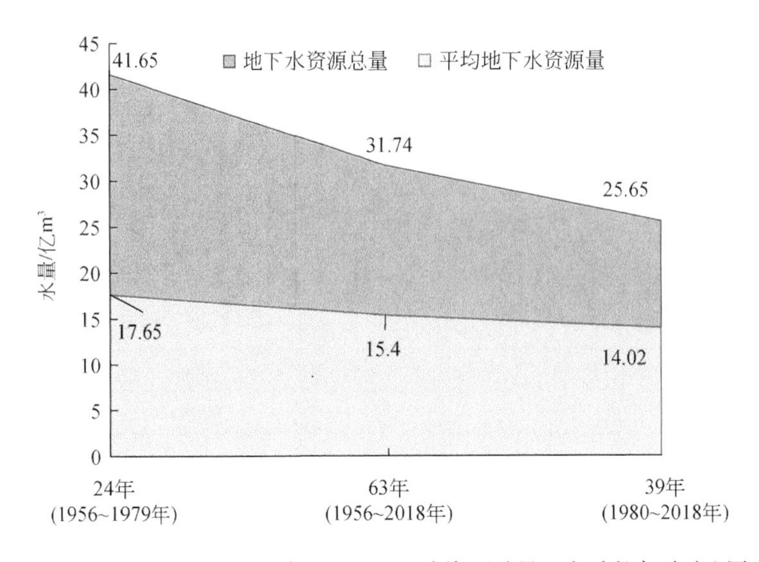

图1.4　承德市平均地下水资源量及地下水资源总量3个时段序列对比图

1.5　水资源总量

区域的水资源总量是指当地降水形成的地表和地下产水总量。由于承德市域范围内为单一山丘区，水资源总量的计算方法采用天然径流量与地下水资源量之和减去二者重复量。

$$W = R + Q - R_{gm}$$

式中，W 为水资源总量；R 为天然年径流量；Q 为地下水资源量；R_{gm}为河川基流量。

本书中水资源量动态数据序列为 1956 ~ 2014 年水资源量采用多年周期评价结果；2015 ~ 2018 年水资源评价结果采用水资源公报中的年度评价数据。

以承德市全境和各流域 1956 ~ 2018 年水资源总量为依据，点汇时间序列过程线，并采用曲线拟合绘制 5 年、9 年滑动平均线，以分析水资源总量的年际变化趋势。各曲线反映出承德市及各流域内的水资源总量呈现逐渐减少的趋势，且多年动态变化具有显著的周期性。

从 5 年平均过程曲线来看，承德市域范围内出现 4 处相对（最）低点，分别为 1982 年（1981 年出现历史最低值，为 11. 3454m^3/d)、2001 年、2008 年和 2015 年，说明 1980 ~ 1984 年、1999 ~ 2003 年、2006 ~ 2010 年、2013 ~ 2017 年这 4 个阶段，平均水资源总量偏小。从 9 年平均过程曲线来看，承德市域范围内出现 2 处相对（最）低点，分别为 2003 年和 2006 年，说明 1999 ~ 2007 年和 2002 ~ 2010 年两个阶段平均水资源总量偏小。综合判断，1999 年以来，滦河流域水资源总量偏小的趋势表现突出，且呈接续减小趋势，但 2015 ~ 2018 年有轻微回升态势。

承德地区水资源总量的年际变化趋势与地表水资源量的年际变化趋势基本一致，长序列水资源总量有逐年减少的趋势。分阶段（10 年为一阶段）水资源量总体呈波动递减趋势：20 世纪 50 年代，水资源总量（均值）较大，达到 59. 78 亿 m^3，在之后的各阶段内，年平均水资源总量呈现波动递减的趋势（表 1. 6），近 70 年来的减少速率约为 0. 54 亿 m^3/a。

表 1. 6 承德地区分阶段年平均水资源总量及丰、枯水程度统计表

统计项	20 世纪 50 年代	20 世纪 60 年代	20 世纪 70 年代	20 世纪 80 年代	20 世纪 90 年代	2001 ~ 2010 年	2011 ~ 2020 年	多年平均
年平均水资源总量/亿 m^3	59. 78	32. 13	38. 09	24. 05	35. 54	18. 40	22. 07	30. 80
丰、枯特征	丰水期	平水期	丰水期	枯水期	丰水期	枯水期	枯水期	—
丰、枯水程度	18. 3% ↑	—	6. 1% ↑	7. 6% ↓	4. 6% ↑	13. 9% ↓	—	—

注：丰、枯水程度（%）=（本阶段降水量-多年平均降水量）×100%/多年平均降水量。↑表示高于多年平均值；↓表示低于多年平均值。

承德地区水资源总量整体呈持续下降趋势，年际水资源总量随降水量而变化。根据历年评价结果，典型年份的水资源总量呈显著交替变化特征。年平均水资源总量继 20 世纪 50 年代的 59. 78 亿 m^3之后，至 1962 年，仍较高，为 50. 43 亿 m^3；1970 年，年平均水资源总量衰减至 29. 73 亿 m^3；1981 年降至最低，为 11. 34 亿 m^3；1990 年增加至 40. 56 亿 m^3；2000 年进入下一个低谷，为 12. 31 亿 m^3；2005 年，出现新的短暂高峰值，约为 28. 37 亿 m^3；随后，各年度年平均水资源总量均低于 30. 73 亿 m^3，2012 年和 2018 年出现峰值，2009 年和 2015 年出现低谷值，2006 ~ 2007 年也出现低谷值，2019 ~ 2020 年又随年平均降水量降低呈现低谷（图 1. 5）。

除了典型丰水年份，如 1990 年和 2010 年外，承德地区年平均水资源总量的动态变化

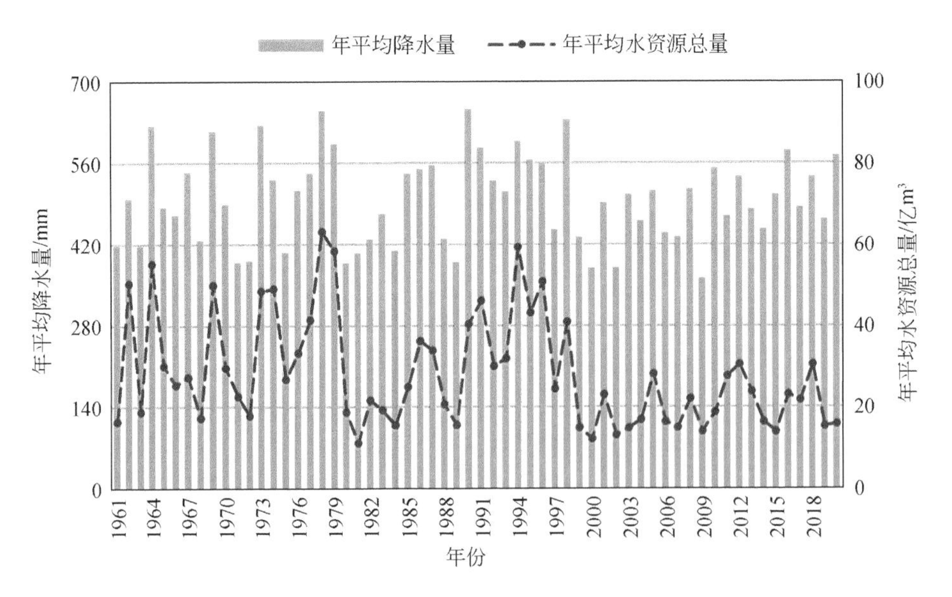

图 1.5　承德市全域年平均水资源总量及年平均降水量动态变化规律图

规律与年平均降水量曲线基本吻合，反映出水资源总量与降水的关联性，即受降水年际变化影响；区域年平均水资源总量亦呈现不稳定性。总体上自 1999 年以后，整体进入枯水期和平水期，年平均水资源总量也保持相应的低水平波动规律。

20 世纪 60 年代以来，年平均水资源总量呈动态周期波动，典型枯水年（1980 年、2000 年、2010 年）显著偏低；2018 年水资源总量与 1970 年、2005 年相当；分阶段的多年平均值表明近 40 年来年平均水资源总量显著衰减。

从 5 年平均过程线来看，滦河流域的动态规律与承德市全域相似，也在 1980～1984 年、1999～2003 年、2006～2010 年、2013～2017 年这 4 个阶段表现出平均水资源总量偏小。滦河流域 9 年平均过程曲线也与承德市全域相近，在 1999～2007 年、2002～2010 年这两个阶段，平均水资源总量偏小。综合判断，1999 年以来，滦河流域水资源总量偏小的趋势明显，且呈接续减小趋势，与承德市全域的水资源总量动态高度一致，这与滦河流域水资源量对全域水量有较大贡献份额有关。但 2015～2018 年有轻微回升，而后 2019～2020 年又出现降低趋势。

1.6　出入境水量变化

承德市位于冀北山区，北靠内蒙古高原，境内河流发育，且为多条河流水系的发源地。入境河流主要有两条，滦河支流青龙河由辽宁省凌源市流入承德市宽城县境内，考虑到其在境内流域面积有限且在市县边界，不易开发利用，所以一般不予考虑；因此，承德市的入境水量主要是滦河干流的入境水量，由内蒙古自治区多伦县流入承德市丰宁县，境外流域面积为 7817km^2。

1.6.1 入境水量特征

实测入境水量显示（表1.7），滦河干流近65年来平均入境水量为1.6856亿 m^3，最大入境水量为4.6930亿 m^3（1959年），最小入境水量为0.4558亿 m^3（2001年），其他年份入境水量在0.7486亿～3.3260亿 m^3。

表1.7 滦河及潮河实测出、入境水量统计表

年份	全区总量/亿 m^3	滦河			潮河		
		流域总量/亿 m^3	入境水量/亿 m^3	出境水量/亿 m^3	流域总量/亿 m^3	入境水量/亿 m^3	出境水量/亿 m^3
1956	69.7897	49.7762	2.8900	43.5000	16.5724	0	8.2430
1957	33.4717	25.2118	3.2540	24.6000	5.6956	0	2.6110
1958	59.8555	44.0362	2.8280	41.4000	11.6549	0	5.8700
1959	104.1725	77.1928	4.6930	71.4000	18.8986	0	9.0640
1960	31.6009	23.3935	2.8340	20.0780	6.0234	0	2.6140
1961	16.5060	12.1987	2.2930	10.9562	3.2032	0	1.5990
1962	50.4373	40.0788	2.4050	36.1361	6.4231	0	1.7150
1963	18.8928	13.3039	2.3420	11.3664	4.0834	0	1.9760
1964	55.2109	40.3640	3.3260	32.5468	11.7402	0	4.3330
1965	30.2463	22.6805	2.0710	21.0237	5.2914	0	2.5600
1966	25.4727	18.3309	1.7590	16.3027	5.7809	0	2.1380
1967	27.4079	19.0796	2.1860	16.9710	7.3078	0	2.6560
1968	17.4737	12.2700	1.9230	10.6537	4.8917	0	2.0700
1969	49.9857	37.5475	2.2790	32.6102	9.9664	0	4.0920
1970	29.7302	21.6109	2.1980	19.2617	6.8273	0	2.3290
1971	22.6988	16.1918	1.7600	14.1651	4.2496	0	1.5660
1972	17.9897	12.6978	1.3230	9.7670	3.8454	0	1.2080
1973	48.5665	33.1622	2.1100	27.6517	13.1818	0	6.4830
1974	49.1471	34.1962	2.2710	29.0352	12.9438	0	5.6550
1975	26.9563	20.5057	1.3560	16.1970	4.4112	0	1.6690
1976	33.4717	25.1761	1.4380	19.0565	6.7509	0	1.9710
1977	41.5352	31.7005	1.5620	23.2906	8.2733	0	2.0180
1978	63.2744	47.9579	1.8040	40.2725	12.6968	0	3.8320
1979	58.4363	43.5727	2.1380	37.7706	11.2463	0	3.9310
1980	18.8928	14.0526	0.9854	12.8652	3.5265	0	1.3239
1981	11.3454	8.0860	1.2054	6.9014	2.4757	0	1.0427
1982	21.7957	14.4448	1.4228	11.8381	6.5758	0	2.7249

续表

年份	全区总量/亿 m³	滦河			潮河		
		流域总量/亿 m³	入境水量/亿 m³	出境水量/亿 m³	流域总量/亿 m³	入境水量/亿 m³	出境水量/亿 m³
1983	19. 4089	15. 1578	1. 5032	12. 3805	3. 3649	0	1. 2174
1984	15. 6029	11. 8422	1. 1846	8. 8075	2. 7227	0	0. 7058
1985	25. 0856	18. 3665	1. 4469	13. 6429	5. 2241	0	1. 4617
1986	36. 3745	27. 7787	1. 4858	21. 7859	6. 2614	0	2. 2331
1987	33. 9877	25. 2118	1. 3408	18. 6198	6. 9845	0	2. 0450
1988	20. 8281	14. 4448	1. 4197	10. 7360	5. 4531	0	1. 8756
1989	15. 6029	11. 5570	1. 1164	7. 2322	3. 1179	0	1. 1246
1990	40. 5675	30. 5953	1. 4613	25. 6047	7. 4695	0	3. 1534
1991	46. 2443	35. 0162	1. 6304	28. 6026	8. 4305	0	3. 9646
1992	30. 2463	23. 1083	2. 0822	18. 6127	5. 5519	0	2. 4498
1993	32. 1170	25. 6396	1. 5364	21. 0464	4. 8154	0	1. 7909
1994	59. 4684	44. 3571	1. 7329	36. 2955	11. 8256	0	4. 1451
1995	43. 3414	32. 8057	1. 6935	25. 0528	7. 5548	0	2. 0811
1996	50. 9533	37. 8683	1. 7964	27. 7037	10. 1280	0	3. 1180
1997	24. 5696	19. 1152	1. 7081	13. 8415	4. 0071	0	1. 6226
1998	41. 0836	29. 5614	1. 6212	23. 7057	8. 9964	0	3. 7396
1999	15. 0869	11. 1291	1. 2754	7. 3318	2. 9697	0	0. 9909
2000	12. 3130	8. 7048	0. 7486	3. 3767	2. 6374	0	0. 6944
2001	23. 1504	17. 6891	0. 4558	10. 2042	4. 4067	0	1. 4100
2002	13. 2806	9. 7030	1. 1972	3. 9323	2. 1182	0	0. 5209
2003	15. 0224	11. 5213	1. 3624	6. 5167	2. 1524	0	0. 6823
2004	17. 0221	12. 9830	1. 2641	6. 8212	3. 3739	0	0. 7791
2005	28. 3755	22. 0031	1. 1519	14. 8184	3. 8544	0	1. 3320
2006	16. 5706	12. 2700	1. 5603	6. 5537	2. 7137	0	0. 8175
2007	15. 1514	11. 5570	1. 4451	5. 7762	2. 1658	0	0. 6390
2008	22. 2473	17. 2970	1. 2164	9. 2425	4. 1732	0	1. 0730
2009	14. 2483	11. 1291	0. 9535	3. 5385	2. 4712	0	0. 5986
2010	18. 9574	14. 8013	1. 1990	8. 1597	3. 0415	0	0. 9432
2011	27. 8595	22. 0031	1. 2253	12. 0693	4. 8244	0	1. 2180
2012	30. 6978	24. 8909	1. 4589	12. 1281	4. 7256	0	0. 7156
2013	24. 0535	18. 0100	1. 8682	8. 3980	4. 9771	0	1. 2330
2014	16. 5706	12. 9830	1. 1734	5. 8090	2. 8799	0	0. 6420
2015	14. 1780	10. 4637	1. 1200	6. 6646	2. 6073	0	1. 7016

续表

年份	全区总量/亿 m^3	滦河			潮河		
		流域总量/亿 m^3	入境水量/亿 m^3	出境水量/亿 m^3	流域总量/亿 m^3	入境水量/亿 m^3	出境水量/亿 m^3
2016	23.2628	16.8201	0.9933	10.2480	4.8726	0	3.5443
2017	21.9190	16.6513	1.1700	10.0591	3.9988	0	2.8192
2018	30.7294	22.0835	1.2385	13.9168	7.3161	0	5.2088
2019	15.5204	11.8347	0.9769	7.4191	2.6670	0	1.7236
2020	15.9791	12.0807	1.0910	7.1356	2.9546	0	2.0482

从实测数据曲线图（图1.6）可以看出，滦河干流入境水量总体呈现减少的趋势，65年间的多年入境水量在2001年达到最低值。

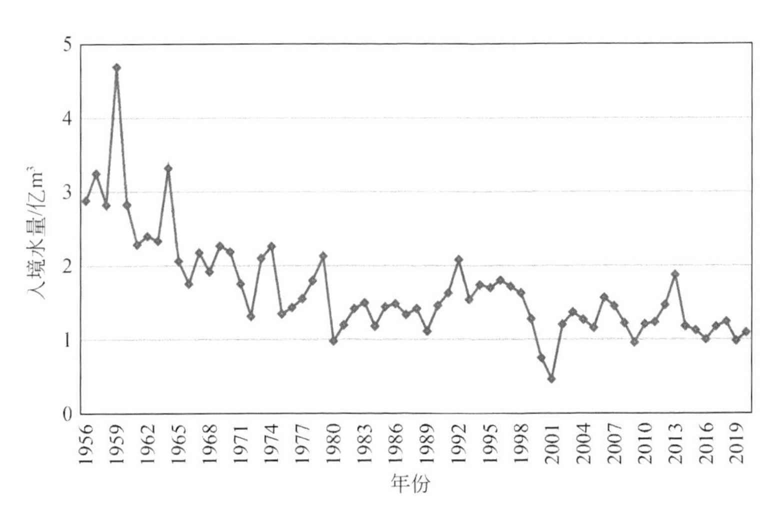

图1.6　滦河干流入境水量年际动态变化曲线

1.6.2　出境水量特征

滦河干流（入潘家口水库）指的是整个滦河水系承德境内部分，入口为滦河干流丰宁县境内，出口为滦河干流入潘家口水库处。由于所掌握资料的局限性，水文站实测出境水量仅对滦河干流（入潘家口水库）与潮河干流出境水量及年际变化情况进行分析。

滦河干流多年平均出境水量为17.7140亿 m^3，最大出境水量为71.4000亿 m^3（1959年），最小出境水量为3.3767亿 m^3（2000年），其次为3.5385亿 m^3（2009年）、3.9323亿 m^3（2002年），其他年份出境水量为5.7762亿～43.5亿 m^3，多年动态呈现逐年减少的趋势（表1.7，图1.7）。

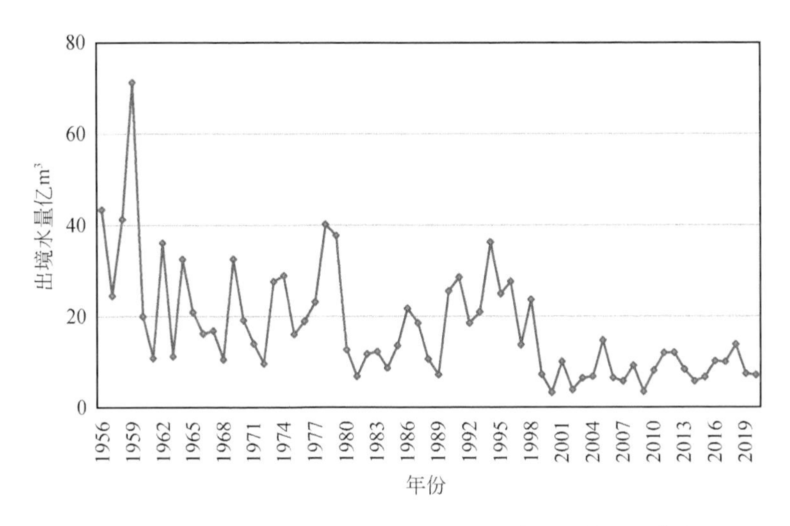

图 1.7　滦河干流 1956～2020 年实测出境水量动态变化曲线

潮河多年平均出境水量为 2.3443 亿 m³，最大出境水量为 9.0640 亿 m³（1959 年），最小出境水量为 0.5209 亿 m³（2002 年），其次为 0.5986 亿 m³（2009 年），其他年份出境水量为 0.6994 亿～8.2430 亿 m³（图 1.8）。

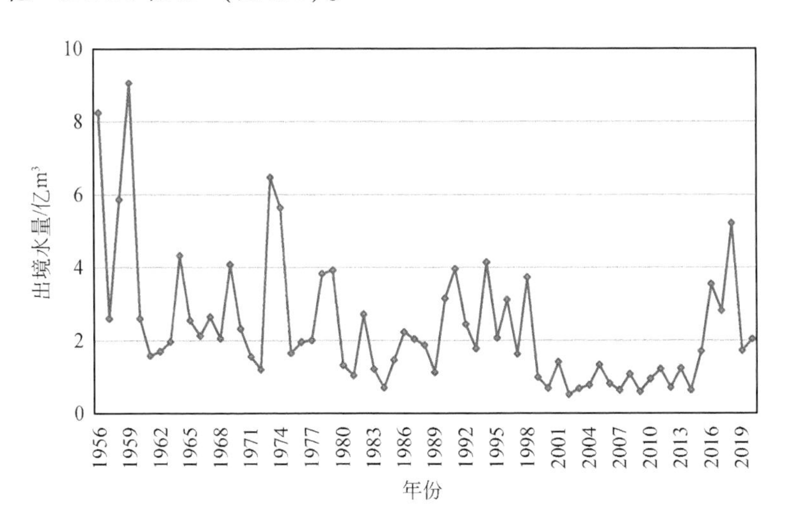

图 1.8　潮河 1956～2020 年实测出境水量动态变化曲线

图 1.9 为滦河及潮河流域出境水量占本流域水资源总量百分比柱状图，图中反映出：① 滦河流域实测出境水量占本流域水资源总量的比重明显高于潮河流域，二者多年平均分别为 73.0% 和 38.5%，相差悬殊；② 65 年来，滦河流域出境水量占本流域水资源总量比重较大，最大达到 97.6%（1957 年），最小值出现在 2000 年和 2009 年两个典型枯水年，分别为 38.8% 和 31.8%；③ 滦河流域出境水量占比呈现出以 9 年为周期分阶段阶梯的降低趋势，但 2017～2020 年，受本区及区外水源涵养需求变化影响，占比又出现上升趋势，推测与京津水源需求及生态涵养需求大幅增加有关；④ 潮河流域出境水量与滦河

流域基本相似，且在 2017～2020 年，出现了占比断崖式升高趋势，其占比甚至超出滦河流域，推测与京津水源需求及生态涵养需求大幅增加有关。

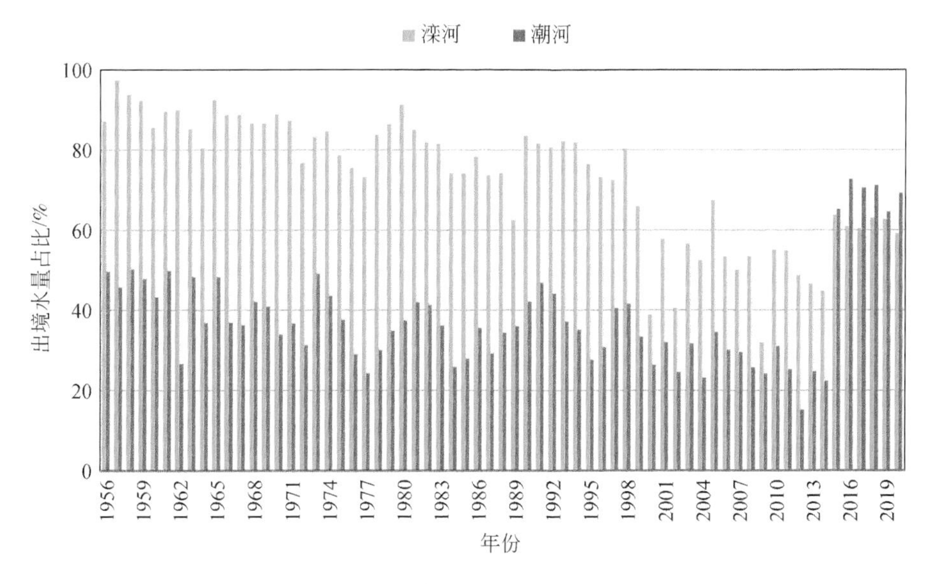

图 1.9 滦河及潮河流域出境水量占本流域水资源总量百分比柱状图

以出流量/径流量的值反映水资源的涵养能力和保障能力。2013～2018 年，滦河出境水量占总径流量的 70%～87%；北三河出境水量占 75%～85%；辽河、大凌河出境水量占 90%～100%。以滦河流域为例，出境涵养京津水量占总径流量的 70%～87%；承德境内涵养水量仅占 13%～30%，包括水库截蓄量、河道基流量和用水耗水量。应对供水紧张措施，承德市区、平泉市正采取截流调蓄措施，如双峰寺水库（兴利 0.45 亿 m^3 库容）、“引哈入瀑” 工程等。

第2章　土地资源

2.1　林草湿土地利用动态变化

基于土地利用覆被变化，评估2000～2015年承德地区生态系统质量及服务变化特征，显示森林、灌丛和草地生态系统质量显著提升，66.56%的森林、55.65%的灌丛以及39.26%的草地生态系统质量得到不同程度的提高。

对研究区森林、灌丛和草地生态系统质量，采用相对生物量密度或相对植被覆盖度指数评估2000～2015年承德地区生态系统质量及服务变化特征。评估步骤分为3步：①基于气候条件、地形、土壤等因素，对生态系统立地条件进行分区；②确定参考生态系统及其生物量或者植被覆盖度；③基于生物量密度或者相对植被覆盖度评估生态系统质量。

评估结果表明，2000～2015年承德地区66.56%的森林、55.65%的灌丛以及39.26%的草地生态系统质量属于优等级，优等级比例显著提高，表明生态系统质量得到不同程度的提升（图2.1）。

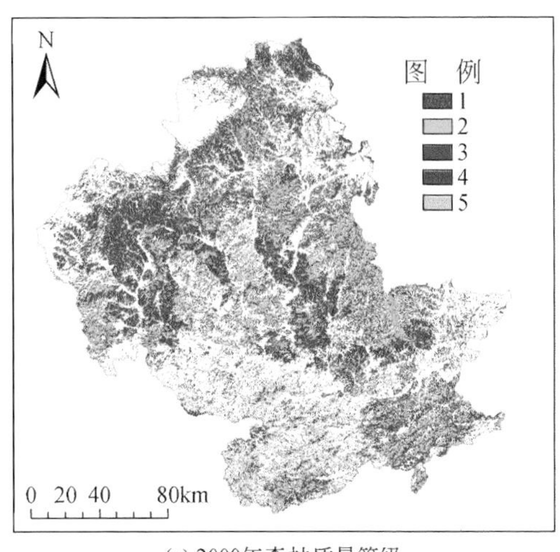

(a) 2000年森林质量等级

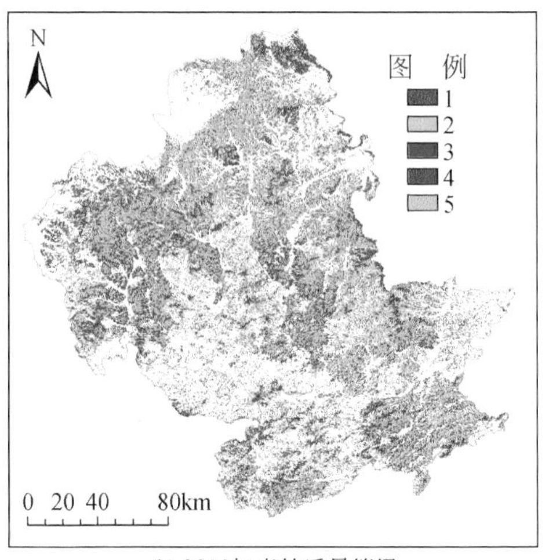

(b) 2015年森林质量等级

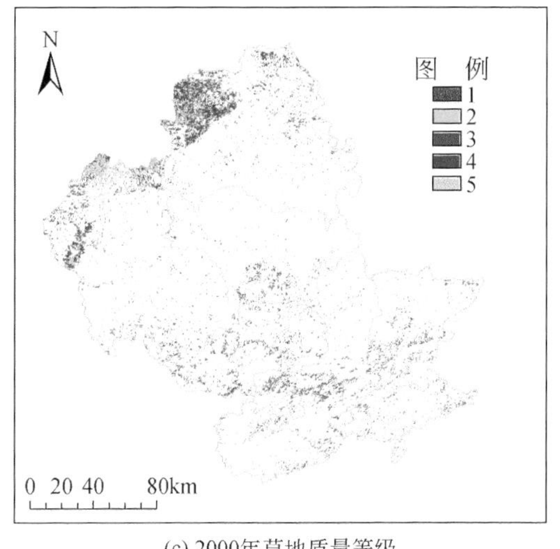

(c) 2000年草地质量等级

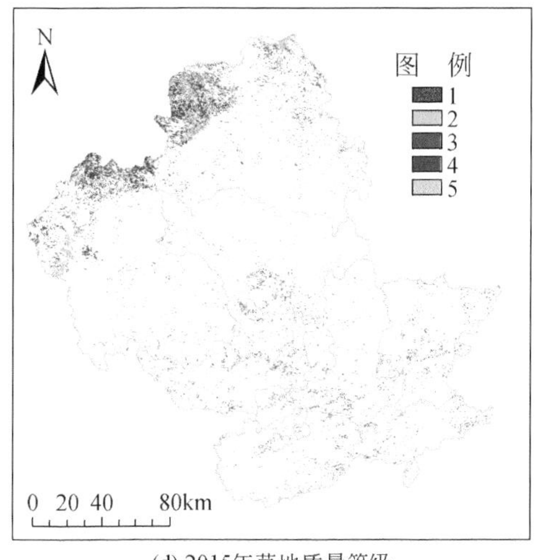

(d) 2015年草地质量等级

图2.1 承德地区森林、灌丛和草地生态系统质量动态变化图（2000～2015年）
1. 极差等级；2. 差等级；3. 中等级；4. 良等级；5. 优等级

2.2 有益与重金属元素特征

2.2.1 耕地地球化学有益元素分布特征

1. 土地质量地球化学背景特征

土壤形成过程分为“地质大循环”和“生物小循环”两个阶段，地质大循环发育形成土壤母质和初始土，决定了初始禀赋特征；成土母质经过漫长的生物小循环过程，会逐渐转变成可供高等生物生长的土壤。承德属于山区，浅山地区土壤多具有“定积母质”的特点，分布大量的初始土，因此成土母质和母岩与土壤的特性具有明显的继承作用。

利用地质建造划分不同的成土母质区，采集土壤样品，初步了解了承德地区土地质量地球化学背景特征（表2.1）：土壤养分地球化学综合等级以三级为主，K含量较高，N、P含量均呈不均匀分布；土壤环境地球化学综合等级二级以上占20%，整体属于清洁型，局部轻度污染；总体土地质量地球化学综合等级为三级（图2.2）。

2. 有益元素分布特征

承德属于浅山区，山地表生带土壤主要由基岩就近风化形成，土壤矿质营养元素地球化学亲缘性强，基岩建造地球化学属性决定土壤养分元素的原生背景特征。分析显示，土壤中Mn、Mo、Zn、Ge含量较高，二级以上占25%～50%以上；局部富集B、Se，二级以上占±10%（表2.2，图2.3）。不同矿质营养元素的分布与母岩的性质和矿物组分别具有明显的专属性：土壤中B、Mo、Zn元素含量主要分布于流纹岩、二长花岗岩等酸性岩浆岩，其次分布于粉砂质沉积岩；Se 元素含量主要分布于集片麻岩建造区，其次分布于二长花岗岩、粉砂岩、长石石英砂岩等；Ge 元素主要分布于流纹岩、钾长花岗岩母岩区；Mo 元素主要分布于流纹岩、二长花岗岩母岩区（图 2.4）。

表 2.1 承德地区土地质量地球化学背景特征表

等级	土壤养分地球化学综合等级		土壤环境地球化学综合等级		土地质量地球化学综合等级		pH		Mn	
	面积/km^2	占比/%	面积/km^2	占比/%	面积/km^2	占比/%	面积/km^2	占比/%	面积/km^2	占比/%
一	6.60	0.02	—	—	—	—	—	—	15379.77	21.20
二	5358.43	13.62	7961.38	20.24	—	—	8076.16	20.53	5576.82	21.14
三	18683.73	47.50	21256.45	54.04	7882.52	20.04	21602.50	54.92	4096.40	10.36
四	6175.37	15.70	1227.85	3.12	21335.32	54.24	1111.85	2.83	2911.54	11.21
五	9113.71	23.17	8892.16	22.60	10120.01	25.73	8547.33	21.73	11373.31	36.08

等级	B		Mo		Zn		Se		Ge	
	面积/km^2	占比/%	面积/km^2	占比/%	面积/km^2	占比/%	面积/km^2	占比/%	面积/km^2	占比/%
一	1496.32	3.80	10766.04	27.37	8340.99	21.20	—	—	4194.57	10.66
二	449.66	1.14	9461.45	24.05	8315.33	21.14	512.14	1.30	5681.36	14.44
三	1917.21	4.87	4817.13	12.25	4076.12	10.36	6583.59	16.74	8892.29	22.60
四	12236.16	31.11	2669.63	6.79	4411.60	11.21	10776.02	27.39	5788.50	14.71
五	23238.49	59.07	11623.58	29.55	14193.81	36.08	21466.09	54.57	14781.13	37.57

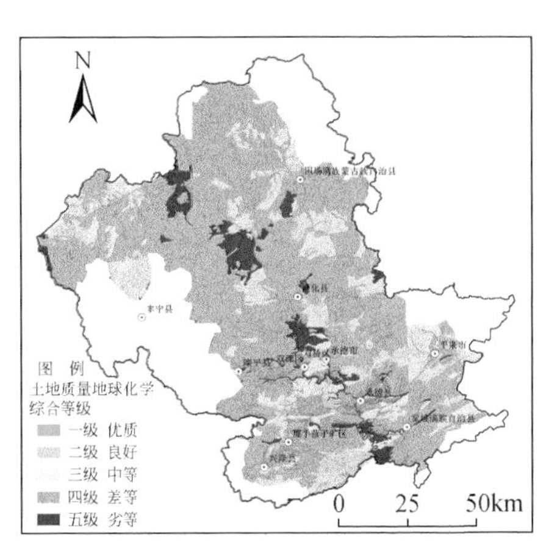

(a) 土地质量

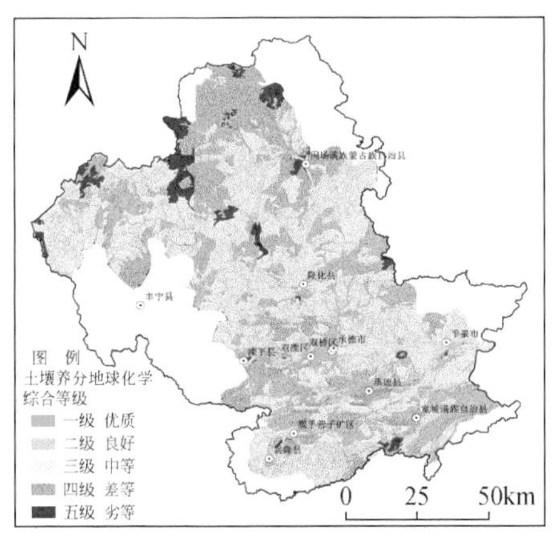

(b) 土壤养分

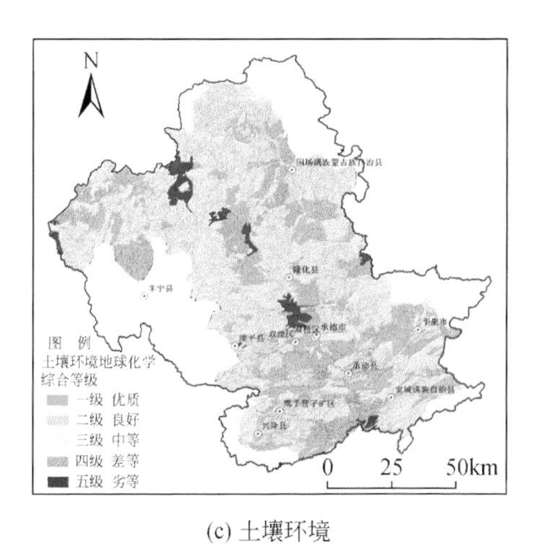

(c) 土壤环境

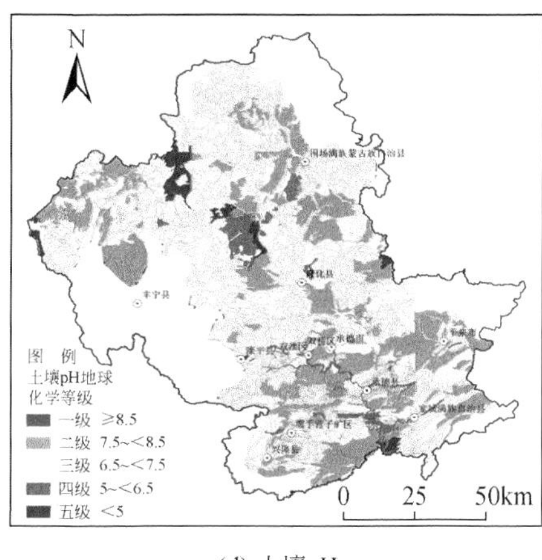

(d) 土壤pH

图 2.2 承德滦河流域土地质量图

表 2.2 承德地区不同岩性中元素含量占比统计表

成土母岩类型	B		Mo		Zn		Se		Ge		Mn	
	面积/km²	占比/%	面积/km²	占比/%	面积/km²	占比/%	面积/km²	占比/%	面积/km²	占比/%	面积/km²	占比/%
钾长花岗岩	7.66	0.51	607.31	5.64	690.97	8.28	15.20	2.97	514.33	12.26	1019.62	6.63
二长花岗岩	160.02	10.69	1897.96	17.63	1137.39	13.64	99.71	19.47	358.12	8.54	2475.65	16.10
闪长岩	35.81	2.39	402.31	3.74	326.53	3.91	30.11	5.88	92.90	2.21	976.55	6.35
基性岩	—	—	60.58	0.56	—	—	—	—	22.86	0.55	114.89	0.75
流纹岩	362.65	24.24	2109.38	19.59	1430.20	17.15	7.35	1.44	1262.31	30.09	3035.48	19.74
安山岩	—	—	585.66	5.44	270.81	3.25	—	—	157.36	3.75	602.06	3.91
粉砂岩	260.90	17.44	1028.80	9.56	1134.87	13.61	53.96	10.54	399.44	9.52	1604.48	10.43
页岩	66.71	4.46	248.26	2.31	154.10	1.85	14.85	2.90	80.28	1.91	297.12	1.93
长石石英砂岩	15.31	1.02	363.72	3.38	299.11	3.59	52.07	10.17	202.30	4.82	513.37	3.34
灰岩	123.38	8.25	335.50	3.12	565.18	6.78	36.18	7.06	66.18	1.58	835.37	5.43
白云岩	22.16	1.48	189.75	1.76	128.29	1.54	6.10	1.19	46.66	1.11	197.34	1.28
铁锰质白云岩	20.49	1.37	194.60	1.81	148.86	1.78	23.77	4.64	327.67	7.81	319.80	2.08
斜长片麻岩	114.27	7.64	347.37	3.23	343.21	4.11	151.91	29.66	102.12	2.43	572.03	3.72
二长片麻岩	11.50	0.77	478.53	4.44	543.66	6.52	9.76	1.91	158.28	3.77	1051.66	6.84
第四系	288.61	19.29	1445.12	13.42	794.59	9.53	—	—	299.04	7.13	1123.10	7.30
古近系-新近系	5.92	0.40	175.54	1.63	169.66	2.03	—	—	80.27	1.91	461.00	3.00

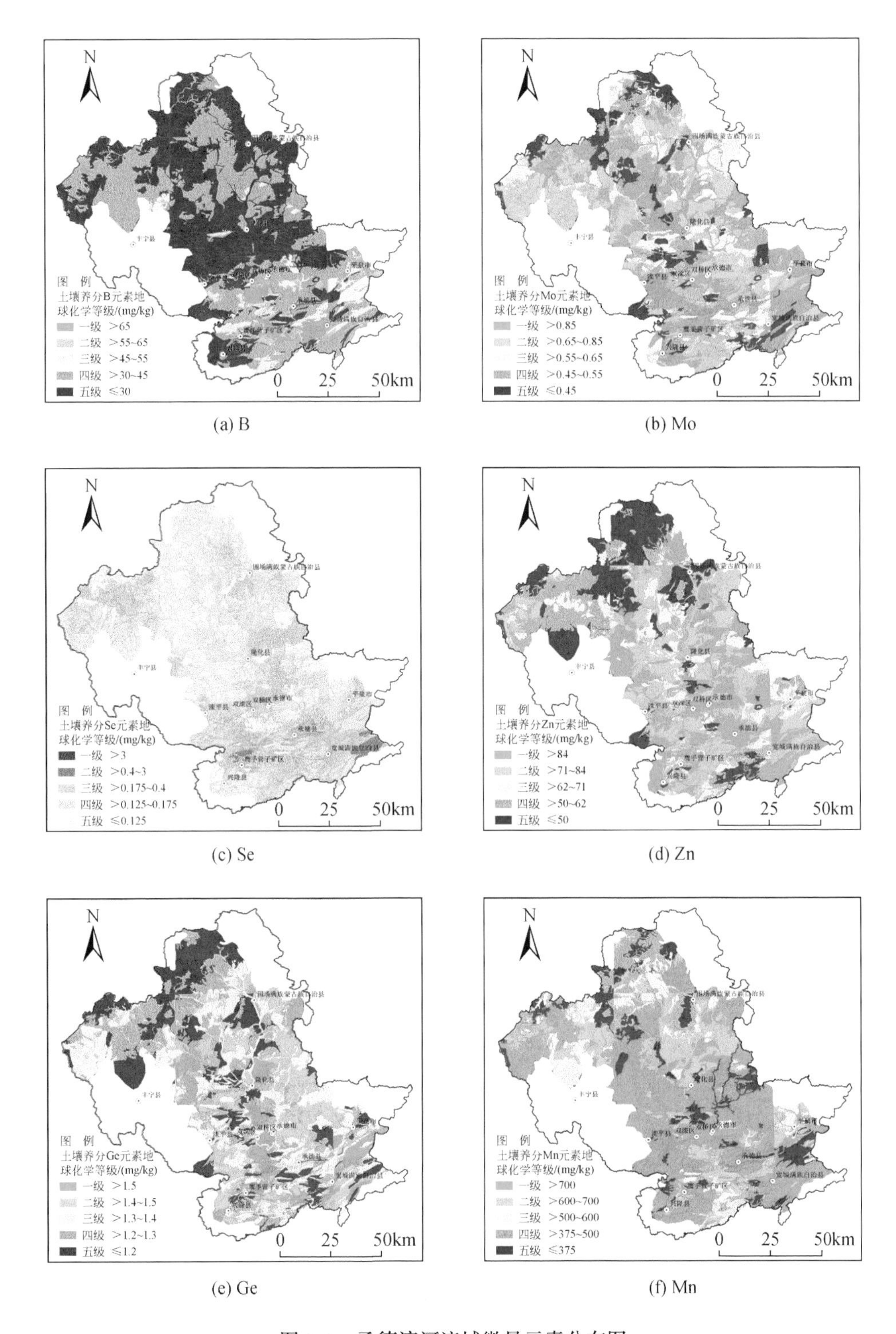

(a) B　　(b) Mo

(c) Se　　(d) Zn

(e) Ge　　(f) Mn

图 2.3　承德滦河流域微量元素分布图

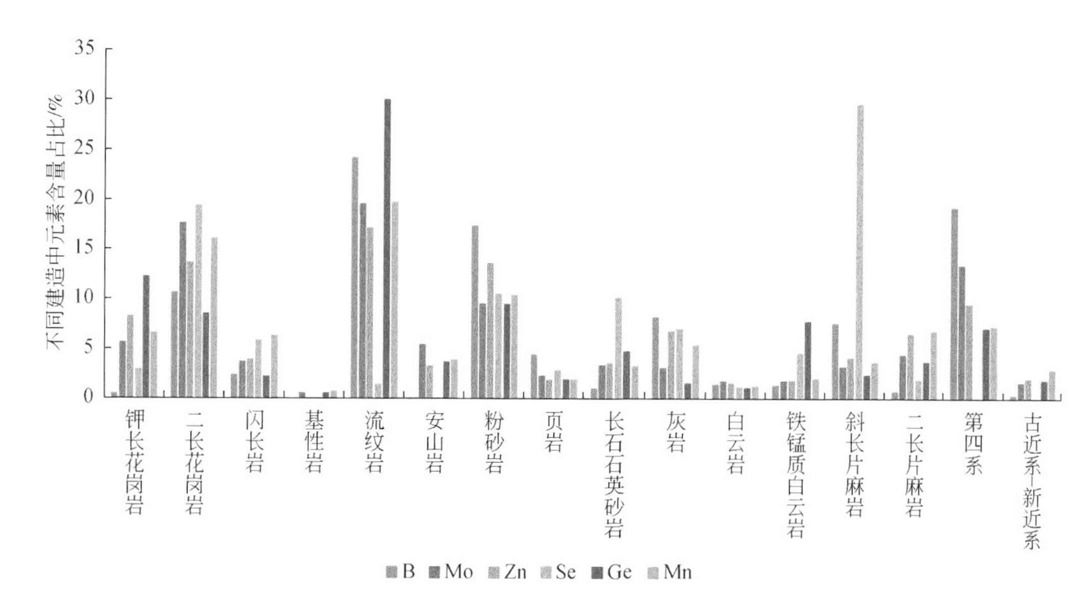

图2.4 承德滦河流域不同岩性中元素含量占比统计图

2.2.2 耕地地球化学重金属元素分布特征

根据《土壤环境质量农用地土壤污染风险管控标准（试行）》（GB 15618—2018）确定的农用地土壤污染风险筛选值，重金属超标主要集中在承德中部隆化县的伊逊河流域，流域pH为4.65～9.08，超过风险筛选值重金属元素为镉、铅、锌、铜、汞5种，其中镉超标点位最多，为53处，土壤镉含量范围为0.31～6.85mg/kg，最高含量为最低含量的56.5倍，平均值为0.18mg/kg。

土壤中的镉主要来源于成土母质、降水、降尘、灌溉、地下水（通过毛细管作用上升于土体上部）等自然因素，以及化学肥料中的含镉杂质、杀虫剂带入、垃圾等人为因素。承德地区重金属元素异常区位于铅、锌、银多金属成矿带，出露多处铅、锌多金属矿床（点），已圈定超标土壤点多集中分布于矿床（点）的周围或者水系下游，空间分布具有一定的空间耦合性。研究表明，该地区的铅、锌、银多金属矿床属于与火山作用有关的中低温浅层热液型，富含金属矿物主要为方铅矿、闪锌矿、黄铁矿，部分矿化体中可见黄铜矿、白铅矿、辉银矿等硫化物矿物，重金属元素和部分健康营养元素同时赋存在硫化物矿物（特别是黄铁矿），容易发生“类质同象”作用，形成硒、镉等矿质元素伴生。

第3章　矿 产 资 源

3.1　矿产资源现状

承德市矿产资源丰富，是河北省矿产资源和矿业开发大市之一。全市已发现矿产90种，已探明储量的矿种59种，已开发利用的有52种。其中，油页岩、钒、钛、金、银、铂、钯、铅、锌、钼、磷、萤石等储量居全省首位；铁、铜、锌、硫铁、沸石等储量居全省第二。累计探明固体矿产资源储量为89亿t，保有资源储量为63亿t，远景资源储量为100亿t以上，潜在价值为6.5万亿元以上。钒钛磁铁矿是承德的特色矿产，钒钛资源储量占全国40%以上，是中国北方最大的钒钛磁铁矿基地。承德市可再生能源丰富，风能、太阳能、地热均具备开发优势。

承德市油页岩、地热资源储量可观，但开发利用程度很低。市域范围内能源矿产主要有煤炭、油页岩及地热3种。煤炭保有储量为1.6亿t，煤种以气煤、肥煤为主，煤产地有33处，分布在全市8个县（市）和鹰手营子矿区，其中煤质好、储量较大的煤产地主要在市区东部和南部的平泉市、兴隆县、宽城县、承德县和鹰手营子矿区，目前已开发利用30处。除宽城县、兴隆县外，其他县（市、区）均发现油页岩矿床，但储量大、品位高的主要分布在围场县及丰宁县一带，总储量为2.4亿t，质量以二级、三级为主，即含油4%~7%。承德市地热资源均分布在市区北部，目前已发现地热泉水9处，主要在围场县、隆化县、丰宁县、滦平县、承德县境内，地热多以热矿泉的形式出露，由于各种原因，热矿泉开发利用程度很低，除滦平县关门山热泉已开发饮用天然矿泉水外，其余均用于医疗，但只有丰宁县洪汤寺和承德县头沟建有疗养院，许多热矿泉处于任其自流状态。

承德市矿产地数量多，但绝大部分为小型矿山。承德市内已探明矿产地353处，其中大型矿产地17处、中型矿产地100处、小型矿产地236处，分别占比4.8%、28.3%和66.9%。丰宁县和承德县分布矿山较多，分别占总比的15.4%和13.7%，其余县（区）占比多在9.4%~12%。承德市矿业权共计847个，其中采矿权688个、探矿权159个。按采矿权矿种分，非金属矿占46.6%，铁矿占31.7%，金矿占14.1%；按探矿权矿种分，金矿占31.4%，铁矿占18.2%，非金属矿占10.0%，钼矿及银矿各占7.4%。

承德市主要矿产资源储量见表3.1，矿产资源分布见图3.1。

表3.1　承德市主要矿产资源储量统计表　（单位：万t）

序号	矿种	储量	基础储量	资源量	资源总量
1	煤炭	907.1	6071.6	3907.2	9978.8
2	油页岩	1564.6	2093.1	8723.1	10816.2
3	铁矿	3980.7	41261.3	25209.7	49241.8

续表

序号	矿种	储量	基础储量	资源量	资源总量
4	超贫磁铁矿	—	125627.8	117639.9	246268.3
5	铬矿	—	7.6	19.0	26.6
6	铜矿	0.3	12.0	2.1	14.1
7	钒矿（V_2O_5）	12.2	17.6	26.6	44.2
8	钛矿（TiO_2）	310.1	499.3	1006.7	1506.1
9	铅矿	4.3	13.4	27.8	41.1
10	锌矿	28.5	46.5	78.5	125.0
11	钼矿	0.4	6.0	28.3	34.3
12	金矿	1.9×10^{-4}	21.8×10^{-4}	27.8×10^{-4}	49.6×10^{-4}
13	银矿	322.7×10^{-4}	1164.8×10^{-4}	2690.7×10^{-4}	3855.5×10^{-4}
14	镁矿	98.4	103.6	125.1	228.7
15	黑钨矿（WO_3）	—	—	816×10^{-4}	816×10^{-4}
16	铂矿	—	—	8.6×10^{-4}	8.6×10^{-4}
17	钯矿	—	—	1.9×10^{-4}	1.9×10^{-4}
18	铍矿（BeO）	—	—	11×10^{-4}	11×10^{-4}
19	硫铁矿	675.2	2832.1	1326.7	4158.8

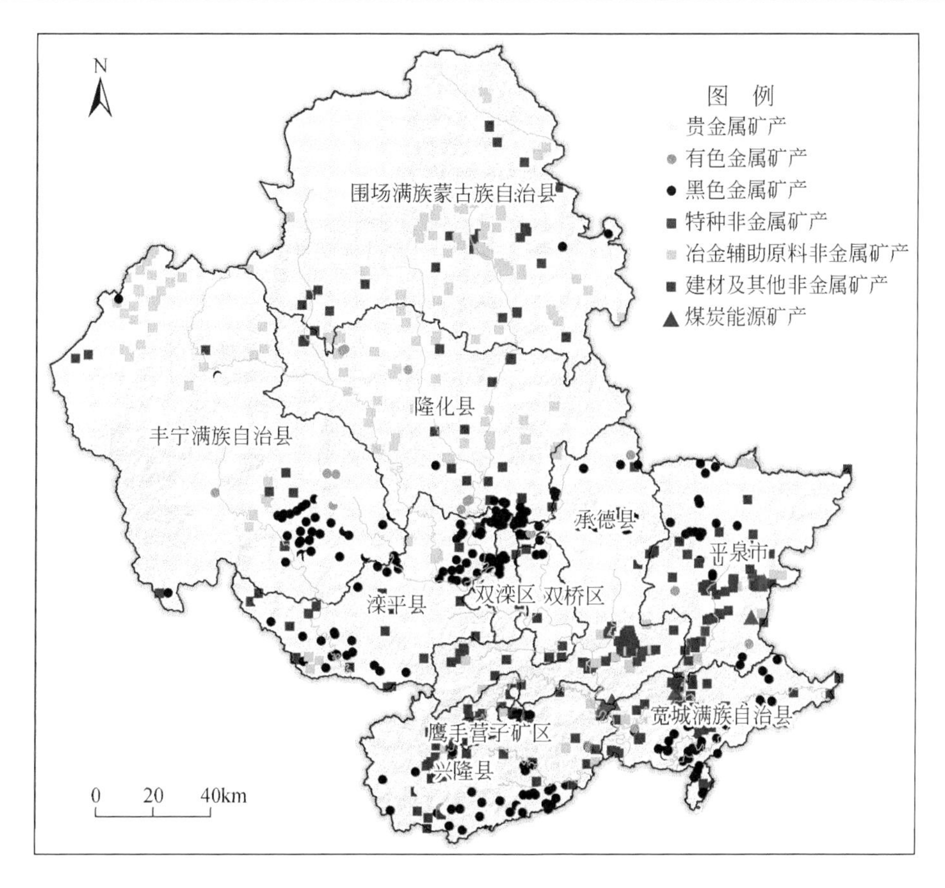

图3.1 承德市矿产资源分布图

3.2 矿山环境与尾矿库

承德市矿山占用破坏土地面积约 2.42 万 hm^2（$1hm^2=1$ 万 m^2），废水年产出量约 3.6 亿 m^3，矿山固体废弃物多年累计积存量近 5 亿 t。以非金属、金矿、铁矿和煤矿为主，集中在丰宁县、宽城县、平泉市和隆化县等。承德市工矿废弃地共 6128 处，面积约 142km^2，主要分布在丰宁县、宽城县、滦平县和隆化县等。全市共有尾矿库 1344 处，其中铁矿尾矿库，占 75%，尾矿积存量近 4 亿 t，集中在滦平县、隆化县和承德县等。

通过对承德市 764 处尾矿库现状的调查，发现已开展生态修复或开发利用的尾矿库占全市总数的 55%。承德市尾矿库资源利用模式主要有以下 6 种：

模式一：作为建筑材料。

利用尾矿库资源作为建筑材料的占到全部尾矿的 25%，主要为利用尾矿砂、尾矿石作为混凝土骨料、制砖原料、公路路基及一般民用建筑地基处理填料等。优点是能够有效解决尾矿库的占地问题，大大减少尾砂入库堆存，有效降低安全隐患风险，而且可取得相应的经济效益、良好的环境效益和社会效益；缺点是存在运输成本高、缺少相关的技术应用标准及体系等一系列问题。

模式二：作为原材料，深度提取稀有矿物。

少数尾矿库资源可作为原材料，经二次加工，深度提取稀有矿物（如钒钛制品），作为精细陶瓷、优质微孔硅酸钙等绝缘材料，以及橡胶、塑料、油漆、涂料等填料。优点是能够实现资源的再次充分利用，能够节约资源；缺点是提取成本较高，提取技术相对不成熟。

模式三：作为光伏发电场地。

在已开发利用的尾矿库资源中，有少数安装了大量光伏发电板。优点是有效利用已占用的土地资源，节约资金，便于开发；缺点是不能从根本上解决尾矿库引发的地质环境问题。

模式四：作为垃圾填埋场地。

调查发现，在已开发利用的尾矿库资源中，有少数未达到设计库容而停产的尾矿库转为生活垃圾填埋场。优点是有效利用已占用的土地资源；缺点是不能有效解决尾矿库引发的地质环境问题，若没有做好防渗等环节，可能对环境带来二次污染。

模式五：作为填料，改良土壤。

有少数富含磷、铁的尾矿资源作为土壤改良的填料，起到增加土壤肥力的效果。优点是能够充分利用尾矿库资源；缺点是用量小，不能有效解决尾矿库占地及其引发的地质环境问题。

模式六：进行原位复垦绿化。

利用尾矿库资源进行原位复垦绿化，种植杨树、松树、玉米、沙棘、苜蓿草等经济作物，占到已开发利用的 65%。优点是节约资金，便于开发，土地资源有效再利用；缺点是尾矿库中可能存在重金属、石油烃等对人体有害且易迁移的污染物，食用类经济作物产品可能存在食品安全风险。

第4章　地质遗迹资源

4.1　地质遗迹资源类型

承德市内地质遗迹资源丰富，包含地质遗迹2大类（基础地质大类和地貌景观大类）、9类（地层剖面、岩石剖面、构造剖面、重要化石产地、重要岩矿石产地、岩土体地貌、水体地貌、火山地貌、构造地貌）、22亚类［层型（典型剖面）、侵入岩剖面、变质岩剖面、褶皱与变形、断裂、古人类化石产地、古生物群化石产地、古植物化石产地、古动物化石产地、古生物遗迹化石产地、典型矿床类露头、矿业遗址、碳酸盐岩地貌（岩溶地貌）、侵入岩地貌、碎屑岩地貌、河流（景观带）、湿地（沼泽）、瀑布、泉、火山机构、火山岩地貌和峡谷（断层崖）］，合计109处（图4.1，表4.1）。

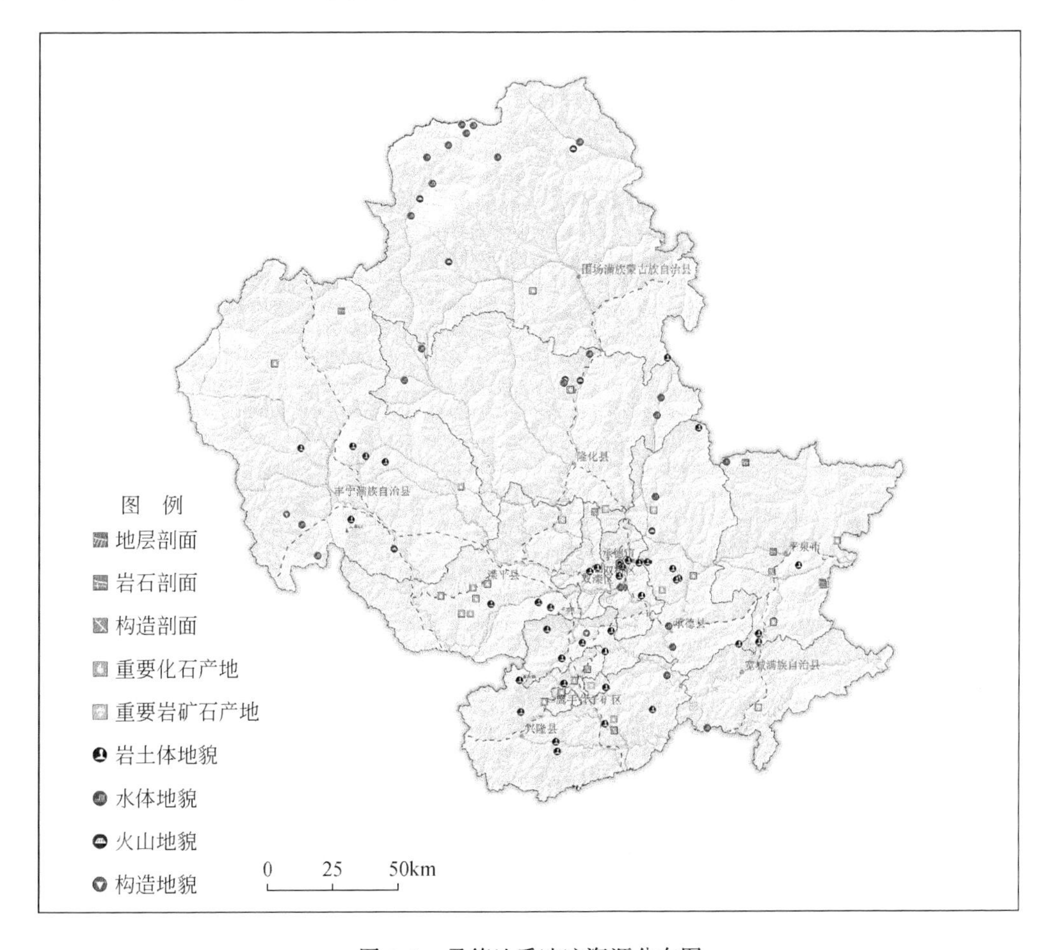

图4.1　承德地质遗迹资源分布图

表 4.1　承德市地质遗迹类型一览表

大类（Ⅰ）	类（Ⅱ）	亚类（Ⅲ）	数量/处	典型地质遗迹
基础地质大类	地层剖面	层型（典型剖面）	3	丰宁早白垩世青石砬组地层层型剖面
	岩石剖面	侵入岩剖面	1	平泉光头山晚三叠世斑状碱长花岗岩侵入岩剖面
		变质岩剖面	1	平泉西坝新太古代变质辉石正长岩变质岩剖面
	构造剖面	褶皱与变形	1	平泉王杖子背斜褶皱与变形
		断裂	4	双滦元宝山大断裂
	重要化石产地	古人类化石产地	2	平泉化子洞古人类化石
		古生物群化石产地	6	丰宁四岔口热河生物群化石产地
		古植物化石产地	2	营子寿王坟中侏罗世古植物化石产地
		古动物化石产地	3	滦平井上古动物化石产地
		古生物遗迹化石产地	4	滦平大桥木沟恐龙足迹古生物遗迹化石产地
	重要岩矿石产地	典型矿床类露头	3	高寺台黑山岩浆岩型铁矿产地
		矿业遗址	2	兴隆寿王坟铜矿矿业遗址
地貌景观大类	岩土体地貌	碳酸盐岩地貌（岩溶地貌）	16	兴隆溶洞碳酸盐岩地貌
		侵入岩地貌	12	承德北大山侵入岩地貌
		碎屑岩地貌	13	双塔山丹霞地貌
	水体地貌	河流（景观带）	4	兴隆滦河河流
		湿地（沼泽）	7	围场七星湖湿地
		瀑布	2	承德滴水崖瀑布
		泉	14	丰宁洪汤寺温泉
	火山地貌	火山机构	3	围场哈字村早白垩世破火山火山机构
		火山岩地貌	4	围场山湾子新鼎矿业玄武岩柱火山岩地貌
	构造地貌	峡谷（断层崖）	2	丰宁燕山大峡谷

承德市地质遗迹整体评价较高，包括世界级 3 处、国家级 14 处、省级 64 处、省级以下 28 处。已建成国家级地质公园 2 处：丹霞地貌国家地质公园和兴隆国家地质公园，省级地质公园 1 处：莲花山省级地质公园。

承德市内地质遗迹各类中，数量最多的为岩土体地貌 41 处，占总数的 37.61%，水体地貌 27 处，占总数的 24.77%，重要化石产地 17 处，占总数的 15.60%；数量较少的为构造地貌 2 处、岩石剖面 2 处和地层剖面 3 处，此 3 类地质遗迹数量总和占总数的 6.42%（图 4.2）。亚类最多的为 16 处碳酸盐岩地貌、12 处侵入岩地貌、13 处碎屑岩地貌和 14 处泉，此 4 亚类数量总和占总数的 50.46%；而侵入岩剖面、变质岩剖面、褶皱与变形、古冰川遗迹亚类数量最少，均为 1 处。从地质遗迹数量角度分析，承德市内重要地质遗迹为碳酸盐岩地貌、侵入岩地貌、碎屑岩地貌和泉。

参照《地质遗迹调查规范》（DZ/T 0303—2017）中对地质遗迹大类、类、亚类的分级，对承德市 109 处地质遗迹进行排序，从基础地质大类的地层剖面类的层型亚类到地貌景观大类的构造地貌的峡谷（断层崖）逐一进行排序编号（表 4.2）。

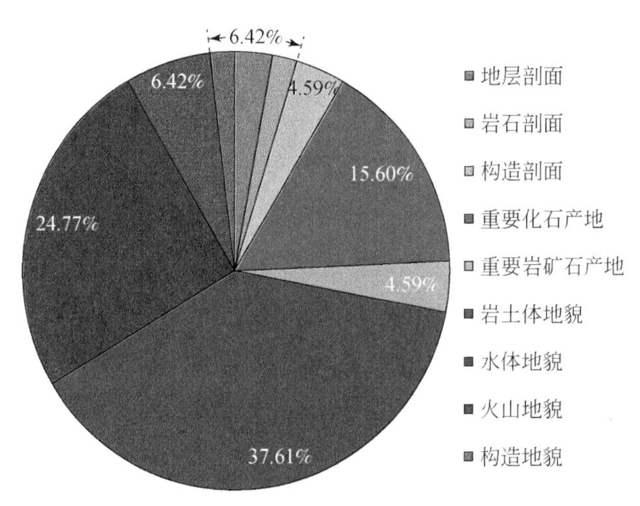

图 4.2　承德市地质遗迹各类占比关系图

表 4.2　承德市地质遗迹保护名录表

编号	名称	类型	亚类	级别	地层年代
CD01	河北承德丰宁早白垩世青石砬组地层层型剖面	地层剖面	层型（典型）剖面	省级	白垩纪
CD02	河北承德平泉早三叠世刘家沟组和尚沟组地层次层型剖面	地层剖面	层型（典型）剖面	省级	三叠纪
CD03	河北承德平泉山湾子三叠纪孙家沟组地层次层型剖面	地层剖面	层型（典型）剖面	省级	二叠纪
CD04	河北承德平泉光头山晚三叠世斑状碱长花岗岩侵入岩剖面	岩石剖面	侵入岩剖面	省级	晚三叠世
CD05	河北承德平泉西坝新太古代变质辉石正长岩变质岩剖面	岩石剖面	变质岩剖面	省级	新太古代
CD06	河北承德平泉王杖子背斜褶皱与变形	构造剖面	褶皱与变形	省级	长城纪
CD07	河北承德兴隆高板河中元古代海底烟囱断裂	构造剖面	断裂	国家级	中元古代
CD08	河北承德大庙-娘娘庙区域断裂	构造剖面	断裂	省级	新太古代
CD09	河北承德古北口-杨树岭区域断裂	构造剖面	断裂	省级	中元古代
CD10	河北承德双滦元宝山大断裂	构造剖面	断裂	省级	侏罗纪
CD11	河北承德平泉化子洞古人类化石	重要化石产地	古人类化石产地	省级	元古宙
CD12	河北承德四方洞古人类化石遗址	重要化石产地	古人类化石产地	省级	奥陶纪
CD13	河北承德滦平张家沟门热河生物群古生物群化石产地	重要化石产地	古生物群化石产地	省级	侏罗纪
CD14	河北承德滦平早白垩世热河生物群古生物群化石产地	重要化石产地	古生物群化石产地	省级以下	早白垩世
CD15	河北承德丰宁四岔口热河生物群化石产地	重要化石产地	古生物群化石产地	世界级	晚侏罗世—早白垩世
CD16	河北承德丰宁洞山热河生物群化石产地	重要化石产地	古生物群化石产地	省级以下	早白垩世

续表

编号	名称	类型	亚类	级别	地层年代
CD17	河北承德平泉杨树岭热河生物群古生物群化石产地	重要化石产地	古生物群化石产地	省级	白垩纪
CD18	河北承德围场半截塔热河生物群古生物群化石产地	重要化石产地	古生物群化石产地	省级	白垩纪
CD19	河北承德隆化硅化木群古植物化石产地	重要化石产地	古植物化石产地	省级	白垩纪九佛堂期
CD20	河北承德营子寿王坟中侏罗世古植物化石产地	重要化石产地	古植物化石产地	省级以下	中侏罗世
CD21	河北承德滦平井上古动物化石产地	重要化石产地	古动物化石产地	省级以下	早白垩世
CD22	河北承德营子北马圈子寒武纪—奥陶纪古动物化石产地	重要化石产地	古动物化石产地	省级以下	寒武纪—奥陶纪
CD23	河北承德铃铛木沟古动物化石产地	重要化石产地	古动物化石产地	省级以下	中侏罗世
CD24	河北承德热河足印古生物遗迹化石产地	重要化石产地	古生物遗迹化石产地	省级以下	晚侏罗世
CD25	河北承德滦平大桥木沟恐龙足迹古生物遗迹化石产地	重要化石产地	古生物遗迹化石产地	省级	早白垩世
CD26	河北承德滦平桑园恐龙足迹古生物遗迹化石产地	重要化石产地	古生物遗迹化石产地	省级以下	侏罗纪
CD27	河北承德孟家院恐龙足迹化石产地	重要化石产地	古生物遗迹化石产地	省级	后城期
CD28	河北承德高寺台黑山岩浆岩型铁矿产地典型矿床类露头	重要岩矿石产地	典型矿床类露头	国家级	中元古代
CD29	河北承德宽城峪耳崖金矿产地典型矿床类露头	重要岩矿石产地	典型矿床类露头	省级	燕山期
CD30	河北承德头沟岩浆贯入型铁矿产地典型矿床类露头	重要岩矿石产地	典型矿床类露头	国家级	中元古代
CD31	河北承德兴隆寿王坟铜矿矿业遗址	重要岩矿石产地	矿业遗址	省级	震旦纪
CD32	河北承德滦平东沟古冶铁矿业遗址	重要岩矿石产地	矿业遗址	省级	新元古代
CD33	河北承德平泉龙女洞岩溶洞穴	岩土体地貌	碳酸盐岩地貌	省级	中元古代
CD34	河北承德兴隆十里画廊碳酸盐岩地貌	岩土体地貌	碳酸盐岩地貌	省级	元古宙
CD35	河北承德兴隆兴隆山碳酸盐岩地貌	岩土体地貌	碳酸盐岩地貌	省级	元古宙
CD36	河北承德兴隆兴隆溶洞碳酸盐岩地貌	岩土体地貌	碳酸盐岩地貌	国家级	古生代
CD37	河北承德兴隆姚栅子溶洞碳酸盐岩地貌	岩土体地貌	碳酸盐岩地貌	省级以下	奥陶纪
CD38	河北承德兴隆蘑菇峪溶洞碳酸盐岩地貌	岩土体地貌	碳酸盐岩地貌	省级以下	元古宙
CD39	河北承德狐狸窝溶洞碳酸盐岩地貌	岩土体地貌	碳酸盐岩地貌	省级以下	元古宙
CD40	河北承德响洞子溶洞碳酸盐岩地貌	岩土体地貌	碳酸盐岩地貌	省级以下	高于庄期
CD41	河北承德天奇洞溶洞碳酸盐岩地貌	岩土体地貌	碳酸盐岩地貌	国家级	铁岭期
CD42	河北承德叮当洞溶洞碳酸盐岩地貌	岩土体地貌	碳酸盐岩地貌	省级	雾迷山期
CD43	河北承德半砬山溶洞碳酸盐岩地貌	岩土体地貌	碳酸盐岩地貌	省级以下	高于庄期
CD44	河北承德龙潭溶洞碳酸盐岩地貌	岩土体地貌	碳酸盐岩地貌	省级以下	寒武纪

续表

编号	名称	类型	亚类	级别	地层年代
CD45	河北承德刘杖子平顶山碳酸盐岩地貌	岩土体地貌	碳酸盐岩地貌	省级以下	高于庄期
CD46	河北承德平泉塞北小黄山碳酸盐岩地貌	岩土体地貌	碳酸盐岩地貌	省级以下	蓟县纪 雾迷山期
CD47	河北承德平泉飞云双洞碳酸盐岩地貌	岩土体地貌	碳酸盐岩地貌	省级以下	震旦纪 雾迷山期
CD48	河北承德营子神龙山碳酸盐岩地貌	岩土体地貌	碳酸盐岩地貌	省级	蓟县纪
CD49	河北承德北大山侵入岩地貌	岩土体地貌	侵入岩地貌	省级	晚古生代
CD50	河北承德丰宁云雾山花岗岩侵入岩地貌	岩土体地貌	侵入岩地貌	省级	中元古代
CD51	河北承德滦平百草洼海豹吞天侵入岩地貌	岩土体地貌	侵入岩地貌	省级	中元古代
CD52	河北承德滦平百草洼石海侵入岩地貌	岩土体地貌	侵入岩地貌	省级	中元古代
CD53	河北承德滦平百草洼花岗岩侵入岩地貌	岩土体地貌	侵入岩地貌	省级	中元古代
CD54	河北承德丰宁庙沟老鹰孵蛋侵入岩地貌	岩土体地貌	侵入岩地貌	省级	中生代
CD55	河北承德丰宁石门沟门莲花苞侵入岩地貌	岩土体地貌	侵入岩地貌	省级	中生代
CD56	河北承德隆化茂荆坝金蝉拜佛侵入岩地貌	岩土体地貌	侵入岩地貌	省级	中生代
CD57	河北承德兴隆雾灵山侵入岩地貌	岩土体地貌	侵入岩地貌	国家级	燕山期
CD58	河北承德丰宁平顶山花岗岩地貌	岩土体地貌	侵入岩地貌	省级	中侏罗世
CD59	河北承德丰宁喇嘛山侵入岩地貌（壶穴遗迹）	岩土体地貌	侵入岩地貌	省级	中侏罗世
CD60	河北承德磬锤峰丹霞地貌	岩土体地貌	碎屑岩地貌	世界级	侏罗纪
CD61	河北承德蛤蟆石丹霞地貌	岩土体地貌	碎屑岩地貌	国家级	侏罗纪
CD62	河北承德双塔山丹霞地貌	岩土体地貌	碎屑岩地貌	世界级	侏罗纪
CD63	河北承德帽盔山碎屑岩地貌	岩土体地貌	碎屑岩地貌	国家级	侏罗纪
CD64	河北承德罗汉山丹霞地貌	岩土体地貌	碎屑岩地貌	省级	侏罗纪
CD65	河北承德僧帽山丹霞地貌	岩土体地貌	碎屑岩地貌	省级	侏罗纪
CD66	河北承德兴隆天子山碎屑岩地貌	岩土体地貌	碎屑岩地貌	省级	长城纪
CD67	河北承德双桥夹墙沟丹霞地貌	岩土体地貌	碎屑岩地貌	国家级	侏罗纪
CD68	河北承德滦平碧霞山丹霞地貌	岩土体地貌	碎屑岩地貌	省级	晚侏罗世
CD69	河北承德鸡冠山丹霞地貌	岩土体地貌	碎屑岩地貌	国家级	侏罗纪
CD70	河北承德朝阳洞丹霞地貌	岩土体地貌	碎屑岩地貌	国家级	侏罗纪
CD71	河北承德天桥山丹霞地貌	岩土体地貌	碎屑岩地貌	国家级	侏罗纪
CD72	河北承德酒篓山丹霞地貌	岩土体地貌	碎屑岩地貌	国家级	侏罗纪
CD73	河北承德双滦元宝山丹霞地貌	岩土体地貌	碎屑岩地貌	省级	侏罗纪
CD74	河北承德兴隆滦河河流	水体地貌	河流	省级	第四纪
CD75	河北承德围场滦河源头河流	水体地貌	河流	省级	第四纪
CD76	河北承德柳河河流	水体地貌	河流	省级以下	寒武纪— 第四纪
CD77	河北承德宽城潘家口水库	水体地貌	河流	国家级	长城纪

续表

编号	名称	类型	亚类	级别	地层年代
CD78	河北承德滦河武烈河湿地	水体地貌	湿地	省级	喜马拉雅期
CD79	河北承德武烈河湿地	水体地貌	湿地	省级	喜马拉雅期
CD80	河北承德围场月亮湖湿地	水体地貌	湿地	省级	第四纪
CD81	河北承德围场太阳湖湿地	水体地貌	湿地	省级	第四纪
CD82	河北承德围场桃山湖湿地	水体地貌	湿地	省级	第四纪
CD83	河北承德围场泰丰湖湿地	水体地貌	湿地	省级	第四纪
CD84	河北承德围场七星湖湿地	水体地貌	湿地	省级	第四纪
CD85	河北承德隆化串珠状瀑布	水体地貌	瀑布	省级	晚侏罗世
CD86	河北承德滴水崖瀑布	水体地貌	瀑布	省级	奥陶纪
CD87	河北承德平泉二全地温泉	水体地貌	泉	省级以下	第四纪
CD88	河北承德头沟温泉	水体地貌	泉	省级	第四纪
CD89	河北承德隆化三道营温泉	水体地貌	泉	省级	第四纪
CD90	河北承德平泉黄土梁子辽河源头泉	水体地貌	泉	省级	第四纪
CD91	河北承德隆化茂荆坝温泉	水体地貌	泉	省级	太古宙
CD92	河北承德隆化七家温泉	水体地貌	泉	省级	太古宙
CD93	河北承德隆化天诚西大坝温泉	水体地貌	泉	省级以下	早白垩世
CD94	河北承德隆化天诚漠河沟温泉	水体地貌	泉	省级以下	太古宙
CD95	河北承德围场山湾子沐园地热温泉	水体地貌	泉	省级	早侏罗世
CD96	河北承德围场国营御道口牧场地热温泉	水体地貌	泉	省级以下	第四纪 汉诺坝期
CD97	河北承德围场信合地产地热温泉	水体地貌	泉	省级以下	白垩纪
CD98	河北承德丰宁太和杨树沟地热温泉	水体地貌	泉	省级以下	元古宙
CD99	河北承德隆化茂荆坝武烈河源头泉	水体地貌	泉	省级以下	中生代
CD100	河北承德丰宁洪汤寺温泉	水体地貌	泉	省级	早元古代
CD101	河北承德围场哈字村早白垩世破火山火山机构	火山地貌	火山机构	省级	早白垩世
CD102	河北承德围场压岱山裂隙火山口火山机构	火山地貌	火山机构	省级	第四纪 汉诺坝期
CD103	河北承德隆化莲花山破火山口火山机构	火山地貌	火山机构	省级	晚侏罗世— 早白垩世
CD104	河北承德隆化玄武岩穹火山岩地貌	火山地貌	火山岩地貌	省级	新近纪 喜马拉雅期
CD105	河北承德丰宁白云古洞火山岩地貌	火山地貌	火山岩地貌	省级	侏罗纪
CD106	河北承德围场山湾子新鼎矿业玄武岩柱火山岩地貌	火山地貌	火山岩地貌	省级	第四纪 汉诺坝期
CD107	河北承德大黑山火山岩地貌	火山地貌	火山岩地貌	省级以下	侏罗纪
CD108	河北承德丰宁燕山大峡谷	构造地貌	峡谷	省级以下	侏罗纪 白旗期
CD109	河北承德玉带山断层崖	构造地貌	断层崖	省级以下	常州沟期

4.1.1　基础地质大类

承德市内有基础地质大类地质遗迹32处，分为地层剖面、岩石剖面、构造剖面、重要化石产地和重要岩矿石产地5类（图4.3）。其中，重要化石产地所占数量最多，共17处，占比53.13%，包含的亚类最为齐全。重要化石产地主要分布在承德市的丰宁县、滦平县、平泉县和围场县，包含了四方洞等古人类遗迹化石产地、滦平大桥木沟恐龙足迹四岔口等古生物遗迹化石产地、隆化硅化木群古植物化石产地、滦平井上古动物化石产地、丰宁四岔口热河生物群等古生物群化石产地，赋存的地层为晚侏罗世到早白垩世泥岩、粉砂质泥岩。

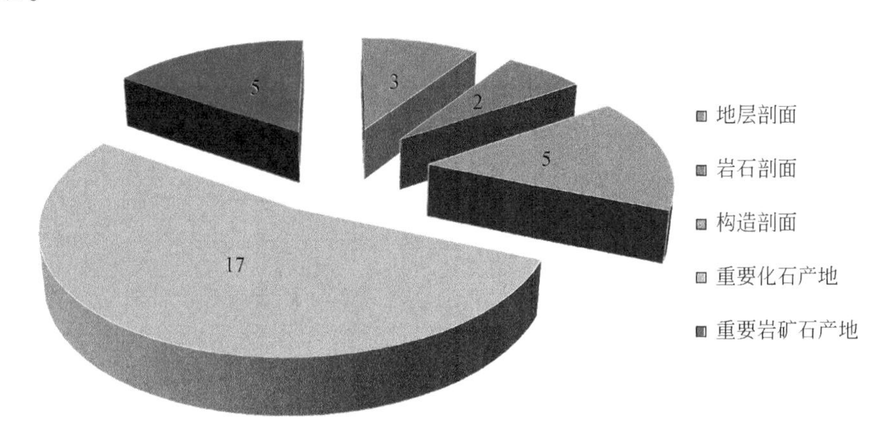

图4.3　基础地质大类地质遗迹数量分布图（单位：处）

基础地质大类地质遗迹亚类包含层型、侵入岩剖面、变质岩剖面、褶皱与变形、断裂、古人类化石产地、古生物群化石产地、古植物化石产地、古动物化石产地、古生物遗迹化石产地、典型矿床类露头和矿业遗址12亚类（图4.4）。数量较多的亚类为古生物群化石产地，产出中生代晚侏罗世到早白垩世的热河生物群化石，包含满洲龟、小盗龙、满洲鳄、蝾螈、河虾、鹦鹉嘴龙、中华鲟鱼、中华潜龙、刘氏原白鲟、蜻蜓、蜘蛛、古蝉、亚洲枝脉蕨、苏铁、密叶松型枝等多种化石，种类涵盖了恐龙、蜥蜴、鸟类、哺乳类、鱼类、叶肢介、介形虫、双壳类、腹足类、蛛形类、昆虫、植物等。热河生物群的发现和研究，解决了很多古生物学的难题，主要分布在辽西、冀北（承德地区）和内蒙古东部地区，承德地区的化石极大地丰富了热河生物群的门类和数量。与辽西朝阳地区相比，承德地区的化石具有岩石颗粒更细、保存程度更高的特点，特别是丰宁地区华美金凤鸟的发现，是首个伤齿龙类长有羽毛的证据，它的发现是国际鸟类起源研究中的一件大事。

基础地质大类地质遗迹等级涵盖世界级、国家级、省级和省级以下（图4.5）。其中世界级的为古生物群化石产地中的丰宁化石产地，此地发现了华美金凤鸟。国家级的主要为重要岩矿石产地，是沿大庙-娘娘庙深断裂衍生的钒钛磁铁矿典型矿床类露头。

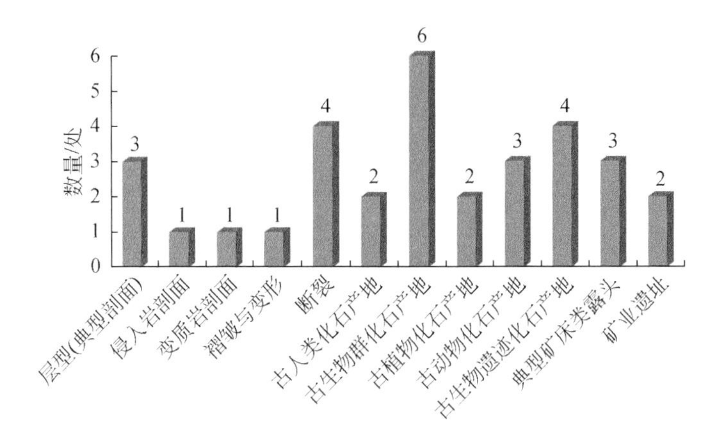

图 4.4　基础地质大类地质遗迹亚类数量分布图

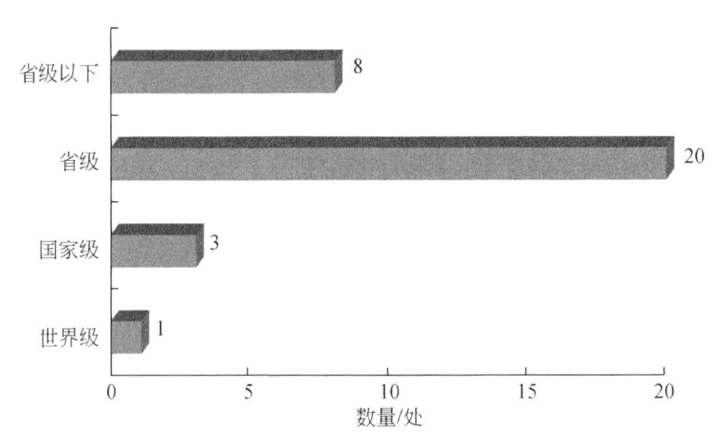

图 4.5　基础地质大类地质遗迹各等级数量图

4.1.2　地貌景观大类

承德市内地貌景观大类地质遗迹 77 处，是承德市内主要的地质遗迹大类。分为岩土体地貌（41 处）、水体地貌（27 处）、火山地貌（7 处）和构造地貌（2 处），其中岩土体地貌数量最多，占比 53.25%（图 4.6），包含碳酸盐岩地貌、侵入岩地貌和碎屑岩地貌，广泛分布在承德市的各个地区，对应的地层岩性主要为碳酸盐岩、侵入岩和碎屑岩。

地貌景观大类地质遗迹亚类包含碳酸盐岩地貌（岩溶地貌）、侵入岩地貌、碎屑岩地貌、河流（景观带）、湿地–沼泽、瀑布、泉、火山机构、火山岩地貌、峡谷（断层崖）10 亚类（图 4.7）。数量较多的碳酸盐岩地貌（岩溶地貌）16 处、侵入岩地貌 12 处、碎屑岩地貌 13 处和泉 14 处。碳酸盐岩地貌主要分布在承德市中部和北部，侵入岩地貌主要分布在承德市西部和北部地区，碎屑岩地貌主要分布在承德市中部地区，泉主要分布在承德市北部地区。

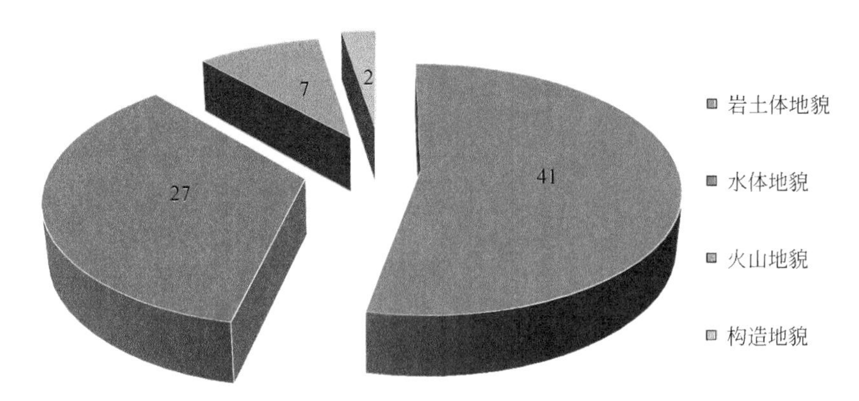

图4.6 地貌景观大类地质遗迹数量分布图（单位：处）

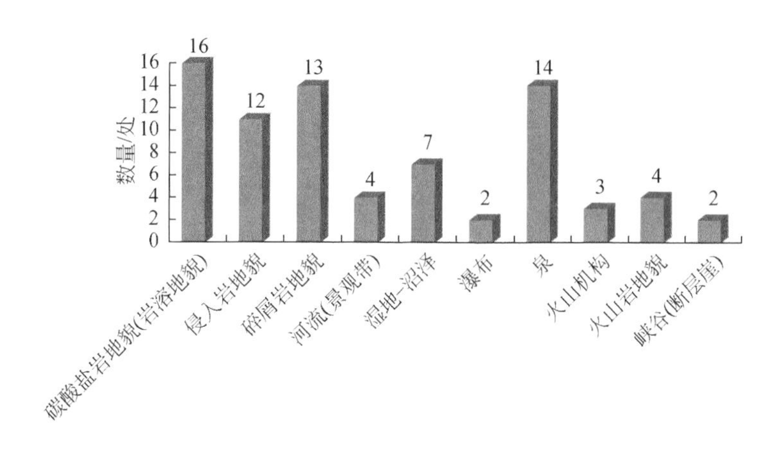

图4.7 地貌景观大类地质遗迹中亚类数量分布图

地貌景观大类地质遗迹等级涵盖世界级、国家级、省级和省级以下（图4.8）。其中世界级的为碎屑岩地貌中的双塔山丹霞地貌和磬锤峰丹霞地貌，是我国北方丹霞的代表。国家级的主要为岩土体地貌中的碎屑岩地貌和碳酸盐岩地貌，分别代表了我国北方丹霞地貌的特征和北方小而精的岩溶洞穴特征。

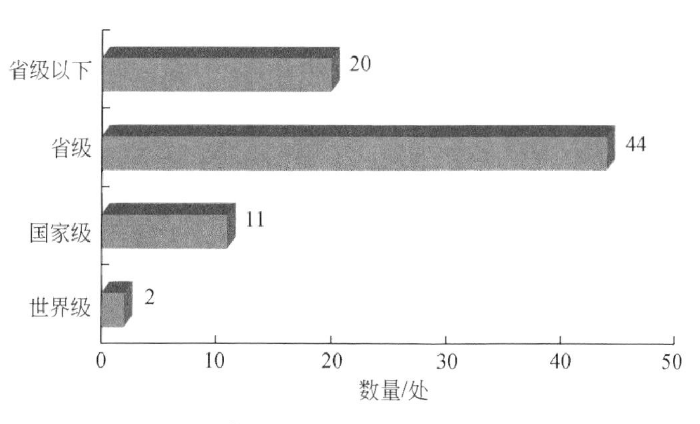

图4.8 地貌景观大类地质遗迹各等级数量图

4.2　典型地质遗迹点

4.2.1　鹰手营子矿区四方洞古人类化石遗址

该地质遗迹点位于河北省承德市鹰手营子矿区营子镇东北 1.5km 的柳河右岸。地质遗迹大类为基础地质大类，类为重要化石产地，亚类为古人类化石产地。地理坐标为 117°40′08″E，40°33′15″N，高程为 490.00m（图 4.9）。

(a) 素描图

(b) 全景

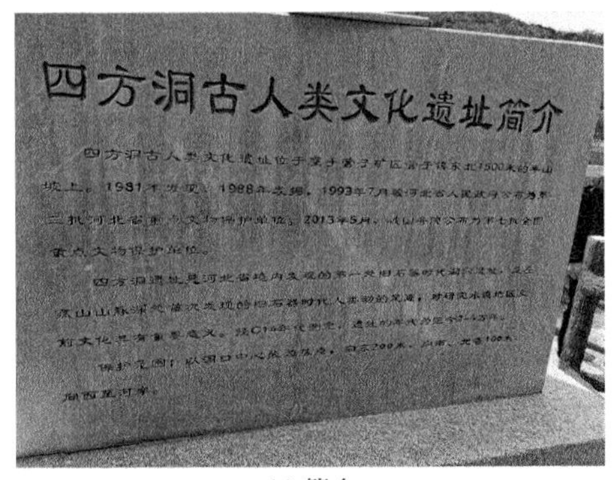

(c) 简介

图 4.9　四方洞古人类化石遗址

遗迹特征：四方洞遗址系一处洞穴遗址。洞穴生成于奥陶系灰岩山体中，为一构造洞。洞口呈较规则四方形，向西，高出柳河水面 3m。洞穴西侧为高 30 ~ 50m 的陡壁，陡壁东为丘陵，石灰岩山脉。滦河支流柳河，在洞西自南向北折东，汇入滦河。洞穴周围土壤为黄土及石灰岩变质土组成，由于处于石灰岩地区，植被多为低矮灌木，生活有鸟类和小型哺乳类动物。洞口为方形并且较大，是自然界的一处奇观。洞口高 12m、宽 13m，从洞口至 10m 深处呈方正厅状，10m 深处向南、向东北分为两个支洞。南支洞于山体背后有一出口，夏日有山泉流出，没有土状堆积及人类活动遗迹。东北支洞被土状堆积充填，从外向内呈12°倾斜的坡面渐次抬升，最深处距洞口约45m，堆积物可分为4层：第一层为褐色相当松散的亚砂土，内含现代遗物，最大厚度为30cm；第二层为透镜体状的亚砂土，发现过汉代陶片，最大厚度为12cm；第三层为黄白色亚砂土夹少量角砾，旧石器文化遗物和哺乳动物的化石均出自该层，中部含3～7cm的灰烬层并伴存打击骨片及石制品；第四层为本遗址旧石器时代下层文化，有石质、骨质及动物化石发现，其下为砂砾层。

经鉴定，四方洞古人类文化遗址的文化年代为旧石器时代晚期，距今2万～4万年，四方洞旧石器文化遗存是燕山深处保存最完整的一处旧石器时代晚期洞穴文化遗存，对研究燕山古人类活动和人类文明史，具有重大意义。所处构造单元为密云-喜峰口断裂。

等级：省级。

4.2.2　双桥区磬锤峰与蛤蟆石丹霞地貌遗迹

此遗迹位于河北省承德市双桥区喇嘛寺村五窑沟，354省道东侧1.97km。地质遗迹大类为地貌景观大类，类为岩土体地貌，亚类为碎屑岩地貌。地理坐标为117°58′19.53″E，40°59′49.04″N，高程为590.00m（图4.10）。

(a)

(b)

图4.10　双桥区磬锤峰（a）与蛤蟆石（b）丹霞地貌遗迹

磬锤峰遗迹特征：位于承德市东2.5km的山巅上，海拔为596m，是一根上粗下细的棒槌状山峰，高59.42m，重量约1.6万t，巍巍耸立在群山之上，堪称世界一绝。磬锤峰为丹霞地貌发育进入第三阶段末期的标志性地质遗迹景观。它是由中侏罗统后城组紫红色凝灰质砂砾岩、砾岩组成。其西约100m处有北东-南西延伸的断层通过，周围有四条沟谷直指峰体，孤峰成了4条山谷流水向源侵蚀的中心。此处山体经侵蚀、风蚀、崩塌破坏，剥落下的碎块被水冲走，日久天长，最后仅剩孤峰一座，且是上粗下细的、棒槌状直立的奇特景观。它是公园内最具特色的地质遗迹景观，集独特性、典型性、综合性于一体，具有极高的观赏和美学价值，已成为承德市的标志性景点，亦是研究中生代构造运动、盆地发育和演化以及华北丹霞地貌形成机制的重要地点。所处构造单元为承德北盆地。

蛤蟆石遗迹特征：距磬锤峰300m，两景隔谷相望。蛤蟆石与磬锤峰原为相连的一堵山梁岩墙，经过漫长的风化崩塌，蛤蟆石从岩墙变为岩峰，又从岩峰变为一块巨型的基石。它是丹霞地貌发育进入尾声的标志性地质遗迹景观。此景观因乾隆诗句“蛤蟆石儿向南卧”而名为“蛤蟆南卧”。巨石底部有纵深9m的两个风蚀洞，南北洞室相通。南洞高1.8m、宽8m，最窄处只容1人匍匐而过。洞内地势平坦，夏季洞内清风飒爽。

等级：世界级。

4.2.3　双滦区双塔山丹霞地貌

此遗迹位于河北省承德市双滦区双塔山镇，354省道南200m。地质遗迹大类为地貌景观大类，类为岩土体地貌，亚类为碎屑岩地貌。地理坐标为117°47′59.54″E，40°57′26.74″N，高程为422.00m（图4.11）。

遗迹特征：双塔山原是山梁上一堵岩墙，经长期风化崩塌，剩下一小段，又沿中间的垂直节理风化剥落，最后分离成两座倒圆锥状峰体。北峰中间又风化裂开一条大裂缝，正向三塔峰发展。双塔山为丹霞地貌发育进入第三阶段末期的地质遗迹景观。双塔山由南北两个粗大的岩柱组成，地层近水平，南峰近圆柱状，高约30m，平均直径为8m，周长为34m；北峰高约35m，长约25.5m，周长为74m。两峰相距5.8m，比肩而立，雄伟壮观。双塔山砾岩的胶结物中除了有泥质成分，还含有钙质成分，不同成分承受水冲刷剥蚀能力不同，因而形成了凹凸有致的岩柱。双塔山的南峰和北峰之间有火成岩脉侵入，把岩墙切为南北两端，破坏了砾岩的结构，火成岩形成后在常温常压下稳定性较差，风化剥蚀后，导致岩层破碎，形成了如今的双塔。如今发现在北峰岩柱上北段依然有火成岩脉，穿透岩柱直达峰顶，推测未来可形成三塔。所处构造单元为承德北盆地。

等级：世界级。

图4.11　双滦区双塔山丹霞地貌

第5章　支撑服务国土空间规划

5.1　综合地质调查支撑承德市双评价

参照《资源环境承载能力和国土空间开发适宜性评价指南（试行）》（自然资源部，2020年1月），根据承德市地形条件和资源环境禀赋特征，系统分析了承德市已有的地理、气象、水文、土地、矿产、文化、生态、地质灾害等十余类数据和相关成果，并全面开展了承德国家生态文明示范区自然资源和环境问题综合调查。在基本查清承德自然资源家底和环境禀赋特征基础上，采用全域30.00m×30.00m数字高程模型（digital elevation model，DEM）基础数据，经过反复修改完善，建立了承德市级尺度的资源环境承载能力和国土空间开发适宜性评价（简称“双评价”）指标体系，完成了承德市双评价成果报告和图集，提出了划定“三区三线”和国土空间开发保护格局优化建议，直接支撑承德市国土空间规划（2021～2035年）。

5.1.1　评价目标和原则

1. 评价目标

分析国家生态文明示范区承德市的资源禀赋与环境条件，研判国土空间开发利用问题和风险，识别生态保护极重要区（含生态系统服务功能极重要区和生态极脆弱区），明确农业生产、城镇建设的最大合理规模和适宜空间，为编制国土空间规划，优化国土空间开发保护格局，完善主体功能定位，划定生态保护红线、永久基本农田、城镇开发边界“三条控制线”，实施国土空间生态修复和国土综合整治重大工程提供基础性依据，促进形成以生态优先、绿色发展为导向的高质量发展新路子。

2. 评价原则

1）底线约束

坚持最严格的生态环境保护制度、耕地保护制度和节约用地制度，在优先识别生态保护极重要区基础上，综合分析农业生产、城镇建设的合理规模和适宜等级。

2）问题导向

充分考虑承德全域水、土地、矿产、生态、文物、气候、环境、灾害等资源环境要素，定性、定量相结合，客观评价区域资源禀赋与环境条件，识别国土空间开发利用现状中的问题和风险，有针对性地提出意见和建议。

3）因地制宜

充分体现承德全域和市辖区不同空间尺度，考虑城市化地区、重点生态功能区和农产品主产区的区域差异，合理确定评价内容、技术方法和结果等级。承德市双评价充分体现了作为京津冀水源涵养功能区的生态功能定位，并结合承德矿产资源、皇家御道文化的特色，开展有针对性的补充和深化特色评价。

4）简便实用

在保证科学性的基础上，抓住解决实际问题的本质和关键，选择代表性要素和指标，采用合理方法工具，结果表达简明扼要。紧密结合国土空间规划编制，强化操作导向，确保评价成果科学、权威、适用、管用、好用。

5. 1. 2　评价技术流程与方法

1. 评价技术流程

通过梳理土地利用总体规划、城市总体规划、主体功能区规划、生态功能区规划、环境功能区规划等成果，收集承德市水资源、土地资源、矿产资源、生态资源、文物资源、大气环境、水环境、矿山地质环境、地质灾害等数据资料，建立评价基础数据库。依据资料收集及基础调查工作，通过对比分析承德市不同区域生态条件、资源禀赋、环境状况等特征与问题，开展文化保护、生态保护、农业生产、城镇建设、矿产资源的单项评价和集成评价，明确不同约束条件下农业生产承载规模、城镇建设承载规模及其空间格局特征。通过分析承德土地、水、能源矿产、森林、草原、湿地等自然资源的数量、质量、结构、空间分布、变化规律等特征，剖析气候、生态、环境、灾害等要素特点，总结比较优势和限制因素，识别因生产生活利用方式不合理、自然资源过度开发粗放利用引起的问题和风险。针对国土空间开发保护中的资源环境突出问题和风险，提出转变生产生活方式、提升资源环境承载能力的路径和具体措施，为贯彻落实主体功能区战略，科学划定生态保护红线、永久基本农田、城镇开发边界等空间管制边界，统筹优化生态、农业、城镇等空间布局提供支撑。评价技术流程图见图 5. 1。

2. 数据来源与方法

本次评价统一采用 2000 国家大地坐标系（CGCS2000），高斯-克吕格投影，1985 国家高程基准。

以乡镇行政区为评价单元，承德市全域计算精度采用 30m×30m 栅格，市辖区采用 10m×10m 栅格基础数据。

3. 评价指标体系

承德“双评价”指标体系见表 5. 1。

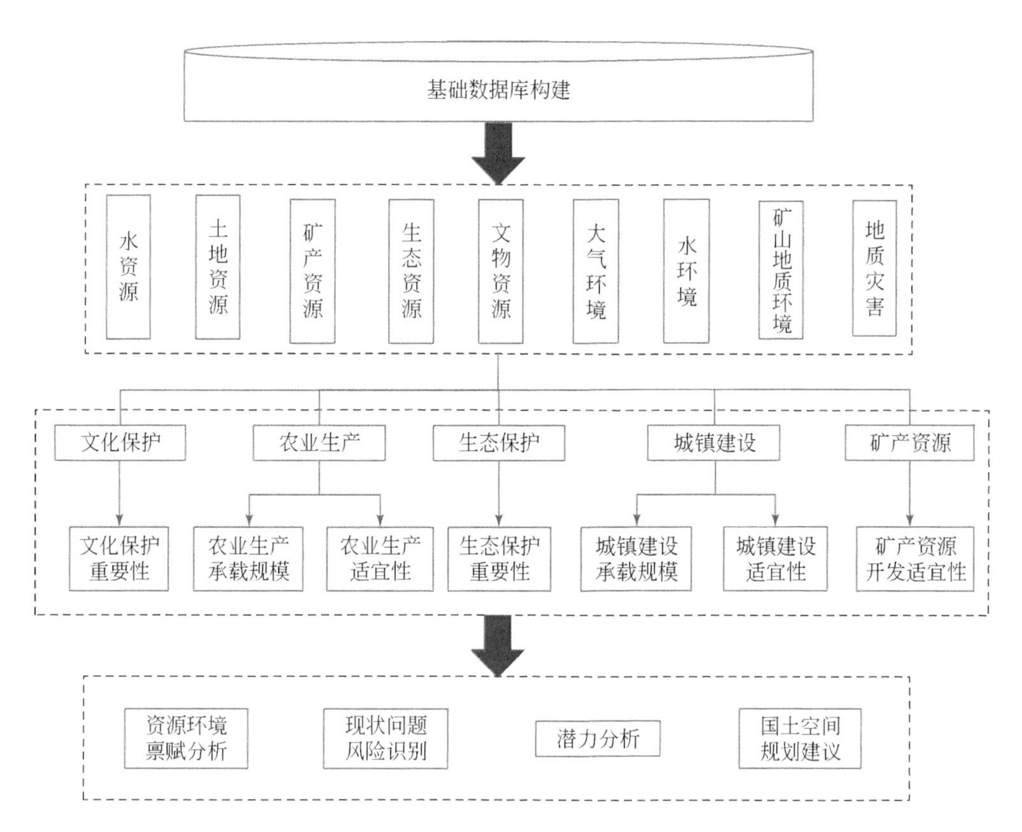

图5.1　评价技术流程图

表5.1　承德“双评价”指标体系表

功能	要素						
	土地资源	水资源	气候	生态	环境	灾害	区位
生态保护	—	—	—	▲生态系统服务功能重要性（生物多样性维护、水源涵养、水土保持、防风固沙）、▲生态脆弱性（水土流失、土地沙化）	—	—	—
农业生产	▲坡度、▲土壤质地	▲降水量、干旱指数、用水总量控制指标模数	▲≥10℃活动积温	盐渍化脆弱性	▲土壤环境容量	气象灾害危险性（干旱、雨涝、高温热害、低温冷害等）	—
城镇建设	▲坡度、▲高程、地形起伏度	▲水资源总量模数、用水总量控制指标模数	舒适度	—	大气环境容量、水环境容量	▲地质灾害危险性（地震、崩塌、滑坡、泥石流、地面沉降、地面塌陷）	区位优势度

注：▲为基础指标，其他为修正指标。

5.1.3　资源环境禀赋优势和短板

1. 资源环境禀赋优势

（1）光热、生态资源丰富，环境容量较大。承德市大气环境质量总体优良；光热风条件好，水热同季、热量适中；生态资源丰富，山水林田湖草生态系统完整。

（2）区位优势明显，文旅资源、矿产资源丰富。承德市地理位置重要，是首都的北大门。境内有4条铁路线，5条国家干线公路，2021年1月，京哈高速铁路京承段正式开通运营，京哈高速铁路全线开通运营，交通区位优势非常明显。承德市是首批国家历史文化名城之一，避暑山庄及周围寺庙被联合国教科文组织于1994年列入《世界遗产名录》。承德市矿产资源丰富，是河北省矿产资源和矿业开发大市之一。

2. 资源环境短板

（1）土地资源紧缺，水污染形势严峻，人均水资源量较少。承德市土地资源紧缺，坝上地区地势平坦，但土地沙化较重；部分地表水国省控监控断面氨氮、化学需氧量和总磷超标；全市人均可利用水资源量尚未达到全国平均水平的50%。

（2）自然生态环境较为脆弱，环境保护面临压力大。承德市部分重要生态空间被挤占，破碎化加剧；北部坝上地区草地退化和湖泊萎缩趋势明显；矿山地质环境破坏较重，尾矿积存量大。

5.1.4　本底评价结果

1. 生态保护重要性评价

生态保护重要性等级初判包括生态系统服务功能重要性评价和生态脆弱性评价，生态系统服务功能重要性评价包括生物多样性维护、水源涵养、水土保持和防风固沙重要性评价；生态脆弱性评价包括水土流失和土地沙化脆弱性评价。生物多样性维护重要性评价要素为物种、生态系统；水源涵养重要性评价要素为降水量、地表径流量、蒸散量、生态系统类型、生态系统面积；水土保持重要性评价要素为降雨侵蚀力、土壤可蚀性、坡长、坡度、植被；防风固沙重要性评价要素为风速、温度、降雨、地形、土壤、植被；水土流失脆弱性评价要素为降雨侵蚀力、土壤侵蚀力、地形起伏度、植被覆盖度；土地沙化脆弱性评价要素为干燥度、土壤质地、冬春季大于6m/s起风沙天数、植被覆盖度。对以上单项要素评价结果进行综合，得出生态保护重要性等级初判结果，在初判结果基础上进行生态斑块集中度修正、生态廊道修正、界线修正。承德市生态保护重要性评价划分为高、较高、中等、较低、低5级，其中高和较高两级对应为极重要等级，中等和较低两级对应为重要等级，低对应为一般重要等级，承德市生态保护重要性评价技术路线见图5.2。

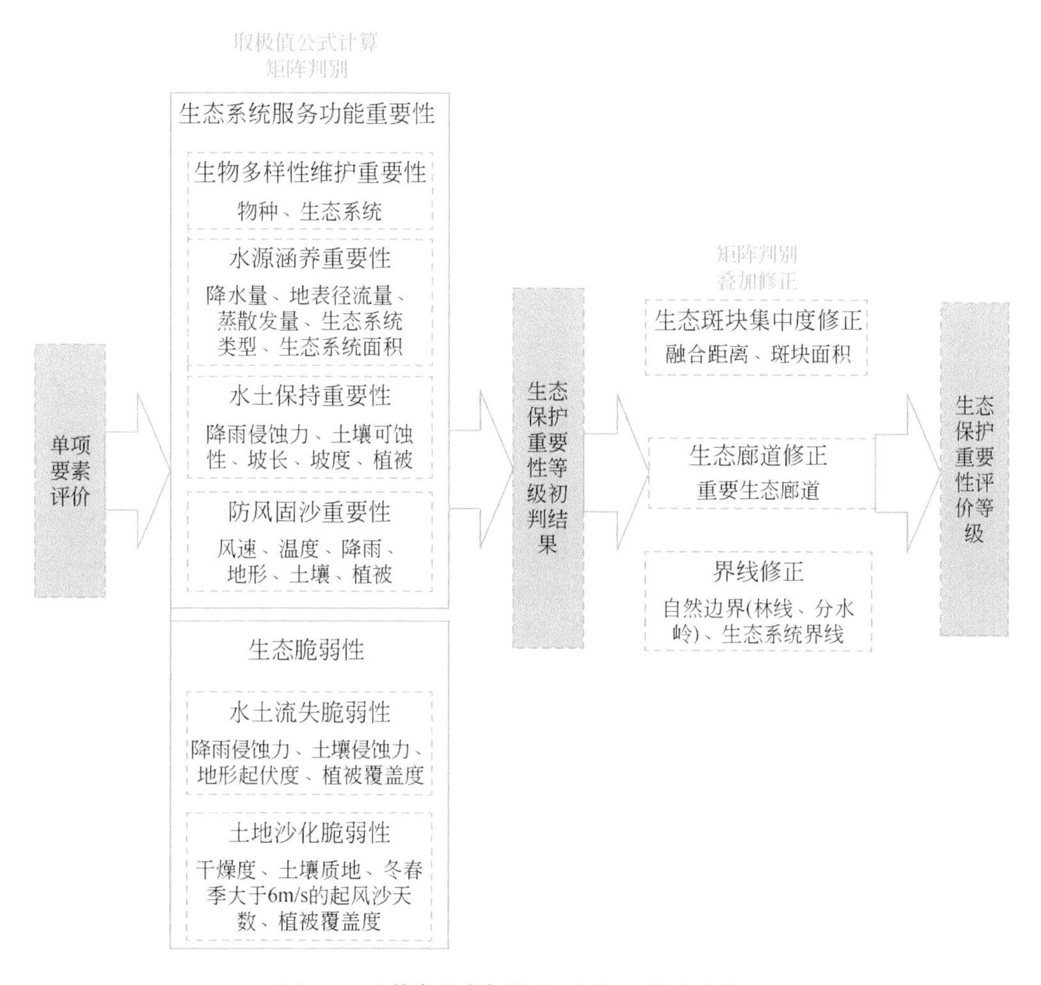

图5.2　承德市生态保护重要性评价技术路线图

1）生态系统服务功能重要性评价

选取生物多样性维护、水源涵养、水土保持、防风固沙4项指标进行空间叠加分析，选取最高值作为评价单元重要性分值，作为生态系统服务功能重要性评价结果，按照评价指南划分为极重要、重要、一般重要3个等级，得到承德市生态系统服务功能重要性分级图见图5.3。

承德市生态系统服务功能极重要区在全市各个县区均有分布，主要分布在围场县中部和西南部，丰宁县坝下地区西部和潮河流经地区，滦平县西部，承德县、平泉市、滦平县、隆化县、宽城县和兴隆县的大部。

2）生态脆弱性评价

选取水土流失脆弱性、土地沙化脆弱性两项脆弱性评价结果中最高的等级，作为生态脆弱性评价结果，划分为极脆弱、脆弱、一般脆弱3个等级，得到承德市生态脆弱性分级见图5.4。

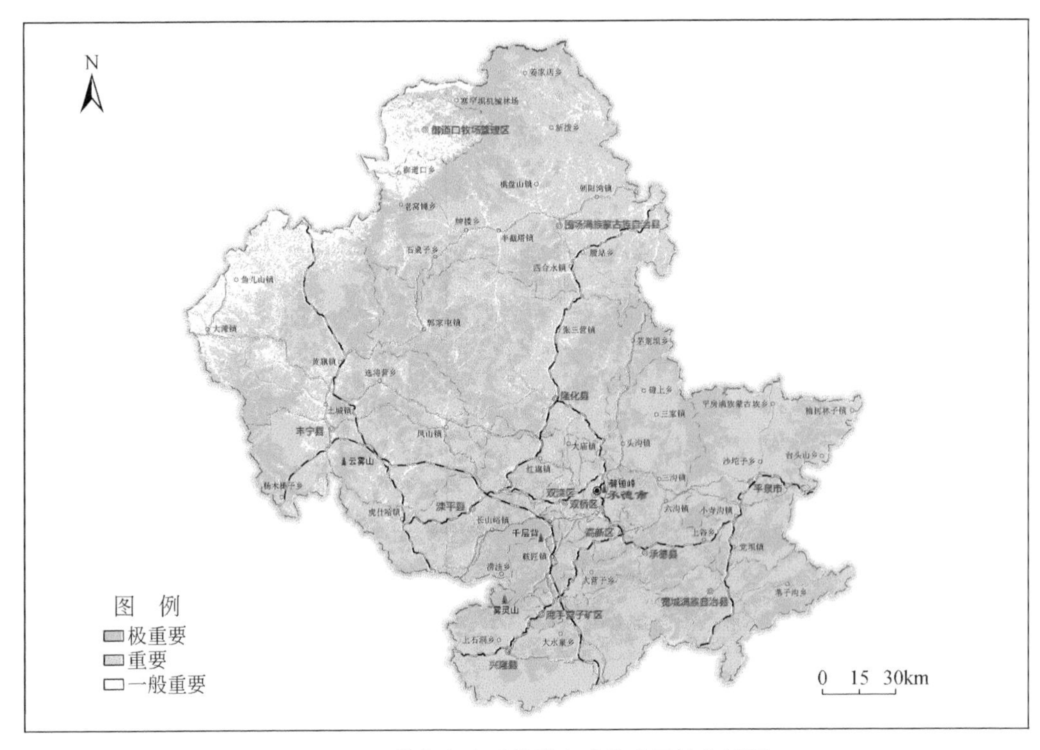

图 5.3　承德市生态系统服务功能重要性分级图

图 5.4　承德市生态脆弱性分级图

承德市水土流失极脆弱区在承德南部和西部呈片状分布，土地沙化情况总体来说一般，土地沙化严重的地区主要分布在围场县西部及丰宁县西北部，零散分布且面积较小。承德市生态极脆弱区主要分布在丰宁县西北部、中部，围场县东北部、中部地区。生态脆弱区主要分布在极脆弱区周围，包括丰宁县坝上地区和坝下地区的北部，围场县中部、东部大面积地区，隆化县中部，滦平县东北部，承德县东南部。

3）生态保护重要性评价

承德市生态保护极重要区面积为 16487.42km^2，占全域土地总面积的 41.75%，主要分布在燕山山地和坝上高原部分地区，包括生态保护红线区域、国家级与省级自然保护区、森林公园、湿地公园、风景名胜区、地质公园、生物多样性维护重要区，以及水源涵养和防风固沙区。生态保护重要区面积为 14222.30km^2，占全域土地总面积的 36.02%，主要包括国家级与省级自然保护区、森林公园、湿地公园、风景名胜区、地质公园、生物多样性维护重要区，以及水源涵养和防风固沙区等去除生态保护极重要区之外的区域。生态保护一般重要区面积为 8780.09km^2，占全域总面积的 22.23%，主要分布在各县（市、区）的城区及部分乡镇。承德市生态保护重要性等级汇总见表 5.2，分级见图 5.5。

表 5.2　承德市生态保护重要性等级汇总表

等级	面积/km^2	面积/万亩①	占比/%
极重要	16487.42	2473.11	41.75
重要	14222.30	2133.34	36.02
一般重要	8780.09	1317.01	22.23

① 1 亩≈666.667m^2。

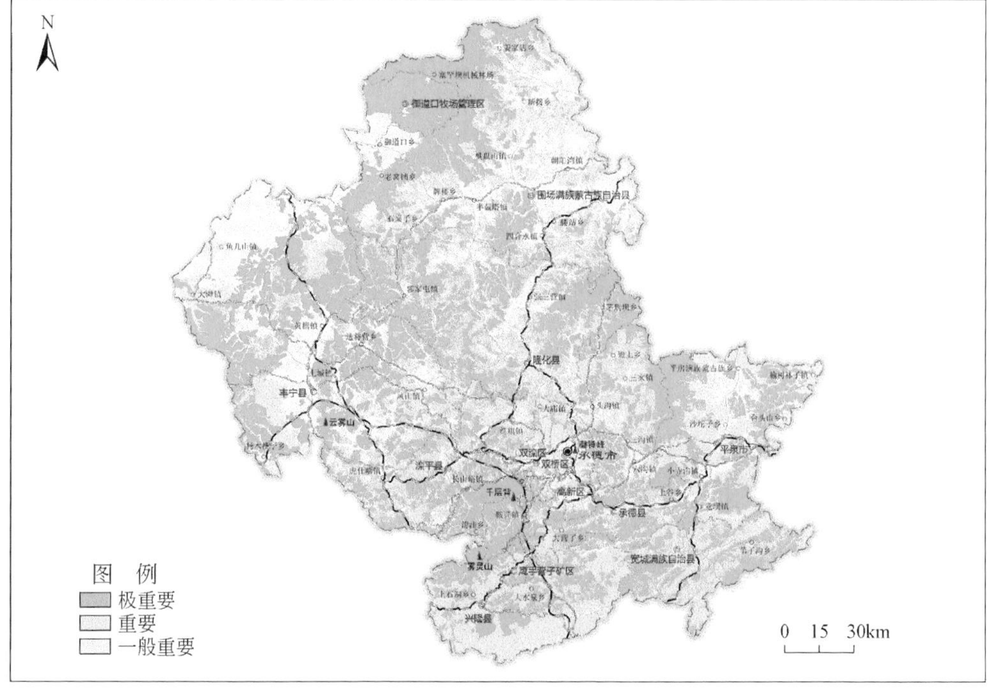

图 5.5　承德市生态保护重要性分级图

承德市生态保护重要性主要体现在生态系统服务功能重要性上，主要影响因子为水源涵养重要性和水土保持重要性。承德市水源涵养极重要区面积为24700km^2，占全域土地总面积的62.48%。主要分布在潮白河、小滦河、澈河、柳河、柴白河、暖儿河、滦河干流、兴洲河、伊逊河、武烈河、瀑河、老牛河上游流域。承德市水土保持极重要区面积为18400km^2，占全域土地总面积的46.50%；主要分布在滦河干流和潮白河干流。水源涵养重要性等级汇总见表5.3，水土保持重要性等级汇总见表5.4。

表5.3　承德市水源涵养重要性等级汇总表

等级	面积/km^2	面积/万亩	占比/%
极重要	24700	3705	62.48
重要	8300	1245	21.01
一般重要	6500	975	16.51

表5.4　承德市水土保持重要性等级汇总表

等级	面积/km^2	面积/万亩	占比/%
极重要	18400	2760	46.50
重要	12400	1860	31.29
一般重要	8800	1320	22.22

2. 农业生产适宜性与承载规模

1）农业生产适宜性评价

农业生产适宜性等级初判包括水土资源基础评价和农业生产气候条件评价，水土资源基础评价包括农业耕作条件评价和农业供水条件评价。农业耕作条件评价要素为坡度、土壤质地；农业供水条件评价要素为多年平均降水量、干旱指数、用水总量控制指标模数；农业生产气候条件评价要素为年平均≥0℃活动积温、海拔校正。综合以上单项要素评价结果，得出农业生产适宜性等级初判结果，在初判结果基础上进行土壤环境容量修正、气象灾害修正和地块连片度修正。承德市农业生产适宜性评价技术路线见图5.6。

在生态保护极重要区以外，承德市农业生产适宜区面积为145.47万亩，占全域总面积的2.46%，主要分布在武烈河河谷区、滦河河谷区及二者交汇处的冲积平原。农业生产一般适宜区面积为1127.33万亩，占全域总面积的19.03%，主要分布在滦河干流、小滦河、蚁蚂吐河、伊逊河、武烈河、潮河的河谷地带，丰宁县大滩镇、鱼儿山镇，以及围场县御道口乡、御道口牧场部分地区。农业生产不适宜区面积为2177.55万亩，占全域总面积的36.76%，主要分布在坝上高原和燕山山地除河谷区外的大部分地区。农业生产适宜性等级汇总见表5.5，分级见图5.7。

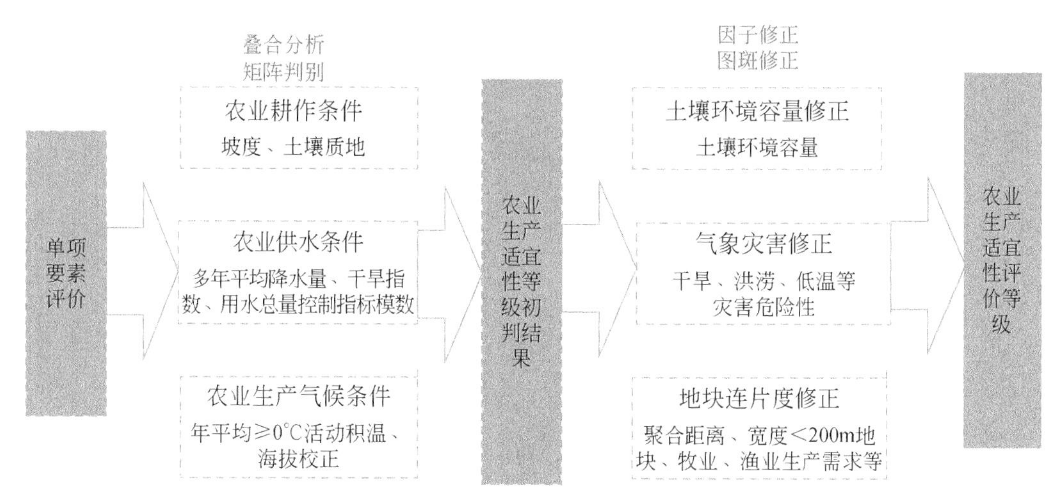

图 5.6　承德市农业生产适宜性评价技术路线图

表 5.5　承德市农业生产适宜性等级汇总表

等级	面积/km²	面积/万亩	占比/%
生态保护极重要	16487.42	2473.11	41.75%
适宜	969.80	145.47	2.46%
一般适宜	7515.55	1127.33	19.03%
不适宜	14517.02	2177.55	36.76%

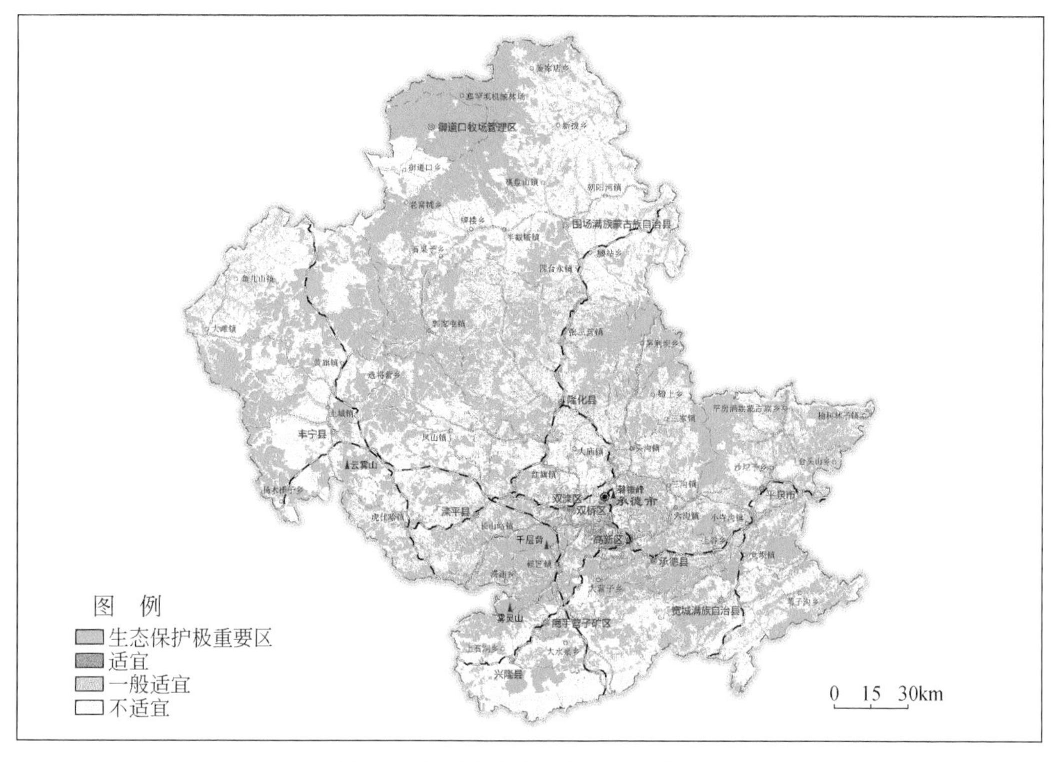

图 5.7　承德市农业生产适宜性分级图

2）土地资源约束下农业生产承载规模评价

从土地资源是否可作为耕地耕作的角度，选取单项要素评价中农业耕作条件高至较低4个等级，以及土壤环境容量高、中两个等级的区域，将两者重叠区域作为可耕作土地，作为土地资源约束下农业生产最大承载规模，土地资源约束下农业生产承载规模统计见表5.6。

表5.6　土地资源约束下农业生产承载规模统计表

序号	县（市、区）	承载规模/万亩	面积/万亩	占比/%
1	双桥区	47.60	55.82	85.28
2	高新区①	32.79	41.94	78.18
3	双滦区	54.72	67.76	80.77
4	鹰手营子矿区	14.09	22.40	62.89
5	承德县	399.36	547.22	72.98
6	兴隆县	266.75	467.48	57.06
7	平泉市	387.09	494.12	78.34
8	滦平县	337.52	448.95	75.18
9	隆化县	628.10	821.03	76.50
10	丰宁县	987.52	1310.81	75.34
11	宽城县	204.20	290.36	70.33
12	围场县	1112.77	1355.61	82.09
合计		4472.50	5923.46	75.50

①高新技术产业开发区，简称高新区，位于双桥区。

3）水资源约束下农业生产承载规模评价

承德市农业可用水总量控制指标为7.07亿m^3，农业综合灌溉定额按照承德主要农作物玉米、马铃薯、谷子、豆类和莜麦等的种植面积占比和相应的灌溉定额，计算综合定额为108m^3/亩。因此，农业综合灌溉定额按108m^3/亩测算，按照现状农田灌溉水有效利用系数0.744计算，得出承德市水资源可承载的灌溉总面积为1083.93万亩。

4）水土资源双约束下农业生产承载规模评价

承德市土地资源约束下的承载规模为4472.50万亩，约占区县总面积的75.50%。承德市水资源约束下的承载规模为1083.93万亩，约占区县总面积的18.30%。承德市水土资源双约束下承载规模为978.37万亩，约占区县总面积的16.52%。承德市现有耕地679.57万亩，与现状耕地分布对比，承德市水土资源双约束下的承载规模为现状耕地的143.97%。

3. 城镇建设适宜性与承载规模

1）城镇建设适宜性评价

城镇建设适宜性等级初判包括水土资源基础评价和城镇建设环境条件评价，水土资源基础评价包括城镇建设条件评价和城镇供水条件评价，城镇建设环境条件评价包括水环境容量评价和大气环境容量评价。城镇建设条件评价要素为坡度、高程、地形起伏度；城镇供水条件评价要素为水资源总量模数、用水总量控制指标模数；水环境容量评价要素为化学需氧量（chemical oxygen demand，COD）、氨氮值、评价单元年平均水质目标浓度、地表水资源量、可利用的过境水资源量；大气环境容量评价要素为大气环境容量（PM2.5、PM10、SO_2、NO_2、CO、O_3）归一化指数、静风日数占比、年平均风速。综合以上单项要素评价结果，得出城镇建设适宜性等级初判结果，在初判结果基础上进行舒适度修正、地质灾害危险性修正、区位优势度修正和地块集中度修正。舒适度修正考虑要素为温湿指数；地质灾害危险性修正考虑要素为活动断层断距、地震动峰值加速度、崩滑流易发程度、地面沉降易发程度、地面塌陷易发程度；区位优势度修正考虑要素为交通干线可达性、中心城区可达性、交通枢纽可达性、周边中心城市可达性、交通网络密度；地块集中度修正考虑要素为聚合距离、斑块面积。承德市城镇建设适宜性评价技术路线见图5.8。

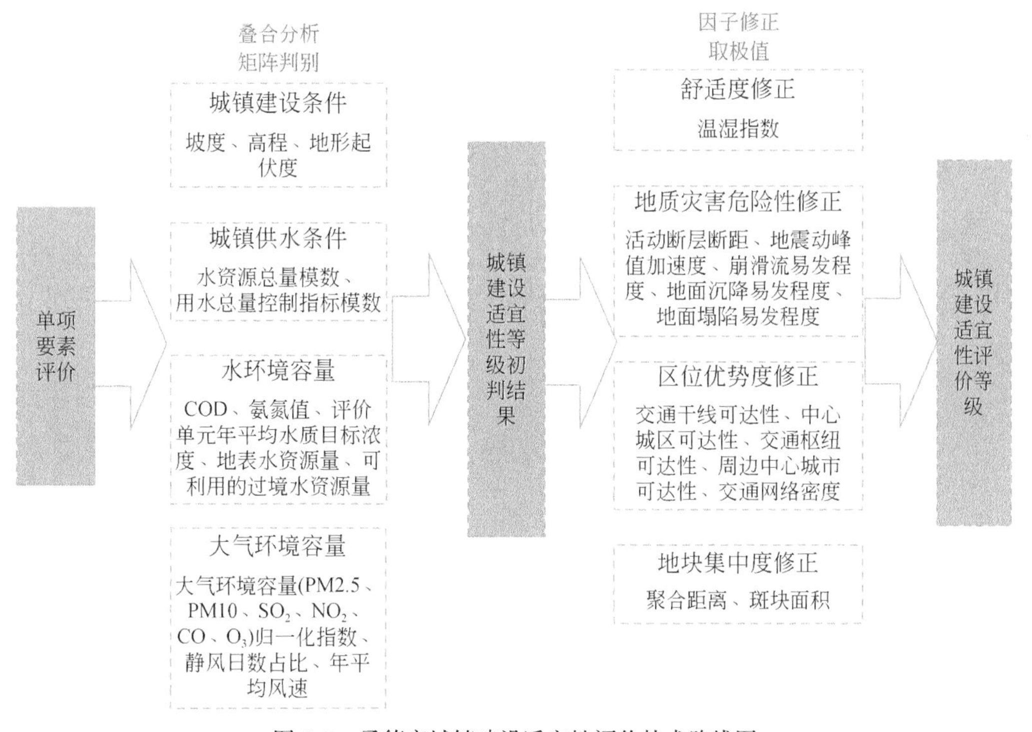

图5.8　承德市城镇建设适宜性评价技术路线图

在生态保护极重要区以外，承德市城镇建设适宜区面积为1297.03km²，占全域总面积的3.28%，主要集中分布在双桥区、双滦区、高新区、平泉市城区，以及大滩镇、鱼儿山镇、御道口牧场、御道口乡部分地区。城镇建设一般适宜区面积为1341.84km²，占全域总面积的3.40%，主要分布在双桥区、双滦区、高新区、平泉市城区，以及御道口牧场、御道口乡局部地区。燕山山地大部分地区坡度陡、地形起伏度较大，多为城镇建设不适宜区，不适宜区面积占比为51.57%。承德市城镇建设适宜性等级汇总见表5.7，分级见图5.9。

表 5.7 承德市城镇建设适宜性等级汇总表

等级	面积/km²	面积/万亩	占比/%
生态保护极重要	16487.42	2473.11	41.75
适宜	1297.03	194.55	3.28
一般适宜	1341.84	201.28	3.40
不适宜	20363.51	3054.53	51.57

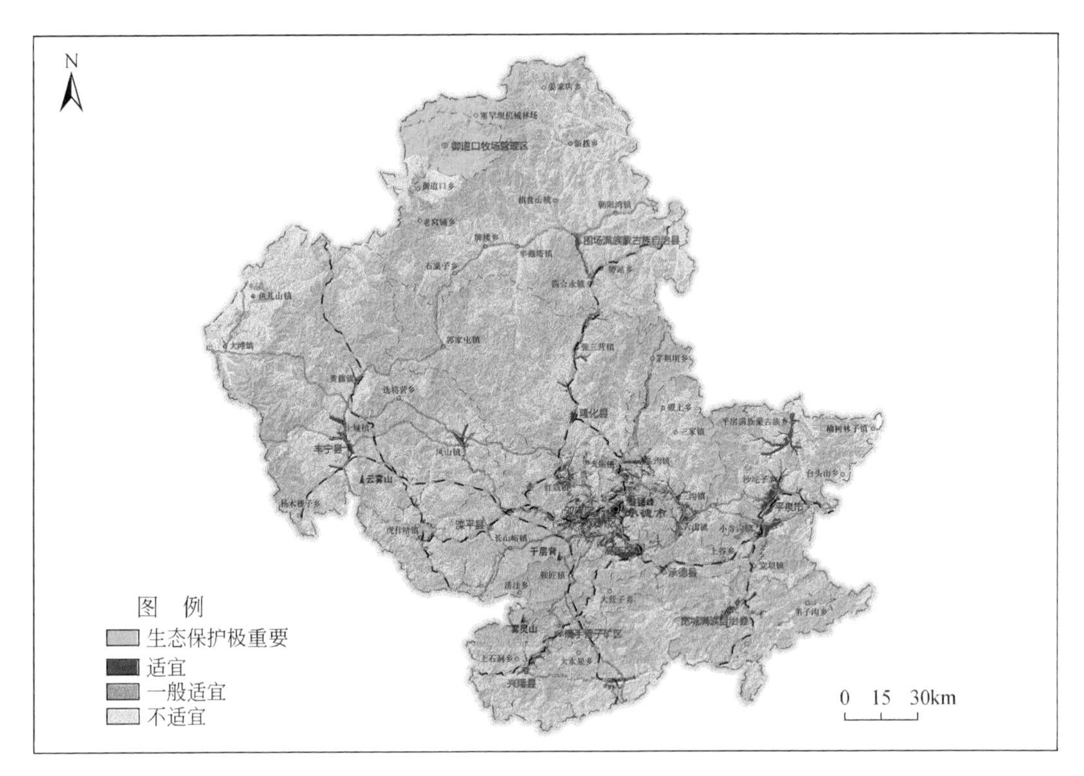

图 5.9 承德市城镇建设适宜性分级图

2）土地资源约束下城镇建设承载规模评价

从土地资源是否可作为城镇建设的角度，选取单项要素评价中城镇建设条件高至较低 4 个等级，按照乡镇单元统计其面积，作为土地资源约束下城镇建设最大承载规模。各县（市、区）土地资源约束下城镇建设承载规模统计见表 5.8。

表 5.8 土地资源约束下城镇建设承载规模统计表

序号	县（市、区）	承载规模/km²	面积/km²	占比/%
1	双桥区	275.43	372.10	74.02
2	高新区	187.87	279.60	67.19
3	双滦区	289.09	451.70	64.00

续表

序号	县（市、区）	承载规模/km^2	面积/km^2	占比/%
4	鹰手营子矿区	75.68	149.30	50.69
5	承德县	2134.49	3648.10	58.51
6	兴隆县	1251.06	3116.50	40.14
7	平泉市	2239.63	3294.10	67.99
8	滦平县	1780.42	2993.00	59.49
9	隆化县	3184.29	5473.50	58.18
10	丰宁县	5515.87	8738.70	63.12
11	宽城县	1085.92	1935.70	56.10
12	围场县	6284.30	9037.40	69.54
合计		24304.07	39489.70	61.55

3）水资源约束下城镇建设承载规模评价

（1）城镇人均需水量。

根据区域人均城镇水资源使用量，预测2035年人均水资源使用量约为112m^3/(人·a)，用《城市给水工程规划规范》（GB 50282—2016）进行校核，满足规范要求。

（2）城镇可用水量。

结合承德地区供用水结构、工艺技术、工业生产任务、三产结构和承德市水资源公报等水资源配置相关成果，承德市城镇用水占比为34.7%～42.0%，乘以承德地区2035年用水总量控制指标，得到承德市城镇可用水量为3.90亿～4.72亿m^3。

（3）可承载城镇建设用地最大规模。

用承德地区城镇可用水量除以城镇人均需水量，得出承德地区人口规模约为347.6万～420.7万人。以集约高效利用国土空间为基本原则，基于现状和集约发展要求，考虑到承德市的发展阶段、经济技术水平和生产生活方式，设定承德市人均城镇建设用地指标为110m^2/人，乘以评价区域内人口规模，得出承德市水资源约束下城镇建设用地规模为382～463km^2。

（4）中心城区可承载城镇建设用地最大规模。

承德市中心城区可用水量为1.28亿～1.41亿m^3，用承德地区城镇可用水量除以城镇人均需水量，得出承德地区中心城区人口规模为113.6万～125.9万人。设定承德市人均城镇建设用地指标为110m^2/人，乘以评价区域内人口规模，得出承德市中心城区水资源约束条件下城镇建设用地规模为125～132km^2。

4）水土资源双约束下城镇建设承载规模评价

承德市土地资源约束下的城镇建设承载规模为24304.07km^2，约占区县总面积的61.55%。承德市水资源约束下的城镇建设承载规模为1197.84km^2，约占区县总面积的3.03%。承德市水土资源双约束下城镇建设可承载规模为1197.84km^2。承德市现有城镇建设用地面积为1157.80km^2，与现状城镇建设用地分布对比，承德市水土资源双约束下的承载规模为现状城镇建设用地的103.46%。

4. 草地资源承载规模评价

当草地资源消耗量低于供给量时，草地承载力处于盈余状态；当消耗量高于供给量时，草地承载力则处于超载状态。为了细致刻画承德市各县（市、区）草地承载状态的差异，以草地承载状态指数 0.2 的间隔分别将盈余与超载分为 3 个不同的等级，共包含富富有余、盈余、平衡有余、临界超载、超载和严重超载 6 个等级的草地承载状态，见表 5.9。

表 5.9 草地承载状态分级表

草地承载状态指数	<0.6	0.6～0.8	0.8～1.0	1.0～1.2	1.2～1.4	>1.4
草地承载状态	富富有余	盈余	平衡有余	临界超载	超载	严重超载

以承德市 2014 年草地数量和羊牛牲畜量数据为基础，得出承德市 2014 年草地承载状态总体为平衡有余，其中双桥区、双滦区和鹰手营子矿区的草地供给量远大于消耗量，为盈余状态；兴隆县、平泉市、宽城县处于临界超载边缘，丰宁县、围场县、承德县、滦平县和隆化县属于严重超载，承德市各县（市、区）草地资源承载规模统计见表 5.10。建议临界超载县市注意草地平衡可持续发展，严重超载县市可考虑增加草地数量或减少牲畜量。

表 5.10 承德市各县（市、区）草地资源承载规模统计表

县（市、区）	NSSU/头	CNPP/gC	NPP 总量值/(gC/m^2)	SNPP 总量值/(gC/a)	GCSI
双桥区	12704	3230106.34	0.66918	84316680	0.079
双滦区	38208	9714727.87	0.978221	123255846	0.00076
鹰手营子矿区	272	69158.448	0.725202	91375452	1.57
承德县	187520	47678647.7	0.240506	30303756	1.08
兴隆县	136720	34762290.5	0.256193	32280318	0.98
平泉市	158336	40258353	0.326615	41153490	1.47
滦平县	183216	46584316.9	0.252151	31771026	1.83
隆化县	263472	66990127.2	0.291036	36670536	3.28
丰宁县	456480	116064148	0.280449	35336574	1.11
宽城县	149840	38098168.6	0.272276	34306776	2.36
围场县	332816	84621463.4	0.284706	35872956	0.85
合计	1919584	488071508	—	576643410	0.038

注：NSSU. 标准羊单位数量；NPP. net primary productivity，净初级生产力；CNPP. 草地资源消耗量；SNPP. 草地可利用的净初级生产力；GCSI. 草地承载状态指数；gC. 有机碳质量。

5.1.5 现状问题和风险

从资源环境本底看，承德市农业生产、城镇建设的承载能力较强、适宜性较高，但经过改革开放 40 多年的开发利用，传统的生产生活方式和资源利用方式带来一些资源环境问题和风险。

1. 农业生产适宜区占比较低，农业生产空间分布错位

承德市现有耕地面积为 620. 60 万亩，评价的农业生产适宜区总面积为 145. 47 万亩。现有 65. 72 万亩耕地位于农业生产适宜区内，占比为 9. 90%，457. 30 万亩耕地位于农业生产一般适宜区，占比为 69. 19%。农业生产适宜区面积占比较低，可见现状耕地布局不合理，空间分布错位。承德市农业生产适宜区不同等级中耕地分布见图 5. 10。

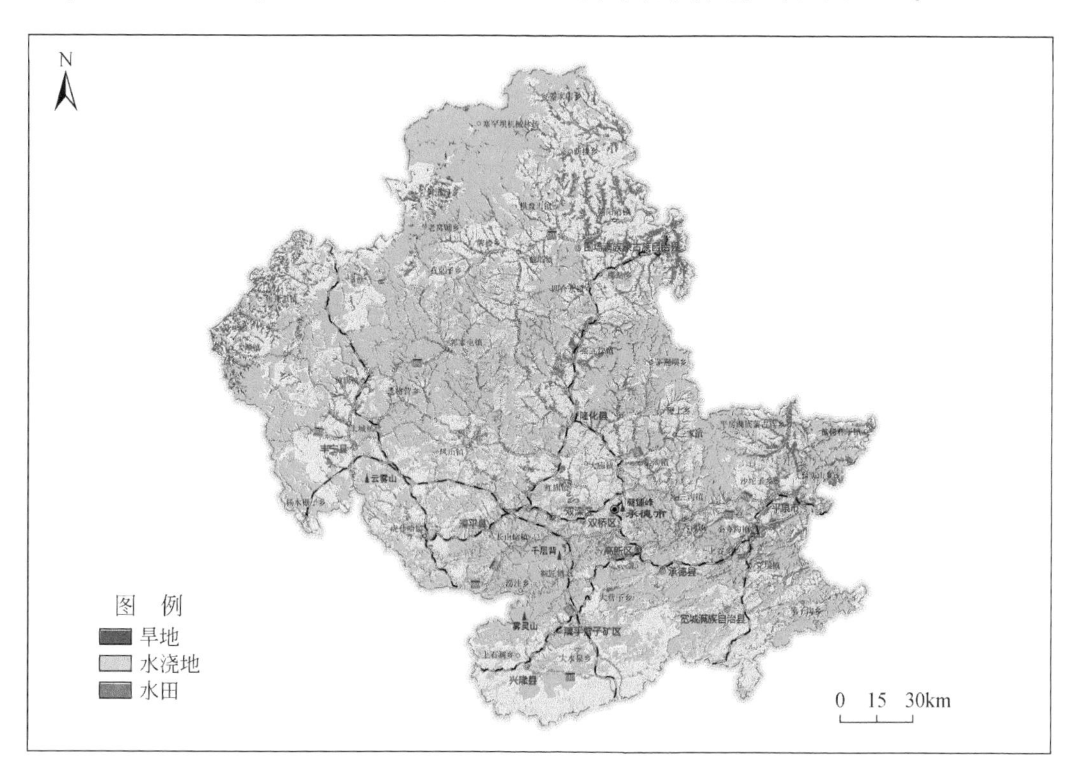

图 5. 10　承德市农业生产适宜区不同等级中耕地分布图

2. 城镇建设一般适宜区和不适宜区占比较高

承德市现状城镇建设用地面积为 1157. 80km²，其中位于城镇建设适宜区内的城镇建设用地面积为 150. 74km²，位于城镇建设一般适宜区内的城镇建设用地面积为 59. 02km²。城镇建设适宜性不同等级中城镇建设用地分布见图 5. 11。

3. 重要生态空间被挤占和破碎化

（1）生态保护极重要区受人类生产生活扰动较大，重要生态空间被挤占。

承德市生态保护极重要区以林地和草地为主，另有耕地、建设用地和采矿用地的存在。承德生态保护极重要区内有耕地 184. 85km²、城镇住宅用地 9488km²、商业服务业设施用地 7430m²、交通服务场站用地 5723km²。大范围较强烈的人类生产生活使得本就脆弱的生态本底遭到进一步侵蚀破坏，如坝上地区生态脆弱，由于近年来旅游开发和人为扰

图 5.11　承德市城镇建设适宜性不同等级中城镇建设用地分布图

动，造成部分湖泊面积萎缩较重。承德市生态保护极重要区内现状耕地分布见图 5.12，承德市生态保护极重要区内现状建设用地分布见图 5.13。

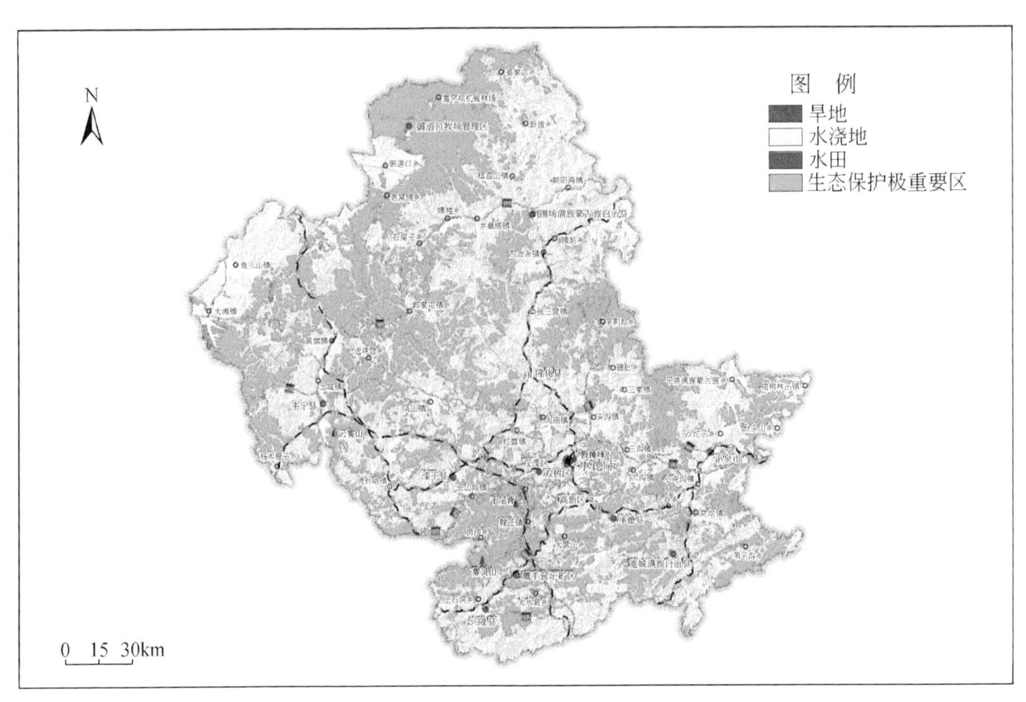

图 5.12　承德市生态保护极重要区内现状耕地分布图

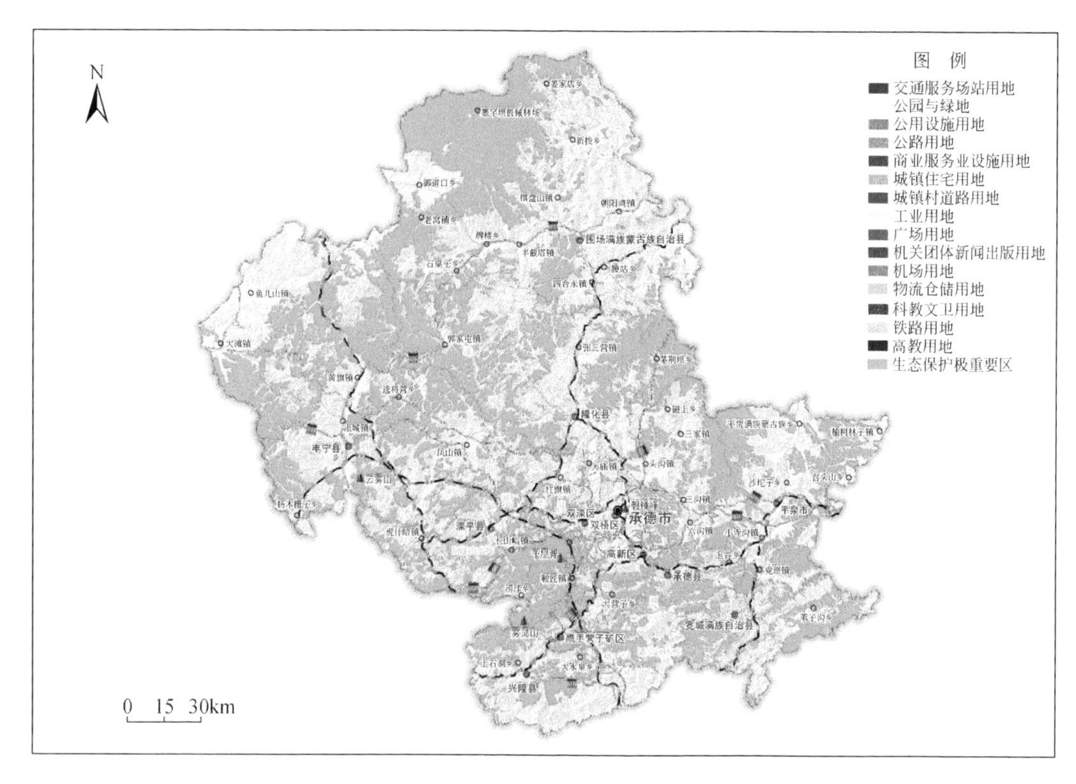

图5.13 承德市生态保护极重要区内现状建设用地分布图

(2) 自然保护区内的生态保护与经济开发存在冲突。

承德市承德县、兴隆县、平泉市、滦平县、隆化县、丰宁县、宽城县和围场县均有乡镇、村庄在自然保护区内。

(3) 坝上地区草原退化明显，草地资源承载能力亟待提升。

坝上围场县后沟牧场及姜家店、山湾子，御道口牧场管理区二三分场、红松洼牧场、鱼儿山牧场及其周边重点草原区草地植被盖度为74.7%，草地平均高度为37.4cm，鲜草产量为4749.7kg/hm^2，按照每只羊每天摄入1.8kg风干牧草计算，承载1只羊需要6.25亩草地。承德市2019年草地面积相比2014年减少了478.94万亩，见表5.11，目前仍有320.7万亩退化草地有待治理，草原总体生态压力很大。

表5.11 承德市全域1984～2019年草地面积统计表 (单位：万亩)

县(市、区)	1984年	2014年	2016年	2019年
双桥区(含高新区)	—	7.94	15.62	13.93
双滦区	35.10	23.88	33.28	27.18
鹰手营子矿区	—	0.17	0.26	0
承德县	212.50	117.20	109.95	57.80
兴隆县	185.00	85.45	85.83	12.39
平泉市	231.40	98.96	99.70	33.89

续表

县（市、区）	1984 年	2014 年	2016 年	2019 年
滦平县	245. 30	114. 51	104. 16	75. 69
隆化县	413. 50	164. 67	164. 60	99. 95
丰宁县	836. 60	285. 30	285. 68	186. 48
宽城县	124. 90	93. 65	93. 64	48. 86
围场县	522. 20	208. 01	206. 97	164. 63
合计	2806. 50	1199. 74	1199. 69	720. 80

注：1984 年草地面积为农业部全国“第一次草地资源普查”数据，2014 年草地面积为“第二次全国土地调查”数据（2014 年公布），2016 年草地面积为 2016 年土地更新调查数据，2019 年草地面积为“第三次全国国土调查”数据。

5. 1. 6　潜力分析

1. 农业生产潜力分析

从土地资源角度考虑，承德市农业生产适宜区面积为 145. 47 万亩。按照优先生态保护、稳定耕地数量的原则，在农业生产适宜区基础上，依次扣除生态保护极重要区、自然保护地、现状湿地、耕地、园地、基本草地、城镇与基础设施建设用地、特殊用地、应当保留的农村居民点、连片分布的林地等，识别承德市未来适宜农业生产的潜力空间，承德市农业生产适宜区潜力规模为 26. 37km^2（3. 96 万亩），其用地现状主要包括宜耕的其他草地、空闲地、裸土地等。

承德农业生产适宜区和一般适宜区潜力规模虽然较大，但受水资源约束，除了必要的土地整治、农村居民点复垦及用于改善农业生产条件外，未来应压减耕地，不宜扩大耕地面积。

2. 城镇建设潜力分析

承德市城镇建设适宜区面积为 1297. 03km^2，按照优先生态保护、稳定耕地数量的原则，在城镇建设适宜区基础上，依次扣除生态保护极重要区、自然保护地、现状湿地、城镇与基础设施建设用地、特殊用地、应当保留的农村居民点、连片分布的现状优质耕地、公益林、基本草地等，识别未来适宜城镇建设的潜力空间，承德市城镇建设适宜区潜力规模为 60. 79km^2，现状用地以其他草地、零散村庄、沙地、采矿用地、裸地、盐碱地等为主。

承德市城镇建设用地规模较小，大部分已开发利用，承德市区非行政发展重心可向西部双滦区、南部高新区转移，城镇建设规划时，要整体规划、合理布局，高效地安排城镇建设空间。

5. 1. 7　双评价支撑国土空间规划建议

根据承德市作为京津冀水源涵养功能区、国家绿色发展先行区、国家可持续发展创新示范区、国家历史文化名城、国际生态旅游城市“三区两城”的发展定位，结合本次评价结果，提出以下建议：

1. 统筹划定“三条控制线”

1）生态保护重要性评价与生态保护红线

承德市生态保护极重要区面积为16487.42km²，占全域总面积的41.75%，生态保护红线面积为16296.34km²，占全域总面积的41.3%。生态保护极重要区外生态保护红线面积为2455.8km²，生态保护红线外生态保护极重要区面积为2670.34km²，生态保护极重要区与生态保护红线重叠区面积为13840.53km²（图5.14）。

图5.14　承德市生态保护极重要区与生态保护红线分布图

2）农业生产适宜性评价与永久基本农田

承德市农业生产适宜区面积为969.80km²，农业生产一般适宜区面积为7515.55km²，划定永久基本农田2770km²。农业生产适宜区外永久基本农田面积为1828.37km²，永久基本农田外农业生产适宜区面积为744.28km²，农业生产适宜区与永久基本农田重叠区面积为215.39km²（图5.15）。

3）城镇建设适宜性评价与城镇开发边界

承德市城镇建设适宜区面积为1297.03km²，城镇建设一般适宜区面积为1341.84km²，现状城镇建设用地面积为1157.80km²。城镇建设适宜区外城镇开发边界面积为

图 5.15　承德市农业生产适宜区与永久基本农田分布图

133.82km^2，城镇开发边界外城镇建设适宜区面积为 961.04km^2，城镇建设适宜区与城镇开发边界重叠区面积为 330.74km^2（图 5.16）。

2. 优化国土空间开发保护格局

1）生态空间

（1）北部坝上地区多措并举提升水源涵养能力和环境支撑区建设。

在承德北部地区，尤其是坝上地区的塞罕坝-御道口一带，是典型的干旱脆弱生态环境区。近年来出现了湖泊萎缩、部分地区存在土地沙化、水源涵养功能面临弱化风险等问题，水资源严重短缺，生态保障功能脆弱，目前约 14% 的土地出现沙漠化，约 31.4% 的土地不同程度存在水土流失。建议在生态保护优先的基础上合理优化当地生产生活生态空间结构，继续大力发展生态旅游产业，做好山水林田湖草生态保护修复工程，加大植树造林，进一步提升防风固沙和水源涵养功能，推动生态环境状况持续改善。

丰宁县、围场县、御道口牧场、塞罕坝机械林场应重点加强生态建设，加快治理风沙源区和水土流失区，大力营造生态水源保护林，实施封山育林增加生物多样性，加大速生丰产林、生物质能源林、经济林建设力度，全面提高森林、草原、湿地涵养水源防风固沙能力，着力构建沿边沿坝防风固沙生态屏障。

（2）加强承德南部燕山山地水源涵养支撑区建设。

承德燕山山地包括承德县、滦平县、兴隆县（雾灵山自然保护区）、宽城县、平泉市、

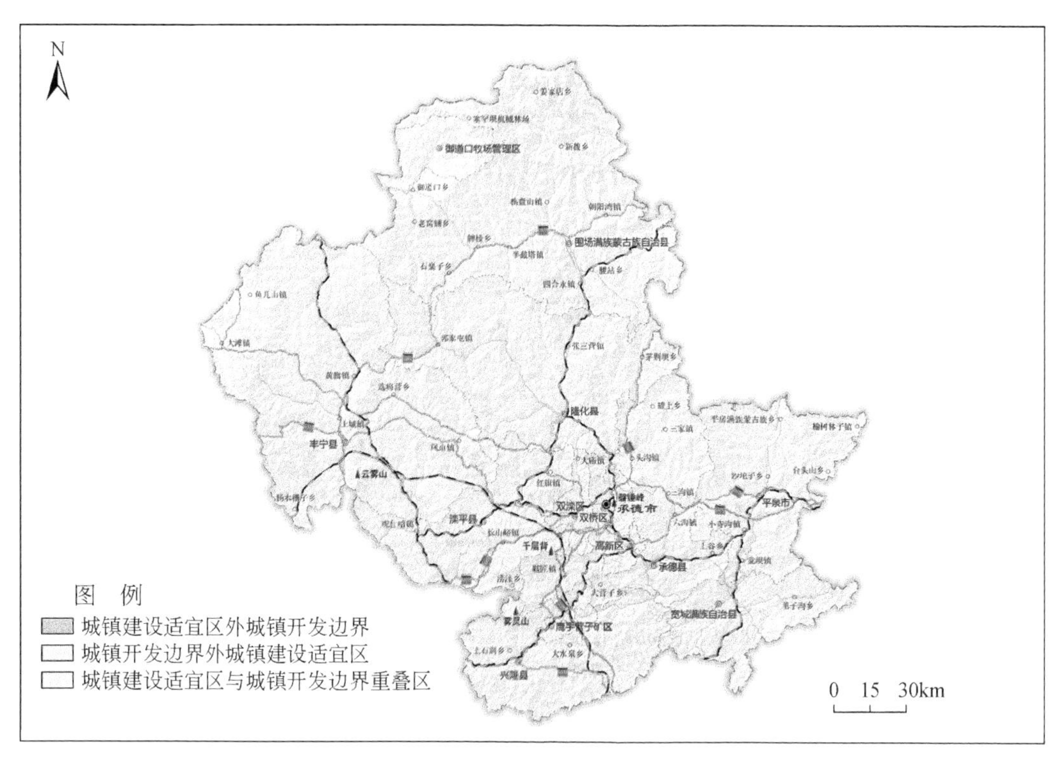

图5.16　承德市城镇建设适宜区与城镇开发边界分布图

鹰手营子矿区、隆化县。重点加强生态建设，加大防护林带、水源涵养、水土保持、退耕还林、京津风沙源治理、巩固退耕还林成果等国家级和省级重点生态工程建设力度。大力发展地质遗迹、生态文化旅游和休闲度假产业，建设绿色农产品和生态产业基地，积极发展林业、果品业。

（3）建议对自然保护区核心区内的村庄加强生态管护。

承德市生态保护极重要区面积占全域土地总面积的41.75%，生态保护重要区面积占全域土地总面积的36.02%，两者合占77.77%。目前，承德市共有国家级自然保护区5个，省级自然保护区10个，均位于生态保护极重要区和重要区内。其中国家级自然保护区分别为河北茅荆坝国家级自然保护区（由茅荆坝片区和碱房片区组成）、河北滦河上游国家级自然保护区、河北塞罕坝国家级自然保护区、河北雾灵山国家级自然保护区和河北红松洼国家级自然保护区。尤其是坝上地区的自然保护区人工林种单一，建议增加生物多样性。

省级自然保护区分别为河北千鹤山省级自然保护区、河北宽城都山省级自然保护区、河北滦河源草地国家级自然保护区生态系统省级自然保护区、河北白草洼省级自然保护区、河北青龙都山省级自然保护区、河北丰宁古生物化石省级自然保护区、河北北大山省级自然保护区、河北六里坪猕猴省级自然保护区、河北御道口省级自然保护区和河北辽河源省级自然保护区。

2）农业空间

（1）坚持“以水定地”原则，优化农业生产布局，发展特色农业。

承德市总体耕地布局较为合理，种植方式正由粗放型向精细型、传统型向生态型转变。压减现有耕地面积，将坝上生态环境脆弱区和坡度25°以上耕地全部实施退耕还林还草。在优化传统农业种植结构的基础上，因地制宜发展山楂、板栗、小米等特色农业种植，根据特定元素的富集区对林果种植区进行优化调整。

（2）根据土壤质地特征，分类合理使用，提高土地供给潜力。

根据承德市土壤质地特征和使用条件，将全域土地根据优劣等级分为9级，承德市不同等级土地特征统计见表5.12。

表5.12　承德市不同等级土地特征统计表

土地优劣等级	分布区域	土壤类型	土壤质地	建议
一	中南部大的河流宽谷低阶地	潮土、潮褐土	以轻壤质和中壤质为主，土层深厚肥沃	此类耕地为水田、水浇地或设施蔬菜用地，是当地高产稳产农田，应加强保护，防止建设占用，同时需注意平衡施肥，保证可持续利用
二	中南部的低山河谷阶地	以潮褐土为主，少量潮土	大多为轻壤质，土层深厚	应增施有机肥，合理灌溉，调整种植结构
三	坝下地区中低山河谷高阶地及黄土台地上	褐土	大多为轻壤质	此类土地应完善灌溉设施，提升有机质含量，改良土壤结构，建设高产稳产农田
四	坝下地区，中低山河谷起伏洪积高台地上	褐土，其次为潮土、棕壤、新积土	以轻壤土为主，其次为中壤质、砂壤质	此类耕地大部分为旱地，部分具备灌溉条件。在利用上要注意农田基本建设，增施有机肥，改良土壤结构，合理调整作物布局
五	坝下地区，地貌类型以黄土地貌和洪积台地为主	褐土，其次为棕壤和新积土	以壤质为主，大部分土层较厚，局部有砂砾层	在利用上要推广深耕深翻，加厚活土层，增施有机肥，防止土壤侵蚀，推广旱作农业技术，扩大杂粮种植面积
六	全市各地的黄土坡梁、洪积台地和山丘坡麓	棕壤、褐土和栗钙土	—	此类耕地缺少灌溉条件，在利用上要加强农田基本建设，深耕深翻，加厚活土层，合理调整种植结构
七	全市各县区，中低山、丘陵坡地地形	棕壤、褐土、栗钙土	—	此类耕地坡度大，土层较薄，干旱缺水，应通过修筑水平梯田，降低田面坡度，加厚土层，保持土壤水分，开展多种经营，提高耕地生产能力
八	承德中、北部县区，中低山坡地地形	褐土、棕壤	—	此类耕地地块零散，坡度大、土层薄、砾石含量高，水土流失严重，可以通过修筑梯田等工程措施改善种植条件
九	丰宁县、围场县，中低山坡地中上部	棕壤、褐土、栗钙土和风沙土	—	此类耕地坡度大，侵蚀严重，土层浅薄、多含砾石，改良难度大。要注意综合利用，并视具体情况退耕还林还草

3）城镇空间

承德市在城镇化建设推进进程中，存在城镇环境不够宽松整洁、城乡接合部管理力度欠缺、软环境相对滞后、具有公共功能的建筑和休闲空间相对较少等问题。要充分发挥建制城镇既有自然资源优势，按照“绿相连、山相映、水相通、路相接”的要求，以提高城市生态环境建设、创造良好人居环境为目标，优化承德新型城镇空间开发保护布局。在农产品主产区挖掘资源禀赋，整合内外资源，大力推进以蔬菜、果品精深加工为主体的特色小镇建设。在重点生态功能区，选择水、土地资源和交通等综合条件较好、发展潜力较大地区，通过政策扶持增强产业聚集能力和人口吸纳能力，打造以特色观光旅游为主体的生态型城镇。

4）交通基础设施

承德市位于生态保护红线内的道路交通用地约为18km²，其中以农村道路为主，存在交通基础设施挤占生态空间问题，需统筹调整优化道路布局，优化国土空间结构。

3. 实施生态保护修复和全域国土综合整治

坚持水陆共治、流域协同的原则，将滦河、武烈河、伊逊河等流域和位于滦河上游和武烈河中游的丰宁-宽城东西向成矿带区域统筹，实施山水林田湖草保护与系统修复。

（1）实施退耕还林还草，系统修复山水林田湖草。

承德市适宜植树造林用地主要分布于围场县和丰宁县的坝上沙地及玄武岩风化壳区如塞罕坝地区的玄武岩风化壳厚度为1～2m，上部土壤层厚度为20cm左右，土壤层厚度较薄，易遭受破坏。坝上地区应压减现有耕地面积，将坝上生态环境脆弱区和坡度大于25°以上耕地全部实施退耕还林还草，服务于山水林田湖草系统保护修复。

承德市耕地包括旱地、水浇地和水田，承德市各县（市、区）坡度大于25°现状耕地面积为59.97km²，统计见表5.13。

表5.13　承德市各县（市、区）坡度大于25°现状耕地面积统计表（单位：km²）

县（市、区）	旱地	水浇地	水田
双桥区	0.5103	0.0369	—
高新区	0.2601	0.0144	—
双滦区	1.8396	0.0117	—
鹰手营子矿区	0.4545	0.0081	—
承德县	6.6483	0.0378	0.0009
兴隆县	4.2003	0.0198	0.0009
平泉市	6.0885	0.0009	0.0054
滦平县	7.3386	0.0990	0.0513
隆化县	9.1926	0.2772	0.1719
丰宁县	5.4891	0.2457	—
宽城县	4.7070	0.0018	0.0153
围场县	12.1914	0.0486	0.0018
合计	58.9203	0.8019	0.2475

（2）优先进行生态保护极重要区和重要区内的矿山生态修复。

承德市生态保护极重要区面积为 16487.42km²，占全域土地总面积的 41.75%，生态保护重要区面积为 14222.30km²，占全域土地总面积的 36.02%。其中，生态保护极重要区和重要区内的采矿用地面积为 159.47km²，应优先进行矿山生态修复，尤其是在红旗-小营、武烈河高寺台镇尾矿库和采矿区。

（3）将地质灾害避险搬迁与生态修复、土地整治相结合，搬迁地质灾害风险高的村庄。

承德市共有 891 处地质灾害点，其中因风险等级高建议异地搬迁的村庄有 64 处。异地搬迁的依据有以下两类：一是部分地质灾害点现状治理条件较差，如崩塌、滑坡等所在边坡距离民房太近、治理空间狭小、机械设备难以入场等；二是从技术经济效益考虑，如平泉市、宽城县和围场县的部分地面塌陷和泥石流区，治理的施工投入远大于异地搬迁。

4. 生态优先，打造生态与文化产业链，促进全域高质量发展

（1）全域促进高品质自然景观与历史文化融合，实现绿色高质量发展。

深入挖掘御道文化、秦汉长城文化和满清皇家特色旅游文化，宣传并促进自然地质景观与历史文化的融合。将坝上自然景观带、滦河自然景观带、武烈河自然景观带、辽河源自然景观带、秦汉长城文化带、明长城文化带及皇家御道文化带 7 个带有机地结合起来，形成承德市全域旅游文化产业发展总体布局，旅游文化产业发展潜力巨大。

（2）在塞罕坝地区打造林场-生态文明文化-体验旅游产业链。

承德市天然林面积约 0.94 万 km²，人工林面积约 1.25 万 km²，多为阔叶林和针阔混交林。其中塞罕坝林场 59 年来造出了世界上面积最大的人工林 115 万亩，已初步形成“森林—草原—湖泊—湿地”良性自然生态系统，创造了荒原变林海的绿色奇迹，践行了绿水青山就是金山银山的理念。塞罕坝林场建设者被联合国授予“地球卫士”奖，对世界的生态文明建设都产生了深远的影响，是推进生态文明建设的一个生动范例。因此，宣传推广生态文明思想，在塞罕坝地区打造林场-生态文明文化-体验旅游产业链，能够在生态空间促进高质量发展。

5.2　武烈河生态文化产业走廊综合地质调查

在系统梳理武烈河流域的水、土、地热和地质遗迹等自然资源基础上，对武烈河流域的地质资源条件和重大环境地质问题进行分析；整合区域历史文化景观，将自然景观与历史文化深度融合；提出了国土空间布局、地质遗迹开发利用、地热资源开发、地质安全防控、矿山地质环境监测和地下水资源保护等方面地学建议，为武烈河百公里生态与文化产业走廊规划提供了地质支撑。

5.2.1　土地资源

武烈河流域的土壤绝大部分清洁，土地环境质量等级较高，具有发展特色农业、中药材产业的先决条件。

武烈河流域土壤微量元素锗（Ge）、锌（Zn）、钼（Mo）、锰（Mn）含量较高，分布的面积占50%以上，普遍显示硼（B）、硒（Se）含量较低，表层土壤中微量营养有益元素分布不均匀。农用地土壤硼含量丰富级别面积为6.95km²；钼含量丰富-较丰富级别面积为162.32km²，占全域面积的37.81%；土壤硒含量为0.03～0.44mg/kg，平均硒含量为0.16mg/kg，低于我国土壤平均硒含量0.25mg/kg。一方面，武烈河流域土地基本上未出现重金属元素污染，土壤清洁程度较高，具有开发特色农业、中药材产业的先决条件；另一方面，流域土地中富含锗、锌、钼、锰、铜等元素，此类元素对黄芩等的种植非常重要。

5.2.2　水资源

武烈河流域水资源质量以Ⅱ类和Ⅲ类为主，多年动态呈现向好趋势，且无重金属组分超标，天然泉水出露数量多，水源涵养条件较好。

地表水及地下水质量呈现良好趋势，全流域水质以Ⅱ～Ⅲ类为主。2013年以来，武烈河沿线3个地表水功能区监测结果表明武烈河全流域水质状况良好。源头—高寺台段为保留区，水质持续保持Ⅱ类；高寺台—承德大桥段为饮用水源区开发利用区，仅2014年为Ⅲ类。地下水由2013～2015年的Ⅲ～Ⅴ类转变为2016～2017年的Ⅲ类为主，地下水质良好。

天然泉水数量多，泉源稳定出流，具有观赏潜力。武烈河流域天然泉水数量众多，历史最多泉水出露88处，受水文地质条件及地形切割影响，泉水主要沿着山间溪沟、河流分布。其中，历史流量大于1.0L/s的泉点总共有23处，沿武烈河中游流域分布的有9处，玉带河及茅沟河分别为6处和3处，鹦鹉河、兴隆河及牤牛河共5处；历史流量大于10L/s的有4处；历史流量为2.5～5L/s的有9处。除中西部兴隆河流域外，泉流多年衰减量较小，结合出露地形地貌分析，具有较好的观赏价值。

已探明的优质矿泉资源丰富，矿泉健康元素具有较大利用潜力。共有潜力较大的矿泉水资源区18处，包括富锶-富偏硅酸型矿泉水4处，呈零星点状分布在中关镇龙凤村、隆化县章吉营镇姚吉营村、双桥区大石庙镇石门沟村等；富锶型矿泉水14处，沿武烈河及其支流点状辐射，出露于双峰寺镇小井村、韩麻营镇海岱沟村东沟、双滦区大庙镇东沟村、中关镇大窝铺村沟等地。矿泉中偏硅酸最大含量达到33.52mg/L，位于承德县高寺台镇张营村，锶含量较高的达到0.60～1.09mg/L，主要位于双桥区双峰寺镇小井村、隆化县韩麻营镇海岱沟村东及双滦区大庙镇冰沟门村等。

5.2.3　地质遗迹资源

武烈河流域拥有地质遗迹20处（世界级2处、国家级4处），各类自然景观保护区10处，文物资源95处，地质遗迹保护和开发利用程度高。

武烈河流域2处世界级地质遗迹均为碎屑岩地貌类型，4处国家级分别为岩土体地貌和重要岩矿石产地，保护类型主要为岩土体地貌和重要岩矿石产地。同时，流域内有国家地质公园 1 处（河北承德丹霞地貌国家地质公园）、国家森林公园 4 处（茅荆坝国家森林公园、北大山石海森林公园、磬锤峰国家森林公园、双塔山国家森林公园）、湿地公园 3 处（滦河武烈河湿地公园、武烈河湿地公园、双塔山滦河湿地公园）、自然保护区 2 处（茅荆坝自然保护区、北大山自然保护区）。

流域内地质遗迹类型丰富。包含 2 大类、5 类、7 亚类，各类地质遗迹资源 20 处，且类型丰富，其中碎屑岩地貌亚类数量最多。

流域内历史文化资源丰富、种类齐全，包括全国重点保护单位、省级文物保护单位、市县级文物保护单位合计 95 处，开发潜力巨大。

流域内地质遗迹等级高。涵盖世界级、国家级、省级和省级以下 4 个级别，其中碎屑岩地貌等级最高，结合地质遗迹数量情况，本区的重点地质遗迹为碎屑岩地貌。

地质遗迹保护和开发利用程度高。流域内地质遗迹 20 处中有 9 处位于自然保护区、森林公园、地质公园、湿地公园内，保护率为 45%，保护程度较高。20 处地质遗迹中除大庙–娘娘庙区域断裂和元宝山大断裂外，其余 18 处已开发利用，利用率为 90%，开发利用程度极高。

5.2.4 地热资源

武烈河流域地热资源丰富，主要分布于茅荆坝、七家、头沟及闫营子等区块，日可开采量为 7822.04m^3，地热资源每年可利用热量折合标准煤 4.44 万 t，合理开发利用地热资源有利于旅游文化产业升级。同时，武烈河流域地下热水资源较适宜作为洗浴、理疗热矿水使用，具有一定的保健作用和较好的经济应用前景，每年可接待 2500 万人次。

5.2.5 武烈河流域生态文旅规划建议

在系统梳理武烈河流域自然地质景观和历史文化资源的基础上，精准对接承德市需求，并基于特色资源优势，提出了打造“六个核心区、十六个辐射区”规划建议。

（1）打造双桥区皇家文化与丹霞地貌体验核心区，辐射带动周边 4 个生态旅游区发展。

武烈河流域内自然生态景观资源丰富多样，历史文化底蕴厚重，分布有自然保护区、国家森林公园等自然保护地 30 处，避暑山庄、外八庙等世界文化遗产 2 处，戏楼、行宫等历史文化遗迹 95 处。建议充分利用磬锤峰、双塔山等自然景观，以及避暑山庄、外八庙等人文景观打造双桥区皇家文化与丹霞地貌体验核心区，辐射带动大庙热河铁矿遗址科普研学区、元宝山–关帝庙丹霞地貌观赏区、大石庙镇富锶型矿泉康养体验区、滦河–武烈河湿地景观休闲区等 4 个生态旅游区发展（图 5.17）。

（2）打造七家–茅荆坝皇家温泉康养度假核心区，辐射带动周边 2 个特色旅游区发展。

适合康养理疗的地热资源丰富，有富锶、偏硅酸优质矿泉水点 18 处。初步评估极具开采潜力的地热田有 4 处，水温为 60 ~ 98℃，富含偏硅酸、锶等组分，适合康养理疗，具有每年接待 2500 万人次的潜力。其中七家–茅荆坝地热田开发利用条件最好，建议充分利用

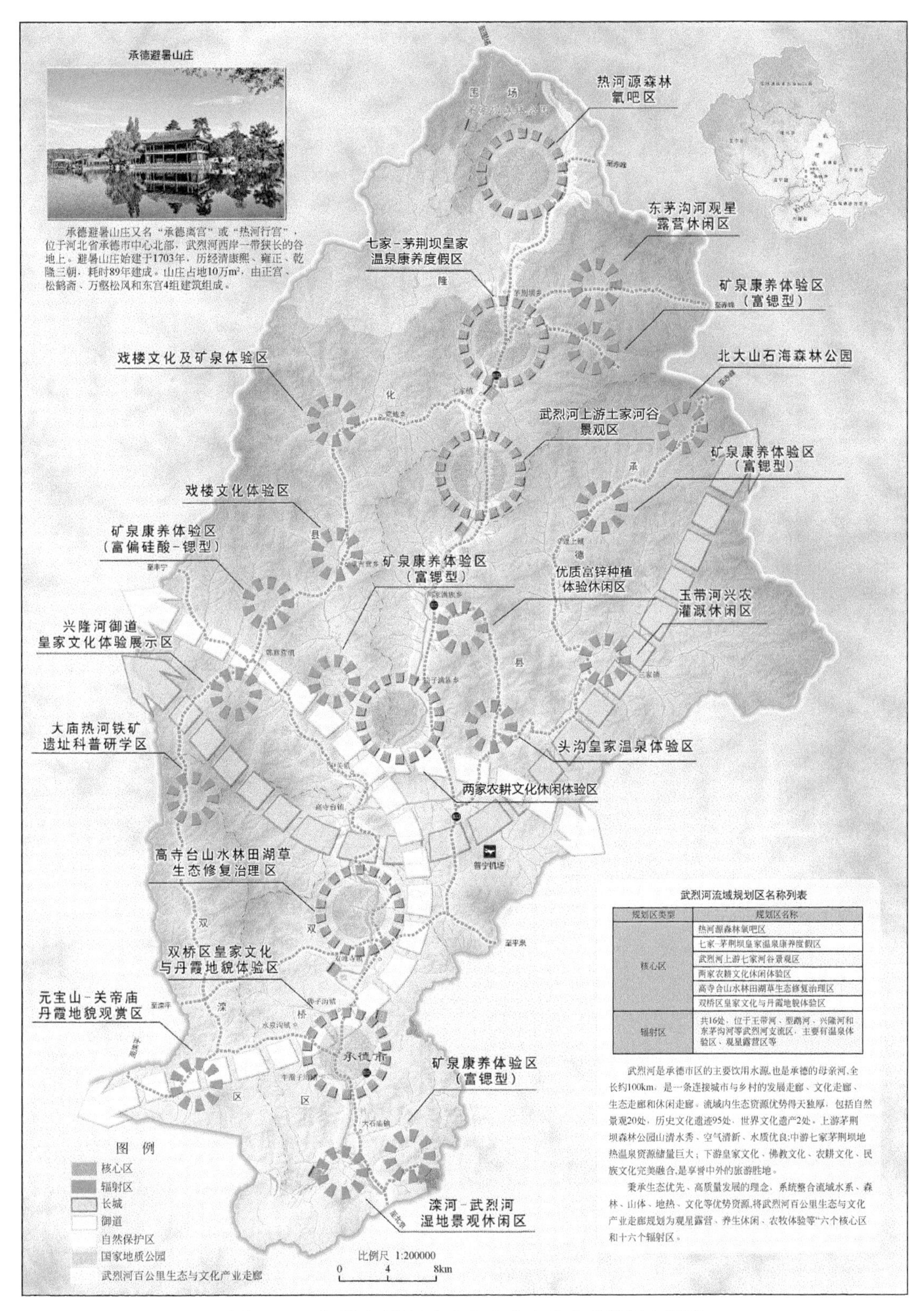

规划区类型	规划区名称
核心区	热河源森林氧吧区
	七家-茅荆坝皇家温泉康养度假区
	武烈河上游七家河谷景观区
	两家农耕文化休闲体验区
	高寺台山水林田湖草生态修复治理区
	双桥区皇家文化与丹霞地貌体验区
辐射区	共16处，位于玉带河、鹦鹉河、兴隆河和东茅沟河等武烈河支流区，主要有温泉体验区、观星露营区等

图5.17　武烈河百公里生态与文化产业走廊规划建议图

地热、清代皇家温泉遗址、富锶-偏硅酸型优质矿泉水等资源，打造七家-茅荆坝皇家温泉康养度假核心区，辐射带动东茅沟河观星露营休闲区、宝山营富锶型矿泉康养体验区等2个特色旅游区发展。

(3) 打造中游两家农耕文化休闲体验核心区，辐射带动周边5个休闲体验区发展。

武烈河流域耕地土壤环境清洁，富含钼、锰、锌、铜等多种有益元素。初步调查发现富含有益元素的耕地主要分布在七家、两家、中关镇等地，可发展道地药材、优质草莓等特色农业。建议打造两家农耕文化休闲体验核心区，辐射带动兴隆河御道皇家文化体验展示区、富锶型矿泉康养体验区、头沟皇家温泉体验区、优质富锌种植体验休闲区、玉带河兴农灌溉休闲区等5个休闲产业区发展。

(4) 打造热河源森林氧吧核心区，辐射带动周边1个传统文化体验区发展。

充分利用茅荆坝国家级自然保护区、森林公园、敖包山、韭菜楼、千亩大草甸、潘家店壁画、戏楼、花岗岩地貌地质遗迹、富锶矿泉水等优势资源，建议打造热河源森林氧吧核心区，辐射带动戏楼文化及矿泉体验区发展。

(5) 打造武烈河上游七家河谷景观核心区，辐射带动周边4个休闲康养区发展。

充分利用西地村草莓公社、郑家沟花海、热河溯源绿道、乡村振兴大集等优势自然景观资源，建议打造武烈河上游河谷景观核心区，衔接北大山森林公园、东梁大地遗址、十八里汰戏楼等特色资源，辐射带动戏楼文化体验区、富偏硅酸-锶型矿泉康养体验区、富锶型矿泉康养体验区和北大山石海森林公园4个休闲康养区发展。

(6) 打造高寺台山水林田湖草生态修复治理区。

合理利用采矿遗址，工矿废弃地，按照确保安全、恢复生态、重塑景观的原则，推进高寺台周边地区矿山环境恢复治理和生态修复。因地制宜，利用河流水系、水库水面营造山水萦绕、林泉相映的河谷景观。

5.3 承德滦河新城区综合地质调查

为支撑服务滦河“盛世上河图”山水画廊规划建设，瞄准承德市未来生态保护、产业发展、功能完善、形象提升的“生态强市、魅力承德”示范片区重点定位，突出水源涵养、山体保护，充分挖掘山水林田湖草等地上、地下有利优势的资源，识别开发利用潜在的地质灾害等风险问题，以扎实的地质调查勘查数据为依据，按照以生态定格局、以水定规模、以地定结构、以景观定形态的理念，统筹多维空间（地上、地表、地下）自然与人文要素，提出可利用、可保护、可预防的措施建议，支撑服务控制性国土空间规划和用途管制，科学布局“三生空间”，促进滦河两岸合理有序发展，为打造最亮丽的滦河名片贡献地质人的智慧力量。

5.3.1 自然资源综合调查

(1) 系统地开展了滦河50km及邻近区域的水文地质调查、水资源评价、土壤质量地球化学调查、地热资源调查、山体自然景观和地质遗迹与人文古迹综合调查、地质灾害调查和矿山地质环境调查，并完成了典型区段和重要景观无人机三维建模与 1704 组岩土体样品测试。

（2）基于区域内的 27 个水资源观测站和 39 座水量站数据，基本查清了滦河 50km 水资源的水量、水质和动态变化趋势，开展了水源涵养功能评价；研究了地表水与地下水及交互带总氮的浓度动态特征、污染来源和迁移转化规律。

（3）基本查清了山体资源类型，根据“名山”保、“大山”控、“缓山”用的策略，提出了山体保护名录和保护等级，打造了“滦河之眼”视线通廊体系和“读城”制高点，为承德市中心城区山体保护立法和山地公园规划建设提供了地质安全支撑。

（4）圈定了每一处地质灾害隐患点的危险区范围，建议作为城镇开发建设边界红线，提出了基于国土空间规划的地质灾害工程治理和搬迁避让管控建议。

（5）系统整理了已有的 46 个水文地质和工程地质钻孔数据，建立了标准岩心柱状图和每一个钻孔的剖面图，开展了地下空间调查评价。

（6）按照生态定格局、水定规模、地定结构、景观定形态的理念，统筹地上、地表、地下等多维空间自然与人文要素，突出支撑水源涵养、生态保护、传承文脉等功能，开展了水土气环境容量和工程地质条件双约束下的资源环境承载能力和国土空间开发适宜性评价，提出了矿山地质环境问题与生态修复整治建议。按照生态安全、粮食安全的优先顺序，提出了山水林田湖草的协调分布模式。

5.3.2　支撑城市设计尺度规划建议

本次研究发现滦河镇—上板城镇段一级富硒土地面积为 9000 余亩，包括自然景观 16 处、历史文化遗迹 54 处。划定 5 个生态农业高质量发展建议区和 4 个水土生态修复区（图 5.18），在鹭窝梁顶烽火台处打造 1 处标志性文化建筑，在双塔山、鸡冠山、滦河和武烈河两河交汇口打造 3 处地标性景观节点，在滦河沿线两侧山体规划 10 处“读城”制高点，形成 14 处“滦河之眼”，规划视线通廊 29 条。为承德市滦河河谷双滦区-上板城镇国土空间优化布局，从底线管控、山体保护、水环境治理、用地布局和地下空间开发利用提供了支撑。

（1）发现“盛世上河图”范围内土壤中硒（Se）元素含量为一级（丰富）的面积有 6.05km^2，主要分布在西地村、东园子村、烧锅村、南山根村、陈栅子村、太平庄村等，无污染，可作为未来特色有机农业示范园进行规划。

（2）区域内地下水位动态可划分为 7 个区，下降区占全区的 66.3%，上升区占全区的 16.8%。其中四道河上升区地处伊逊河与滦河交汇片区，水位变化受地表水影响，动态类型为水文型，升幅约 6.0m（2016～2020 年），年平均升幅约 1.0m；冯营子水位缓升区主要受武烈河汇入水量影响，多年升幅约 2.5m（2007～2015 年），年平均上升约 0.3m；双塔山、平房村、鹭窝村为水位稳定区，年平均变化幅度小于 0.1m，地下水动态主要受降水影响，在雨季可见水位明显上升；滦河镇-陈栅子、上板城下降区受集中水源地地下水开采影响，其中滦河镇、鹭窝村周边水位呈逐年显著降低趋势，10 年降幅高达 6.0m（2004～2015 年）。

(3) 区域内景观资源丰富，包括自然景观 16 处和历史文化遗迹 54 处。丹霞地貌景观、滨河湿地景观、山水休闲景观、历史文化遗迹沿滦河两岸错落分布，风景秀美，历史文化厚重，可规划为历史文化与丹霞地貌展示、生态农业休闲体验、湿地景观观赏等 4 个规划区。

(4) “盛世上河图”范围内在鹫窝梁顶汉长城烽火台处可打造 1 处标志性文化建筑，在双塔山、鸡冠山、滦河和武烈河两河交汇口，可打造 3 处地标性景观节点，在滦河沿线两侧山体规划 10 处“读城”制高点，形成 14 处“滦河之眼”。在“盛世上河图”滦河区域规划视线通廊 29 条，提高居民亲山、亲水、亲园可达性。

(5) 生态保护极重要区面积为 49.51km^2，占全域土地总面积的 14.87%；农业生产适宜区面积为 23.40 万亩，占全域总面积的 46.86%；城镇建设适宜区面积为 82.50km^2，占全域总面积的 24.77%。未来可开发的城镇建设适宜区面积 36.43km^2。

(6) 滦河Ⅰ级河流阶地主要为农田，拔河高度 1～2m，主要为农业种植区（含水稻田、大棚区）；Ⅱ级河流阶地主要为村落分布区，是人类的主要生活场地；Ⅲ级和Ⅳ级阶地上黄土堆积很厚，是黄土覆盖的高阶地，形成时代很早，主要为旱作农业区，以种植玉米为主。基岩山区的表层土主要为风化壳，适宜植树造林（包括经济林），是生态涵养区和保护区，以乔木、灌木等为主。

(7) 区域内植被覆盖增加，近 30 年来有林地与其他林地面积均在增加，而灌木林地面积呈减少趋势，对比发现部分灌木林流转为有林地、建设用地、其他林地等。

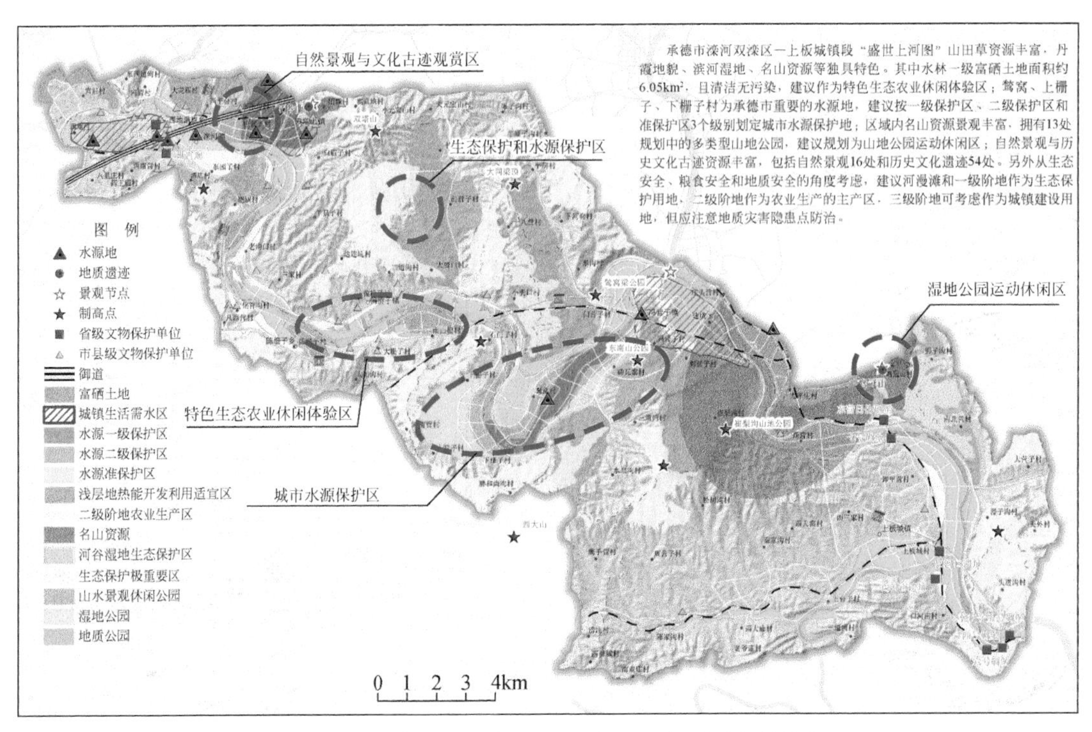

图 5.18　支撑服务承德市“盛世上河图”规划建议图

(8) 区域内受农业园区、工矿业生产、城市生活污水排污叠加影响，地表水与地下水中氨氮含量均偏高，其中地下水中 NO_3^- 浓度超出限值20%～300%。水体中总氮浓度范围为0.5～141mg/L，以西营的总氮超限状况最为严重，超出限值的93倍。

(9) 土壤重金属元素中铬（Cr）存在少量轻度污染地区，面积分别是0.01km²，主要分布在西地村西北部地区、太平庄村东南部地区。

5.4 本章小结

(1) 本次研究基本查清了承德水、土、矿、林、草等自然资源禀赋、环境条件和生态地质环境基准特征。结合自然资源综合调查和专题调查成果，建立了市级尺度的“资源环境承载能力和国土空间开发适宜性评价”指标体系，编制完成承德市“双评价”报告和图集，提出了“三区三线”划定和国土空间开发保护格局优化建议，直接支撑了承德市国土空间规划（2021～2035年）。

(2) 在自然资源和国土空间多要素综合地质调查基础上，充分运用规划的理念，基于承德市武烈河流域的水、土、地热、矿泉水、地质遗迹、地质景观、历史文化等特色资源优势，与地灾防治、矿山生态修复等相结合，编制完成支撑服务武烈河百公里生态与文化产业走廊地质调查报告和图集（1∶5万），提出打造“六个核心区、十六个辐射区”的武烈河百公里生态与文化产业走廊规划建议。

(3) 编制完成支撑服务承德市滦河新城区城市设计地质调查报告和图集(1∶1万)，发现滦河镇—上板城镇段一级富硒土地9000余亩，划定5个生态农业高质量发展建议区和4个水土生态修复区，提供了优化国土空间的地质视角，打通了地质支撑规划的“最后一公里”，精准支撑了承德市滦河河谷国土空间优化布局。

第6章　支撑生态保护与系统修复

6.1　坝上高原草地退化的地质作用研究

6.1.1　草地退化特征

坝上高原地带性植被处于东北区系、内蒙古区系和华北区系的交汇处，自然条件严酷，景观生态和系统层次结构简单，环境本身的抗干扰能力和自我修复能力差。草原分为草甸草原和干草原2个植物亚系，草场群落层次简单。近年来草场质量下降，优质牧草减少，篙属、十字花科杂草逐渐代替了原来的羊草、野豌豆等，坡梁草地的羊草优势种逐渐被蒿属、菊科杂草以及狼毒所代替。

特别是近年来在人类放牧生产活动密集区，出现了标志着生态恶化的指示性植株——狼毒（*Stellera chamaejasme* Linn.），对本就脆弱的生态系统敲响警钟。狼毒，又称断肠草等，是瑞香科狼毒属多年生草本植物（侯宽昭，1982；史志诚，1997），是我国草地重要的有毒植物之一。由于其自身强大的种子生产能力、在土壤种子库中存活的持久性、根系对有限水热资源的侵占能力、对周围物种产生郁蔽和抑制作用、对干旱寒冷等逆境条件的适应能力，使其在退化草地上大面积出现并以集群斑块状持续扩散，逐渐由伴生种变为优势种，成为中、重度草地退化的建群种之一，对草地形成逆向演替，使物种多样性降低，植物群落内优质牧草比例下降，可食牧草品质和生产力降低，单位面积草地载畜量减少，草地逐渐失去其生产价值，严重影响我国草地畜牧业的可持续发展与生态安全（Sun et al.，2009；Jin et al.，2015；Guo et al.，2015；王欢等，2015；Li et al.，2016；Jin et al.，2018；郭丽珠和王堃，2018）。

在调查区共计采集植物样方调查点42处，样方2m×2m。按照样方内狼毒株数、株高等进行分析：株数>15株，为密集斑块类型；株数介于5～10株，为稀疏斑点类型；株数<5株，为零散点状类型。统计显示9处为密集斑块类型，6处为稀疏斑点类型，27处为零散点状类型。

（1）密集斑块类型：主要集中分布御道口牧场的龟山、前园子山、红泉沟一带，样方内狼毒的株数为15～42株，最大株高集中在25～36cm，最小株高集中在5～15cm；植物类型多样，包括狼毒、漏芦、橐吾、委陵菜、冰草、无芒雀麦等［图6.1（a）、（b）］。

（2）稀疏斑点类型：分布范围较为广泛，样方内狼毒的株数为5～10株，最大株高集中在30～32cm，最小株高集中在4～15cm；植物类型多样，包括狼毒、漏芦、橐吾、委陵菜、冰草、无芒雀麦、火绒草等。

（3）零散点状类型：主要集中分布在沙地区域内，样方内狼毒的株数小于5株，植被类型相对单一，主要为冷蒿、青蒿、百里香、细叶鸢尾等［图6.1（e）、(f)］。在河道两侧及低洼区域内，狼毒的株数为0，植被类型为委陵菜、蒲公英、无芒雀麦、寸草苔等［图6.1（c）、(d)］。

图6.1 御道口牧场一带的狼毒分布调查照片

6.1.2 草地退化的地质作用因素

1. 立地条件类型

狼毒密集斑块类型（Ⅰ）：微地貌多为低洼区域，立地结构多为砂、粉砂、黏土混合层位，地下水位多为2～3m，表层土壤水含量为10%～20%。

狼毒稀疏斑点类型（Ⅱ）：微地貌多为微凸起的沙地，土壤粒度组分多为砂、粉砂、黏土混合，粉砂、黏土组分含量多少于无狼毒区域的组分，地下水位多为1～5m。

狼毒零散点状类型（Ⅲ）：微地貌主要为裸露的沙丘、沙垄，地表植被稀疏，土壤粒度组分主要以砂为主，地下水位大于5m以上，表层土壤水含量小于10%。

无狼毒区域（Ⅳ）：微地貌主要为河道两侧低洼区域，土壤粒度组分以砂、粉砂、黏土混合组分为主，地下水位小于1m，土壤水含量大于30%。

2. 粒度组分特征

为了研究对比狼毒密集斑块类型和零散点状类型（含无狼毒区域）立地条件特征，按照0～20cm、20～50cm、50～100cm分别采集土壤样品，分析土壤结构特征、质地结构、养分条件。

粒度组分统计显示：狼毒密集斑块类型（Ⅰ）土壤的粒度组分以砂为主，平均含量达到68.14%，粉砂组分含量为24.55%，土壤及母质沉积物百分含量三角图显示投点相对分散，显示粒度组分混杂；无狼毒区域（Ⅳ）土壤的粒度组分包含了砂、粉砂，相对含量低于密集斑块类型（表6.1），土壤及母质沉积物百分含量三角图显示投点相对分散，但是黏粒组分含量相对密集性较少；狼毒零散点状类型（Ⅲ）土壤的粒度组分以砂为主，平均含量达到90%以上，土壤及母质沉积物百分含量三角图显示投点相对集中，以砂质组分为主（图6.2）。

表6.1 御道口牧场狼毒土壤粒度组分特征表 （%）

参数	狼毒密集斑块类型（Ⅰ）			狼毒零散点状类型（Ⅲ）			无狼毒区域（Ⅳ）		
	砂	粉砂	黏土	砂	粉砂	黏土	砂	粉砂	黏土
最小值	40.21	4.16	2.06	72.00	0	0	61.59	1.32	1.58
最大值	92.02	47.63	14.58	100.02	20.71	7.30	97.10	29.86	17.41
均值	68.14	24.55	7.30	90.56	6.51	2.93	81.32	12.28	6.40
标准偏差	16.66	14.22	3.90	8.78	6.55	2.60	11.86	8.19	5.67

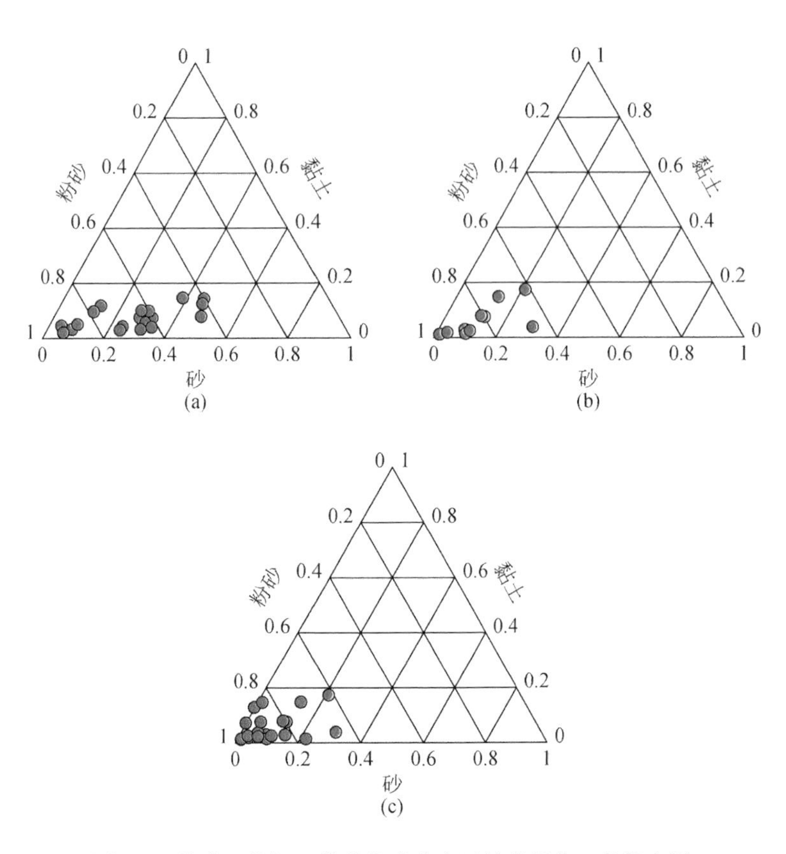

图6.2 御道口牧场一带的狼毒分布区粒度组分三角投点图

3. 大气降水的渗透性

在狼毒分布的不同地区进行表层土壤入渗实验，研究显示：狼毒零散点状类型（Ⅲ），土壤的入渗率保持较大，集中在400～500cm³/min；无狼毒区域（Ⅳ）土壤的粒度组分集中在110～130cm³/min，由于该地区的地下水较低，土壤水分属于饱和状态；狼毒密集斑块类型（Ⅰ）土壤的粒度组分以砂为主，由于土壤粒度组分的不均匀分布，在粉砂、黏土组含量增多的区域，土壤的入渗率存在一定的差异，多集中在100～200cm³/min，说明大气降水下降速率较低，利于表层土壤植物根系的吸收利用（图6.3）。

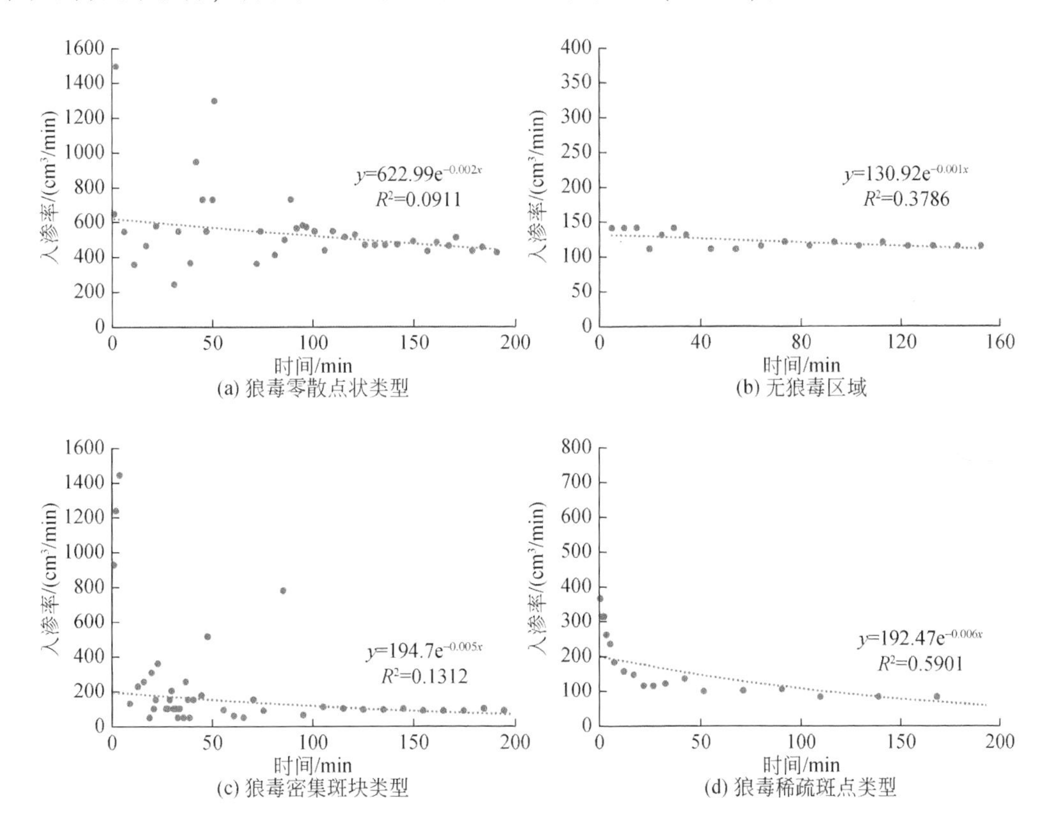

图6.3　御道口牧场一带的狼毒分布区表层土壤入渗曲线图

4. 土壤养分条件变化

本次选择狼毒密集斑块类型（Ⅰ）、狼毒零散点状类型（Ⅲ）和无狼毒区域（Ⅳ），分别采集表层土壤样品，分析表层土壤养分含量变化。

狼毒密集斑块类型（Ⅰ）土壤中N、P、K、Ca、Mg、S元素略高于河湖相无狼毒区域（Ⅳ），明显高于风积相狼毒零散点状类型（Ⅲ）。狼毒密集斑块类型（Ⅰ）土壤中Fe、Cu、Zn、Mn、Se、Cr、Pb、Cd元素含量均略高于无狼毒区域（Ⅳ），明显高于狼毒零散点状类型（Ⅲ）。元素含量变化呈现两个特征：

（1）狼毒具有耐干旱、瘠薄、盐碱地区的生物学特征。根系发达，多大于0.5～1m

以上，粗壮根系能摄取深层养分和水分，适应干旱的环境，较好的疏松土壤以及蓄水保墒作用通过不断改变自身生长环境加快狼毒种群的扩散。适宜生长在土壤 pH 为 7.15 ~ 8.24 的中碱性土壤中，其生长地的水溶性盐含量也达到了 2.98g/kg，且其生长草地的水溶性盐含量显著低于未生长草地，适用于干旱、瘠薄、盐碱地区的生态恢复、绿化应用。

（2）狼毒具有较强的感化作用。狼毒密集斑块类型（Ⅰ）含量明显高于其他两个类型的氮、磷、钾全量及有效态平均含量，土壤中微生物的数量和种类增加，促进土壤氮素循环和周转速率。导致相较于周围的土壤倾向于累积更多的有机质，具有更高的无机氮和微生物生物量，显示明显的“肥岛”效应，而狼毒斑块“肥岛”的形成将进一步有利于狼毒根系对表层至深层土壤的利用效率，产生较多的根系沉淀，而根系活动能维持“肥岛”的功能和发育，狼毒和“肥岛”相互促进有利于狼毒种群的大面积扩张，创造正反馈，提高其扩散能力。过度的扩散会成为草地逐渐恶化的原因之一。

6.2　御道口地区土地沙化的地质成因及治理

通过对承德坝上小滦河流域上游不同沉积单元空间结构、粒度特征分析，探讨地质作用对该地区土地荒漠化分布的影响，探索土地荒漠化的生态修复路径。

该区域主要出露新近纪汉诺坝玄武岩和全新世松散堆积层，其中，全新世松散堆积层是荒漠化的主要物源。堆积物质包括冲洪积物、冲湖（沼）积物、湖（沼）积-风积物、风积物、风积-残积物 5 种，形成不同的生态地质单元（图 6.4）：

（1）冲洪积物主要分布工作区西南的现代河床内，主要为土黄色、浅灰色松散的砂砾石、亚砂土、亚黏土堆积物，发育了河流相湿地单元。

（2）冲湖（沼）积物：分布在现代湖泊或干湖中，由黑灰色淤泥、含粉砂淤泥和粉细砂组成。

（3）湖（沼）积-风积物：呈现二元结构，底部为浅灰色亚砂土、粉砂和碳质黏土，顶部多叠加风积砂层，发育河湖风积混合灌草单元。

（4）风积物：分布极为广泛，呈现为沙地、沙丘及沙垄地貌，由松散的黄白色砂构成，成分为石英、长石、岩屑等碎屑物质，局部发育古土壤层，形成风成相沙地稀疏草地单元。

（5）风积-残积物：主要由古风成沙、黄白色粉砂构成，顶部覆盖残积物、坡积物及冲洪积物，形成风成残积混合草地单元。

6.2.1　沉积单元结构和粒度特征

1. 沉积结构空间特征

小滦河流域第四纪沉积物空间分布主要受河流的侵蚀和沉积作用，风的搬运和沉积作用两种地质营力控制，分别形成冲洪积物、风积物（纵向沙垄和风成沙）和混合堆积物。冲洪积物主要沿小滦河流域两侧河床及河漫滩分布，由滨河床浅滩沉积物、滨河床砂坝带

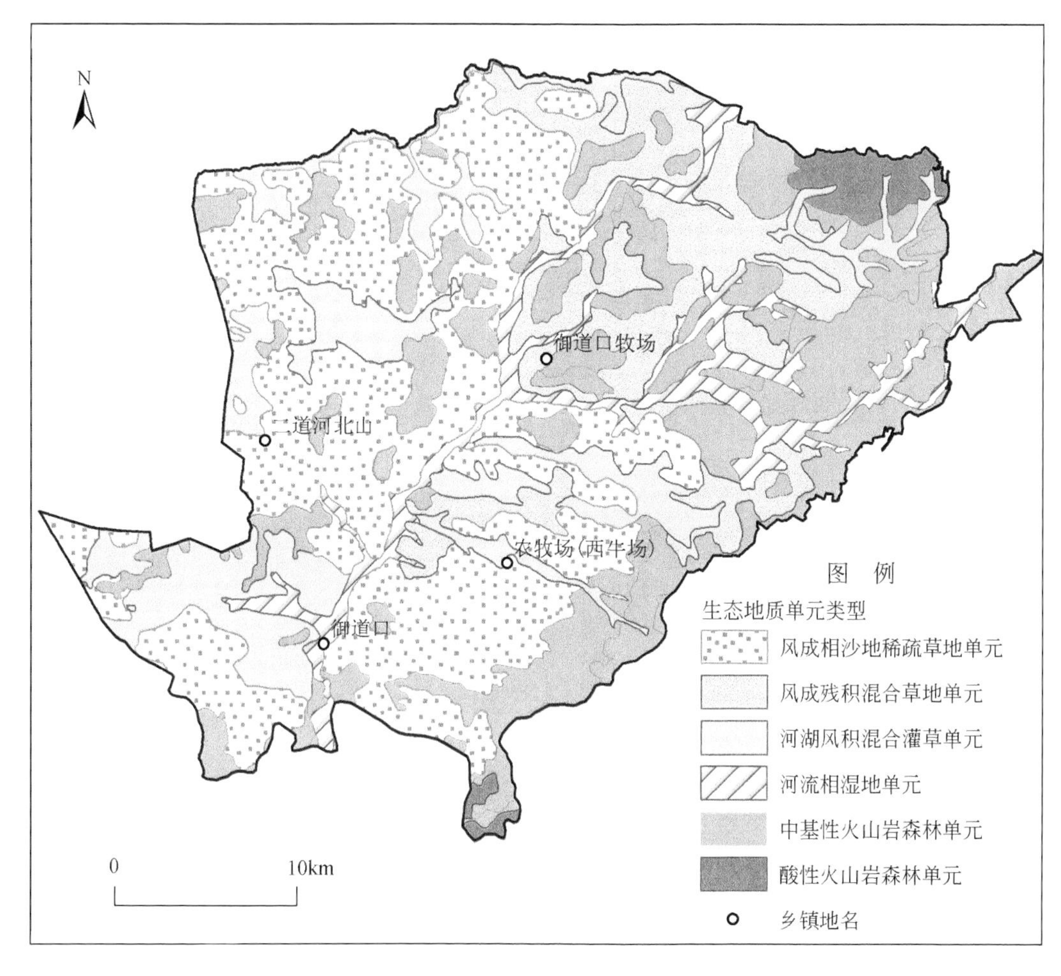

图6.4 坝上高原小滦河流域生态地质图

细-粉砂沉积物、河漫滩沿河带亚黏土-亚砂土沉积物3种沉积结构类型组成。

小滦河流域黄土山一带Ⅲ号剖面河流相沉积物结构特征（图6.5）：① 0～0.7m为灰褐色亚砂土层，结构疏松，含植物根系；② 0.7～1.3m为灰褐色砂质层；③ 1.3～1.6m为黄色砂土层。

风积物主要沿北西向主风向延伸，呈窄长平直的垄状砂体，分布于小滦河流域的西侧。小滦河流域后暖泉子Ⅳ号剖面垄状砂体结构特征：① 0.1～1.2m黄色砂质层，无植被；② 1.2～1.6m为黑褐色古土壤层，含有黑褐色黏土、亚黏土；③ 1.6～2.3m为黄色砂质层。

在小滦河流域河道两侧分布大量河流相冲洪积物与风成相风积砂混合“二元”堆积层。石门河东南岸Ⅰ号剖面河流相沉积物与风成相沉积物呈互层状，其结构特征：① 0～0.7m灰褐色亚砂土层，结构疏松，其中0～0.4m含植物根系；② 0.7～1.5m为黄色砂土层；③ 1.5～1.55m为红褐色含铁质结核砂层；④ 1.55～1.65m为褐黄色砂土层，局部见到砾石，粒径为1～3cm，呈浑圆状；⑤ 1.7m以下，未见底，结构疏松，达到地下潜水面。石门河Ⅱ号剖面风积砂上覆河流相沉积物，0～0.8m 粉砂质和黏土成分增加。

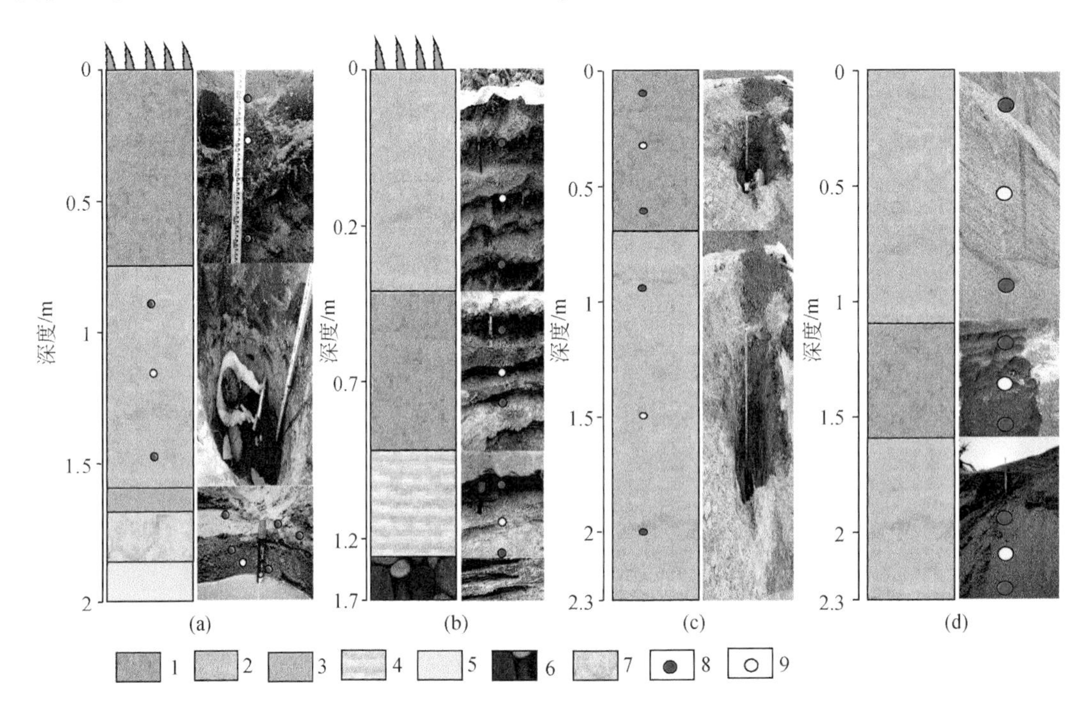

图 6.5　河北坝上御道口牧场采样示意图

（a）Ⅰ号剖面；（b）Ⅱ号剖面；（c）Ⅲ号剖面；（d）Ⅳ号剖面。1. 河流相；2. 风成相；3. 铁质沉积层；4. 混合相；5. 含水层；6. 砾石层；7. 含砾层；8. 粒度分析采样位置；9. 光释光年代学采样位置

2. 沉积物粒度特征

根据不同沉积单元结构特征，在每个层位采集粒度分析样品，共计采集 36 件。粒度分析测试在南京聚尚分析测试中心进行，采用激光散射法，实验设备型号为 Mastersizer 2000 型激光粒度散射仪，测量范围为 0.02～2000m，可获得 100 个粒级的百分含量数据，并给出每一粒级的百分含量，同时可提供粒度分布曲线和累积曲线。可根据不同沉积单元粒度数据统计（表 6.2），分析粒度的空间分布规律。

（1）河流相水成沉积物：分布受河床的形态、地貌特点以及河床形成阶段等因素影响，具有砾、砂、粉砂、黏土粒度组合多样性和空间分布差异性。在河流相水成沉积物的Ⅲ号剖面中，砂质含量为 47.07%～89.06%，粉砂质含量为 8.89%～45.95%，黏土含量为 1.60%～9.88%，局部含有砾石。粒度曲线呈双峰不对称，粒度累积概率曲线以一段式、二段式、三段式为主［图 6.6（a）、（b）］。

（2）风成相风积砂沉积物：粒度相对集中，以风积砂为主的Ⅳ号剖面中砂质含量为 92.83%～100.00%，粉砂质、黏土含量均小于 5%［图 6.6（c）、（d）］。在 0.80～1.50m 的古土壤层中粉砂含量为 12.22%～15.19%、黏土含量为 2.18%～4.82%，反映了古气候环境的阶段性变化，说明气候条件由干燥转向温暖湿润，出现了荒漠化短暂停滞，甚至逆转。粒度曲线呈近对称的略窄高锋形态，粒度累积概率曲线以一段式和二段式为主。

（3）混合相沉积物：粒度呈现砂-粉砂-黏土和砂两种组合的空间差异性，Ⅰ号剖面中 0 ~0.70m 的砂含量为 67.22% ~70.44%，粉砂含量为 24.84% ~28.26%，黏土含量为 2.72% ~7.94%；0.70 ~1.60m 砂含量为 97.31% ~99.99%；1.60 ~1.70m 砂含量为 61.59% ~71.23%。Ⅱ号剖面中顶部 0.20 ~0.80m 砂含量为 68.12% ~79.08%，粉砂含量为 13.91% ~28.42%，黏土含量为 3.47% ~6.98%；0.80 ~2.20m 砂含量为 95.26% ~99.98%。粒度曲线为近对称的略窄高峰形态和宽缓低平且粗偏的形态，两种粒度累积概率曲线以一段式、二段式和三段式为主［图 6.6（e）、（f）］。

表 6.2　小滦河流域剖面（Ⅰ ~Ⅳ号）粒度分析及参数统计表

样品编号	沙化类型	深度/m	含量占比/%			粒径<63μm 占比/%	平均粒径（M_z）/μm	分选系数（σ）	偏度系数（SK）	峰态系数（KG）
			砂	粉砂	黏土					
Ⅰ-12	Ⅰ	0.20	70.44	26.85	2.72	29.57	127.11	0.12	0.45	1.19
Ⅰ-11	Ⅰ	0.40	67.22	24.84	7.94	32.78	148.28	0.15	0.43	0.94
Ⅰ-10	Ⅰ	0.70	67.77	28.26	3.95	32.21	134.37	0.13	0.38	0.98
Ⅰ-9	Ⅱ	1.00	98.10	1.75	0.16	1.91	302.86	0.17	0.38	1.08
Ⅰ-8	Ⅱ	1.20	97.31	1.59	1.12	2.71	299.41	0.17	0.31	1.02
Ⅰ-7	Ⅱ	1.40	99.99	0	0	0	345.56	0.17	0.30	0.99
Ⅰ-6	Ⅱ	1.45	94.40	1.34	4.27	5.61	305.40	0.17	0.13	1.18
Ⅰ-5	Ⅱ	1.50	98.91	0.32	0.81	1.13	399.63	0.18	0.23	0.97
Ⅰ-4	Ⅰ	1.55	91.24	3.69	5.07	8.76	281.18	0.15	0.07	1.24
Ⅰ-3	Ⅰ	1.60	61.59	21.04	17.41	38.45	227.61	0.20	0.14	0.64
Ⅰ-2	Ⅰ	1.65	71.32	13.77	14.90	28.67	232.52	0.20	0.03	0.65
Ⅰ-1	Ⅱ	1.70	97.10	1.32	1.58	2.9	428.55	0.19	0.20	0.98
Ⅱ-8	Ⅰ	0.20	74.67	21.65	3.70	25.35	137.30	0.12	0.20	0.95
Ⅱ-6	Ⅰ	0.50	68.12	28.42	3.47	31.89	124.81	0.11	0.31	0.92
Ⅱ-4	Ⅰ	0.80	79.08	13.91	6.98	20.89	171.45	0.15	0.24	1.05
Ⅱ-3	Ⅱ	1.20	95.26	3.75	0.96	4.71	208.55	0.11	0.29	1.07
Ⅱ-2	Ⅱ	1.70	99.67	0.31	0	0.31	218.80	0.11	0.35	1.07
Ⅱ-1	Ⅱ	2.20	99.98	0	0	0	236.51	0.12	0.34	1.03
Ⅲ-1	Ⅰ	0.10	88.02	8.89	3.07	11.96	184.27	0.11	0.17	1.13
Ⅲ-2	Ⅰ	0.20	89.06	9.33	1.60	10.93	161.85	0.10	0.18	1.13
Ⅲ-3	Ⅰ	0.30	86.49	10.65	2.85	13.5	177.20	0.11	0.16	1.11
Ⅲ-4	Ⅰ	0.50	47.07	45.95	7.02	52.97	81.31	0.10	0.63	1.16
Ⅲ-5	Ⅰ	0.70	51.21	38.86	9.88	48.74	69.64	0.07	0.38	0.99
Ⅲ-6	Ⅰ	0.80	55.98	35.79	8.22	44.01	76.71	0.07	0.35	1.05
Ⅲ-7	Ⅰ	1.00	80.68	11.68	7.67	19.35	123.31	0.10	0.15	1.25
Ⅲ-8	Ⅰ	1.10	84.76	11.16	4.12	15.28	156.90	0.11	0.26	1.24
Ⅲ-9	Ⅰ	1.30	77.79	15.20	7.00	22.2	121.54	0.10	0.05	1.02

续表

样品编号	沙化类型	深度/m	含量占比/%			粒径<63μm占比/%	平均粒径（M_z）/μm	分选系数（σ）	偏度系数（SK）	峰态系数（KG）
			砂	粉砂	黏土					
Ⅳ-1	Ⅲ	0.20	98.11	1.66	0.25	1.91	244.72	0.12	0.29	1.02
Ⅳ-2	Ⅲ	0.40	100.00	0	0	0	311.19	0.15	0.28	0.97
Ⅳ-3	Ⅲ	0.50	97.34	1.97	0.69	2.66	278.44	0.15	0.30	1.00
Ⅳ-4	古土壤	0.80	79.99	15.19	4.82	20.01	117.55	0.08	0.07	1.08
Ⅳ-5	古土壤	1.10	85.09	12.22	2.63	14.85	207.59	0.15	0.26	1.06
Ⅳ-6	古土壤	1.50	84.69	13.12	2.18	15.3	177.37	0.13	0.22	1.11
Ⅳ-7	Ⅲ	1.80	92.83	4.92	2.24	7.16	150.93	0.08	0.19	1.29
Ⅳ-8	Ⅲ	2.10	92.95	5.00	2.08	7.08	154.47	0.09	0.22	1.33
Ⅳ-9	Ⅲ	2.30	96.03	3.32	0.64	3.96	157.84	0.07	0.29	1.09

6.2.2　沉积单元结构与生态关系

地表物质是生态环境的物质基础，提供了土壤的母质，控制了土壤的化学元素，同时影响水系及地下水的成分，最终影响了植被的类型。小滦河流域一带在全新世不同沉积作用形成河流相、风成相的堆积物，经历不同的生态地质作用过程，形成了不同的生态地质单元，导致生态环境的恢复与重建自然本底条件不同。

河流相湿地单元：河道水流冲蚀、搬运和沉积作用形成砾-砂二层堆积结构，在河漫滩和一级阶地，发育砂质土壤，土壤中有机质含量较高，地下水位较浅，潜水面多大于1m，土壤水主要来自大气降水和地下水，土壤水、毛管水发育。地表植被主要以看麦娘、黑麦草、早熟禾、委陵菜等优质牧草为主，少量的灌木。

风成相沙地稀疏草地单元：受北西向风力搬运作用形成沙垄状厚大沙地，形成裸露的沙丘，土壤养分含量较低，土壤水主要来自大气降水，渗透性强，地下水位较深，潜水面大于10m，土壤中以悬着水为主。地表植被稀少，多以牛筋草、蒿属等耐旱草本为主。

河湖风积混合灌草单元：河湖相沉积的厚大粉砂、黏土沉积层，在风力侵蚀作用下，形成荒漠化，随着局部河道变迁，叠加河湖相沉积物，形成多元互层结构特征。发育粉砂质土壤，土壤养分含量不均匀，土壤入渗率较强，渗透性中等，地下水位较浅，潜水面为2～5m，土壤中悬着水和毛管水均有发育。地表植被覆盖度中等，分布早熟禾、蒲公英、黑麦草等草本植物，局部出现斑块状狼毒，显示植被群落结构出现负向演替。

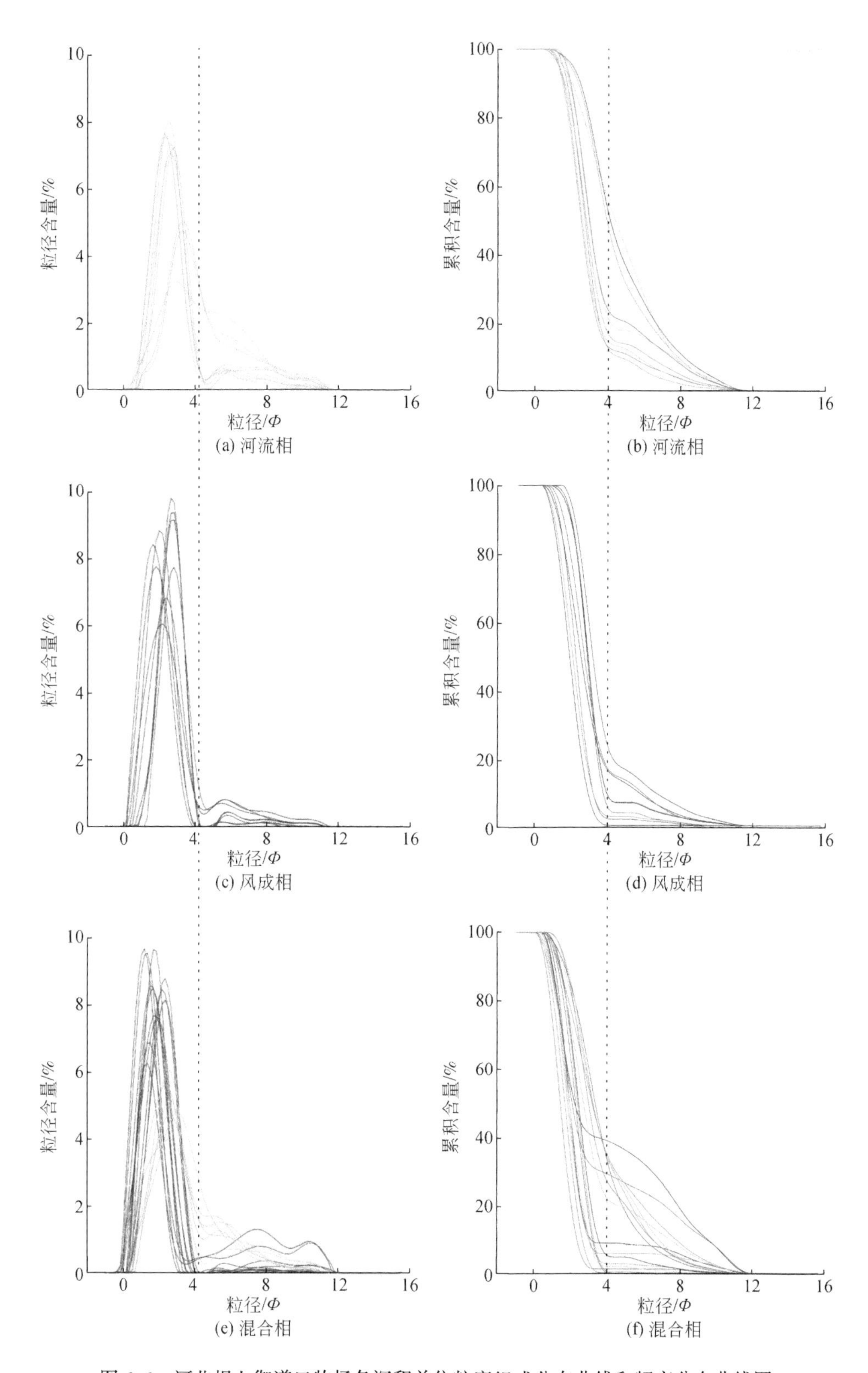

图6.6　河北坝上御道口牧场各沉积单位粒度组成分布曲线和频率分布曲线图

6.3　月亮湖区 1.2 万年以来古气候变化

月亮湖旧称沙脑泡子，蒙语名为萨伦诺尔湖，位于御道口牧场东北部，棋塞公路坝梁西段，距棋塞公路0.5km，罗圈林以东10km，地理坐标为117°23′7.18″～117°23′40.38″E，42°21′4.10″～42°21′3.82″N。月亮湖是海拔1700m以上的天然高原湖泊，湖面宽度为300～500m，湖泊面积约6000m²，水深为0.6～1.5m，汇水面积为2.48km²，主要为大气降水补给。从流域上看，月亮湖为小滦河上游流域所属如意河流域分支的源头，为季节性湖泊，夏季规模较大，秋季呈缩小趋势，每年10月末至次年3月初，为湖面封冻期。由于湖区处于内蒙古高原向冀北山地过渡带，是草原-草甸-林地过渡带，也是干旱-半干旱季风气候与暖温带半湿润大陆气候的过渡带。独特的地理位置和复杂的气候系统，造就了湖区及其周边地区敏感的环境和脆弱的生态。

6.3.1　月亮湖钻孔剖面及年龄

选择在月亮湖（简称YLH）湖滨带浅水区进行钻孔取样（图6.7），钻孔坐标为117°23′11″E，42°20′54″N。研究参考前人在该地区所做的沉积物测年数据，将钻孔深度控制在2m，以研究全新世以来的古气候演变过程。

图6.7　坝上高原月亮湖钻孔位置图

1. 剖面地质结构

湖泊沉积物的物性特征可以直观地反映沉积时的环境情况，可以为古气候环境重建提供定性化研究的支撑。由钻孔剖面岩心柱表格图（图6.8）可以看出，剖面沉积物以113cm为界线可大致划分为两个沉积阶段，其中113cm至200cm段以厚层湖积淤泥为主，夹有多层薄砂层；而0cm至113cm段则以厚层砂层沉积为主，湖积淤泥层数量少且厚度薄。沉积剖面物性特征反映出该区域全新世早期阶段的风沙活动频繁但强度较弱、持续时间较短，而全新世晚期风沙活动强度和持续时间增强。

层号	岩心柱	深度/cm	岩性描述	厚度/cm
1		10	棕色细粉砂，含植物根系	10
2		22	褐色细砂，粒度均一	12
3		52	黄色细砂，石英、长石含量高，粒度均一，成熟度较好	30
4		67	棕色细粉砂，含水量较高	15
5		72	黑色湖积淤泥，有机质含量高	5
6		81	黄色细砂，成熟度较好	9
7		92	褐色细砂，粒度均一	11
8		100	黑色湖积淤泥，有机质含量高	8
9		103	黄色细砂，成熟度较好	7
10		113	棕色细粉砂，分选性较好	10
11		136	黑色湖积淤泥，黏性较好，可搓成条，有机质含量高，可见纹层	23
12		141	黄色细砂，粒度均一	5
13		148	黑色湖积淤泥，有机质含量高	7
14		152	黄色细砂，成熟度较好	4
15		174	黑色湖积淤泥，有少量植物残存，有机质含量高，可见纹层，含水量较高	22
16		181	黄色细砂，粒度均一	7
17		194	黑色湖积淤泥，黏性较好，有机质含量高，可见纹层	13
18		200	黄色细砂，石英、长石含量高	6

图 6.8　YLH 钻孔剖面岩心柱示意图

2. ^{14}C 测年数据

这里采用的测年方法为^{14}C 测年法。^{14}C 测年法是第四纪测年方法中测量精度最高、用途最广和最成熟可靠的方法，广泛用于 50ka B. P. 以来（晚更新世晚期—全新世）的地质、环境和考古研究。

本次研究在 YLH 钻孔剖面共采集^{14}C 年龄样品 7 件，并送往美国 BETA 实验室进行^{14}C

测年。7 个样品^{14}C测试校正后的测年结果范围在 190±30 ~ 12150±40cal.①a B. P.（表6.3），年龄跨度从末次冰消期晚期到全新世。通过7个测年数据拟合出剖面的线性年龄曲线（图6.9），并计算得到剖面^{14}C年龄的线性关系式 $y=0.0156x+15.638$ 和相关系数 $R^2=0.9811$。

表 6.3 YLH 钻孔^{14}C测年结果表

样品编号	深度/cm	测试年龄/a B. P.	校正年龄/cal. a B. P.
AMS-1	2	210±30	190±30
AMS-2	22	620±30	620±30
AMS-3	44	1290±30	1280±30
AMS-4	68	2350±30	2350±30
AMS-5	110	6190±30	6240±30
AMS-6	174	9910±30	9920±30
AMS-7	200	12180±40	12150±40

6.3.2 古气候代用指标分析

根据月亮湖湖积物的物质组成和沉积环境特性，采用了粒度、磁化率和稳定同位素地球化学指标相结合的方法，来重建坝上高原东部地区的古气候演化过程（秦小光等，2011）。共采集古气候代用指标样品300件，粒度、磁化率和稳定同位素地球化学样品各100件，取样精度为2cm。

粒度分析实验在河北地质大学实验室完成。粒度测量使用英国 Malvern 公司生产的 Mastersizer 3000 型激光衍射粒度仪。

1. 粒度特征及古气候指示

根据 YLH 钻孔沉积物粒度频率分布情况，可将沉积环境大致划分为4类，即湖岸带沉积、湖滨带沉积、湖滨-湖心过渡带沉积和湖心带沉积，不同沉积环境下的粒度频率曲线特征如图6.10所示。

湖岸带［图6.10（a）~（c）］沉积物大多是风成沙和流水冲刷或河流搬运而来的砾石、粗砂等粗粒物质，主要分布在钻孔剖面上部的厚层砂质沉积层，剖面下部砂层中也有少量沉积。沉积物粒度频率曲线的特征：

（1）粒径范围集中在 1 ~ 1000μm，峰值粒径为 211 ~ 756μm，平均粒径为 340.5μm，中值粒径为 312.4μm。

（2）图6.10（a）曲线呈现出近于对称的单峰、正偏形态，表明沉积物分选好、偏粗粒，判断沉积物为西北方向浑善达克沙地搬运而来的沙漠沙，指示该时期冬季风盛行，气

① cal. 表示校准（calibration）。

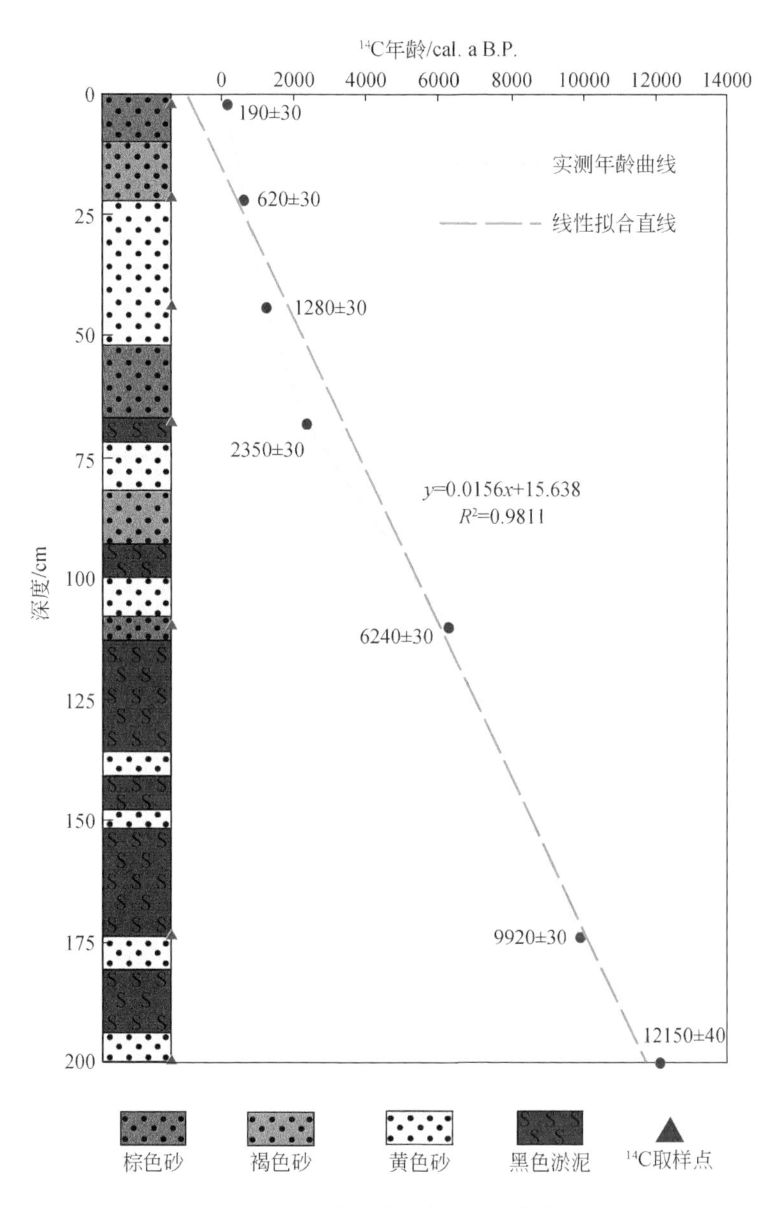

图6.9　YLH钻孔剖面14C年龄曲线图

候较为干旱。

（3）图6.10（b）、（c）曲线呈现出主峰左侧斜肩过渡、正偏的形态，说明沉积物粒度以粗粒为主，细粒组分相较于图6.10（a）明显增加，判断沉积物为沙漠沙和河流沙。

（4）从图6.10（a）到图6.10（b），再到图6.10（c），可以看出沉积物的悬浮组分逐渐增多，沉积环境从湖岸带逐渐向湖滨带过渡，反映出湖泊水域处于扩张期，降水量增多，气候湿润。当古沉积环境为湖岸带时，相较于现今湖滨带环境，说明湖泊水域面积收缩，气候处于干旱期。

湖滨带［图6.10（d）］水动力复杂，受击岸浪和回流冲刷、掏洗，对沉积物改造强

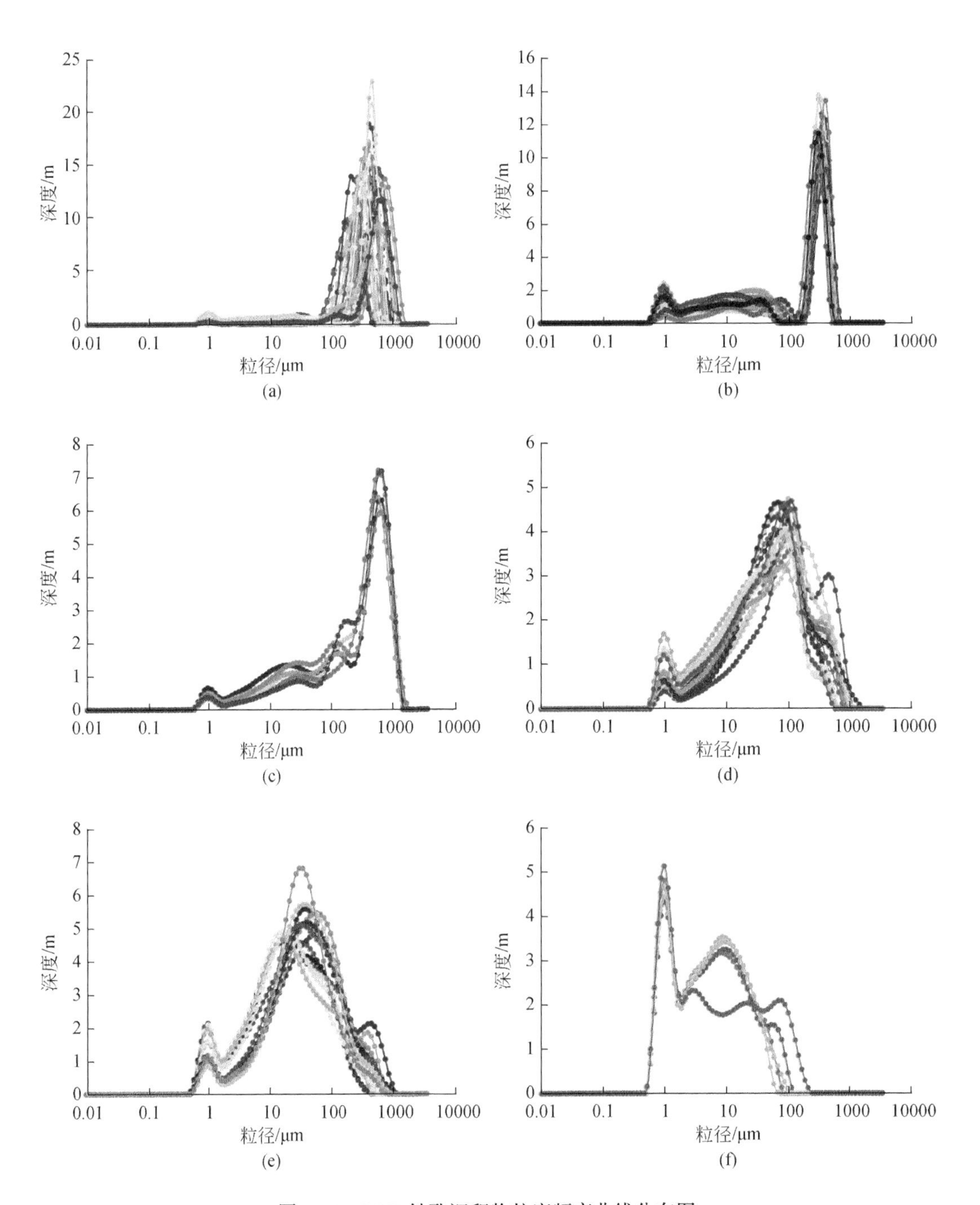

图 6. 10　YLH 钻孔沉积物粒度频率曲线分布图

烈，主要分布在钻孔剖面中部和下部的砂层沉积层。沉积物粒度频率曲线的特征：

（1）粒径范围集中在 0. 8 ~ 860μm，主峰峰值粒径为 60 ~ 150μm，次峰峰值粒径为 0. 9 ~ 1μm，平均粒径为 105. 9μm，中值粒径为 94. 7μm。

（2）曲线呈现出双峰、负偏的形态，表明沉积物为混合沉积、分选较差，物质成分以跳跃组分和悬浮组分为主，滚动组分较少，湖泊水动力较强。

（3）沉积物物质组成以砂为主，粉砂和黏土含量较少。当古沉积环境与现今同为湖滨带时，说明湖泊水域面积基本保持不变，气候处于干旱-半干旱期。

湖滨-湖心过渡带［图6.10（e）］主要受湖流作用的影响，水动力条件较湖滨弱而较湖心强，沉积物以中粗粉砂和砂为主，主要分布在钻孔剖面中部和下部的泥-砂过渡层中，剖面上层分布较少。沉积物粒度频率曲线特征：

（1）粒径范围集中在0.6～670μm，主峰峰值粒径为15～60μm，次峰峰值粒径为0.8～1μm，平均粒径为68.5μm，中值粒径为60.7μm。

（2）曲线呈现出双峰、负偏的形态，表明沉积物为混合沉积，物质成分以悬浮组分为主，含少量滚动组分。

（3）沉积物物质组成以砂和粉砂为主，黏土物质含量增加。当古沉积环境为湖滨-湖心过渡带时，说明湖泊水域面积扩张，气候开始转向湿润期。

湖心带［图6.10（f）］沉积物主要受椭圆形上下振荡波浪的作用，水动力强度较弱，因此沉积物的粒度很细，以细粉砂和黏土为主，主要分布在钻孔剖面中部和下部的泥层沉积层。沉积物粒度频率曲线特征：

（1）粒径范围集中在0.5～180μm，主峰峰值粒径为1μm，次峰峰值粒径为10μm，平均粒径为15.4μm，中值粒径为13.0μm。

（2）曲线呈现出双峰、负偏的形态，表明沉积物为混合沉积，物质成分以悬浮组分为主，含少量滚动组分，湖泊水动力较弱，次峰可能与湖泊的微生物化学作用有关。

（3）沉积物物质组成以黏土和粉砂为主，砂质含量很少。当古沉积环境为湖心带时，说明湖泊水域面积扩张，气候处于湿润期。

根据YLH钻孔剖面沉积物粒度测试数据，绘制出粒度组分和粒度参数随深度变化曲线图（图6.11、图6.12）。由图6.11可以看出，黏土（<4μm）和粉砂（4～63μm）含量曲线在剖面中部和下部呈现出较高值，在上部呈现出低值；砂质（>63μm）含量曲线呈现出由下往上逐渐升高的趋势，且整体波动幅度和频率更大。由图6.12可以看出，中值粒径曲线在剖面下部呈现出较低值，在剖面中部波动剧烈，往上数值逐渐增大；分选系数在剖面中下部呈现出高值且波动较小，在剖面上部数值逐渐降低，分选性由下往上逐渐变好；偏度曲线在剖面中下部波动较小，剖面上部波动频繁且波动幅度较大，总体以正偏为主；峰度曲线在剖面中下部呈现出低值且波动较小，在剖面上部曲线剧烈波动，出现了多次峰值。

根据粒度组分和粒度参数曲线随深度变化特征，可大致划分为以下4个阶段：

第Ⅰ阶段（12150～10560cal. a B. P.）：对应剖面深度为200cm至184cm。该阶段沉积物中黏土含量占比为15.24%，粉砂含量占比为45.30%，砂含量占比为39.46%，黏土和粉砂含量较高，砂含量曲线先上升后下降，中值粒径在波动中减小，沉积物粒度逐渐变细；分选系数曲线波动幅度较小，波动范围在1.60～2.71，均值为2.34，分选性差；偏度曲线先上升后下降，波动范围在1.12～3.59，均值为1.72，极正偏；峰度曲线先上升后下降，波动范围在1.65～16.06，均值为4.47，极窄尖。该阶段沉积物物性以湖积淤泥为主，黏土和粉砂物质含量上升，沉积物粒度变细，说明湖泊水体深度变深，水动力减弱，反映出该阶段降水量增加，气候较为湿润。

第Ⅱ阶段（10560~10055cal. a B. P.）：对应剖面深度为184cm至172cm。该阶段沉积物中黏土含量占比为8%，粉砂含量占比为43%，砂含量占比为49%，黏土和粉砂含量曲线较上一阶段下降，砂含量曲线显著上升；中值粒径曲线快速上升，沉积物粒度总体较上一阶段粗；分选系数曲线波动幅度较小，波动范围在2.04~3.16，均值为2.42，分选性差；偏度曲线小幅波动，波动范围在1.50~2.24，均值为1.67，极正偏；峰度曲线小幅波动，波动范围在3.30~6.20，均值为3.87，极窄尖。砂含量较上一阶段显著增加，沉积物粒度变粗，说明湖泊水体深度变浅、水动力增强，反映出该阶段降水量减少，气候较为干冷。

第Ⅲ阶段（10055~6215cal. a B. P.）：对应剖面深度为172cm至113cm。该阶段沉积物中黏土含量占比为13%，粉砂含量占比为39%，砂含量占比为48%，黏土含量较上一阶段增多，黏土和砂含量减少，中值粒径曲线波动频繁且幅度较大；分选系数曲线波动较小，波动范围在1.86~3.26，均值为2.43，分选性差；偏度曲线波动较小，波动范围在0.97~2.85，均值为1.66，极正偏；峰度曲线小幅波动，波动范围在1.67~9.75，均值为3.77，极窄尖。该阶段沉积物为厚层湖积淤泥夹有两层薄砂层，砂层沉积可能与风沙活动或降温事件有关。从沉积环境来看，湖积淤泥通常是在深水环境，水动力较弱的条件下形成，说明此阶段湖泊水体深度较深，沉积环境为过渡带和湖心带环境，总体气候较为湿润。

第Ⅳ阶段（6215~230cal. a B. P.）：对应剖面深度为113cm至12cm。该阶段沉积物中黏土含量占比为8%，粉砂含量占比为21%，砂含量占比为71%，黏土和粉砂含量曲线较上一阶段显著下降，砂含量曲线显著上升，中值粒径曲线处于较高值且波动剧烈，沉积物粒度较上一阶段大幅变粗；分选系数曲线先上升后下降，波动范围在0.35~3.69，均值为1.97，分选性差；偏度曲线波动频繁且幅度大，波动范围在-1.41~4.54，均值为2.09，极正偏；峰度曲线波动幅度大，在深度48cm、40cm和28cm处出现了3次急剧上升，波动范围在1.62~26.77，均值为7.85，极窄尖。该阶段沉积物为厚层砂质沉积夹有两层湖积淤泥层，砂含量为整个时期最大值，黏土和粉砂含量极少，且分选系数总体维持在一个较低值水平，分选相对其他阶段好，推断这一阶段沉积物是风成作用从浑善达克沙地带来的沙漠沙，说明该阶段风沙活动强烈，气候干旱，两层湖积淤泥层可能是两次暖湿气候事件。

第Ⅴ阶段（230cal. a B. P. 至今）：对应剖面深度为12cm至0cm。该阶段沉积物中黏土含量占比为5%，粉砂含量占比为25%，砂含量占比为70%，黏土和粉砂含量曲线呈上升趋势，砂含量曲线呈下降趋势，中值粒径曲线快速下降，沉积物粒度逐渐变细；分选系数曲线上升，波动范围在1.02~2.57，均值为2.2，分选性差；偏度曲线先上升后下降，波动范围在1.58~4.96，均值为2.48，极正偏；峰度曲线先上升后下降，波动范围在3.63~33.90，均值为10.34，极窄尖。该阶段沉积物为砂质沉积，沉积物粒度呈变细趋势，反映出该阶段降水量增加，气候开始转向湿润。

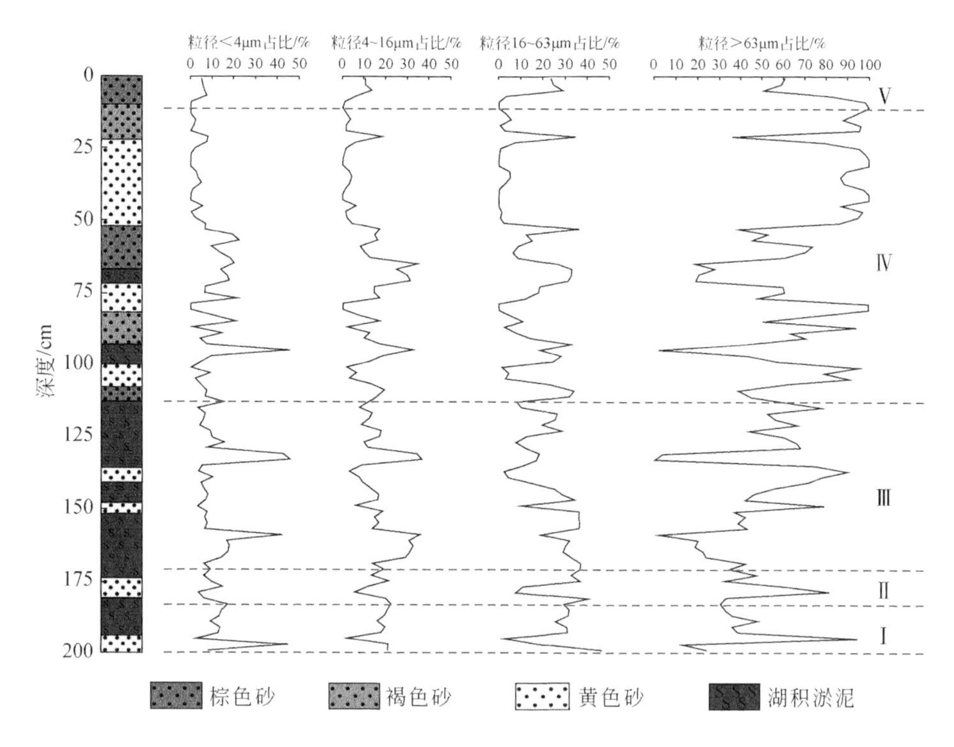

图6.11　YLH钻孔沉积物粒度组分随深度变化图

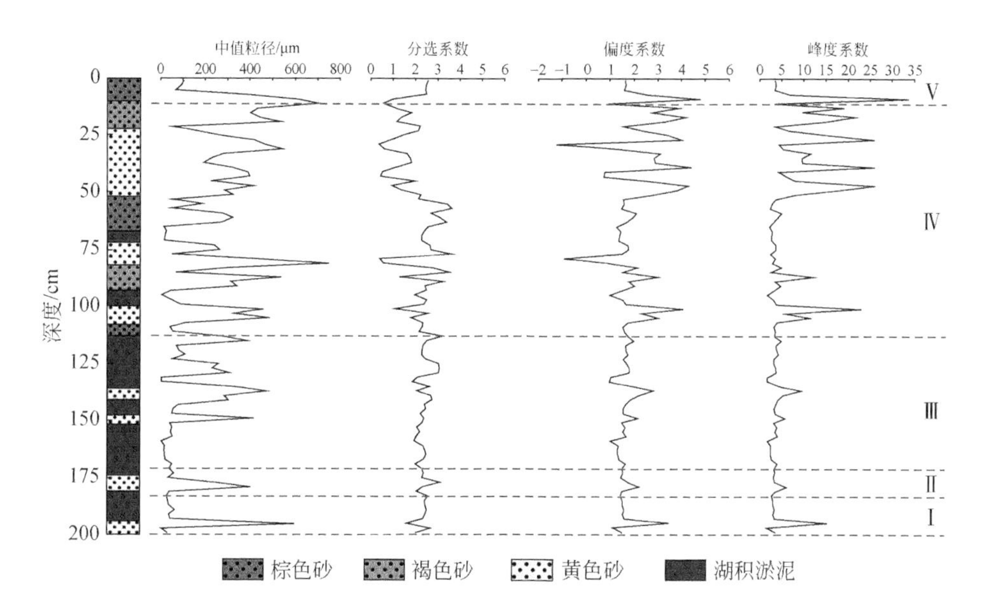

图6.12　YLH钻孔沉积物粒度参数随深度变化图

2. 磁化率特征及古气候指示

1）磁化率指标的古气候意义

月亮湖位于坝上高原与燕山山地的过渡带，为冬季风与夏季风的交汇区，冬季风搬运的沙尘沉降到坝上高原和燕山山地，来自太平洋的夏季风携带的水汽在地形影响下降落到坝上高原和燕山山地过渡带形成锋面雨，为湖区提供了丰富的大气降水。区域岩性主要是火成岩，包括中新统汉诺坝组灰黑色玄武岩，白垩系义县组安山岩和张家口组凝灰岩等，这些火成岩都富含大量的磁性矿物。当冬季风强盛气候干旱时，月亮湖沉积物主要是冬季风搬运的沙尘沉积，其主要矿物以石英为主，磁性矿物较少，因此沉积物磁化率较低；而当夏季风强盛气候湿润时，降水量增大，此时月亮湖沉积物主要是雨水冲刷带来的区域母岩风化壳物质，这些火成岩风化壳含有大量的磁性矿物，致使沉积物的磁化率值变高。因此，月亮湖沉积物磁化率的高低可以很好地指示古气候干湿的变化。

2）磁化率测试的操作流程与方法

磁化率测试在河北地质大学实验室完成。磁化率测试时首先将粉末样品在40℃环境下干燥24h，去除水分对磁化率的影响；然后取干燥后的粉末样品10g装入样品袋，称重并记录质量；最后使用MS2型磁化率仪，在室温下进行低频（0.47kHz）磁化率和高频（4.7kHz）磁化率测量，每个样品重复测量3次，3次测量结果基本一致时，对3次测量结果求平均值，再将磁化率平均值与质量相除并归一化，得到所需的质量磁化率。

3）磁化率特征及古气候指示

YLH钻孔沉积物磁化率变化范围在$1.31\times10^{-8}\sim8.50\times10^{-8}m^3/kg$，均值为$3.34\times10^{-8}m^3/kg$。磁化率随深度变化曲线波动频繁且幅度较大（图6.13），曲线波动与沉积物物性变化呈现出很好的一致性，即在湖积淤泥段表现出高值，而在砂质沉积段表现出相对低值，说明该区域气候干湿交替频繁，且磁化率变化受沉积环境的影响。

根据磁化率曲线随深度变化特征，可大致划分为以下5个阶段：

第Ⅰ阶段（12150～10560cal. a B. P.）：对应剖面深度为200cm至184cm。该阶段磁化率变化范围在$3\times10^{-8}\sim4.52\times10^{-8}m^3/kg$，均值为$3.49\times10^{-8}m^3/kg$，磁化率曲线呈现出先小幅波动后逐渐稳定的趋势，磁化率总体保持在较高水平。高磁化率反映出该阶段夏季风盛行，降雨充沛，气候较为湿润。

第Ⅱ阶段（10560～10055cal. a B. P.）：对应剖面深度为184cm至172cm。该阶段磁化率曲线呈现出缓慢下降的趋势，磁化率从$3.06\times10^{-8}m^3/kg$下降至$1.81\times10^{-8}m^3/kg$，变化幅度为$1.25\times10^{-8}m^3/kg$，均值为$2.84\times10^{-8}m^3/kg$。磁化率曲线缓慢下降，表明该阶段冬季风逐渐加强，降水量减少，气候较上一阶段变得干旱。

第Ⅲ阶段（10055～6215cal. a B. P.）：对应剖面深度为172cm至113cm。该阶段磁化率曲线波动频繁且波动幅度较大，曲线在两层砂质沉积处快速降低到谷值，之后又快速上升，磁化率变化范围在$1.87\times10^{-8}\sim5.80\times10^{-8}m^3/kg$，均值为$3.76\times10^{-8}m^3/kg$。磁化率均值较上一阶段显著升高，说明夏季风增强，降水量增加，气候湿润，中期磁化率曲线出现了两次快速下降，推测是有两次短暂的降温事件发生。

第Ⅳ阶段（6215～230cal. a B. P.）：对应剖面深度为113cm至12cm。该阶段磁化率曲线剧烈波动，曲线在两层湖积淤泥沉积处快速上升到峰值，磁化率变化范围在$1.31\times10^{-8}\sim8.50\times10^{-8}m^3/kg$，均值为$3.05\times10^{-8}m^3/kg$。磁化率曲线快速下降，说明该阶段夏季风减弱、冬季风增强，降水量减少，气候较上一阶段干旱，曲线的两次快速上升，推测是两次暖湿气候事件。

第Ⅴ阶段（230cal. a B. P. 至今）：对应剖面深度为12cm至0cm。该阶段磁化率曲线呈现出缓慢上升的趋势，磁化率从$3.47\times10^{-8}m^3/kg$上升至$4.74\times10^{-8}m^3/kg$，变化幅度为$1.27\times10^{-8}m^3/kg$，均值为$4.14\times10^{-8}m^3/kg$。磁化率曲线上升，表明该阶段夏季风逐渐加强，雨量增多，气候开始转向湿润。

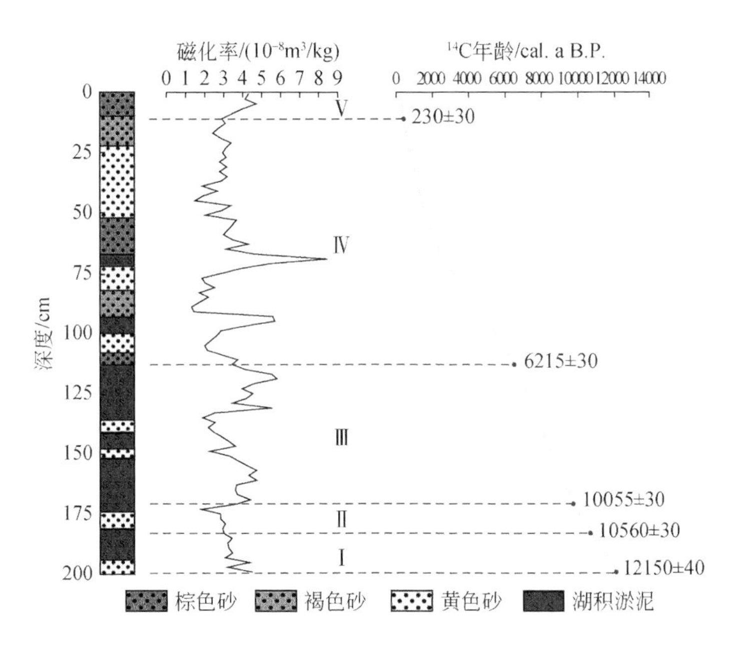

图6.13　YLH钻孔沉积物磁化率随深度变化图

3. 稳定同位素特征及古气候指示

1）稳定同位素地球化学指标的古气候意义

湖泊沉积物中的稳定同位素地球化学指标记录着湖泊内生环境和周边流域环境的变化信息，可以准确地反映湖泊初始生产率状况和流域植被发育情况。

本书选取的稳定同位素地球化学指标包括总有机碳（total organic carbon，TOC）、总氮（total nitrogen，TN）、碳氮比（C/N）和碳同位素（$\delta^{13}C$）。总有机碳（TOC）和总氮（TN）可以反映湖泊沉积物中有机质的含量，湖泊有机质的来源主要有两个途径：一是陆源有机质的输入，二是湖泊自生的内源有机质。陆源有机质的输入取决于湖泊流域范围内的植被覆盖度和水动力的搬运强度，因此当沉积物中陆源有机质数量增多时，说明湖区温度适宜、降水量充沛，气候湿润。内源有机质的数量取决于湖泊的初始生产率状况和有机物的保存条件，当湖泊沉积物的内源有机质数量增多时，说明湖泊的初始生产率状况变好，水生植被、藻类和水体生物数量增多，气候和降水条件较好。

湖泊沉积物的碳氮比（C/N）可以用来判断沉积物中有机质的来源。研究表明，高等陆生植物的 C/N 比较大，可达 20 或更高；低等水生植物的 C/N 比较小，在 4 ~ 10。因此，C/N 可用来反映湖泊沉积物中陆生有机质和水生有机质的相对贡献大小，C/N 越大，陆生有机质贡献越大；C/N 越小，水生有机质贡献越大。

湖泊沉积物中碳同位素（$\delta^{13}C$）的来源主要包括湖泊流域陆源植被输入降解和湖泊水生植被凋亡降解。陆生植物依据其光合作用过程中的固碳途径和生长习性的不同可分为两种类型，即 C3 植物和 C4 植物，C3 植物主要包括喜湿耐冷的草本植物、乔木和大部分灌木；C4 植物通常生长在低海拔、低纬度、有季节性降水的热带地区，以喜暖的草本植物为主，喜欢高温、强光、干旱的环境。由于 C4 植物相比于 C3 植物具有更高的 $\delta^{13}C$ 值，因此当湖泊沉积物中的有机质主要来源为陆生植物时，沉积物中 $\delta^{13}C$ 值的增加表明 C4 植物增加，指示气候偏向于暖湿。此外，湖泊沉积物的 $\delta^{13}C$ 值还受湖泊初始生产率的影响，在暖湿气候环境下湖泊初始生产率较高，水生植被对 $^{12}CO_2$ 的选择性吸收增强，导致其 $\delta^{13}C$ 值增大；反之，气候干冷时，湖泊初始生产率下降，$\delta^{13}C$ 值减小。综上，可以通过测定湖泊沉积物中总有机碳（TOC）含量、总氮（TN）含量和碳同位素（$\delta^{13}C$）含量的变化来判断沉积物沉积时的古气候环境。

2）稳定同位素地球化学测试的操作流程与方法

稳定同位素地球化学测试在国家地质实验测试中心实验室完成。

总有机碳（TOC）、总氮（TN）含量测试：首先在前处理完毕的样品中加入稀 HCl 除掉样品中的无机碳；然后将样品放入高温氧气流中燃烧，使有机碳转化为 CO_2，氮转化为氮氧化物后再通过还原管还原成氮气；最后经元素分析仪红外检测器检测并算出含量。

碳同位素（$\delta^{13}C$）含量测试：首先将元素分析仪氧化炉温度升至 950 ~ 1200℃，并将质谱仪调试至标准物质测试偏差 $\delta^{13}C_{PDB} \leq 0.2‰$；然后在锡杯中称取适量样品放入自动进样器，启动元素分析仪和同位素质谱仪，样品经元素分析仪的氧化炉氧化后，生成 CO_2 并随载气流进入同位素质谱仪进行碳同位素测定；最后由计算机自动记录处理并生成报告。

3）稳定同位素地球化学特征及古气候指示

通过对 YLH 钻孔沉积物稳定同位素地球化学测试和数据分析，绘制出稳定同位素地球化学指标随深度变化图（图 6.14）。由图可以看出，TOC、TN 和 $\delta^{13}C$ 曲线变化形态具有较好的一致性，TOC 含量的变化范围在 0.18% ~ 34.66%，均值为 4.39%，TN 含量变化范围在 0 ~ 1.49%，均值为 0.25%，$\delta^{13}C$ 含量变化范围在 -27.38‰ ~ -21.58‰，均值为 -25.32‰；C/N 曲线由于受 TN 含量的影响，当沉积物中 TN 含量为 0 时，C/N 曲线用虚线表示，其高值区域主要位于剖面的中下部，变化范围在 9.51 ~ 40.80，均值为 17.49。

根据稳定同位素地球化学指标曲线随深度变化特征，可划分为以下 5 个阶段：

第Ⅰ阶段（12150 ~ 10560cal. a B. P.）：对应剖面深度为 200cm 至 184cm。该阶段 TOC 含量介于 0.27% ~ 9.97%，均值为 6.03%，TN 含量介于 0 ~ 0.62%，均值为 0.43%，C/N 介于 10.34 ~ 16.35，均值为 13.87，TOC 含量和 TN 含量曲线都呈现出快速上升的形态；$\delta^{13}C$ 含量介于 -27.01‰ ~ -24.99‰，均值为 -26.55‰，$\delta^{13}C$ 曲线先上升后下降并逐渐稳定。

稳定同位素指标曲线的变化说明该阶段沉积物有机质含量快速增多，且陆生有机质较水生有机质贡献大，植被类型前期以 C4 植物为主，后期以 C3 植物为主，总体气候较为暖湿。

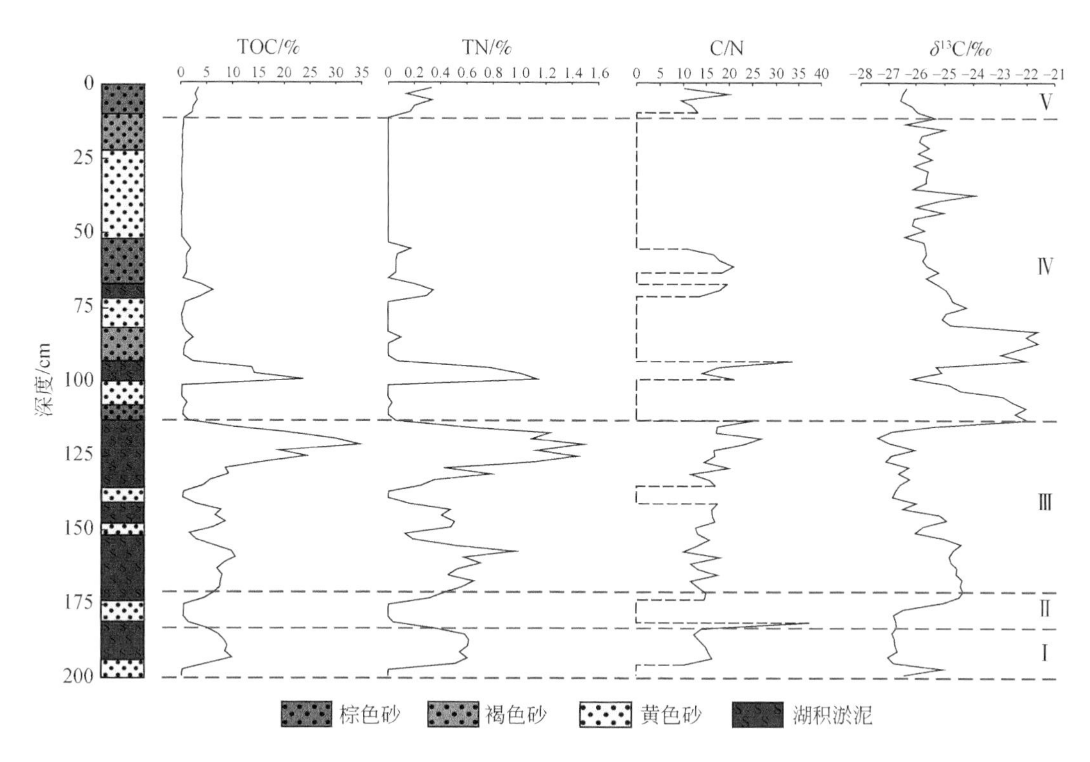

图 6.14　YLH 钻孔沉积物同位素地球化学指标随深度变化图

TN 含量为 0 时，C/N 曲线用虚线表示

第Ⅱ阶段（10560 ~ 10055cal. a B. P.）：对应剖面深度为 184cm 至 172cm。该阶段 TOC 含量介于 0.55% ~6.45%，均值为 2.40%，TN 含量介于 0 ~ 0.43%，均值为 0.13%，C/N 介于 14.66 ~ 37.33，均值为 22.33，TOC 含量和 TN 含量曲线都呈现出先快速下降后上升的形态；$\delta^{13}C$ 含量介于 -26.81‰ ~ -24.33‰，均值为 -25.65‰，$\delta^{13}C$ 曲线呈现出先稳定后上升的趋势。稳定同位素指标曲线的变化说明该阶段有机质含量较上一阶段大幅降低，陆生有机质贡献增大，植被类型前期以 C3 植物为主，后期以 C4 植物为主，气候较上一阶段冷干。

第Ⅲ阶段（10055 ~6215cal. a B. P.）：对应剖面深度为 172cm 至 113cm。该阶段 TOC 含量介于 0.43% ~34.66%，均值为 9.94%，TN 含量介于 0 ~ 1.49%，均值为 0.60%，C/N介于 10.11 ~26.99，均值为 16.34，TOC 含量和 TN 含量曲线都出现了大幅度的波动，并后期快速上升到整个时期的最高值；$\delta^{13}C$ 含量介于 -27.38‰ ~ -21.94‰，均值为 -25.64‰，$\delta^{13}C$ 曲线先下降后快速上升至最高值。稳定同位素指标曲线的变化说明该阶段有机质含量较上一阶段快速增加，陆生有机质贡献较多，C4 植物数量增多，气候湿暖。

第Ⅳ阶段（6215 ~230cal. a B. P.）：对应剖面深度为 113cm 至 12cm。该阶段 TOC 含量介于 0.18% ~24.08%，均值为 1.85%，TN 含量介于 0 ~1.14%，均值为 0.09%，C/N 介于 10.73 ~40.8，均值为 20.57，TOC 含量和 TN 含量曲线总体为一条近于 0 的直线，但

在两层砂层沉积处曲线快速升高至较高值；$\delta^{13}C$ 含量介于-26.42‰～-21.58‰，均值为-24.80‰，$\delta^{13}C$ 曲线前期位于高值且波动幅度较大，后期快速下降小幅波动。稳定同位素指标曲线的变化说明该阶段有机质含量位于极低值，陆生有机质贡献较多，植被类型前期以 C4 植物为主，后期以 C3 植物为主，气候干凉。

第Ⅴ阶段（230cal. a B. P. 至今）：对应剖面深度为 12cm 至 0。该阶段 TOC 含量介于 2.23%～3.38%，均值为 2.81%，TN 含量介于 0.14%～0.34%，均值为 0.24%，C/N 介于 9.51～20.01，均值为 12.98，TOC 含量和 TN 含量曲线波动中缓慢上升；$\delta^{13}C$ 含量介于-26.56‰～-25.94‰，均值为-26.29‰，$\delta^{13}C$ 曲线在波动中缓慢下降。稳定同位素指标曲线的变化说明该阶段有机质含量较上一阶段增加，水生有机质贡献增多，湖泊初始生产力较强，气候开始转向湿暖。

6.3.3 坝上高原东部 1.2 万年以来古气候演化

1. 古气候演化阶段划分

综合对比 YLH 钻孔沉积物的粒度、磁化率、稳定同位素地球化学指标的曲线变化特征（图 6.15），并结合 ^{14}C 测年数据，可将坝上高原东部 1.2 万年以来的古气候演变过程划分为以下 5 个阶段：

第Ⅰ阶段（12150～10560cal. a B. P.）：对应剖面深度为 200cm 至 184cm。该阶段沉积物的黏土和粉砂含量较高，中值粒径小，说明湖泊水动力较弱，处于高湖面期，沉积环境为过渡带或湖心带；高磁化率和高有机质含量，说明流域侵蚀和搬运能力较强，湖泊初级生产力状况较好，湖区周边植被覆盖较好、降雨充沛。多气候指标均反映出该阶段整体气候较为暖湿。

第Ⅱ阶段（10560～10055cal. a B. P.）：对应剖面深度为 184cm 至 172cm。该阶段沉积物的黏土和粉砂含量曲线快速下降，中值粒径增大，沉积环境由过渡带逐渐转为湖滨带，磁化率和稳定同位素曲线都大幅下降，说明流域植被覆盖度变差、降水量减少，气候变冷。该阶段气候替代指标发生突变，气候快速转向寒冷，推断是发生了一次快速降温事件。

第Ⅲ阶段（10055～6215cal. a B. P.）：对应剖面深度为 172cm 至 113cm。该阶段沉积物剖面为厚层湖积淤泥夹两层薄砂层，黏土和粉砂含量曲线位于较高值，稳定同位素曲线波动中快速上升至整个时期的最高值，磁化率曲线先上升后下降再上升，说明该阶段湖泊处于扩张期，湖泊水位较高、初始生产力较强，沉积环境为湖心带或过渡带。多气候指标表明该阶段气候暖湿，也是整个全新世最为暖湿的时期，但在此阶段中期出现了两次短暂的降温事件，末期则开始转向冷干气候。

第Ⅳ阶段（6215～230cal. a B. P.）：对应剖面深度为 113cm 至 12cm。该阶段沉积物为厚层砂层夹有两层薄湖积淤泥层，黏土和粉砂含量曲线波动中逐渐下降，沉积物分选性较好；稳定同位素曲线在砂层段为一条近于 0 的直线，在泥层段快速上升；磁化率曲线在砂层段为低值，在泥层段为高值。多气候指标说明该阶段风沙活动强烈、降水量减少，沉积环境为湖岸带或湖滨带，气候由暖湿转向干凉，两处泥层沉积段可能是两次暖湿气候事件。

第Ⅴ阶段（230cal. a B. P. 至今）：对应剖面深度为12cm至0。该阶段沉积物的黏土和粉砂含量增多，中值粒径曲线快速下降，磁化率和稳定同位素曲线逐渐升高，气候较上一阶段开始变得湿润。

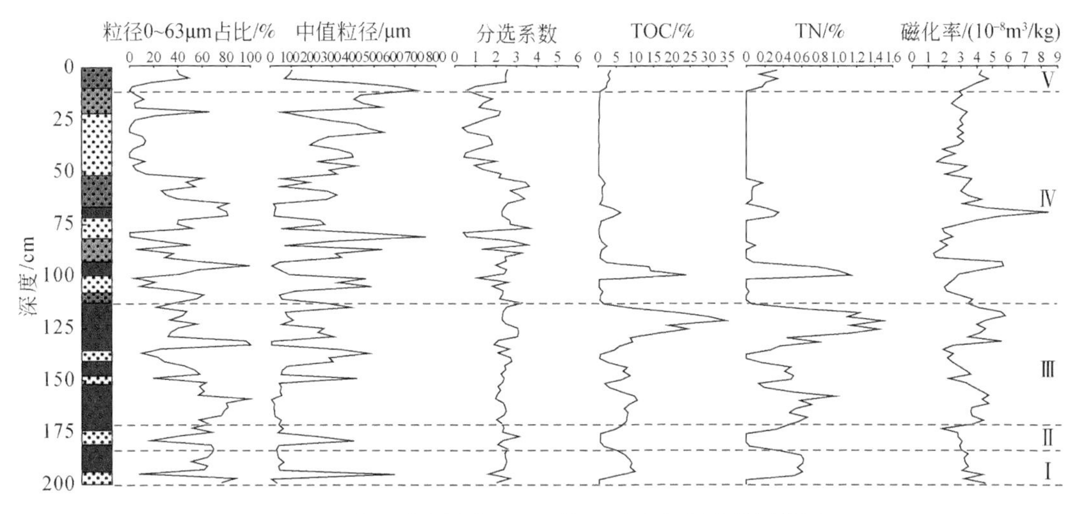

图6.15　坝上高原东部1.2万年以来古气候阶段划分图

2. 典型古气候事件

坝上高原东部月亮湖沉积剖面共记录了5次明显的气候事件，其中包括3次降温事件和2次升温事件（图6.16）。5次气候事件的持续时间都较短，但每个事件的古气候替代指标都明显异于所处阶段的整体指标水平。

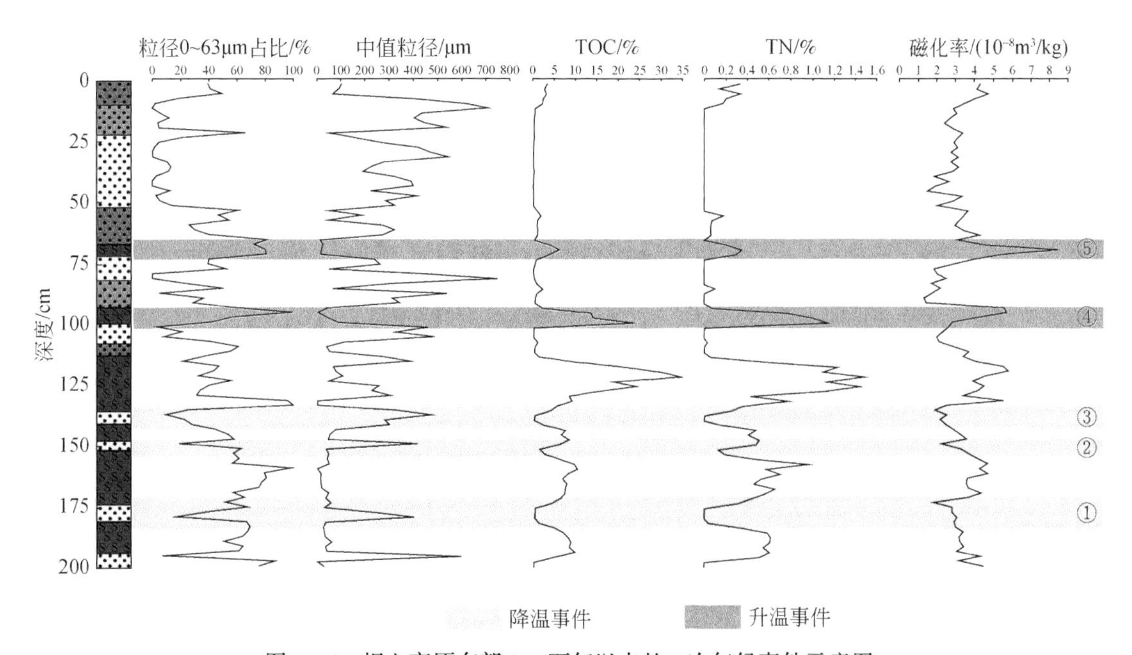

图6.16　坝上高原东部1.2万年以来的5次气候事件示意图

3 次降温事件分别发生在 10560cal. a B. P. 、8670cal. a B. P. 和 7980cal. a B. P. 期间，其主要特征表现为钻孔沉积物物性突然由厚层湖积淤泥转变成薄层风成沙，沉积物粒度变粗、磁化率快速降低、TOC 和 TN 含量接近于 0，说明冬季风增强，风沙活动变强，湖泊水体深度变小、初始生产力减弱，流域侵蚀搬运能力减弱，都指示了干冷的气候环境。

2 次升温事件分别发生在 5400cal. a B. P. 和 3640cal. a B. P. 期间，其主要特征表现为钻孔沉积物物性突然由厚层砂质沉积转变为薄层湖积淤泥，沉积物粒度变细、磁化率曲线和 TOC、TN 含量曲线快速升高。由于湖积淤泥通常是在湖泊水体较深、水动力较弱的环境下形成，因此说明湖区降水量增多，湖泊水体变深、初始生产力增强，流域侵蚀搬运能力增强，指示了湿润的古气候环境。

本研究为证明东亚季风气候边缘区对古气候事件的响应提供了有力的证据。

6.4 塞罕坝地区全新世宜林宜草科学绿化研究

6.4.1 孢粉记录的林灌草植被演替

采自坝上高原东部塞罕坝地区的林地剖面孢粉分析结果见图 6.17，此剖面共鉴定出孢粉类型 69 种，乔木主要有云杉、落叶松、松、栎、鹅耳枥、胡桃、桦、榆、柏、杨、柳、榛、山核桃、桤木、板栗、椴、鼠李；灌木包括：杜鹃花、蔷薇科、绣线菊、胡颓子、麻黄、白刺；草本包括：蒿、藜、禾本科、荨麻、葎草、大蓟型、蒲公英型、紫菀型、苍耳、香蒲、莎草、毛茛、唐松草、唇形科、车前、狼毒、旋花科、蓼科、鸢尾科、十字花科、石竹、豆科、伞形科、萝藦科、桔梗科、牻牛儿苗科、蒺藜科、木犀科、地榆、茄科、花葱、忍冬科、百合科、马先蒿、锦葵科、罂粟科、葫芦科、楝科、桑科、大戟科、小檗科、亚麻；孢子有单缝孢、中华卷柏及其他三缝孢（刘永慧等，2014）。

结果显示：塞罕坝地区全新世以来孢粉主要以草本为主，直到近几十年变为以乔木为主，剖面自下而上可划分为 4 个带。

带 1：全新世早期—约距今 6000 年，此带乔木孢粉含量相对较高，喜冷的云杉在剖面中含量最高、温带落叶阔叶林常见种桦、胡桃、鹅耳枥、榆含量较高；灌木中蔷薇科和胡颓子科含量较高；草本中喜干的藜含量最高，其次是蒿和禾本科，毛茛科在剖面中含量最高；此时段气候相对干冷。

带 2：距今 6000 ~ 2000 年，剖面乔、灌孢粉百分比较上一带减少，乔木中栎百分含量增加、灌木杜鹃花增加、蔷薇科减少。草本孢粉百分比增加，仍以藜、蒿、禾本科为主，中生禾本科含量增加，指示人类活动的荨麻、葎草含量增加，此时段气候相对湿暖。

带 3：距今 2000 ~ 400 年，乔木中栎、榆含量增加。草本中蒿、藜减少，禾本科含量明显增加，周边种植业可能有所发展，此时段气温降低。

带 4：距今 400 年至今，本带乔木孢粉明显占优势，松和落叶松花粉百分含量明显增加，人工林近几十年增加明显。

从孢粉结果可以看出此区全新世以来植被以草本为主，只是近几十年才大量种植松和落叶松。

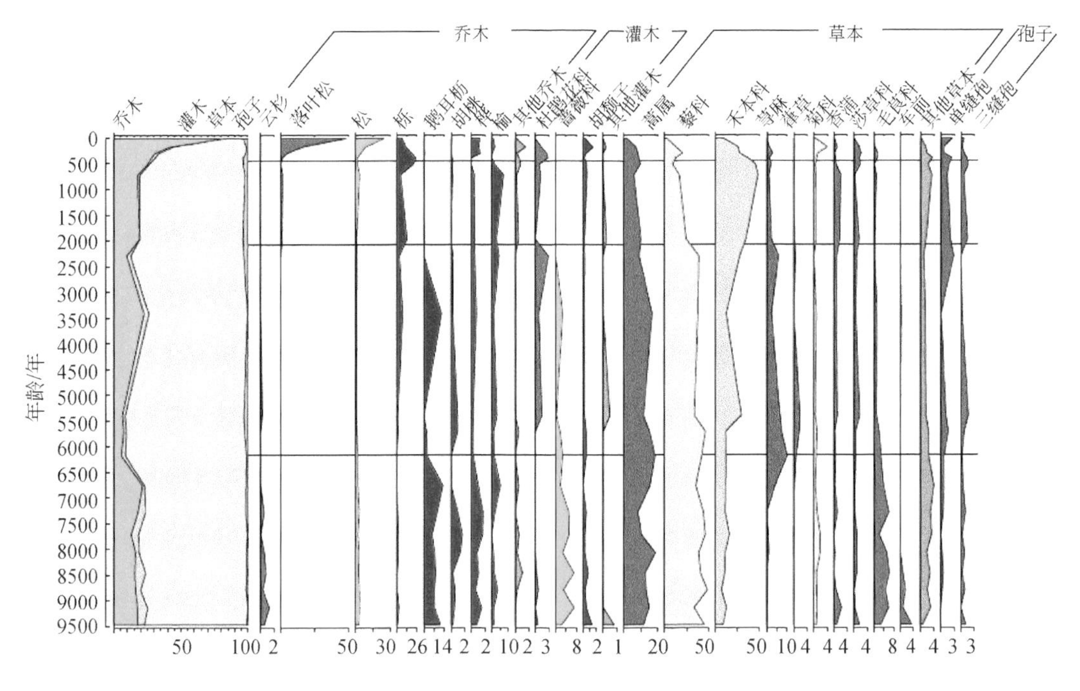

图 6.17　坝上高原东部塞罕坝地区的林地剖面孢粉分析结果图

整体上，塞罕坝所在的坝上高原气候环境无论是干冷期还是暖湿期，生态植被类型都以草本为主，优势的乔木树种是榆和栎，总体表现为稀疏草原景观，林地类型为针阔混交林。其中冷干期很少有树木生长；在湿暖期，乔木、灌木含量增加，林地为针阔混交林，喜暖的榆增加明显，其次为落叶松属、栎属、桦属、鹅耳枥属、杜鹃花科等，灌木以蔷薇科的山杏为主。现代松孢粉的大幅增加与塞罕坝人工林种植关系密切，建议未来乔木林的空间布局还是要以榆和栎为主，这样才能使生态恢复更好地贴合自然本底。

因此，针对再造 3 个“塞罕坝”种什么树，研究发现塞罕坝地区 1 万年以来气候大致经历了干冷、湿暖和气温升降变化。植被类型整体以草本为主，景观为稀树草原，森林为针阔混交林。距今 6000 ~ 2000 年的湿暖期与当前气候条件相似，孢粉古环境古植被群落重建和历史地理学证据显示，当时的乡土乔木树种有栎、桦、榆、松、胡桃、落叶松、鹅耳枥等，灌木以山杏、沙棘和杜鹃花为主，草本主要为蒿属、藜属、禾本科等。

6.4.2　地表基质与植被生态约束关系

塞罕坝地区地表基质类型主要是玄武岩、花岗岩、风积物和河湖沉积物，其他的类型还有凝灰岩、安山岩、流纹岩等。

目前的人工林主要种植于风积物和玄武岩基质中。风积物基质区因地下水位埋深较深(一般大于 10m)，土壤养分含量较低，种植乔木林后，灌木和草本水分养分不足存在群落结构单一现象。在山坡上的玄武岩基质区种植的乔木生物多样性较好。调查发现玄武岩基质区表层土壤厚度为0.1～0.3m，风化壳厚度为0.5～1.0m，土壤中氮和钾元素含量较高。致密块状玄武岩垂向柱状节理裂隙发育，可为落叶松等浅根乔木树种根系生长提供物理空间；蜂窝状和杏仁状玄武岩保水性较好，适宜樟子松、白桦等深根乔木树种生长。

因此，周边扩大造林宜优先规划在玄武岩基质区，重点推广针阔混交林，并增加蒙古栎、白桦和榆等乡土树种。适宜的玄武岩基质区主要分布在塞罕坝地区中部、丰宁县大滩-鱼儿山镇一带和草原乡、围场县御道口牧场及御道口镇等地。

此外，区域内的花岗岩基质区土壤层厚度为0.2～0.5m，风化壳层厚度为1.0～2.0m，土壤中氮和钾元素含量较高，岩石保水性较好，适宜樟子松、榆树等以深根为主的乔木生长，也可作为周边扩大造林规划的区域。适宜的花岗岩基质区主要分布在塞罕坝地区中部和丰宁县大滩镇和外沟门乡等地。

6.4.3 样地有机质和覆盖度

本次选择不同类型和不同林龄的人工林、次生林及草地为研究对象（表6.4，图6.18）。

表6.4 样地调查类型及结果表

样地类型	乔木盖度/%	乔木数/棵	平均胸围/cm	灌木数/株	灌木种类	草本盖度/%	草本种类
A 落叶松林	35	10	90.0	15	3	75	15
B 落叶松林	85	129	42.5	2	1	8	9
C 草地						90	7
D 落叶松林	70	120	41.9	1	1	1	4
E 落叶松林	65	71	47.4			18	11
F 油松林	60	59	41.9			54	11
G 落叶松林	80	70	45.7	2	1	16	8
H 草地						84	11
I 草地						77	7
J 草地						45	9
K 落叶松林	75	152	34.9			8	8
L 草地						90	8
M 桦树林	50	29	63.1			66	12
N 落叶松林	40	47	41.6			59	10
O 樟子松林	60	71	54.3			20	8
P 落叶松林	50	12	99.5			62	14
Q 樟子松林	55	29	71.5	4	2	45	14

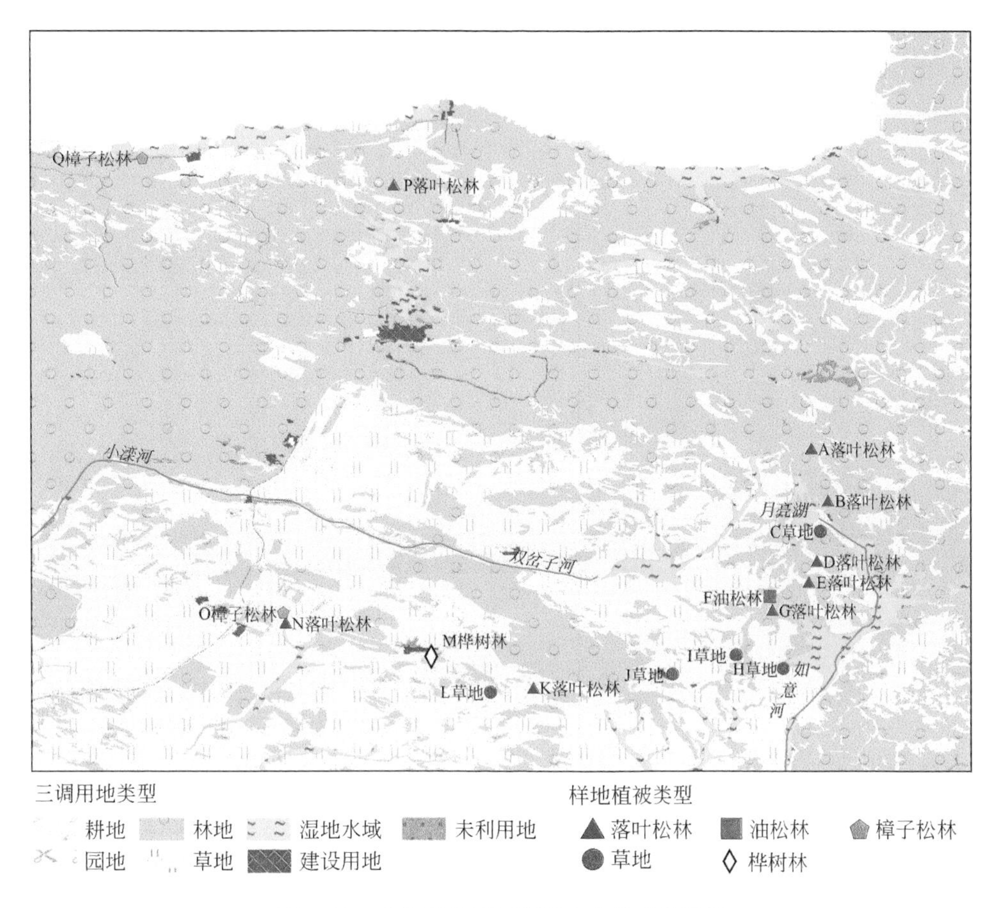

图 6.18 土壤有机质厚度调查点分布位置图

调查结果表明：林地乔木盖度较小，林地树木稀疏时林地能透过阳光，下层灌木和草本种类相对丰富、盖度较大。落叶松林中 A、P 样地为成熟林较合理样地，草本盖度分别达到了 62% 和 75%，林龄较小的落叶松林中 N 样地为较合理样地，草本盖度达到了 60%。次生林桦树林草本植物种类丰富，盖度达到了 66%。樟子松林中 Q 样地为较合理样地，草本盖度为 45%，种类丰富。

机质层厚度调查结果（图 6.19）显示：落叶松林有机质层较厚，油松林和位置相邻的落叶松林比有机质层要薄；桦树林有机质层较厚；樟子松林和附近落叶松林比有机质层较薄；草地有机质层变化较大，受基岩影响大。

6 月土壤含水率结果显示：大部分样地土壤含水率自表层向下减少，只有 P 样地表现不明显。落叶松林种植较密的样地底部出现干层，油松林和临近的落叶松林比含水率降低快，较成熟樟子松林和落叶松林比含水率降低较快土壤底部出现明显干层，林龄较低的樟子松林表现不明显；次生桦树林土壤含水率降低较慢。草本样地中基岩埋深较浅的土壤出现干层、基岩埋深较大的土壤未出现干层。

6 月野外调查可以看出，同一地区落叶松长势更好，樟子松底部出现干支现象，另外一些幼林地底部也出现了干支现象，说明种植过密水分供应不足（P 样地附近）。

从调查结果可以看出，此区较适合落叶松林、桦木次生林生长，樟子松和油松耗水量较大，有些地方种植过密需要间伐。基岩埋深较浅的地区（60～80cm）适合草本植物生长。

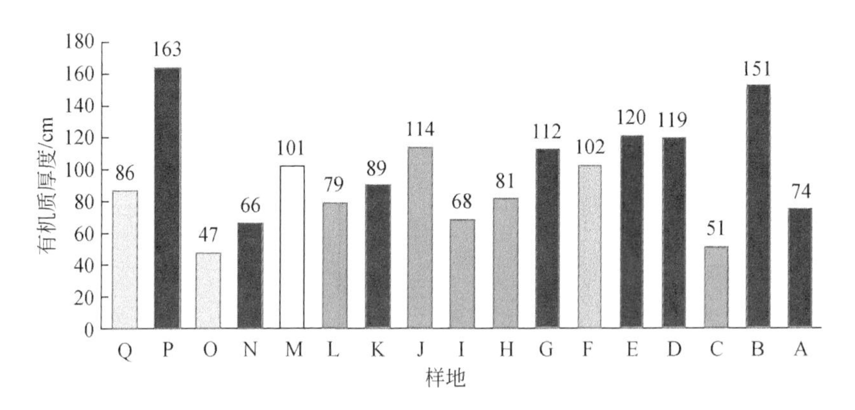

图 6.19　样地有机质厚度调查结果图

6.5　本 章 小 结

（1）针对塞罕坝地区外来生物物种入侵，调查研究了 9 处密集斑块类型，6 处稀疏斑点类型和 27 处零散点状类型，认为承德坝上高原指示草地退化的狼毒主要分布在风积相和冲积（湖沼）相生态地质单元内，且土壤中氮和磷元素含量明显偏高，具有明显的“肥岛”效应。土壤中的主要养分元素的 N、P、K 的空间分布特征，影响了植物的群落结构。植物生长习性不同，对土壤的养分需求存在空间结构差异。0～20cm 浅层土壤养分特征，风积相、风积残积相的砂质土养分质量较低，湖积相、湖沼积相的壤质土养分含量较高，基岩区的安山岩、玄武岩受浅表风积砂混入影响，土壤养分中等。河湖相、薄层风积砂土壤和基岩残积单元内狼毒呈面状和带状密集分布，建议采取草地封育措施；厚层状风积砂和冲积（湖沼）相单元内呈单点和斑状分布，建议采取人工辅助进行草地修复。

（2）通过 ^{14}C 测年、粒度、磁化率、稳定同位素地球化学测试分析等方法，对坝上高原东部月亮湖区 1.2 万年以来的古气候演变过程和机理进行研究，重建了坝上高原东部全新世以来的古气候演变过程，并对 5 次古气候事件进行分析。

（3）孢粉古环境古植被群落重建和历史地理学研究发现，塞罕坝地区的乡土树种主要是栎、桦、榆等乔木。依据塞罕坝地区地表基质调查结果，周边地区扩大造林规模宜选在玄武岩和花岗岩基质区。

第7章　支撑现代农林业高质量发展

7.1　地质建造对农业和生态的控制作用

以地球关键带和生态地质系统为基础，通过地质建造分析，将承德全域划分为第四系沉积物、碳酸盐岩、碎屑岩、花岗岩、火山岩、片岩-片麻岩等六大建造类型，初步摸清全域耕地分布受沉积建造控制，乔木、灌木生态林集中发育区受中酸性火成岩建造控制，为优化耕地林地布局提供了基础地质依据。

承德地区沉积建造面积约5927.7km²，其中河流相沉积主要分布于河谷区，分为河漫滩和一、二级阶地，合计面积约4175.3km²，黄土堆积主要呈披覆式分布于山脊、山谷区，合计面积约1752.4km²。根据承德市“第三次全国国土调查”成果，承德耕地面积为4353.8km²，占全域面积的11.0%，其中水浇地面积为330km²，占耕地面积的7.6%，全部分布于河流相沉积建造；旱地面积为4023.8km²，占耕地面积的92.4%，主要分布在黄土堆积建造和河流相沉积建造内（图7.1）。

图7.1　承德市沉积建造与耕地分布关系图

分析认为河流相沉积建造多形成水浇地和旱地，风积相黄土堆积建造多形成旱地。河流冲积为主的第四系沉积建造区土壤清洁无污染，有机质含量大于30～40g/kg，钾元素大于20～25g/kg，是耕地资源集中分布区域。建议在河流相沉积建造内，耕作方式要减少化肥、农药的使用，降低对地表水、浅层水的硝态氮污染风险。在黄土堆积建造区，可采用坡改梯的方式，减少水土冲刷和土壤养分流失。

初步摸清生态林集中发育区与中酸性火成岩建造控制的相互关系（图7.2、图7.3），承德市花岗岩和火山岩建造区面积约1740km²，矿物钾、磷含量较高，易形成富钾、富磷的风化壳和土壤，集中分布在滦平县以北、承德市北部、围场县以南和丰宁县东北部等地，是未来植树造林的优选区域（图7.4）。

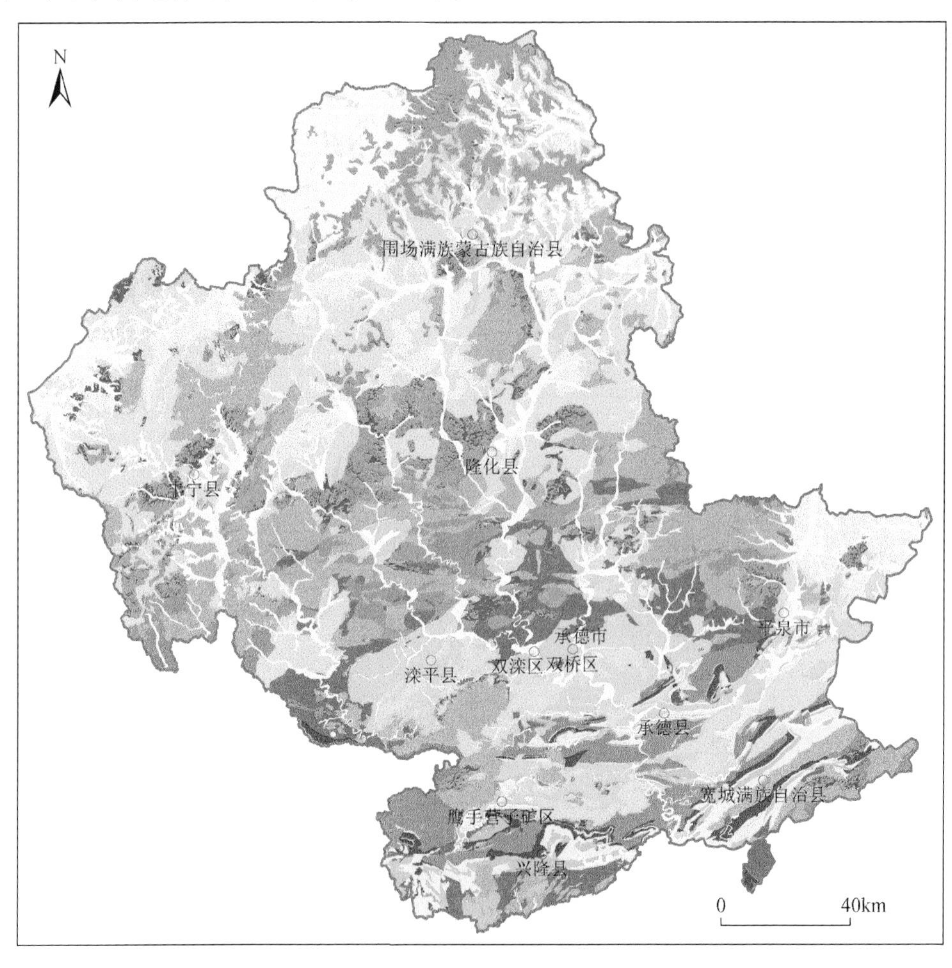

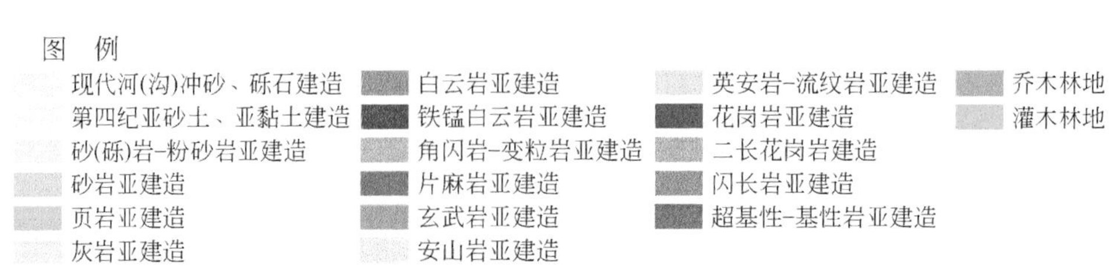

图7.2　中酸性火成岩建造与生态林集中生育区格局分布图

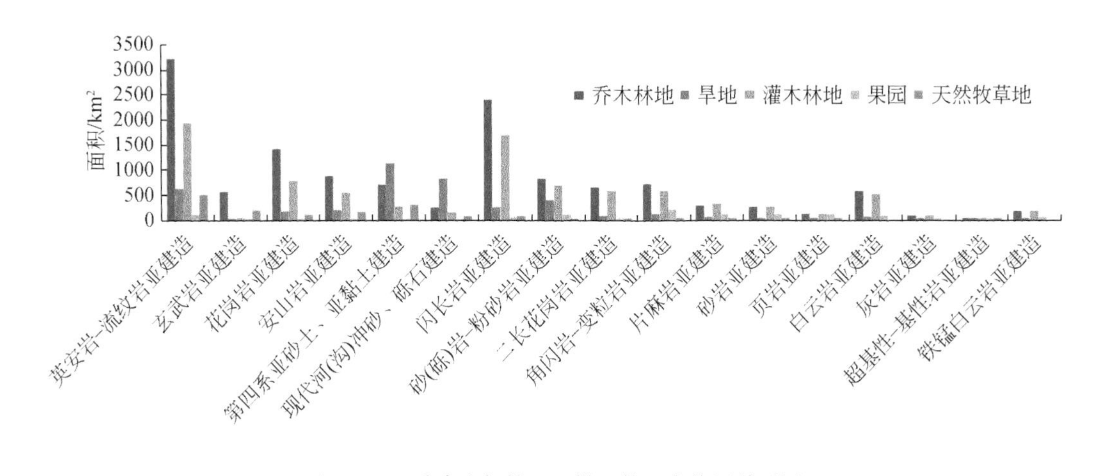

图7.3　地质建造与林地、耕地等生态格局关系图

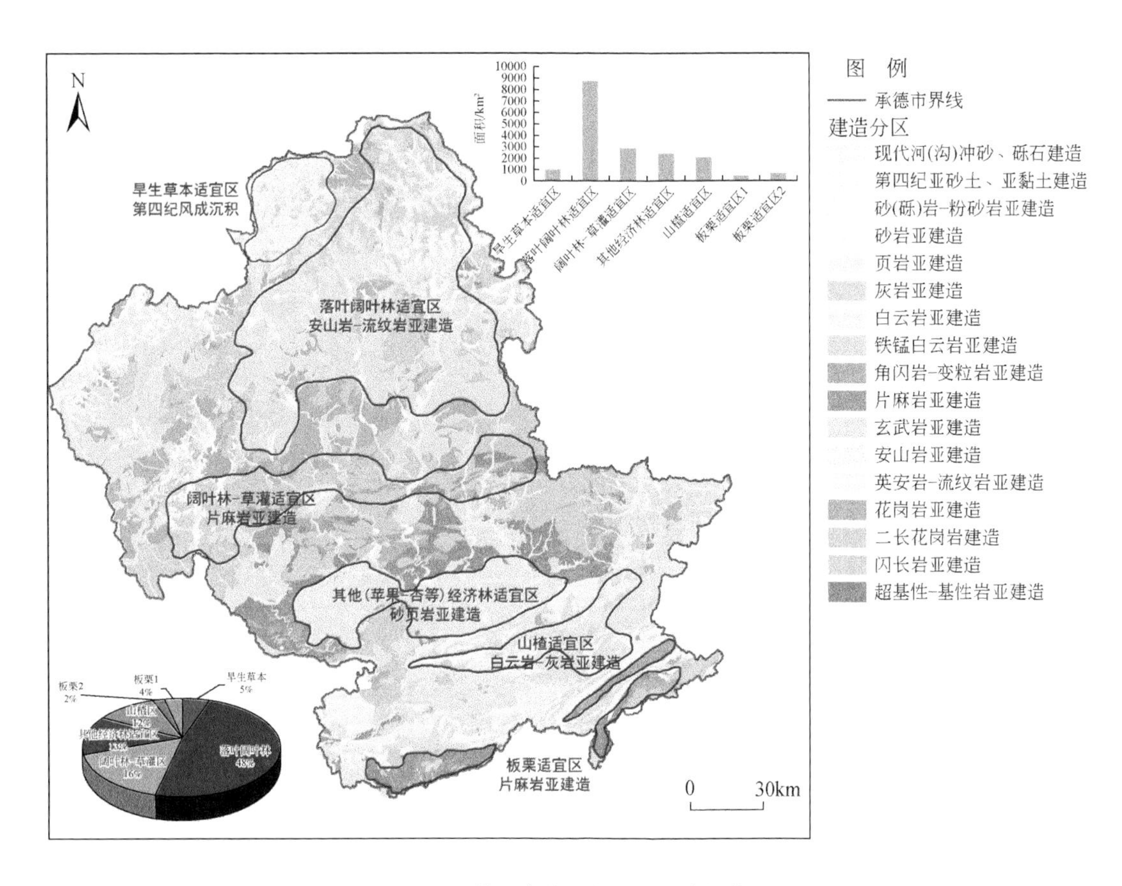

图7.4　承德经济林适宜区规划建议简图

基于山区土壤具有“定积母质”特点，剖析成土母岩中地球化学元素分布规律，评价土壤中各类有益元素的含量与地质建造的关系，初步评价区域土壤中的质量概况。研究认为土壤中B、Mo、Zn元素含量主要分布于流纹岩、二长花岗岩等酸性岩浆岩，其次为粉

砂质沉积岩；Se 元素含量集片麻岩建造区，次为二长花岗岩、粉砂岩、长石石英砂岩等；Ge 元素主要分布流纹岩、钾长花岗岩母岩区；Mn 元素主要分布于流纹岩、二长花岗岩母岩区。

7.2　承德土地利用规划优化建议

7.2.1　以地质建造为基础的全域土地利用优化

以地表基质和元素地球化学特征为基础（卫晓锋等，2020b），通过土壤类型、养分元素、健康元素、重金属元素等自然要素套合分析，结合承德市生态保护功能区划、农林产业发展规划等成果，综合农业发展、水源涵养、生态修复 3 个方面需求，提出了承德市土地利用适宜性分区建议：北部沙漠化草地保护修复区，中部水源涵养、林产业（中药材）发展适宜区，南部特色经济林适宜区生态林保护区和河谷高效农业适宜区等 7 个重点保护和利用建议区域（表 7.1，图 7.5），为承德市特色农林业科学规划提供支撑。

表 7.1　承德市土地利用优化分区表

优化区划	沙漠化草地保护修复区	旱地农业适宜区	河谷高效农业适宜区	以水源涵养、林产业发展适宜区为主，中药材适宜区为辅			生态林保护区	特色经济林（板栗、山楂等）适宜区	中药材适宜区
地质建造	堆积建造			花岗岩类建造	火山岩类建造		碳酸盐类建造	片岩-片麻岩类建造	碎屑岩类建造
成土母质	风积砂堆积物	风积黄土堆积物	冲洪积堆积物	花岗岩类	玄武岩、安山岩类	流纹岩	白云岩	片麻岩类	砂砾岩、粉砂岩
土壤类型	风沙土、灰色森林土	褐土、石灰性褐土；（暗）栗钙土	潮土、草原栗钙土	褐土、棕壤、粗骨土	黑土、棕壤	棕壤	褐土、粗骨土	褐土	褐土
质地结构	砂质土	黏质土	砂质土	少砾质土	砾质土	砾质土	黏质土	少砾质土	壤质土
水文条件	透水性好，保蓄性弱，潜水埋深浅	透水性差，保蓄性好，潜水埋深大	透水性好，保蓄性弱，潜水埋深浅	透水性好，保蓄性弱，裂隙水发育	透水性中等，保蓄性好	透水性好，保蓄性弱，裂隙水发育	透水性差，保蓄性弱	透水性好，保蓄性中等，潜水埋深浅	透水性好，保蓄性强，潜水埋深大
养分特征	钾富集	钾、钙、镁含量高	磷、钾、有机质含量高	钾、磷、钙、镁、锶、钼富集	磷、钙、镁、有机质富集	钾、磷、钙、镁、锗富集	钙、镁富集	钾、钙、镁、铁、锰、锗富集	钾、铁、有机质富集

续表

优化区划	沙漠化草地保护修复区	旱地农业适宜区	河谷高效农业适宜区	以水源涵养、林产业发展适宜区为主，中药材适宜区为辅			生态林保护区	特色经济林（板栗、山楂等）适宜区	中药材适宜区
植被覆盖	裸露沙丘、稀疏草地	玉米等经济作物	草莓等设施农业经济作物	乔木生态林和苹果等经济林	灌丛、人工林，坡度小于 15°栽培中草药	灌丛生态林，坡度小于 15°栽培中草药	灌丛生态林和山楂、核桃经济林	乔木生态林和板栗经济林	坡度小于 15°栽培药材，大于 15°为山杏、梨经济林

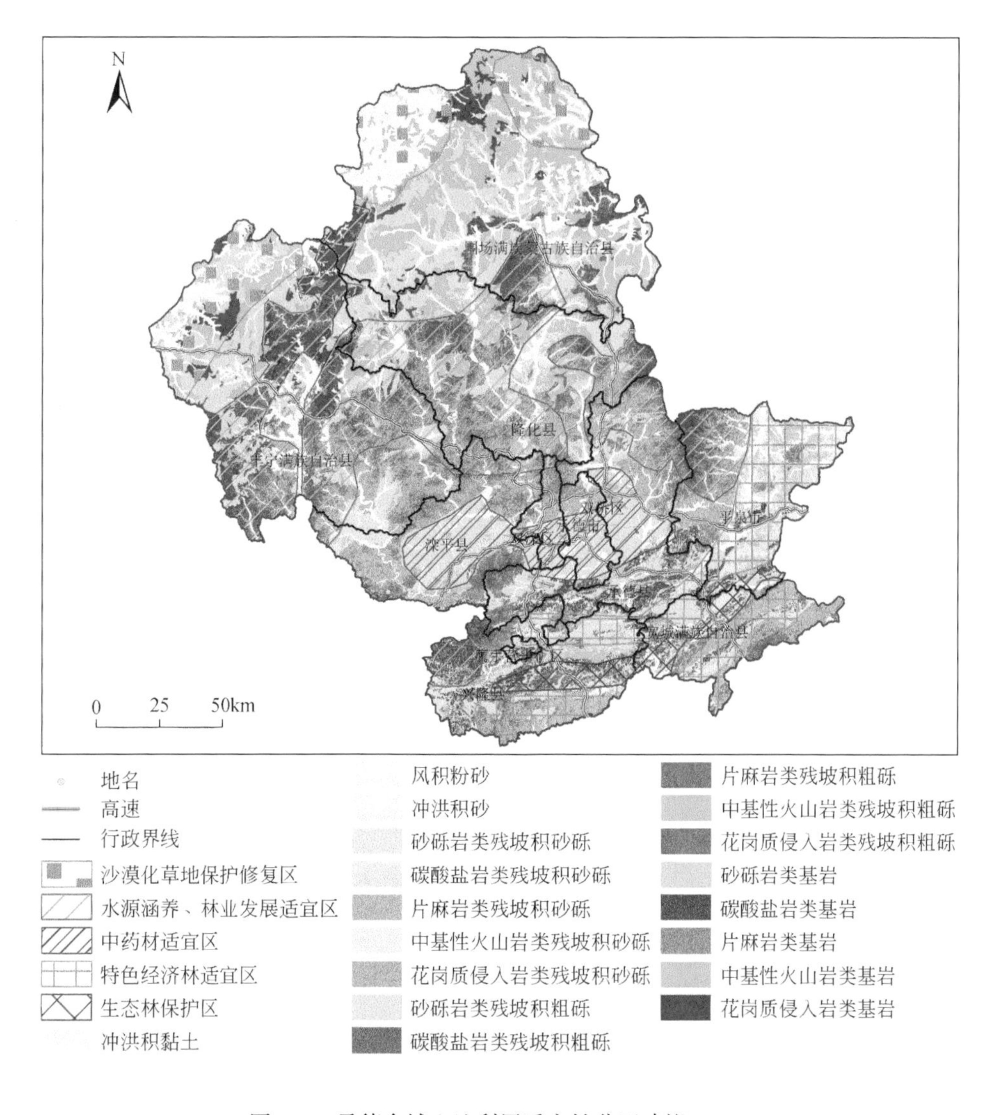

图 7.5　承德全域土地利用适宜性分区建议

7.2.2　保持植物群落稳定性的土地利用优化探索

1. 柴白河小流域土地资源禀赋与植物群落关系

承德柴白河小流域位于承德盆地南部，出露花岗岩类侵入岩、流纹岩类火山岩、白云岩类碳酸盐岩和砂砾岩类陆源碎屑岩 4 种主要建造类型（图 7.6），土壤初始禀赋特征明显不同，影响植物群落组成（卫晓锋等，2020a）。

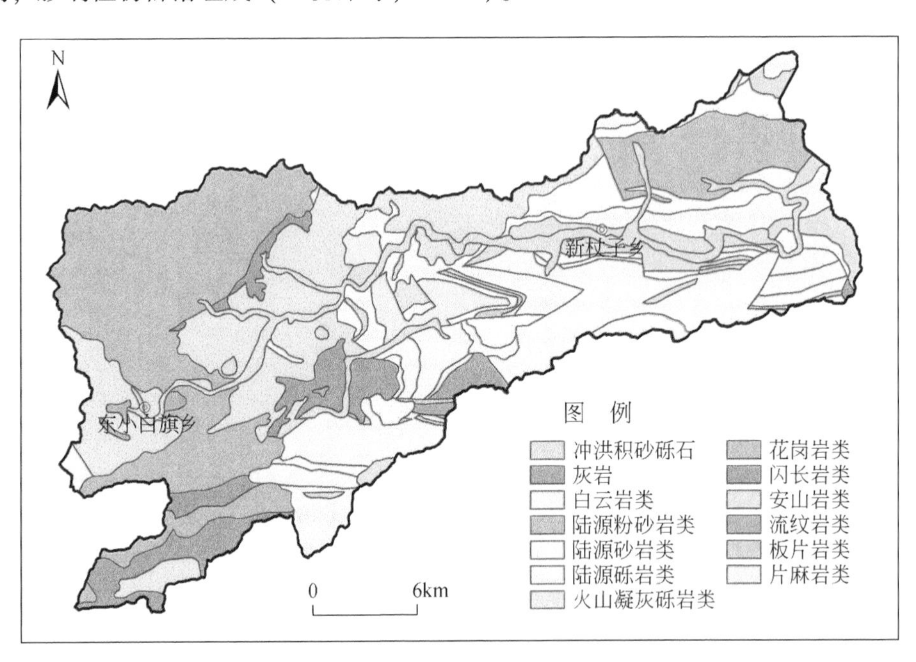

图 7.6　柴白河小流域地质建造图

（1）不同建造区土壤层厚度不同，影响根系形态和根系构型发育。花岗岩类建造区的风化程度较高，具有疏松深厚的半风化母质层，可为油松、马尾松常绿针叶林和蒙古栎阔叶落叶深根性植被等的生长提供物理空间［图 7.7（a）］。流纹岩类建造区的风化程度较低，风化层较薄，多适宜具有辐射状根系的乔木、灌丛生长，植被群落多样性低于花岗岩区［图 7.7（b）］。白云岩中碳酸盐矿物易溶解，其岩石中的酸不溶物含量较低，成壤物质比例较低造成土体浅薄，一般小于 20cm，以辐射状、扁平状、串联状根系为主的灌丛植物群落为主［图 7.7（c）］。砂砾岩类碎屑岩建造区，岩性较疏松，易风化也易被侵蚀，土壤层较薄［图 7.7（d）］，适宜以荆条等根茎萌发力强辐射状、须状根系为主的灌丛群落生长。这种现象与前人研究成果具有一致性：深根型的植物一般生长在土层较厚或者岩石裂隙发育的区域，土壤较薄或者岩石裂隙不发育的区域一般适宜浅根型植物生长。

（2）不同成土母岩区的土壤对植物养分供给能力不同。植物生长必需的氮（N）、磷（P）、钾（K）、钙（Ca）、镁（Mg）、硫（S）、硅（Si）等 7 种元素均主要来自土壤供给，其中土壤中的 P、K、Ca、Mg 主要来自于岩石矿物风化分解。根据 4 类建造区的土壤

图7.7　柴白河小流域4类建造区植被分布情况

（a）花岗岩类建造区；（b）流纹岩建造区；（c）白云岩类建造区；（d）砂砾岩类碎屑岩建造区

主要养分元素统计（表7.2）显示：不同建造的土壤元素全量和有效态含量明显不同，如磷（P）元素花岗岩类侵入岩建造区土壤含量为155.00~6008.00mg/kg，平均为706.74mg/kg，速效磷含量为0.38~352.90mg/kg，平均为22.77mg/kg；流纹岩类火山岩建造区土壤含量为84.27~4478.00mg/kg，平均为539.37mg/kg，速效磷含量为0.55~635.40mg/kg，平均为27.13mg/kg；白云岩类碳酸盐建造区土壤含量为121.50~2142.00mg/kg，平均为608.66mg/kg，速效磷含量为0.34~328.00mg/kg，平均为12.51mg/kg，砂砾岩类碎屑岩建造区土壤含量为118.00~2051.00mg/kg，平均为642.93mg/kg，速效磷含量为0.29~317.90mg/kg，平均为16.65mg/kg，全磷含量顺序为花岗岩类>砂岩类>白云岩类>流纹岩类，速效磷含量顺序为流纹岩类>花岗岩类>砂岩类>白云岩类。

（3）不同建造区的土壤及风化层对于雨水的拦蓄、保持能力，植被对土壤水分的利用程度不同。在北方干旱以及半干旱地区，植被生长所需要的水分主要来自大气降水，而天然降水的利用效率又取决于风化层和土壤层的性质。花岗岩建造区风化壳厚度较大，包括石英等不易风化的粗颗粒级矿物成分和长石、云母等风化形成的各类细粒级的次生黏土矿物，降雨后，地表径流量少，水分保持能力较强。白云岩建造区风化层较薄，发育大量的贯通式密闭型和开张型节理裂隙，大气降水会快速下渗，水分保蓄能力一般。砂砾岩类碎屑建造区风化程度较高，以不易风化的石英粗粒级矿物成分为主，同时也易被侵蚀，岩层产状水平，保蓄水能力较好，如呈倾斜或者竖立，则保蓄水能力较差。

表 7.2　4 类建造区土壤主要养分元素统计表　　（单位：mg/kg）

元素	花岗质类侵入岩建造			流放岩类火山岩建造			白云岩类碳酸盐岩建造			砂砾岩类陆源碎屑岩建造		
	最小值	最大值	均值	最小值	最大值	均值	最小值	最大值	均值	最小值	最大值	均值
TN	194	8072	1708	—	6146	1550	286	10575	2105.5	274.0	9297	1199
TP	155	6008	707	84.3	4478	539.4	121.5	2142	608.7	118.0	2051	642.9
TK	8781	78840.	27434	14170	51400	28270	3016	55110	22572	6618	75020	27728
YXN	11.4	777.4	163	12.0	615.2	148	21.3	837.0	179	21.3	873.4	109
SXP	0.4	352.9	22.8	0.5	635.4	27.1	0.3	328.0	12.5	0.3	317.9	16.7
SXK	16.4	1959	158	28.9	1111	160	5.8	738.3	181	30.0	1080	160
pH	4.4	9.6	—	4.4	8.6	—	4.2	9.5	—	4.8	8.9	—

注：T. 全量；YX. 有效态；SX. 速效态。

2. 保持植物群落稳定性的土地利用优化建议

以不同地质建造区的关键带空间结构特征、土壤养分和水文条件、植物生长习性为基础，基于保持植物群落稳定性原则，对柴白河小流域人工造林用地优化提出优化建议：花岗岩建造适宜造林区（适宜乔木林生长，可大规模化人工造林），面积为 80.15km²，流纹岩建造较适宜造林区（适宜小乔木+灌丛生长，局部规模化人工造林），面积为 187.89km²，砂砾岩建造一般适宜造林区（仅在土壤层厚大的小规模人工造林），面积为 116.35km²，白云岩建造不适宜造林区（自然灌丛为主，不宜规模化人工造林），面积为 97.59km²（图 7.8）。

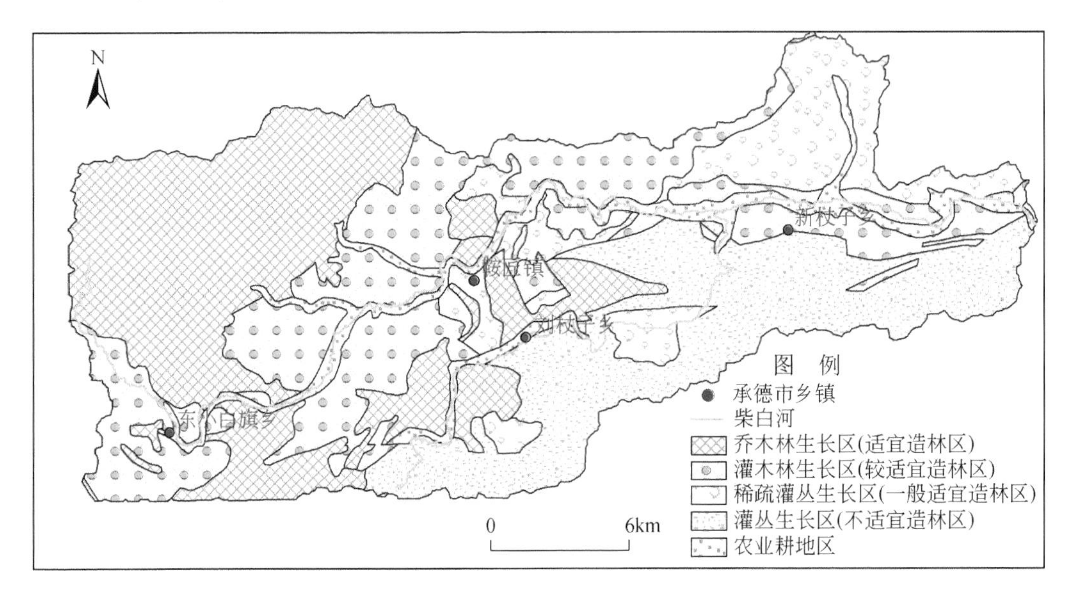

图 7.8　柴白河小流域人工造林土地利用建议图

7.3　小滦河流域地表基质对生态格局的影响

小滦河流域位于我国北方农牧交错带，是典型的生态脆弱区和生态过渡带，面临土地沙漠化、草场退化等生态地质问题。不同的第四纪地质单元，决定了土壤类型、质地、厚度、水分和养分在空间分布上的差异性，进而影响地表生态格局。基于不同地质建造（第四纪地质单元）与生态格局的控制关系，把小滦河流域划分为风积砂裸露沙地单元、玄武岩低丘陵林草单元、冲洪砂砾阶地（河漫滩）草湿单元和湖风残积平原草地单元 4 个生态地质单元，每个生态地质单元生态-地质作用过程不同。

风积砂裸露沙地单元：风成作用形成北西西向的沙垄和厚大的砂层，分布裸露的沙地。土壤养分含量较低，土壤水主要来自大气降水，入渗快、渗透性强，地下水位较深，潜水面大于 10m，土壤水以悬着水为主［图 7.9（a）］。

玄武岩低丘陵林草单元：裂隙式喷发的火山作用形成席状产出的汉诺坝玄武岩，呈现 4～5 个喷发-间断旋回，风蚀形成低丘陵的地貌，蜂窝状、气孔状玄武岩风化作用较强，形成 0.5～1m 的风化壳，发育砾质土壤。土壤养分 N、P 元素含量较高，土壤的入渗性较强，渗透性中等，发育粉砂、黏土-砾石的二元结构，地下水位较深，潜水面多大于 10m 以上，土壤中以悬着水为主，连续性差［图 7.9（b）］。

图 7.9　小滦河流域地表基质结构特征图

冲洪砂砾阶地（河漫滩）草湿单元：河流沉积作用形成河道砂砾石和河漫滩细砂二层

结构，主要分布河漫滩和一级阶地，发育砂质土壤。土壤中有机质含量较高，地下水位较浅，地下水潜水面多小于1m，土壤水主要来自大气降水和地下水，土壤水毛管水发育［图7.9（c）］。

湖风残积平原草地单元：湖相沉积形成的厚大粉砂、黏土沉积层，顶部分布厚度不一风积砂层，发育粉砂质土壤。土壤养分含量不均匀，土壤入渗率较强，渗透性中等，地下水位较浅，潜水面为2～5m，土壤中悬着水和毛管水均有发育［图7.9（d）］。

综合生态地质条件的差异和生物生长习性不同，提出基于地质建造的生态保护和修复的差异化土地利用建议。玄武岩低丘陵林草单元，土壤层较薄，保水能力强，适宜浅根性的落叶松等树木生长，建议以种植乔木+灌木为主；冲洪砂砾阶地草湿单元，土壤有机质含量较高，可以适当发展马铃薯农业和中药材等生产性耕作；风积砂裸露沙地单元，水分涵养和供给能力较弱，土壤养分含量较低，属于生态极端脆弱区，需要采用以灌、草为主的生态修复和封育的管控政策；湖风残积平原草地单元，是风沙就地起沙的重要物源，也是重要草场分布区，需要采取合理的放牧政策，防治沙漠化和草场退化（图7.10）。针对小滦河流域的土地沙化和草地退化区的生态环境问题，根据地质建造特点，在御道口牧场提出耕地适宜区、湿地保护区、造林适宜区、优质牧草区、草场退化区、生态保护区6类不同土地利用优化建议。

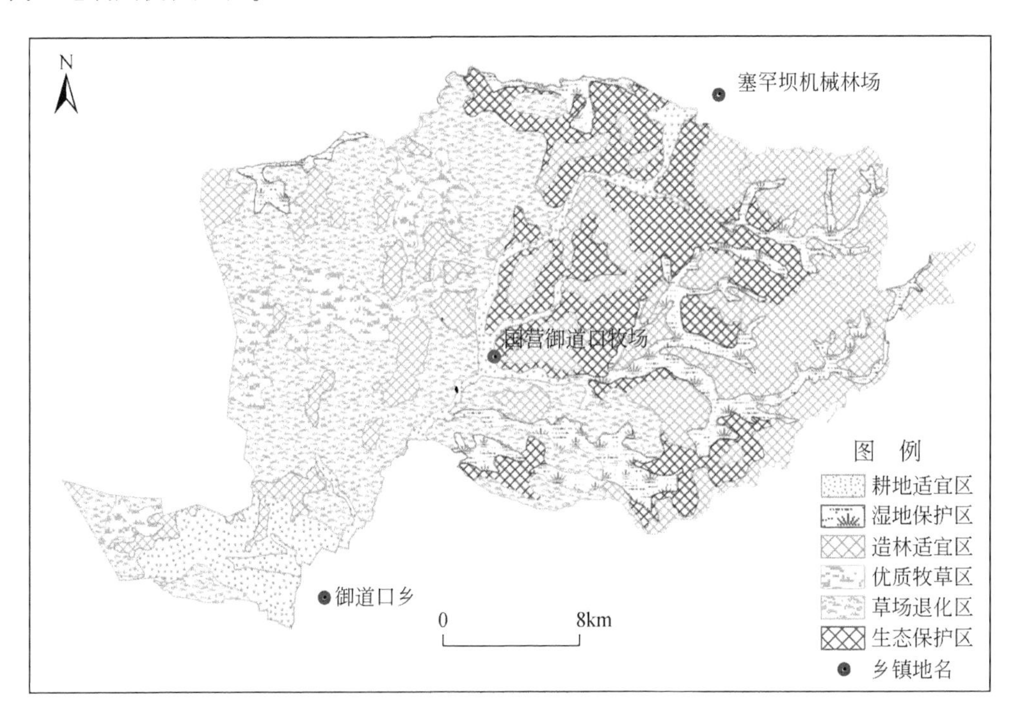

图7.10　御道口牧场土地利用适宜建议图

7.4　兴隆-宽城一带特色经济林布局优化

基于兴隆-宽城一带苹果、板栗、山楂、核桃等特色经济林的生态地质控制因素剖析，提出优质农业发展规划建议，为全域的农业规划优化奠定基础。

（1）气候、温度、阳光等地上因子群决定不同植被类型的分带性，在一定的气候带内，决定植物的品质的因素主要与下伏的地质建造关系密切。在承德的南部兴隆-宽城一带，为特色板栗、山楂、核桃的种植区，基于野外调查白云岩和片麻岩类成土母岩中，锰、锌、硼、铁、钙等元素不同（图7.11）。各类元素在基岩-土壤-作物中具有明显的传导性（图7.12）。

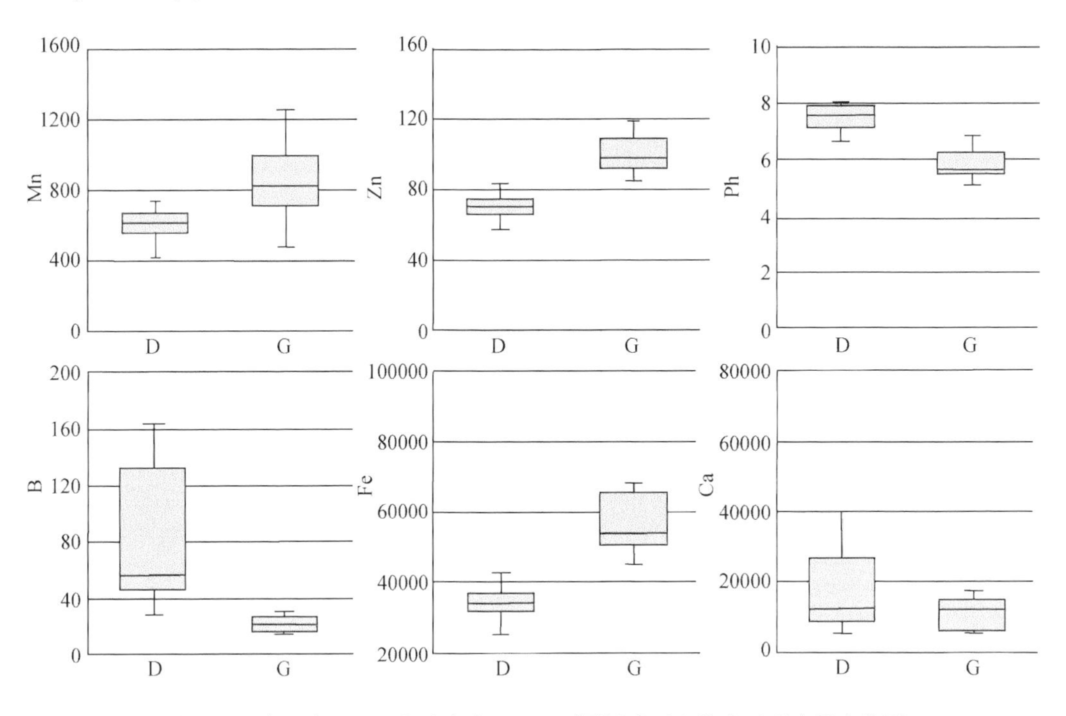

图7.11　白云岩（D）和片麻岩（G）不同母岩区土壤中元素含量变化图

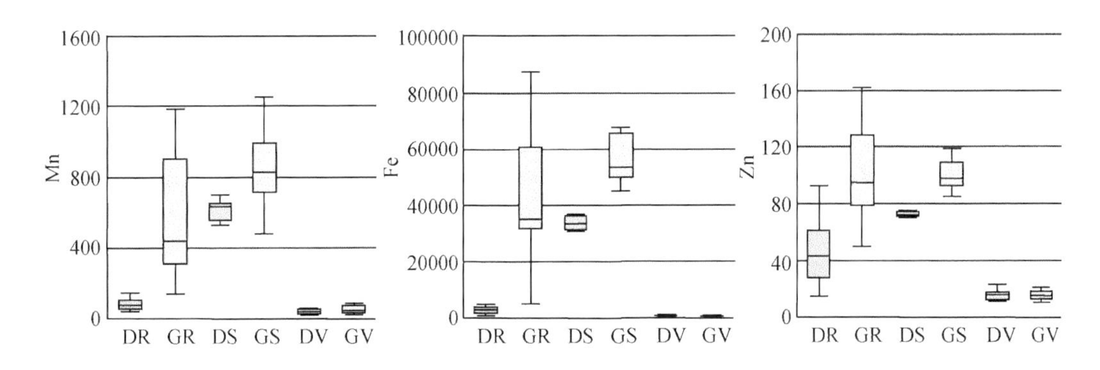

图7.12　白云岩（D）和片麻岩（G）中基岩（R）-土壤（S）-作物（V）元素迁移变化特征图

(2) 基于不同建造区的板栗中铁、锰、锌的元素差异，表明优质板栗的生态控制与特定的微量元素有关（图 7.13）。在白云岩成土母质区山楂、核桃、板栗的元素含量不同，反映优质的果品的生态地质控制因素不同（图 7.14）。

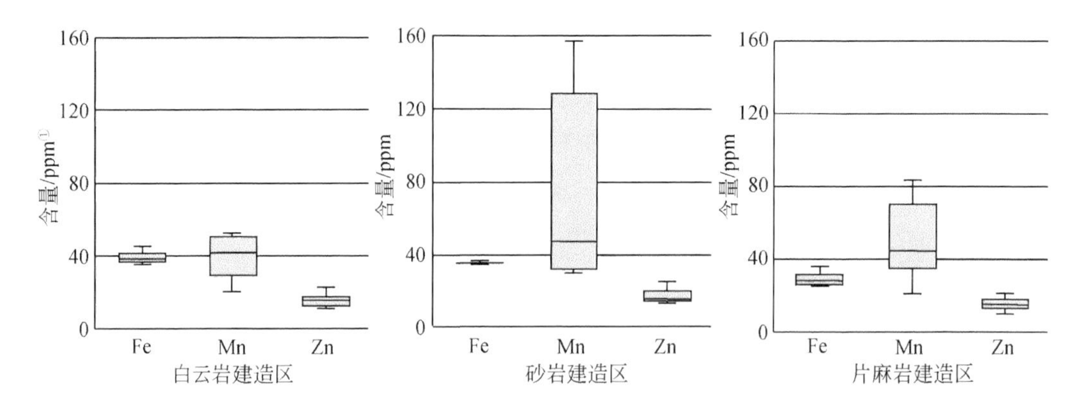

图 7.13　不同地质建造区内板栗中的 3 种元素变化特征图

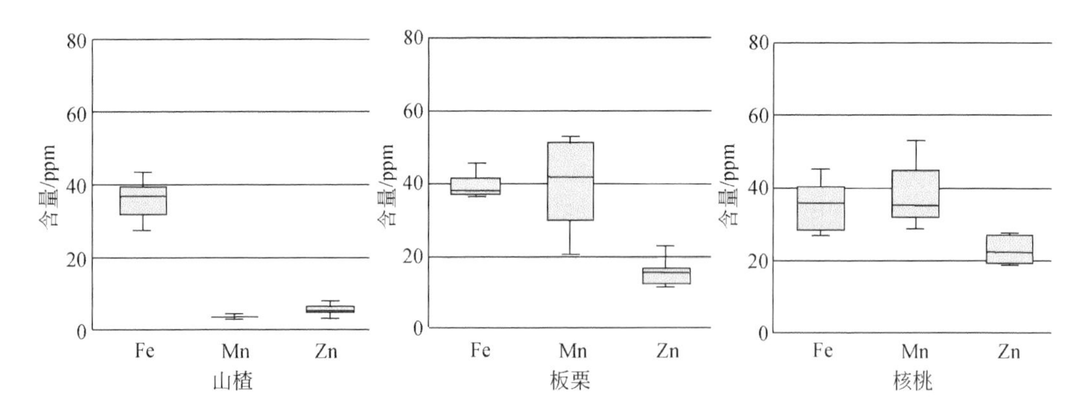

图 7.14　白云岩母质区山楂、板栗、核桃中 3 种元素变化特征图

(3) 根据各类元素在基岩-土壤-作物中具有明显的传导性，园地土壤特定元素富集程度和水土光热条件，对兴隆-宽城一带的林果业种植区进行了优化。兴隆-宽城一带可划分为 17 个成土母岩区，初步提出山楂、核桃、板栗、苹果 4 类经济林的最适宜种植区面积超过 $2400km^2$，其中山楂的最适宜区面积为 $997.2km^2$，占兴隆至宽城总面积的 19.6%，苹果的最适宜区面积为 $249.4km^2$，占总面积的 4.9%，核桃的最适宜区面积为 $228.1km^2$，占总面积的 4.5%，板栗的最适宜区面积为 $999.01km^2$，占总面积的 19.7%（图 7.15）。

① $ppm=10^{-6}$。

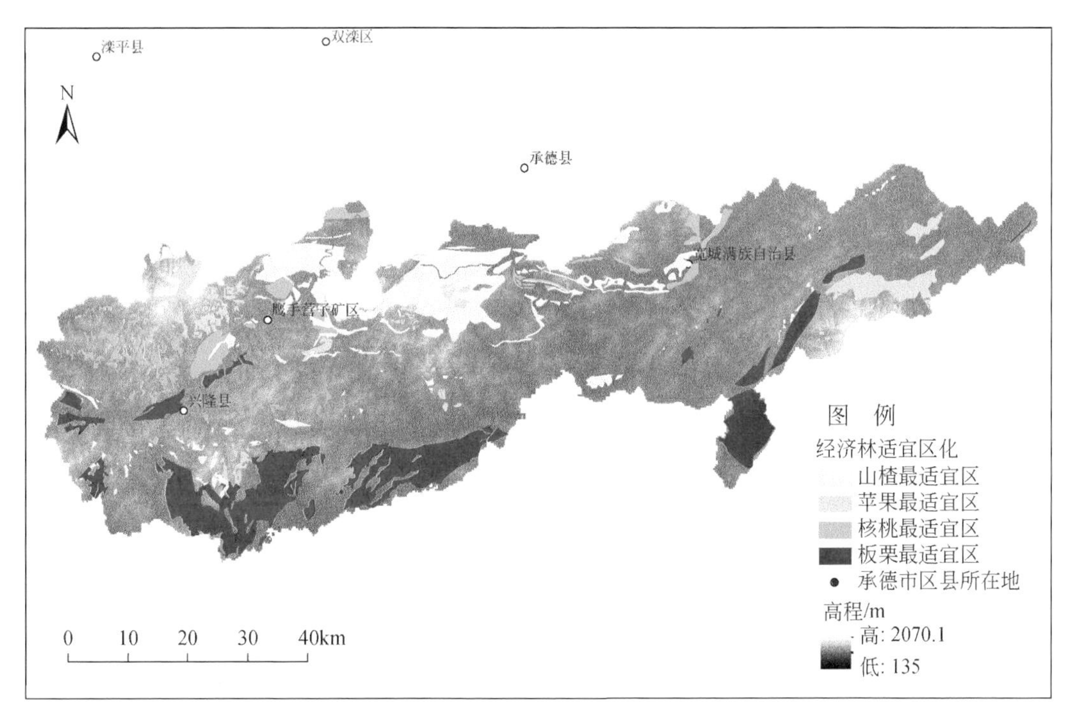

图 7.15　兴隆-宽城一带经济果林最适宜区规划图

7.5　本 章 小 结

（1）揭示了地质建造对农业和生态的控制作用，认为承德全域耕地分布主要受沉积建造控制，乔、灌木生态林集中发育区受中酸性火成岩建造控制，为优化耕地林地布局提供了基础地质依据。

（2）基于地质建造与林地、耕地等生态格局关系，综合农业发展、水源涵养、生态修复等需求，提出了承德市土地利用适宜性分区建议，为承德市特色农林业科学规划提供支撑。

（3）研究了坝上高原小滦河流域地表基质对生态格局的影响，将小滦河流域划分为玄武岩低丘陵林草单元、冲洪砂砾阶地（河漫滩）草湿单元、风积砂裸露沙地单元和湖风残积平原草地单元等4个生态地质单元。

（4）基于兴隆-宽城一带苹果、板栗、山楂、核桃等特色经济林的生态地质控制因素剖析，编制完成兴隆-宽城一带经济果林最适宜区规划图，为该地区特色优质经济林布局优化提供了参考建议。

第8章 支撑服务现代城市规划建设

8.1 承德市中心城区山体资源保护研究

8.1.1 中心城区山体资源特征

承德市中心城区位于燕山山脉分布区，为典型的“两山夹一谷”的山川河谷地貌。山体在风化剥蚀作用下，形成山坡平缓，山顶略呈浑圆状的“丹霞”地貌特征，如双塔山、莲花山、鸡冠山等。承德市丹霞地貌的主体地层为中侏罗统土城子组陆源碎屑沉积物，形成于侏罗纪末至古近纪初期。峰峦叠嶂的丹霞地貌构成承德市的骨架，滦河水系贯穿其中。

基于中心城区河流水系的空间分布格局，采用遥感影像和DEM数据，进行地形特征分析，获取山体的本底特征（图8.1）。

山地海拔：中心城区海拔范围为271～1356m，山地海拔大部分在400～1000m。

地貌类型：中心城区地貌类型可分为低山、中山、丘陵。其中，低山面积为453.24km²，中山面积为15.33km²，丘陵面积为634.99km²。

地形坡度：中心城区地形坡度范围为0～59°，靠近城市建设用地区域坡度较缓。

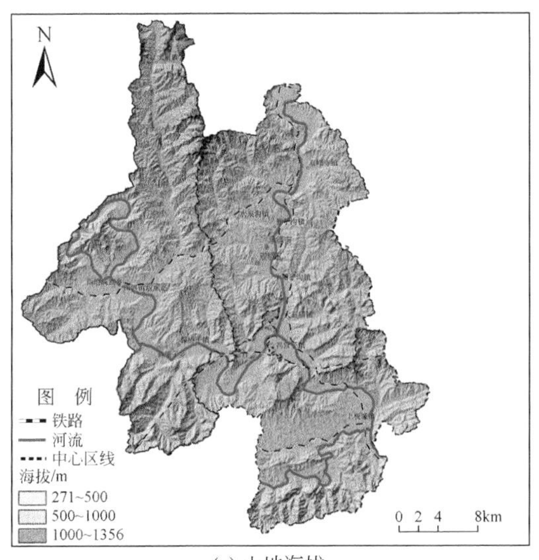

(a) 山地海拔

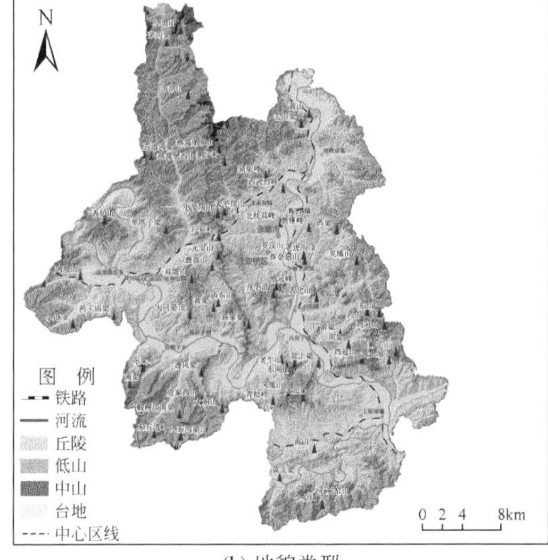

(b) 地貌类型

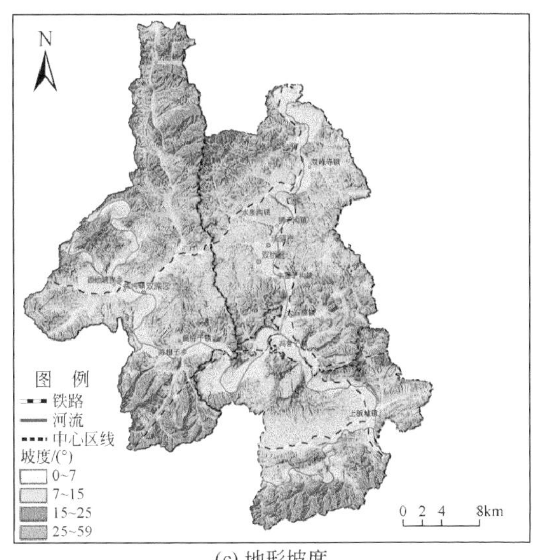

(c) 地形坡度

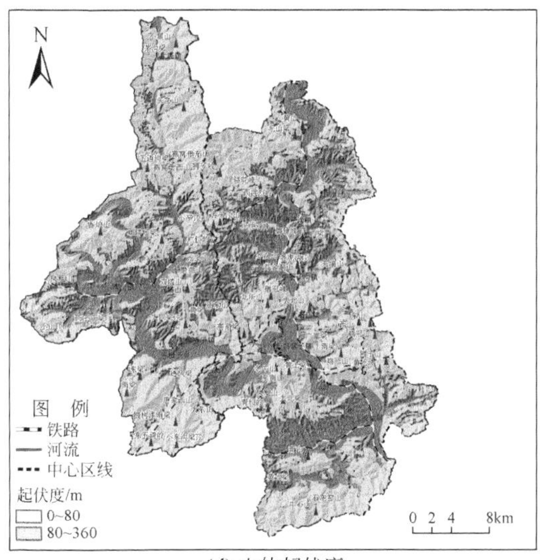

(d) 山体起伏度

图 8.1　中心城区山体本底特征图

山体起伏度：统计 3km 半径圆周范围内高程差值，中心城区地形起伏度介于 50 ~ 400m，大部分山体起伏度在 30 ~ 90m，较小的高差适宜人群活动。

山体空间分布：根据搜集的资料和遥感影像解译结果，中心城区约有 80 余座山峰，其中，海拔 300 ~ 500m 的山峰 34 座，海拔 500 ~ 700m 的山峰 26 座，海拔 700 ~ 900m 的山峰 18 座，海拔 900 ~ 1100m 的山峰 2 座。中心城区名山有 14 座，主要为分布在城区北部山脉群落、城区轴线两侧原生山体，以及与城市营建有关的山体，其中，自然地质景观山体主要有骆驼峰、磬锤峰、元宝山、九华山、鸡冠山、凤凰山、僧冠峰、茅沟梁、头岔山、燕窝堡东山、燕窝堡西山、单塔子梁、夹墙山等；人文景观山体有双塔山等(图 8.2)。

(a) 磬锤峰

(b) 蛤蟆石

图 8.2　中心城区名山资源

8.1.2 中心城区山体资源保护现状

山体是一类重要的自然资源，也是一种重要的自然生态系统，对城市生态环境建设和景观的塑造都有重要作用。承德市中心城区山体的保护状况可以归纳为以下几种：

1. 历史文化遗迹保护区内的山体资源

承德是首批国家历史文化名城，避暑山庄历史文化遗产核心聚集区、秦汉长城历史文化景观带、明长城历史文化景观带等都是依山势建筑。中心城区有 12 处单体面积小于 $5km^2$的历史文化遗迹保护区分布在城市山体之中，是自然地质景观和历史文化资源遗存的集中区，体现了历史文化与山川地貌等自然景观的密切关系。

2. 各类自然保护区内的山体资源

中心城区分布有丹霞地貌国家地质公园、国家级森林公园、湿地公园、地质遗迹保护区、旅游景区保护区等自然保护区域 19 处，面积为 $147km^2$，主要分布于城区各山体，占城区总面积的 13%。

其中，国家地质公园和地质遗迹保护区是承德丹霞地貌典型代表区，以丹霞地貌晚期的象形石和象形山为主，属于碎屑岩地貌亚类，有世界级地质遗迹 4 处、国家级地质 3 处、省级地质遗迹 2 处。

3. 山体植被覆盖情况

中心城区的双滦区、双桥区、高新区为温带季风型气候区，植被生长茂盛，山地植被覆盖度高，由于土壤、水分和湿热条件的规律性改变，森林植被在垂直分布上的差异明显：农田果林灌丛带主要分布于海拔 200 ~ 700m 的低山地带；低山落叶阔叶林带分布于海拔 700 ~ 1100m 的低山地带；中山针阔混交林带主要分布于海拔 1100 ~ 1400m 的沟谷中（图 8.3）。

2012 年，植被覆盖面积为 $880.22km^2$，双桥区占 38.26%、双滦区占 39.10%、高新区占 22.64%。2016 年，植被覆盖面积为 $948.30km^2$，双桥区占 38.73%、双滦区占 38.75%、高新区占 22.52%。2018 年，植被覆盖面积为 $942.41km^2$，双桥区占 38.85，双滦区占 38.92%、高新区占 22.23%。2012 ~ 2018 年，中心城区植被覆盖面积增加了 $62.19km^2$，植被生长茂盛，山体资源总体态势良好。

8.1.3 山体保护存在的问题

1. 矿山的生态保护和修复

承德市矿产资源丰富，中心城区有各类矿山用地 378 处，其中，尾矿库 55 处，露天采矿场 105 处，工业广场 115 处，废石（土、渣）堆积 104 处。矿山用地主要集中在双滦

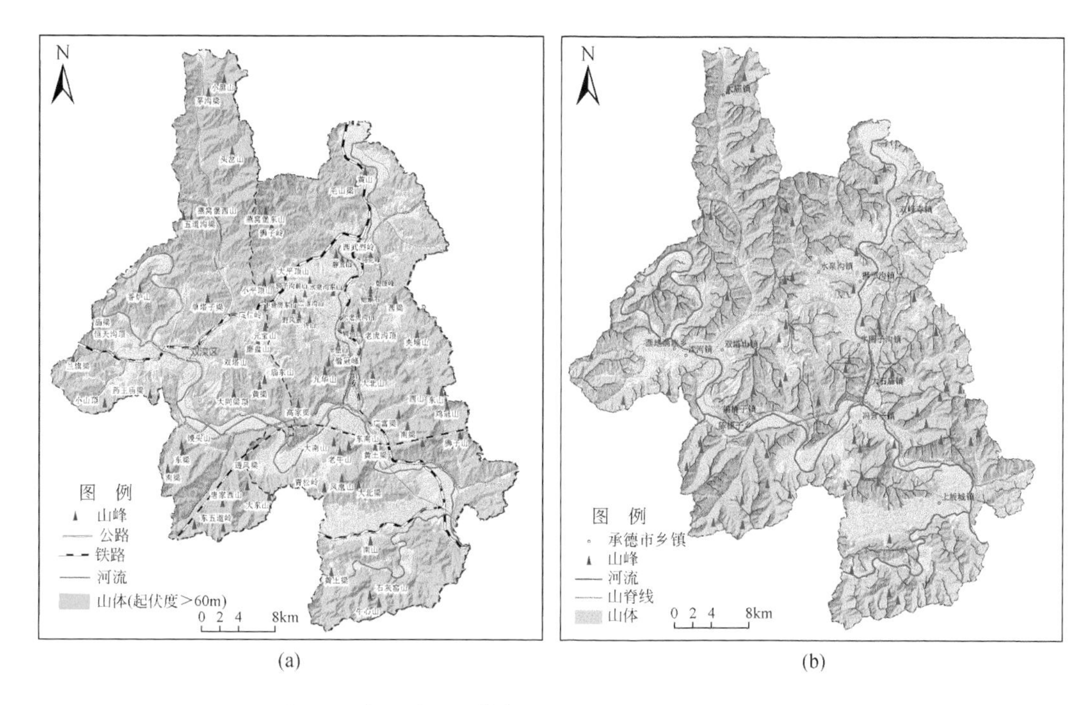

图 8.3　中心城区山体资源（a）与山脊线分布（b）图

区大庙镇北梁村、凤凰咀村、中营子村，以及偏桥子镇药王庙村、冯营子村、吴营村一带，双桥区水泉沟镇大窝铺村，以及牛圈子沟镇马家庄村、红石峦村一带，矿山开发占用山地面积共计 10.83km^2。对于已有的采矿区、尾矿库、存在矿山地质环境问题的山地，建议对有尾矿库的 55 处矿山开展综合治理，对露天采场、废石堆积和工业广场占地开展复绿、复垦，恢复受损山体生态环境。

2. 地质灾害隐患山体的治理和保护

承德市中心城区主要发育崩塌、滑坡、泥石流等地质灾害。2020 年底共查明各山体发育的地质灾害及隐患点 26 处，其中崩塌 21 处、滑坡 1 处、泥石流 4 处。对各类山体发育的地质灾害隐患点，建议采取工程治理、排危除险、专业监测、监测预警等治理和保护措施。

3. 山体零星破损点修复

对中心城区部分公路边坡、河流两岸、山体裸露区等零星的山体破损点，需要开展山体绿化修复（图 8.4）。

4. 城市建设用地相邻山体的保护

山体是承德城市建设用地的一部分，根据承德市土地覆盖类型分析数据，从 2000 年到 2017 年城市建设用地逐步向山地空间靠近压迫，建成区周边呈现植被覆盖减少现象，一定程度上破坏了山体原有的景观风貌。对于城市建设用地侵占并存在地质灾害隐患的山体区域，需要提出城市建设用地相邻山体的保护原则，包括山体的保护边界和周边建筑的控制高度等。

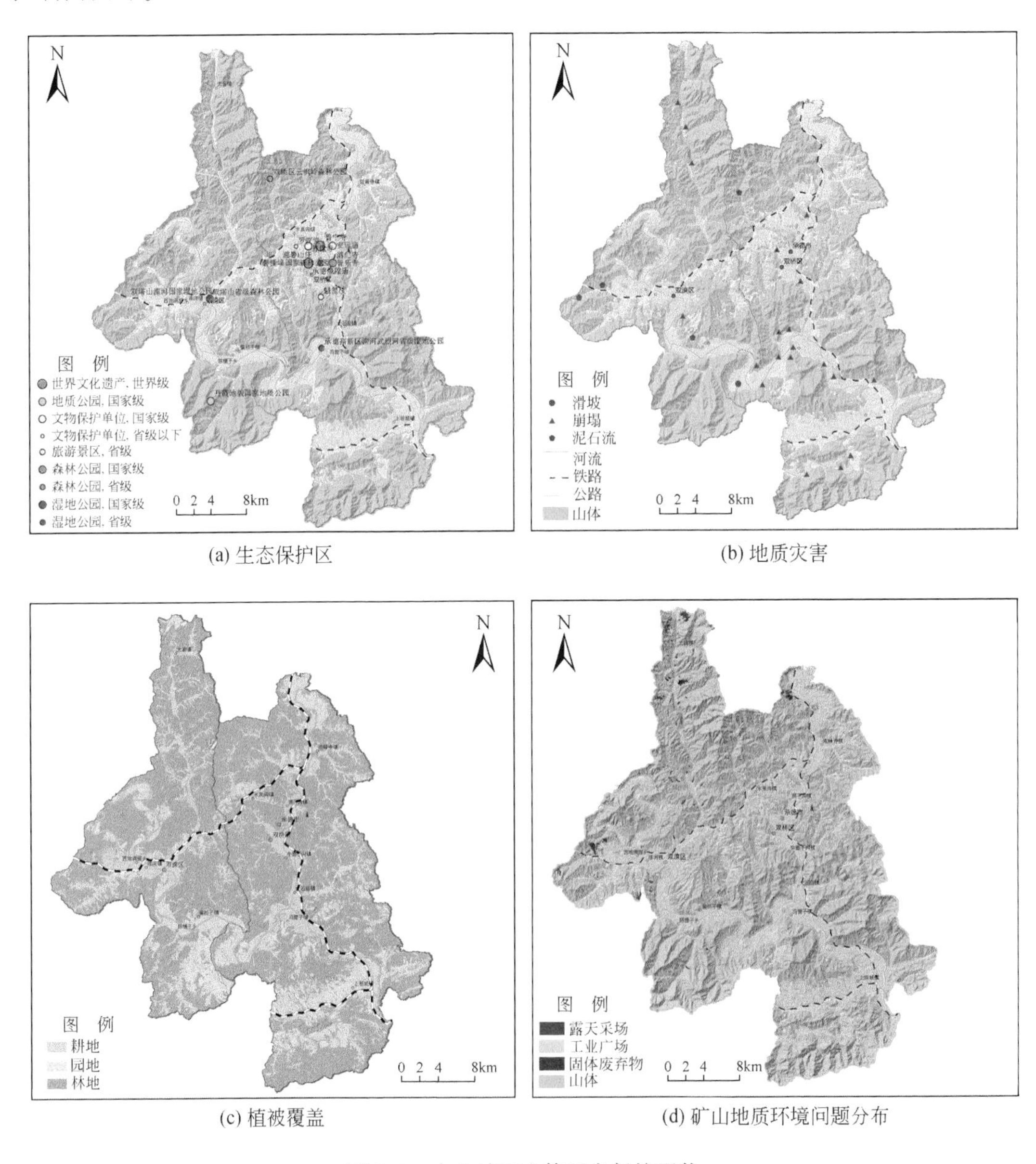

(a) 生态保护区

(b) 地质灾害

(c) 植被覆盖

(d) 矿山地质环境问题分布

图 8.4 中心城区山体开发保护现状

8.1.4 山体资源保护分级及对策建议

根据中心城区山体资源本底特征的分析结果，将中心城区山体定义为中心城区范围内主峰与谷底之间相对高度 60m 以上，且形态基本完整的山以及其他需要保护的山。

综合分析山体的起伏度、坡度、自然景观价值、历史文化价值、生态保护价值等因素，依据山体生态功能重要程度，在山地空间识别出需要保护的区域，将生态功能相对重要的区域与生态保护红线区域进行空间叠加，纳入山体保护范围，将中心城区山体保护分为两个级别（表8.1）。

表8.1　山体分级保护评价指标体系一览表

指标类别	指标要素	级别划分	
		一级	二级
地形地貌	起伏度	≥80m	60～80m
历史文化价值	历史文化遗迹保护区	国家级、省市级	—
	文物保护区	国家级、省市级	—
自然景观价值	地质公园	国家级、省市级	—
	森林公园	国家级、省市级	—
	地质遗迹保护区	国家级、省市级	—
	风景名胜区	国家级、省市级	—
生态保护价值	生态保护红线区域	生态保护红线全域	—
	山地公园	市级	—
	矿山生态修复区域	尾矿库	—

一级保护山体包括：①相对高度80m以上的山体；②具有历史文化保护价值及文物保护价值的山体，包括避暑山庄、外八庙和其他寺庙等文物园林保护区域内的山体；③各类自然保护区域内的山体，包括承德丹霞地貌国家级地质公园、磬锤峰国家级森林公园、双塔山国家级森林公园、地质遗迹保护区、风景名胜区内的山体资源；④生态保护红线区域内的山体；⑤居民集中生活区周边具有观赏价值的景观性山体，主要包括中心城区已有的和规划的各类山地公园内的山体。划分一级保护山体面积为607.78km^2，占中心城区面积的55%。

二级保护山体包括除一级保护山体以外中心城区范围内的其他山体，主要包括构成城市背景轮廓线的山体、各类生态保护区外围的山体、允许采矿及采石的山体等。划分二级保护山体面积为226.45km^2，占中心城区面积的21%。中心城区山体分级保护规划建议见图8.5。

一级保护山体具有自然的生态系统、土壤环境和较为完整的生物群落，对于城市的生态资源涵养、生态环境保护、微气候和城市景观界面都起到重要作用，应以生态保护和山体修复为主要措施，尤其对名山应划定保护范围，对大山要实施严格管控，不应当用于城市建设，宜规划为禁建区。其范围内除允许依法依规建设消防、能源、通信、气象、地震监测和生态游步道等公共基础设施以外，禁止其他建设行为。

二级保护山体是除了一级保护山体的其他山体，构成承德市景观格局的骨架和轴线，与居民集中区有着较为密切的空间联系，也具有相当高的生态资源涵养价值，规划为限建区。其范围内除允许依法依规建设规定的设施外，可以适度建设，如对社会开放的游园，以及生活服务设施如停车场、仓储空间等，应控制其他大规模开采建设行为。

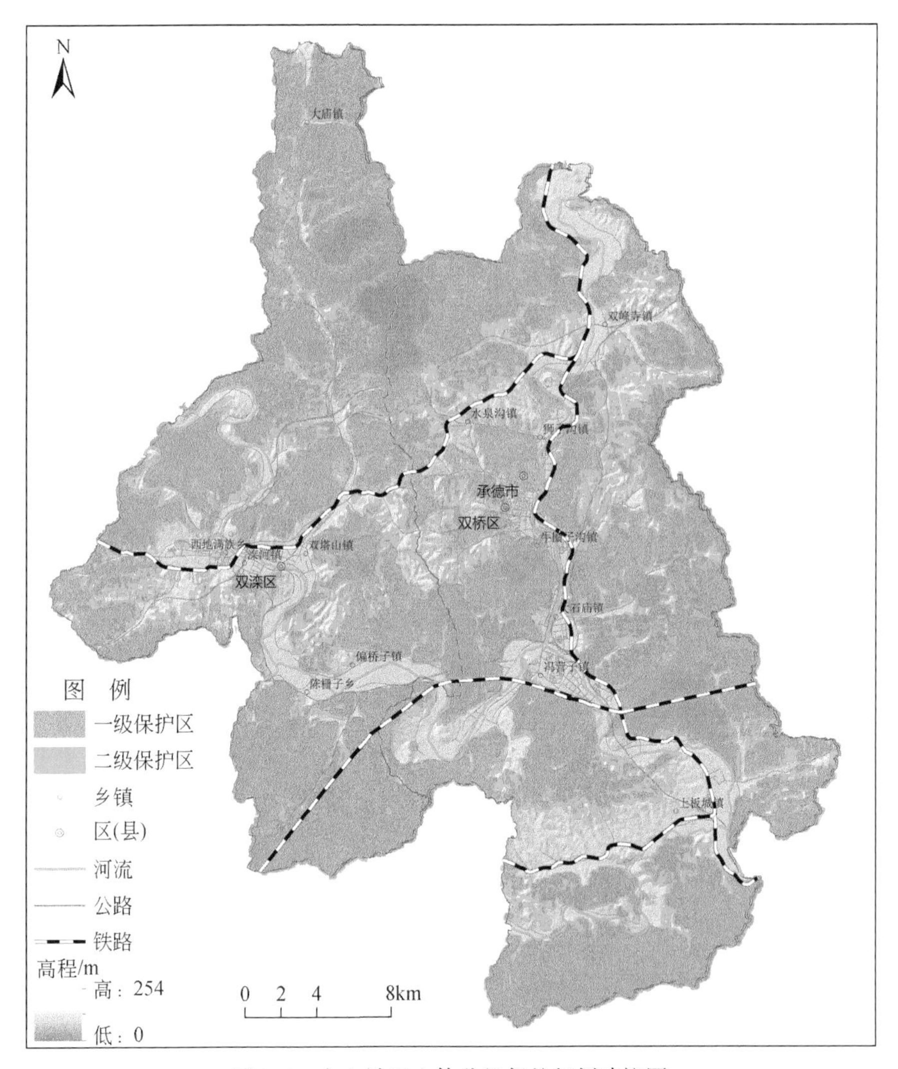

图 8.5 中心城区山体分级保护规划建议图

按照承德“名山”保、“大山”控、“缓山”用的策略，将“名山”和“大山”划入一级保护区，实施严格管控；将“缓山”划入二级保护区，对“缓山”地区的开发建设进行约束。对有尾矿库的矿山，以及露天采场、废石堆积和工业广场的矿山划入一级保护区，通过开展复绿、复垦等恢复受损的山体生态环境。对有地质灾害及隐患点的山体也划入一级保护区，通过工程治理、专业监测等措施保护山体生态环境。

8.2 承德市中心城区山体地下空间开发利用研究

调查评价的区域主要位于承德市双桥区（占比 90% 以上），该区域为承德市中心城区（图 8.6），地理坐标位于 117°52′～117°59′E，40°53′～41°03′N 之间，距首都北京市 221km。调查区下辖双峰寺镇、大石庙镇、水泉沟沟镇、牛圈子沟镇、狮子沟镇和建成区，调查评价区总面积为 $100km^2$。

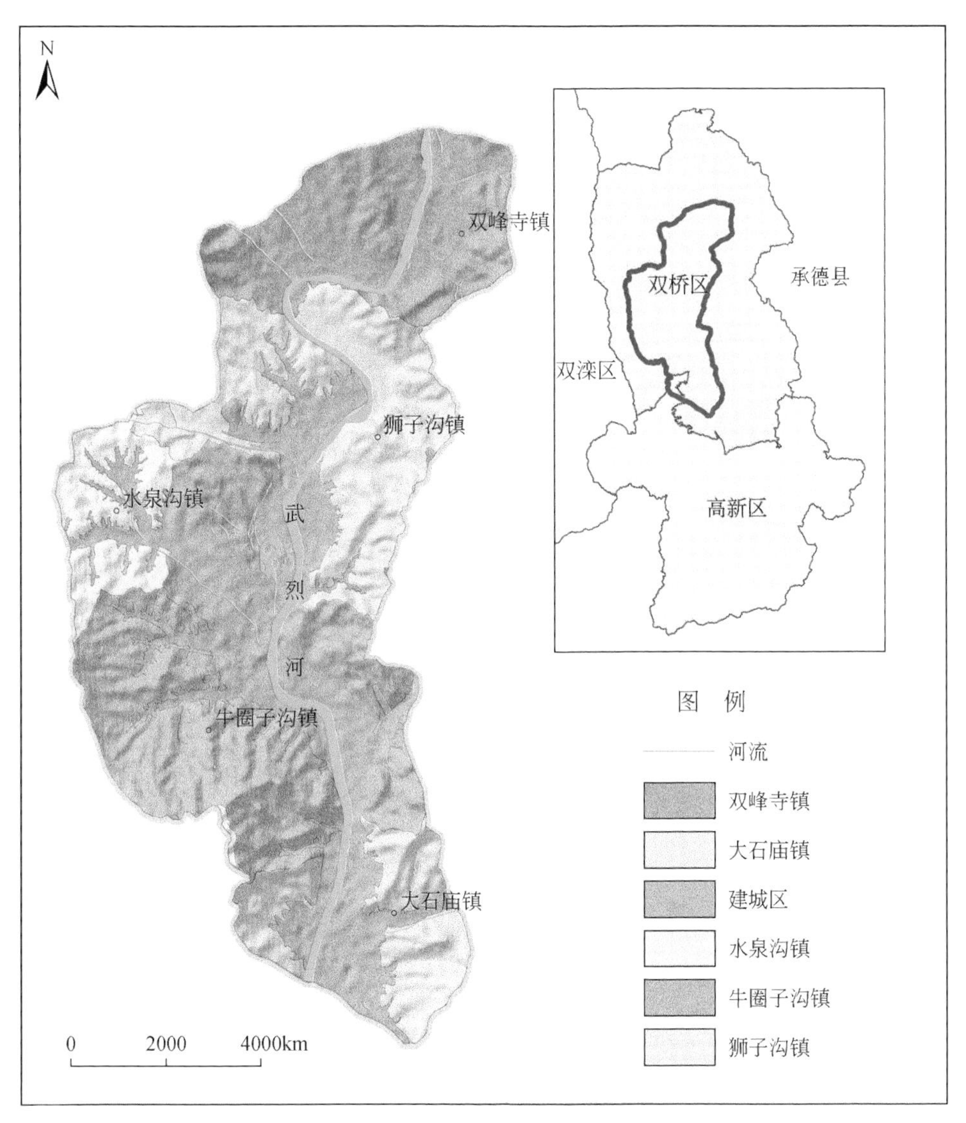

图 8.6　评价区域位置图

8.2.1　山体地下空间开发现状

承德市中心城区现有各类山体地下空间开发工程 26 处，其中人防直属工程 11 处，其他单位工程 15 处，基本情况统计见表 8.2。

承德市中心城区现有山体地下空间开发总面积 6.34 万 m^2，工程主要开挖的地层岩性为侏罗系中统后城组紫红色砾岩（18 处），该地层也是承德市中心城区出露的主要地层（地层出露面积占比约 50%），是较典型的边缘拗陷型磨拉石建造、河流冲积扇层序，地层产状平缓，岩体为中厚层块状构造、致密坚硬，不含或弱含水，工程地质条件较好，为开挖山体地下空间有利地层。此外，有 7 处工程开挖在上白庙片麻岩中，该地层主要产于调查区内水泉沟-避暑山庄一带，呈北东向带状分布，岩体为块状构造，局部疏松软硬不一，地下水类型为基岩裂隙水、富水性不均一。

表 8.2 承德市中心城区现有山体地下空间开发工程统计表

序号	地址	建筑面积/m^2	地层岩性	权属
1	避暑山庄	803	上白庙（Sgn）片麻岩	市人防办直属
2	大老虎沟	3375.9	后城组（J_2h）砾岩	市人防办直属
3	大老虎沟	6958	后城组（J_2h）砾岩	市人防办直属
4	大老虎沟	7338	后城组（J_2h）砾岩	市人防办直属
5	半壁山	1190	后城组（J_2h）砾岩	市人防办直属
6	南环路	4667	后城组（J_2h）砾岩	市人防办直属
7	北兴隆街西山	4465	上白庙（Sgn）片麻岩	市人防办直属
8	狮子沟	1054	小瓦沟（Sgn）片麻岩	市人防办直属
9	石洞子沟	2924	后城组（J_2h）砾岩	市人防办直属
10	四人沟南山	1178.5	后城组（J_2h）砾岩	被服厂
11	石洞子沟	1579	后城组（J_2h）砾岩	翠桥粮食所
12	柴家沟北山	3736	后城组（J_2h）砾岩	铁路
13	红石砬沟沟口	2057	后城组（J_2h）砾岩	地质四队
14	江钻公司南山	1403	后城组（J_2h）砾岩	江钻公司
15	五一四队院内	1950	后城组（J_2h）砾岩	五一四队
16	牛圈子沟	1739	后城组（J_2h）砾岩	五交化公司
17	富家沟	2496	后城组（J_2h）砾岩	柴油机厂
18	石洞子沟	1644	后城组（J_2h）砾岩	工具厂
19	石洞子沟	2161	后城组（J_2h）砾岩	试验机厂
20	佟山	672	后城组（J_2h）砾岩	食品厂
21	水泉沟西山	1216	上白庙（Sgn）片麻岩	石油公司
22	避暑山庄	1696	上白庙（Sgn）片麻岩	邮电局
23	大石庙镇铁路桥北	2293	张家口组（J_3z）凝灰岩	曲轴连杆厂
24	附属医院	770	后城组（J_2h）砾岩	附属医院
25	大榛子沟	1178	上白庙（Sgn）片麻岩	双桥区人防办直属
26	避暑山庄	2880	上白庙（Sgn）片麻岩	双桥区人防办直属

8.2.2　山体地下空间利用现状

承德市中心城区内现有6处山体地下空间已进行商业开发利用，开发利用情况统计见表8.3。

表8.3　承德市中心城区现有山体地下空间开发利用现状统计表

序号	地址	建筑面积/m^2	利用现状
1	红石砬沟沟口	2057	冷藏冷冻
2	半壁山	1190	水果、蔬菜、肉类配送中心
3	南环路	4667	冷藏冷冻
4	石洞子沟	2924	酒类储藏
5	狮子沟	1054	副食品储藏
6	北兴隆街西山	4465	药品储藏

现有研究表明地下空间环境温度、湿度适宜，避光，有利于粮食、水果、蔬菜及酒类等物品保存。现状条件下，承德市山体地下空间开发利用模式比较单一，主要是仓储空间，包括冷藏冷冻库、果蔬肉类配送、药品储藏、副食品储藏和酒类储藏（表8.4）。

表8.4　承德市中心城区已开发利用山体地下空间现状调查统计表

序号	名称	洞口规模		洞内规模		温、湿度		地下水情况	节理裂隙	不良变形	其他不良工程地质现象	开挖年限/年	现状稳定性
		宽/m	高/m	宽/m	高/m	温度/℃	湿度/%						
1	红石砬沟地下洞室	4.7	5.2	4.8	4.5	15	38	无	1组 176°∠85°	无	无	50	好
2	半壁山地下洞室	3.5	4.5	12.0	8.0	10	60	雨季滴水、渗水	未发现	无	偶有掉块	50	较好
3	南环路地下洞室	4.5	4.7	4.8	5.0	10	60	雨季滴水	1组 280°∠80°	有	偶有掉块	50	一般
4	石洞子沟地下洞室	4.0	4.0	5.0	4.5	12	45	无	未发现	无	无	50	好
5	狮子沟地下洞室	3.5	4.5	4.0	5.0	13	45	无	未发现	无	无	70	好
6	北兴隆街西山地下洞室	2.8	3.0	3.0	3.0	13.3	50	雨季有滴水现象	未发现	无	偶有掉块	70	较好

8.2.3 山体地下空间开发适宜性评价

1. 评价指标体系的构建

城市山体地下空间开发条件是一个由多种指标组成的复杂系统，开发条件适宜性评价是对所有指标因素影响强度的综合分析。通过对评价区已有基础资料的分析研究，结合承德市实际，确定本次的评价指标，并将评价指标体系分为2级。一级指标划分为地质条件、地形地貌、工程地质、文保、人类活动，各一级指标及所包含的二级指标详见表8.5。

在对城市山体地下空间开发适宜性评价中，需要综合考虑一般性因素与限制性因素对山体地下空间开发工程地质条件的不同影响机理，根据各影响因素的特点，将城市山体地下空间开发条件的影响指标分为普通因子和敏感因子，并分别构建其评价模型，从而构建城市山体地下空间开发工程地质条件适宜性综合评价模型。

表8.5 山体地下空间开发适宜性评价指标

一级指标	二级指标	备注	类型
地质条件	地层岩性	按岩性分类	普通因子
	一般构造	按照距离划分	普通因子
	活动断裂	是非	敏感因子
地形地貌	边坡坡度	按照坡度分类	普通因子
工程地质	岩体强度	按单轴抗压强度大小分类	普通因子
	地下水	按富水性分类	普通因子
	地质灾害易发性	按易发性分类	普通因子
人类活动	区位条件	按区位优势度分类	普通因子
	交通条件	按交通网络密度分类	普通因子
文保	文物保护区	是非	敏感因子
	自然保护区	是非	敏感因子
	风景名胜区	是非	敏感因子
	生态保护红线	是非	敏感因子
	地质遗迹	是非	敏感因子
	军事禁区	是非	敏感因子

2. 适宜性评价

1）普通因子评价

普通因子包括地形坡度、岩体强度、富水性、地质灾害易发性、地层岩性、地质构造、区位条件和交通条件共8个指标。评价思路为先对以上8个指标进行单项评价，然后由计算得出的每个评价单元内各项指标的权重，对每个评价单元内的普通因子进行加权计算，完成普通因子综合评价。

2）敏感因子评价

敏感因子主要包括文物保护区、自然保护区、生态保护红线范围、地质遗迹、风景名胜区和军事禁区 6 项，在进行地下空间适宜性评价时，受敏感性因子影响的区域应直接被判为禁止开发区。因此可通过地理信息系统（geographic information systems，GIS）技术对敏感性条件进行分析求出敏感性条件的影响范围，直接认定为限制开发区，计算获得敏感因子地下空间开发适宜性评价分区结果。

3）综合评价结果分析

将承德市地下空间适宜性评价的普通因子综合图与敏感因子等级图进行叠加，计算各评价单元的综合得分。综合得分值在［0，1］，将单元综合得分按照自然分级法划分为 3 个区间，按分值由高到低将承德市地下空间开发适宜性划分为适宜区、一般适宜区、不适宜区，见图 8.7。

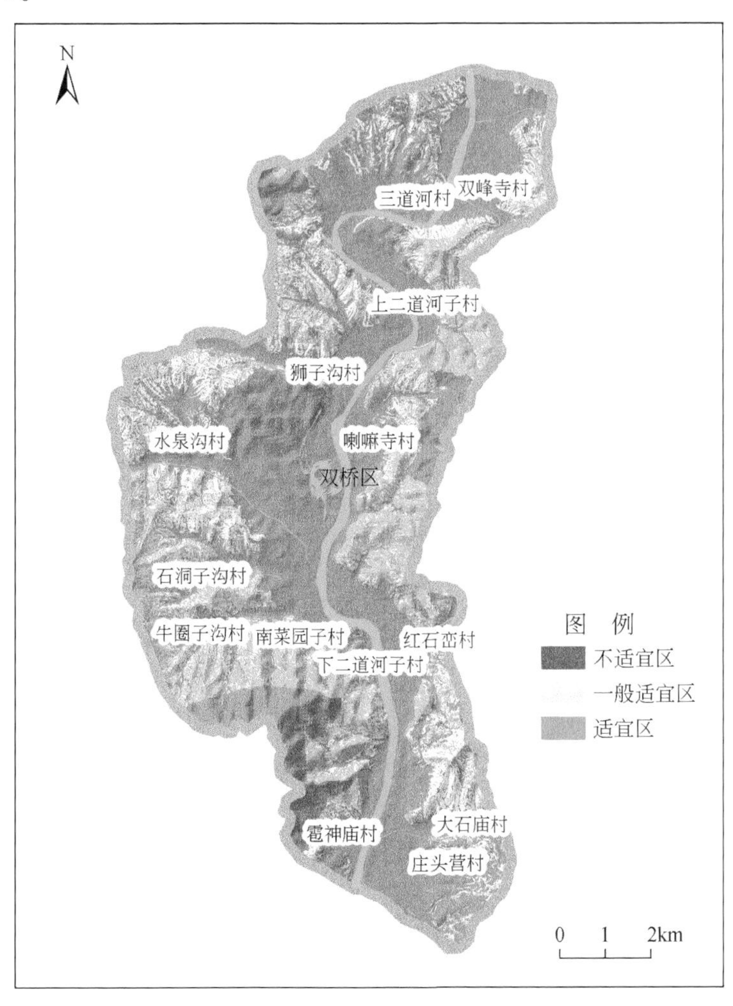

图 8.7　山体地下空间开发适宜性评价分区图

山体地下空间开发适宜性等级统计见表 8.6。

表 8.6　山体地下空间开发适宜性等级统计表

适宜性等级	面积/km^2	比例/%
适宜	17.93	17.93
一般适宜	18.08	18.08
不适宜	63.99	63.99

由评价结果可以看出，承德市中心城区 100km^2 调查评价范围内，地下空间开发适宜区面积只有 17.93km^2，仅占 17.93%。

承德市山体地下空间开发适宜性等级评价结果汇总见表 8.7。

表 8.7　承德市山体地下空间开发适宜性等级评价结果汇总表　（单位：km^2）

序号	乡镇	适宜	一般适宜	不适宜	总计
1	大石庙镇	0.95	2.3	5.08	8.33
2	建成区	1.58	1.17	29.36	32.11
3	牛圈子沟镇	7.96	4.4	6.51	18.87
4	狮子沟镇	4.94	4.5	8.17	17.61
5	双峰寺镇	1.18	3.18	12.97	17.33
6	水泉沟镇	1.32	2.54	1.89	5.75

承德市山体地下空间开发适宜区主要分布在牛圈子沟镇石洞子沟村、牛圈子沟村、南菜园子村、下二道河子村等地，以及狮子沟镇上二道河子村、喇嘛寺村等地，建成区内地下空间开发适宜区分布面积有 1.58km^2，主要分布在桥东街道小老虎沟一带，其他乡镇分布相对较少。

8.2.4　山体地下空间开发利用规划建议

结合承德市中心城区用地规划、承德市城市总体规划等，提出 4 处山体地下空间开发适宜区和 7 处山体地下空间开发潜力区（表 8.8，图 8.8）。4 处山体地下空间开发适宜区均位于本次工作区范围内，主要基于本次调查评价工作成果提出。7 处山体地下空间潜力区是在取得现有工作成果的基础上，结合地质条件、工程地质条件、地形地貌条件以及城市总体规划、城区用地规划等因素综合提出。

表 8.8　山体地下空间开发利用规划建议一览表

序号	位置	类别	开发利用建议
1	牛圈子沟镇石洞子沟-下二道河子一带	适宜区	地下停车场、物流仓储
2	双桥区大老虎沟-会龙山一带	适宜区	地下停车场、商业空间
3	狮子沟镇姚三沟一带	适宜区	物流仓储、文娱休闲空间
4	狮子沟镇河东-石门沟一带	适宜区	地下仓储、商业空间

续表

序号	位置	类别	开发利用建议
5	双峰寺镇三道窝铺、侯家洼-毛山梁一带	潜力区	特色休闲文娱空间
6	双塔山镇下东门-小人沟一带	潜力区	地下商业综合体
7	西地乡松树庙于-后沟一带	潜力区	仓储、地下工业园区
8	偏桥子镇三家北沟-郭家沟一带	潜力区	仓储、商业空间
9	冯营子镇东南山-老爷庙一带	潜力区	物流仓储、快速货运
10	上板城镇秦家沟-西三家村一带	潜力区	高精端科研空间、物流仓储
11	大石庙镇东营-上板城镇南北营一带	潜力区	地下物流仓储

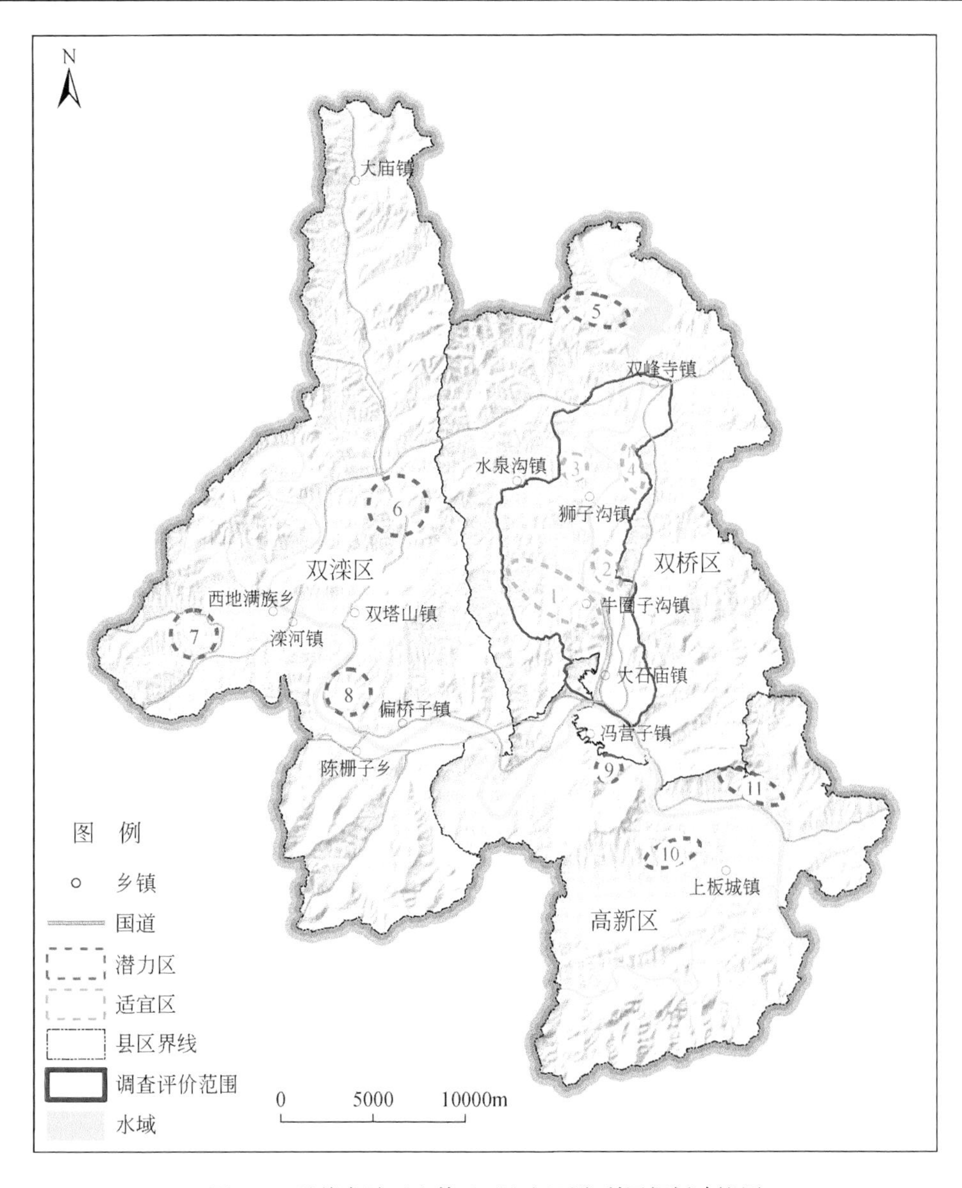

图 8.8　承德市城区山体地下空间开发利用规划建议图

8.3 本章小结

（1）针对承德市人大山体立法保护的需求，调查发现承德中心城区现有侧向空间开发工程26处，其中，人防直属工程11处、其他单位工程15处，侧向空间开发总面积6.34万m^2。评价认为中心城区地下空间开发适宜区范围为17.93km^2。据此提出了中心城区山体资源分级分类保护名录和山体修复保护对策建议，直接支撑了承德市国土空间用途管制和市人大山体保护立法。

（2）针对承德市中心城区规划建设需求，提出了侧向空间开发适宜区和潜力区开发利用建议，包括地下物流仓储、商业空间、休闲文娱空间、地下停车场、地下工业区、高精端科研空间等。划分了4处可开发利用适宜区和7处侧向山体资源潜力区，为承德市中心城区城市控制性详细规划建设提供了地质支撑。

第9章 支撑乡村振兴和地质文化村创建

9.1 自然地质景观与历史文化融合调查评价

9.1.1 自然地质景观

根据收集资料，目前承德市自然地质景观包括（自然保护区、地质公园、旅游景区、森林公园、湿地公园等）共133处（表9.1），其中基础地质68处、地貌景观65处；地质公园3处（河北兴隆国家地质公园、河北承德丹霞地貌地质公园、隆化县莲花山省级地质公园），森林公园15处（国家级8处，省级7处），自然保护区14处（国家级5处，省级9处）。

表9.1 承德市国家级以上自然地质景观分类表

分类	景观名称	主要特征	所在位置	等级	保护开发情况
森林公园	磬锤峰	丹霞地貌晚期象形石	双桥区	世界级	磬锤峰国家森林公园
	蛤蟆石	丹霞地貌晚期象形石	双桥区	世界级	磬锤峰国家森林公园
	茅荆坝森林公园	森林景观、武烈河源头	隆化县	国家级	茅荆坝国家森林公园
地质公园	双塔山	丹霞地貌晚期象形石	双滦区	世界级	河北承德丹霞地貌国家地质公园
	头道沟	丹霞地貌晚期岩墙	双桥区	世界级	河北承德丹霞地貌国家地质公园
	朝阳洞	中侏罗统钙质紫红色砂砾岩，风化成洞，分上下二洞	承德县	国家级	河北承德丹霞地貌国家地质公园
	天桥山	丹霞地貌桥型山体	承德县	国家级	河北承德丹霞地貌国家地质公园
	元宝山	丹霞地貌象形石	双滦区	国家级	河北承德丹霞地貌国家地质公园
	鸡冠山	丹霞地貌晚期象形石	双桥区	国家级	河北承德丹霞地貌国家地质公园
	夹墙沟	丹霞地貌晚期岩墙	双桥区	国家级	河北承德丹霞地貌国家地质公园
	会仙桥	丹霞地貌桥型山体	承德县	国家级	河北承德丹霞地貌国家地质公园

续表

分类	景观名称	主要特征	所在位置	等级	保护开发情况
地质公园	兴隆县雾灵山侵入岩地貌	燕山山脉主峰，花岗岩峰丛，冰川形成角峰、石海等	雾灵乡北部	国家级	河北兴隆国家地质公园
	兴隆溶洞	世界第四长的石吊管，世界最大巨盾体，世界最长连体盾账	兴隆陶家台	国家级	河北兴隆国家地质公园
	天奇洞	承德市内单个洞穴空间最大的溶洞	承德县大营子乡	国家级	私人承包
化石产地	热河生物群	华美金凤鸟比德国始祖鸟还要古老	丰宁四岔口－外沟门	世界级	省级自然保护区范围内
	热河生物群（围场县）	代表化石为蝾螈	围场半截塔	国家级	化石产地，保护工作进行中（未设置保护区）
	热河生物群（滦平县）	代表化石为三尾拟蜉蝣、叶肢介、双壳类、植物和恐龙足迹	滦平火斗山	国家级	化石产地，保护工作进行中（未设置保护区）
	热河生物群（平泉县）	代表化石为三尾拟蜉蝣、叶肢介和植物	平泉松树台	国家级	化石产地，保护工作进行中（未设置保护区）
湿地公园	河北滦平潮河国家湿地公园	潮河滦平段段河流景观	滦平县	国家级	湿地公园
	丰宁海留图国家湿地公园	闪电河的上游典型的坝上高原湿地	丰宁县	国家级	湿地公园
	木兰围场小滦河国家湿地公园	小滦河上游沿岸河流景观	围场县	国家级	湿地公园
	双塔山滦河国家湿地公园	滦河双塔山段河流景观	承德市	国家级	湿地公园
	隆化伊逊河国家湿地公园	伊逊河隆化段河流景观	隆化县	国家级	湿地公园

9.1.2 历史文化遗迹

目前，承德市历史文化遗迹共4282处，其中国家级重点文物保护单位包括避暑山庄、“外八庙”、四方洞遗址、金山岭长城等22处（表9.2）；省级重点文物保护单位包括寿王坟铜冶遗址、汤泉行宫（图9.1）、雾灵山清凉石刻等84处；市县级重点文物保护单位包括章吉营戏楼、药王庙、丽正门关帝庙等1071处。另外，还有3094处尚未核定的历史遗址。

表9.2 承德市国家级重点文物保护单位名录

编号	名称	县（市、区）	时间	文物类别	目前用途
1	避暑山庄	双桥区	康熙四十二年（1703年）至乾隆五十七年（1792年）	苑囿园林	办公场所、开放参观、教育场所
2	普陀宗乘之庙	双桥区	乾隆三十二年（1767年）	寺观塔幢	开放参观
3	须弥福寿之庙	双桥区	乾隆四十五年（1780年）	寺观塔幢	开放参观
4	殊像寺	双桥区	乾隆三十九年（1774年）	寺观塔幢	办公场所
5	溥仁寺	双桥区	清康熙五十二年（公元1713年）	坛庙祠堂	办公场所、居住场所
6	安远庙	双桥区	清乾隆二十九年（1764年）	坛庙祠堂	开放参观
7	普乐寺	双桥区	清乾隆三十一年（公元1766年）	坛庙祠堂	开放参观
8	普佑寺	双桥区	清乾隆二十五年（1760年）	寺观塔幢	开放参观
9	普宁寺	双桥区	清乾隆二十年（1755年）	寺观塔幢	开放参观、宗教活动
10	承德城隍庙	双桥区	清	坛庙祠堂	开放参观
11	四方洞遗址	鹰手营子矿区	旧石器时代	洞穴址	无人使用
12	付将沟遗址	兴隆县	战国	矿冶遗址	工农业生产、居住场所
13	石羊石虎墓群	平泉市	辽	名人或贵族墓	开放参观
14	顶子城遗址	平泉市	商周	城址	无人使用
15	花子洞遗址	平泉市	新石器时代	洞穴址	工农业生产
16	会州城	平泉市	宋辽金元明	城址	工农业生产、居住场所
17	金山岭长城	滦平县	明	军事设施遗址	开放参观
18	金界壕遗址	丰宁县			
19	凤山关帝庙	丰宁县	清	坛庙祠堂	宗教活动
20	木兰围场御制碑、摩崖石刻	围场县	嘉庆十二年（公元1807年）	碑刻	开放参观
21	半截塔村古塔	围场县	元	寺观塔幢	宗教活动
22	土城子城址	隆化县			

图9.1 汤泉行宫无人机三维模型

9.1.3　自然景观与历史文化融合

承德市文物保护单位数量在河北省排首位，文物资源丰富。承德市拥有独特的人文旅游资源，是首批国家历史文化名城之一，文物古迹众多，历史文化积淀深厚，避暑山庄及周围寺庙被联合国教科文组织于 1994 年列入《世界遗产名录》。

地质公园、森林公园、自然保护区及数量众多的皇家历史文化遗迹为承德市旅游文化产业核心，开发潜力大。并集中分布于中部武烈河流域承德市主城区、隆化县、承德县、北部围场县（塞罕坝）、南部兴隆县、东部辽河上游平泉市与宽城县。承德市文化空间分布见图 9.2。

图 9.2　承德市文化空间分布图

总体上，承德市的自然景观资源和文物资源集中区可分为“一核、四带、六片”（图 9.3）。

一核：承德丹霞地质遗迹与避暑山庄历史文化遗产核心聚集区。

四带：①御道口-坝上草原自然景观带；②秦汉长城历史文化景观带；③明长城历史文化景观带；④御道历史文化景观带。

六片：围场、丰宁、滦平、兴隆、宽城、平泉地质遗迹与历史文化遗产核心聚集区。

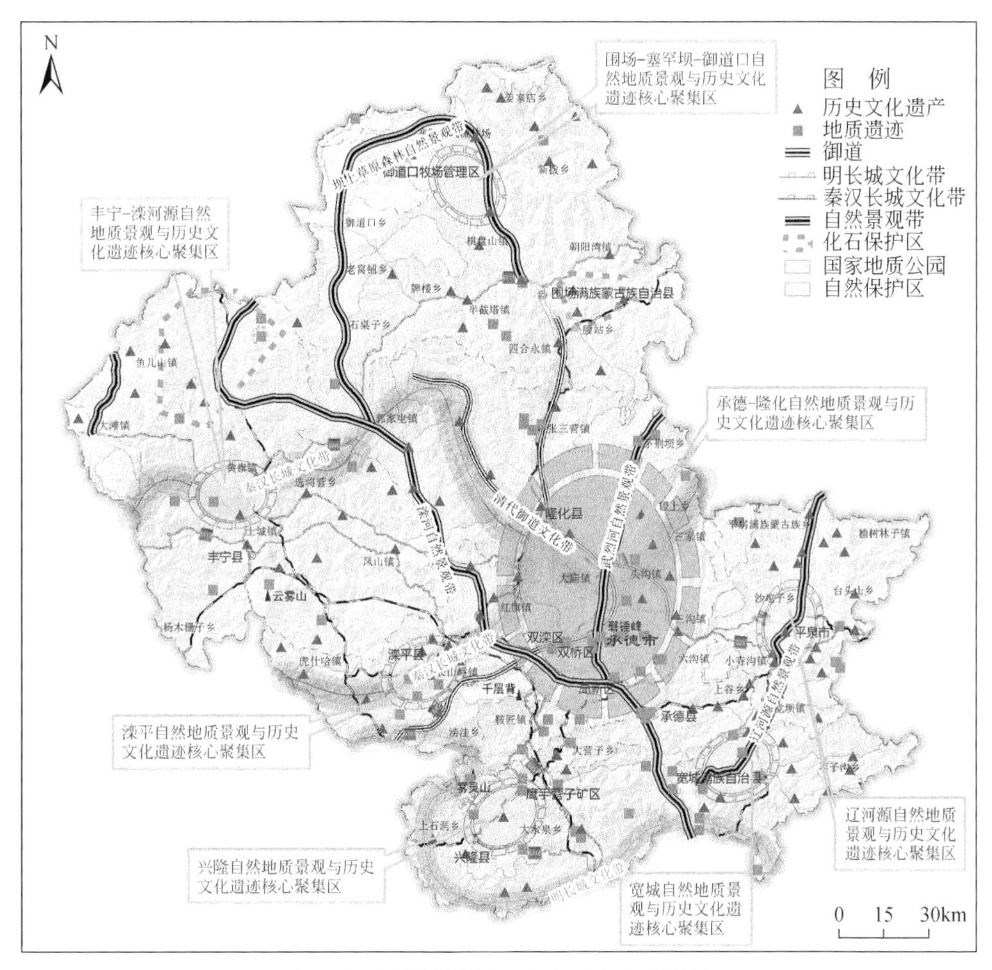

图 9.3　承德市旅游文化发展潜力布局图

9.2　兴隆县诗上庄地质文化村建设

以诗上庄村蓟县系叠层石和褶皱地貌遗迹资源为主要抓手，结合当地富锌土地、乡土诗歌文化和生态游与康养村特点，提出了地质+生态康养型诗上庄地质文化村建设模式，完成了地质遗迹标识标志牌、标本陈列馆、地质科普、惠民产品体系等基础设施建设，探索了地质遗迹专项调查和自然景观与人文古迹综合调查。

9.2.1　典型地质遗迹

纺锤状叠层石：位于诗上庄村星空谷内 800m 处，自然出露，剖面规模约 8m×6.2m，位于山间沟谷中。地层内可见数量众多的纺锤状叠层石，外部有硅质结壳，平面形态包括三角形、矩形、椭圆形、梯形、圆形等多种，直径 0.05m 到 0.5m 不等。形成于潮下带动荡水环境中，类比其他蓟县系地层剖面，目前尚未发现面积如此之大、保存程度如此完好的叠层石（图 9.4）。具有较高的科学价值和美学价值。

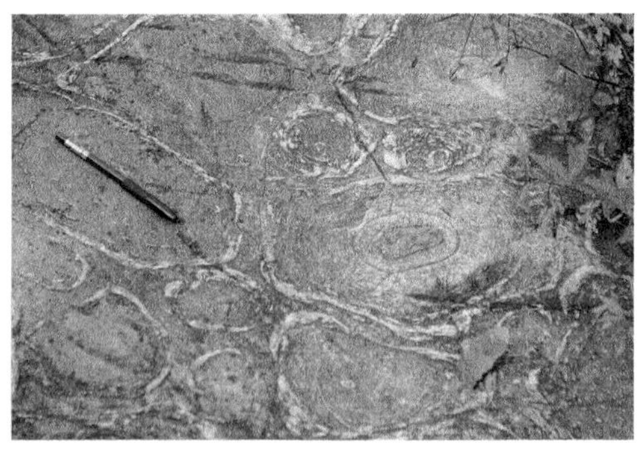

图 9.4 纺锤状叠层石

老虎沟村褶皱：遗迹位于诗上庄村南部邻村老虎沟村沟门子南 400m 处，村村通路西侧路旁。遗迹为修建道路后人工揭露，出露连续褶皱，且褶皱南、北两侧均有正长斑岩侵入，推测岩浆侵入活动为褶皱形成原因。褶皱地层中薄层泥质白云岩破碎现象明显，且靠近侵入岩位置地层颜色变黑明显（图 9.5）。具有较高的科学研究价值和美学观赏价值。

图 9.5 老虎沟褶皱地貌特征

9.2.2 地质文化村规划

调查发现，诗上庄地质遗迹资源丰富，包含 3 大类、7 类和 10 亚类，共计 28 处。最具代表性的地质遗迹是叠层石古生物遗迹化石产地和海底黑烟囱。同时上庄厂沟西沟部分土地达到富锌土地国家标准（Zn≥84mg/kg）。富锌土地资源面积约 233.14 亩，锌元素含量为 98.03mg/kg。在红石沟沟口出露的一处天然泉水，温度恒定为 7.4℃，泉流量为 2.58m^3/h。水中锶含量为 0.27mg/L，虽未达到 0.4mg/L 的锶型饮用矿泉水标准，但在山泉水中含量较高，长期饮用对人的身体具有良好的保健作用。在整合地质遗迹资源、富锌土地资源、天然富锶泉水资源、诗歌文化资源和红色文化资源等特色自然与人文资源基础上，提出“普地学知识，品诗歌文化，扬红色正气，养身心本源”的地质文化村定位，将诗上庄整体划分为6个区，确定诗上庄地质文化村的建设模式为“地质+生态康养”类。

通过2020～2021年的努力，在地质遗迹专项调查和自然景观与人文历史古迹综合调查基础上，建成上庄典型地质文化村（图9.6），提出兴隆县全域生态地质旅游发展新模式。

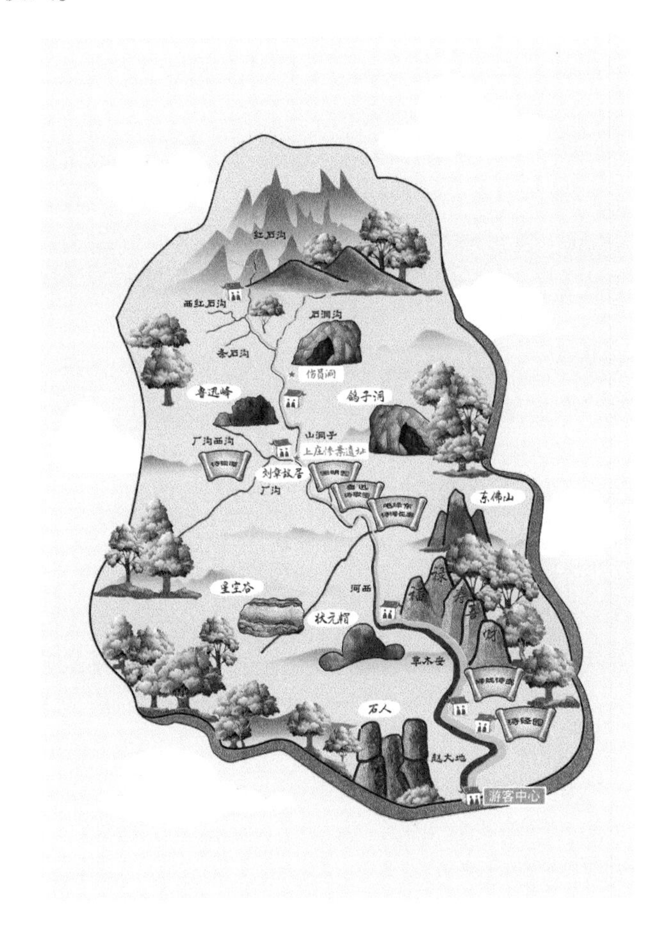

图9.6　兴隆县上庄典型地质文化村资源分布图

9.3　承德县北大山石海地貌特征

北大山“石海”分布点位较多，分布面积较大。石海主要分布在北东–南西向山区沟谷底部，簇拥堆叠，形成巨石河沟；沟谷两侧缓坡上，植被茂盛，在高大树木下部，依旧分布有大量巨石。石海砾石特征差异不明显，磨圆、分选差别都不是很大，都有较弱程度的风化，花岗岩岩石颗粒大小、主要矿物组成都相似，岩块中可以看到很多构造现象。

为了调查和研究北大山石海地貌景观的分布范围及分布特征，项目组利用无人机对石海地区进行航摄并三维建模；为了探究石海内部砾石的分布特征和地貌特征，对石海岩块进行砾石测量。为了能够准确控制石海全区砾石特征，选取6条横剖面、2条纵剖面共8条剖面进行测量。

9.3.1 无人机三维建模

研究区内山峰岩性复杂多样，形态各异，石灰岩山峰呈尖锐状，花岗岩山峰呈浑圆状，砂砾岩山峰呈锯齿状或笔架状。出露有太古宇、中—新元古界、古生界、中生界和新生界。地层结构主要以断层为主，研究区主要岩性为岩浆岩。

通过奥维互动地图、91卫图和实地调查，可以明显看出，承德县北大山地区山脉及其发育，沟壑纵横、峰峦叠嶂。石海主要分布于沟谷底部，所分布地区沟壑纵横，植被茂盛，沟谷可见一条河流。在石海分布区域，谷坡较陡、汇水面积较大，且谷坡均为花岗岩，降水很难渗透，沟谷两侧谷坡面积较大，有降水时，可以将大量水汇集到沟谷中，所以在沟谷发育有河流。

利用无人机对该地区进行定航线航摄并进行三维建模，发现石海砾石主要分布在北东-南西向（约200°）的山区沟谷底部，簇拥堆叠，形成巨石河沟，与流水搬运的特征极为相似。沟谷两侧缓坡上，植被茂盛，在高大树木的下部，依旧分布有大量巨石。粗略估计，北大山地区石海分布面积约51000m^2。

9.3.2 石海景观的剖面测量及分析

目前，学者们研究砾石最常用的方法是砾石统计法，因为其更能清晰明了地看出砾石特征。砾石统计一般选用较为典型的剖面或露头面，在一定范围内测量砾石，一般情况下测量砾石30个以上。在测量砾石时，主要测量砾石产状、a轴走向、砾石的大小，并观察砾石的岩性和主要造岩矿物、磨圆度、风化程度和其他地质特征等。

北大山石海砾石分布于山区沟谷底部，呈条带状展布。为探究石海砾石的搬运动力来源和石海内部砾石的分布特征，本次砾石测量主要在石海面积较大、相距较近的两块区域，分别标为Ⅰ区和Ⅱ区。为了能够全区域控制石海砾石的分布特征，我们在每个区域选取四条剖面进行测量，3条横剖面和1条纵剖面。各剖面测量点分别定为*A*、*B*、*C*、*D*、*E*、*F*（图9.7）。测量方法主要采用第四纪砾石统计方法，原计划每个点测100个砾石，但是因为石海分布于沟谷中，呈带状展布，测量100个砾石，各个测量点之间的距离就很小，不足以显现砾石粒径大小的分布规律。为了使粒径统计结果更加明显，每个点测量50块岩块（较宽点位测量60块）。主要对岩块岩性、走向、产状、磨圆、分化程度等统计，并制作柱状图和玫瑰花图进行分析。

Ⅰ区：通过奥维互动地图测量，最长处为381m，最宽处为82.6m，最窄处为3.5m。测量点*A*处宽度为18m，*B*点宽度为25m，*C*点宽度为22m。

Ⅱ区：通过奥维互动地图测量，最长处509.2m，最宽处162.8m，最窄处为35.7m。

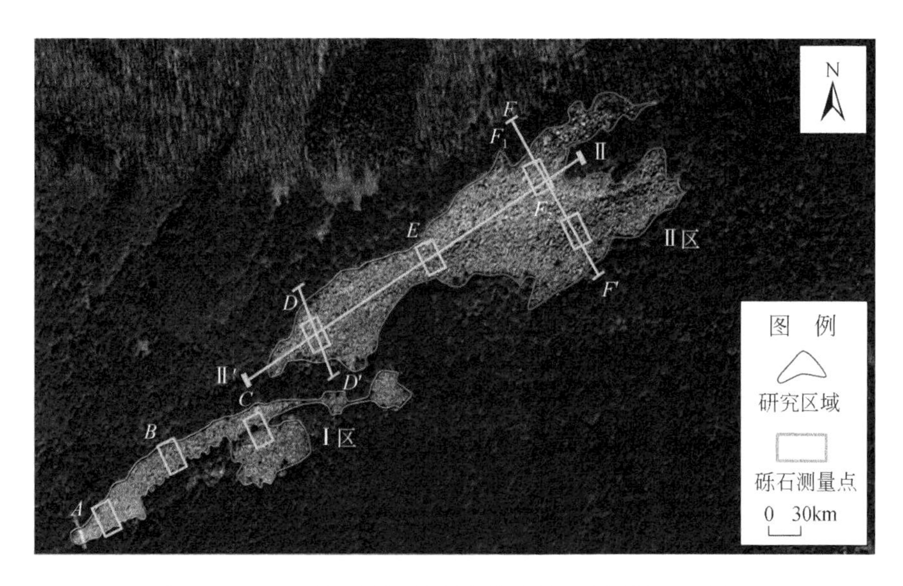

图9.7　石海区域及剖面测量点分布图（底图据91卫图）

测量点 D 处宽度为80m，E 点宽度为52m，F 点宽度为105m。

通过测量及调查发现，承德县北大山石海地貌主要分布在海拔1307～1409m范围内，总体坡度大概30°，局部有些地方较缓或较陡。自南东到北西方向上，石海呈波浪形展布。宏观上岩块体积较大，a 轴（最长轴）大多数在2m左右，最长的达6m以上。大多数砾石相互堆积，少数半埋于山坡泥土中。

宏观上看，北大山石海岩块体积较大，相互堆叠，但石海内部砾石也具有一定特征。两区域在纵向上特征相似，石海中下部岩块相对于上部岩块均较小，从下到上呈现出逐渐变大的趋势，而且石海坡度并不一致，均呈“缓—陡—缓—陡—缓”的地势（图9.8），有多个较陡的区域，横向上岩块堆积地方明显高于两侧谷坡，其他特征差别也不大。在

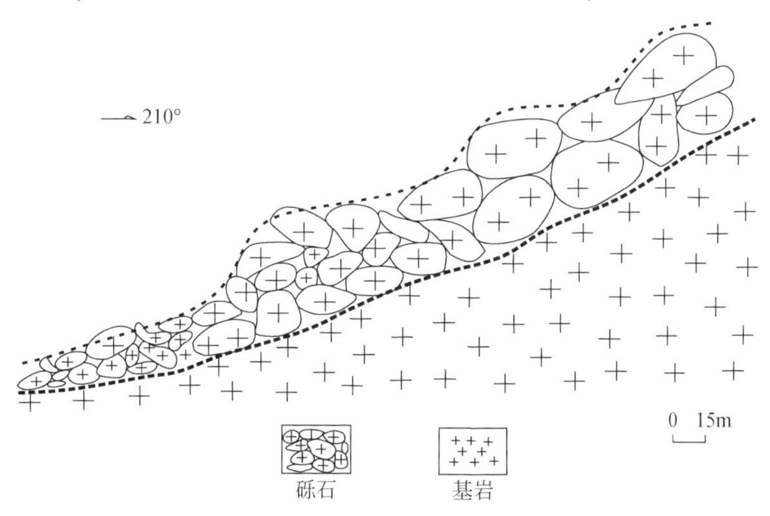

图9.8　北大山石海纵剖面图

Ⅰ区，主要呈中间向上鼓起、两侧拉耸的地势；在Ⅱ区，岩块在两侧较高，在中部较低，地形呈“M”形（图9.9）。通过多处测量，发现Ⅰ区石海高出周边地势1～2m，平均约1.5m；Ⅱ区石海高出周边地势约1.5～2.5m，平均约2m。全区石海平均高出周边地势约1.75m。

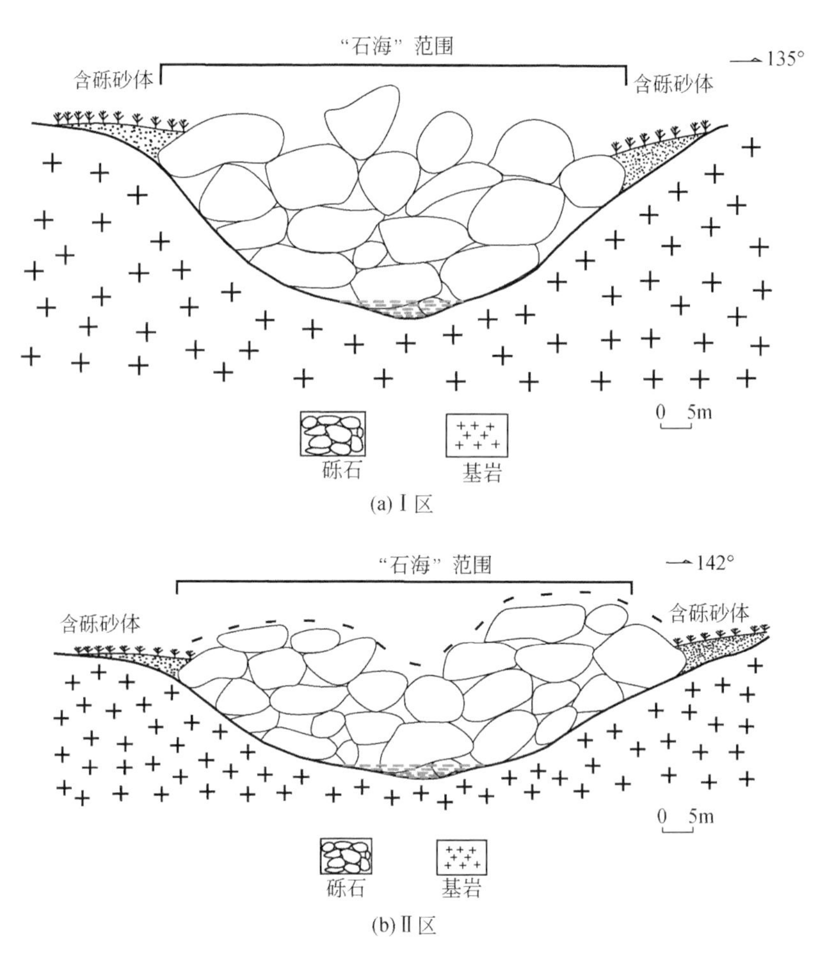

图9.9　北大山石海横剖面图

在每片区域内，石海区最底部区域（测量点*A*、*D*）坡度都较为缓和。沿着石海展布方向向上，到“石海”中部（测量点*B*、*E*），为转折点，在该测量点南部，坡度较为陡，而在这个测量点上部，坡度较为缓和，坡度大概14°，陡坡垂直落差大概10m。向上到“石海”上部区域，又为一转折点，在该测量点下部，坡度较陡，在该测量点上部，为植被群，植被较为茂盛。

调查发现，岩块在沟谷底部连续分布，从石海上部基岩处一直延续到沟谷底部平坦处，延伸总长度近1000m。石海上部基岩的岩性与石海内岩块岩性相同，石海岩块下部发育一条河流。在石海砾石堆积的底部及周边谷坡上砾石层底部，均可以看见一层含砾砂体，该含砾砂体较为松散，颗粒成分与基岩成分一致，因此推测这些含砾砂体亦来源于基岩或者砾石，是由于流水、风化等作用从基岩或砾石上脱落下来。

9.3.3　北大山石海的成因分析

1. 石海物源分析

1）砾石统计及结果分析

通过对砾石统计结果分析，整个区域砾石岩性为主要中粒黑云母二长花岗岩（约80%），局部夹杂有细粒黑云母二长花岗岩（约20%），砾石总体风化程度较弱，局部有中等风化，岩块磨圆较差，棱角状-次棱角状居多，局部可见次圆状，砾石主要为扁长体（图9.10）。

图9.10　北大山石海砾石宏观特征（黑云母二长花岗岩）

根据对北大山石海上部基岩的认真观察，通过对其颜色、颗粒大小、主要造岩矿物等的观察，可知北大山地区主要岩石为黑云母二长花岗岩，中厚层、厚度约1m，为一种浅层侵入岩。基岩主要呈浅肉红色，不等粒花岗结构、块状构造，主要造岩矿物为石英、钾长石、斜长石、黑云母以及其他造岩矿物：

石英：烟灰色、粒状、约占40%；

钾长石：肉红色、半自行板状-它形粒状、约占25%；

斜长石：白色、半自行板柱状、约占20%；

黑云母：黑色、片状、节理面反光、常见绿泥石化，约占5%；

其他造岩矿物：约占5%。

通过岩块砾石统计和基岩的调查，发现基岩岩性与石海砾石岩性一致，推测岩块主要来源于石海上部花岗岩基岩。

2）基岩及岩块上的构造现象分析

在北大山石海公园北侧山顶的小房子南边，可见五处明显高出山脊线的基岩，自西向东依次定为*A*、*B*、*C*、*D*、*E*（图9.11）：

*A*处：地理坐标为118°19′54″E，41°26′47″N，海拔为1279m；

*B*处：地理坐标为118°19′58.90″E，41°26′44.53″N，海拔为1306m；

C 处：地理坐标为 118°19′59″E，41°26′35″N，海拔为 1334m；

D 处：地理坐标为 118°20′16.00″E，41°26′26.75″N，海拔为 1341m；

E 处：地理坐标为 118°19′54″E，41°26′47″N，海拔为 1382m。

图 9.11　石海及其基岩

通过对承德县北大山野外地质现象的分析，能更好地解释北大山石海砾石地形成及运动过程。通过对北大山石海砾石和石海上部基岩的调查，我们发现该地区存在很多与内动力有关的证据，涉及多种地质构造，具体证据如下：

（1）石海岩块上的阶步。

断层在形成时，由于两盘相对断层面运动而留下的痕迹称之为擦痕，在这些痕迹上可见一些微细陡坎，就是阶步，在断层面上常常与擦痕共生，并且与之垂直。阶步方向与断层两盘相对错动方向垂直，顺着阶步面方向抚摸，手运动感觉光滑的方向代表另一岩盘相对运动的方向。砾石上出现阶步是推断断层的重要标志。测量北大山石海岩块时，发现北大山石海岩块中很多块岩块表面阶步较为发育（图 9.12），但岩块不是基岩，是经过地质作用之后才到现在所在地区，所以不能代表断面两侧基岩运动的方向，但为北大山石海地区存在断层提供了有力证据。

图 9.12　岩块上的阶步

（2）基岩上的节理密集带。

节理密集带是岩石受到集中应力作用之后形成的一种地质现象，它能较为准确地指示该地区断层发育的方向和位置。在对北大山石海顶部花岗岩基岩进行调查时发现一组节理密集带，节理密集带总宽度大约为550cm，其中节理密集带中节理间宽度约为15～30cm，两侧节理宽度明显变宽，约为120～150cm（图9.13）。节理密集带呈190°方向展布，与石海展布方向一致，且与石海展布方向呈一条直线。

图9.13　节理密集带

（3）基岩上的断层。

利用航空摄影的技术手段可以更清楚地观察出露地表的地质构造。对北大山石海进行航摄，通过航摄资料清晰可见一条断崖（图9.14）。断崖呈80°方向展布，与节理密集带方向和石海展布方向近乎垂直。在断崖下方可见很多跌落的岩块，一些岩块已被第四纪沉积物所覆盖，并长有茂盛植被。

图9.14　无人机航摄的断崖

（4）基岩上发育的节理。

节理是岩石受到地质应力作用后发生的岩石破碎但没有明显位移的现象，看似节理两侧基岩并没有明显的位移，但是岩体内部并不连续、已经分离。在对石海上部基岩进行调查时，我们发现基岩节理极其发育（图9.15）。通过测量得知，基岩处节理主要分四组展布：① 90°∠70°，节理很发育；② 152°∠88°，节理很发育；③ 84°∠28°，节理较发育；④ 310°∠60°，节理发育。基岩上节理面附近风化较为严重，节理缝隙较大，在基岩下可见一些跌落的岩块，岩块棱角分明，大小不一，磨圆、分选都较差，但是数量并不多。

图 9. 15　基岩上发育的节理

(5) 撞击现象。

撞击现象是重力崩塌体中常见的一种现象。因为花岗岩是一种刚性物体，在岩块与岩块碰撞过程中，能量就会变成内能，而使得岩块破裂，在撞击面破碎最为严重。在对石海砾石进行调查时发现，石海砾石上存在很多撞击现象，根据石海情况，根本不存在由于后期机械力作用下使其撞击形成，推测是砾石形成初期相互撞击形成的。

(6) 其他地质现象。

在对基岩进行调查时，发现一块巨大花岗岩砾石与基岩逐渐分离，推测砾石是由于外部裂隙与地表更近，在降雨时期雨水更容易灌进来，内部雨水进入较少或者直接进不去，而气候在 0℃ 上下时水-冰相互转化，由于水在 4℃ 以下“热缩冷涨”，所以砾石内部离开基岩的距离小。

在基岩上部还发现一个“石门”，石门长约 5m，最宽处在两侧，约 2m，最窄处在最中间，约为 1m，石门基岩中穿插有岩脉，后期因节理被切割。根据以上现象，可以断定在北大山地区断层较为发育，且在不同方向上展布，这使得基岩破碎、发育大量节理。在对节理密集带研究时发现，节理密集带被垂直于其的断层切割，推测该地区发生多期构造运动。由于垂直于石海发育方向上的断层，使得基岩上部与下部石海呈断崖衔接，断崖上部基岩上不稳定岩块跌落至断崖下。

根据阶步、节理密集带以及航摄影像，可以断定在北大山地区断层较为发育，构造活动较为强烈，且在不同方向上展布。节理密集带被垂直于其的断层切割，推测该地区发生多期构造运动。基岩节理极为发育，且节理缝隙较宽，在基岩上还发现了脱离基岩但还未跌落的岩块和石门，结合这些现象可以推断该地区基岩受到风化作用和冰劈作用较为强烈。

因此对北大山石海形成过程就有了以下推论：由于断层运动，使得基岩破碎，节理发育。又因常年风化剥蚀和冰劈作用，使得岩块间缝隙越来越大，经过千百年的风化剥蚀和冰劈作用，岩块间摩擦力不及岩块自身重力，所以崩塌至基岩下部。

2. 倾向玫瑰花图和倾角分布直方图分析

倾向玫瑰花图是一种用来表示走向及其发育程度的图解，玫瑰花图制作简单，结果明显，能较清楚的反应主要走向的方向，砾石主要的排列方向直接反映砾石运移至该地区时的动力条件，根据不同地质作用下砾石的分布特征可以推测出砾石所受到的地质作用。

倾角分布直方图能清楚显示各组频数分布情况又易于显示各组之间频数的差别。它主要是为了将我们获取的数据直观、形象地表示出来，让我们能够更好了解数据的分布情况，因此其中组距、组数起关键作用。

1）关于短距离流水搬运分析

根据砾石统计结果制作了各个测量点的倾向玫瑰花图和倾角分布直方图（图 9.16）。通过对比 6 个测量点的倾向玫瑰花图，分析可知石海岩块 ab 面走向错综复杂，无规律可言。根基倾角分布直方图可以看出，a 轴倾角在 10° ~ 80°均有展布，并不集中在 20° ~ 40°，且大部分区间内岩块倾角占比均不超过 25%。

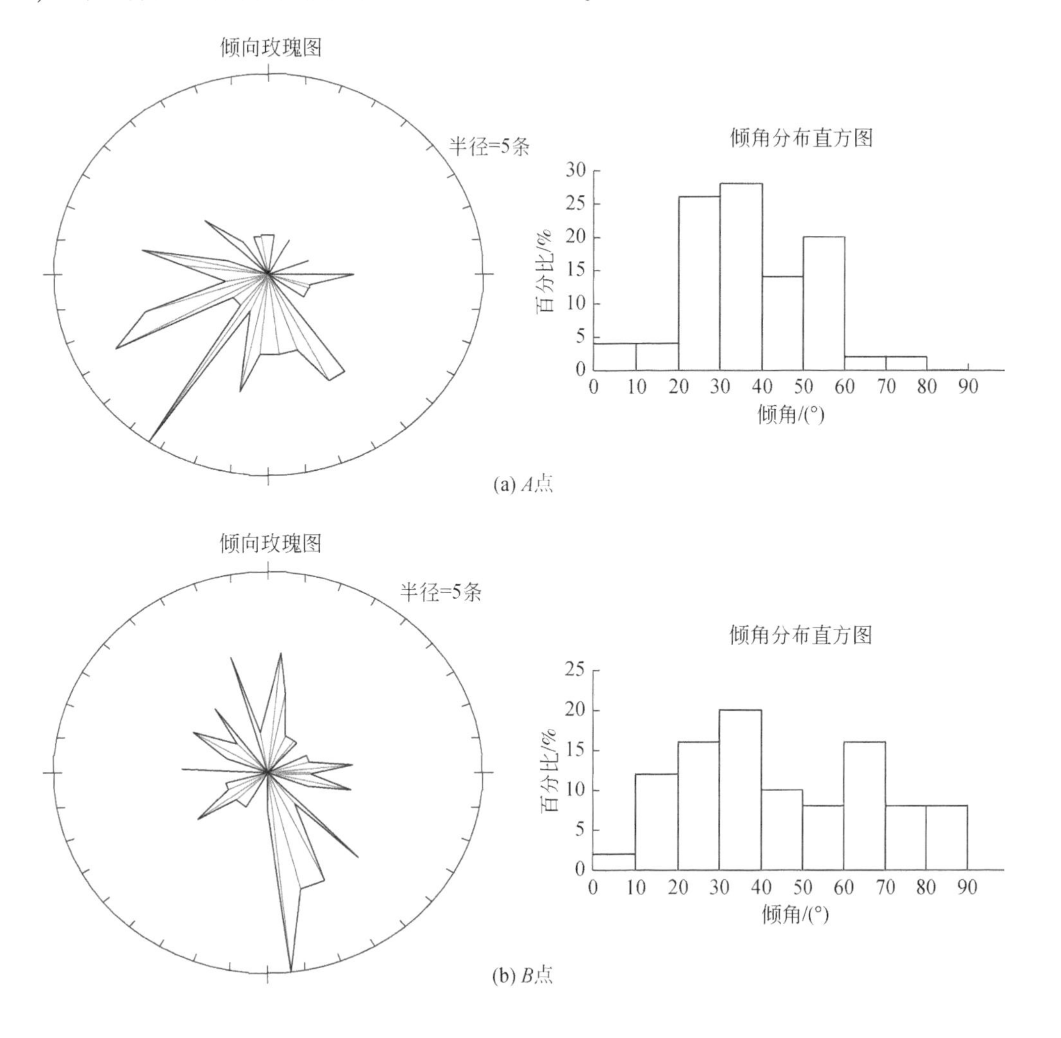

(a) *A*点

(b) *B*点

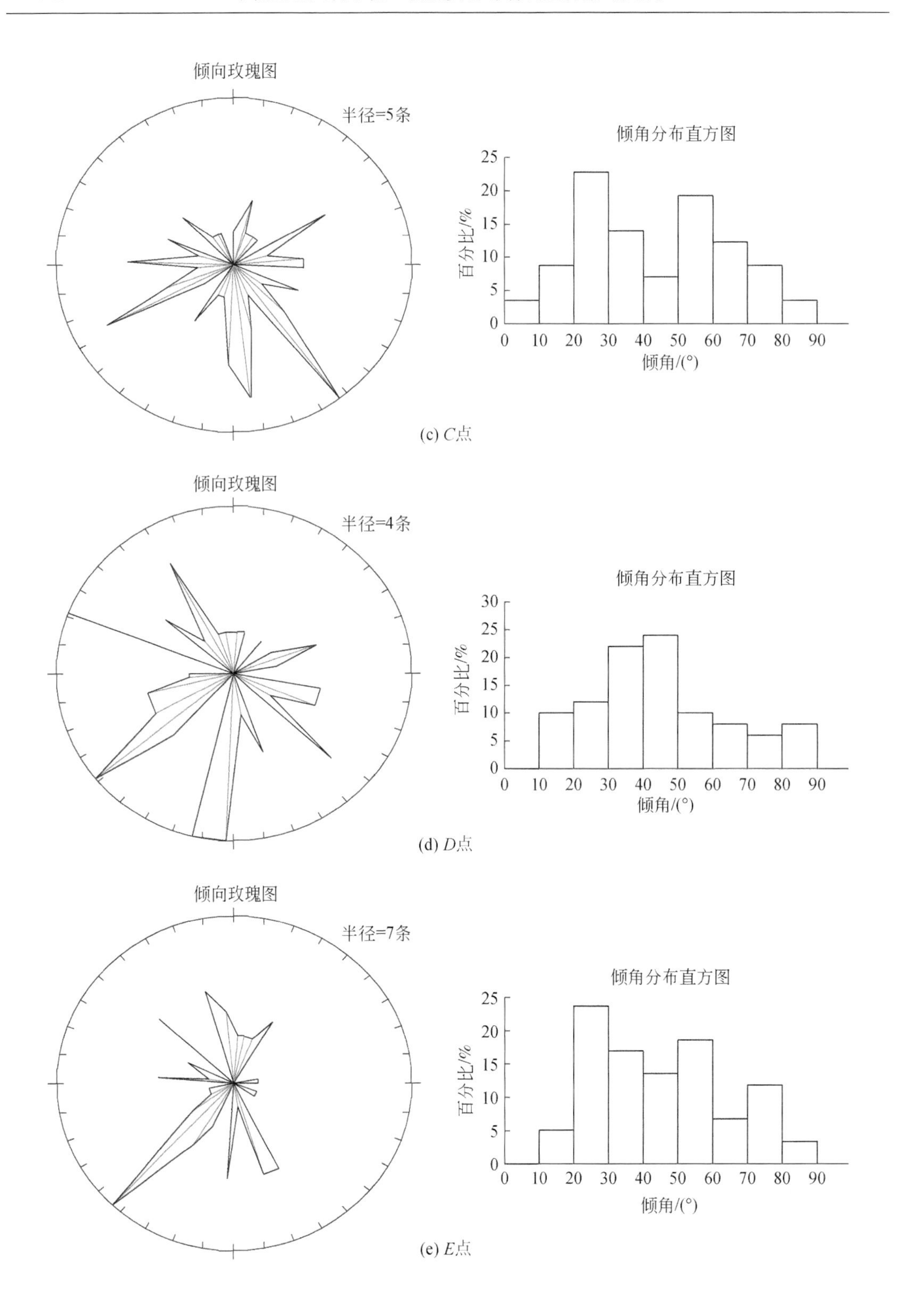
倾向玫瑰图
半径=5条
倾角分布直方图
百分比/%
0
5
10
15
20
25
0 10 20 30 40 50 60 70 80 90
倾角/(°)
(c) *C*点

倾向玫瑰图
半径=4条
倾角分布直方图
百分比/%
0
5
10
15
20
25
30
0 10 20 30 40 50 60 70 80 90
倾角/(°)
(d) *D*点

倾向玫瑰图
半径=7条
倾角分布直方图
百分比/%
0
5
10
15
20
25
0 10 20 30 40 50 60 70 80 90
倾角/(°)
(e) *E*点

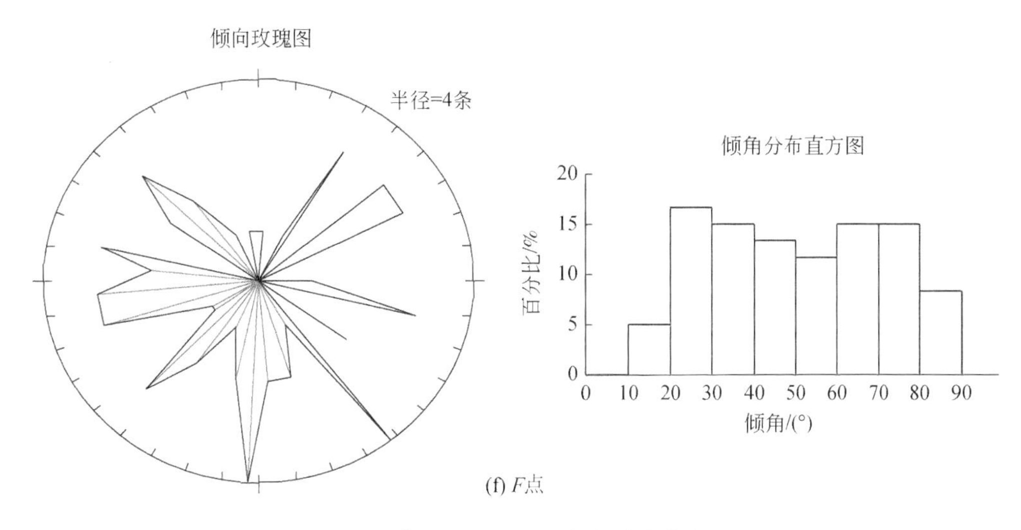

(f) F点

图 9.16　倾向玫瑰花图和倾角分布直方图

野外调查现象中已指出石海砾石的风化、磨圆程度均较差，结合倾向玫瑰花图和倾角分布直方图，可以得出以下推论：石海砾石从基岩上由于重力崩塌至悬崖之下，磨圆、分选极差；后期又因为流水的短距离流水搬运，将砾石运移至沟谷底部，由于搬运距离较短，所以砾石最大扁平面杂乱无章，砾石的磨圆度、分选都较差。

2）关于冰川成因的讨论分析

根据倾向玫瑰花图和倾角分布直方图的分析结果，我们发现也不符合冰川搬运的特征。在对该地区地质现象进行调查的过程中，我们也仔细寻找了有关冰川作用的遗迹，但是很遗憾，在该地区并未找到任何与冰川作用有关的相关证据。北大山石海山顶基岩北侧为内蒙古道须沟景区，在内蒙古道须沟景区，可见多座海拔高于北大山石海基岩的山峰，但对这些高处山峰进行调查时，并未发现与冰川地貌有关的地质遗迹。因此，结合以上信息，推测承德县北大山石海并不是由冰川作用形成。

3）关于泥石流成因的讨论分析

通过砾石统计、倾向玫瑰花图和倾角分布直方图（图 9.16），我们发现石海地区砾石在短距离里粒度变化较大，岩块的磨圆、分选都较差，ab 面倾向错综复杂，砾石定向性极其差。结合以上证据，推测北大山石海不太可能为泥石流造成。

3. 冻融分选作用分析

通过野外调查，我们发现北大山石海下部发育一条河流，结合北大山石海地区全新世以来的气候条件，推测岩块是由于冻融作用出露地表，尤以冻融垂直分选较为重要（图 9.17）。

北大山石海地区基岩为花岗岩，透水性较差，当有降水时，雨水会顺着谷坡汇聚于沟谷底部。当土壤温度在 0℃上下波动时，沟谷底部土壤中的水经历着冰冻和融化交替的过程。土壤中纯冰块（称为冰透镜）和零散冰晶的形成与增长，使土壤团聚体承受机械压

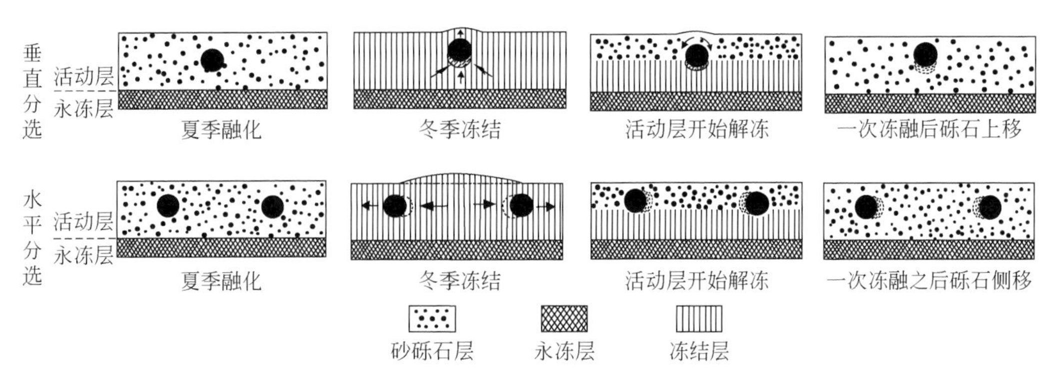

图 9.17　冻融分选示意图

力，进而改变土壤的物理结构。当气温降低，活动层开始从地面向下冻结，在富含水的砂砾石层中，因砂砾石层中的孔隙水冻结而膨胀，被冻结的砾石与地面一起向上抬升，在砾石底部出现孔隙，而后春季活动层融化时，因砂石和砾石的热导率不同，砂石中的固态水先融化，而砾石下面的固态水后融化。当砂砾石中的固态水融化时，泥沙物质将填充进去，填满下部空间，砾石无法回到结冰前的位置。每一次冻结都使得砾石向地面移动一段距离，经过万年冻融作用，岩块逐渐出露地表形，而又由于流水的搬运作用，将砾石间细粒物质搬运走，只留下巨粒岩块，形成今天我们所看到的壮观景象——石海。

本次研究发现脱离基岩的岩块有再次错断的痕迹，且石海具有不稳定性，若是全新世之前形成，就很难留存数万年，足以证明现代冻融作用，但是由于技术手段有限，并不能准确确定石海的形成时间，后期可通过光释光测年等技术手段来确定其形成的准确时间。

9.4　本 章 小 结

(1) 统筹承德市全域 133 处自然地质景观和 4282 处历史文化遗迹，建议按照“一核、六片、四带”打造全域旅游开发格局。

(2) 以蓟县系叠层石和褶皱地貌为主要抓手，结合富锌土地、诗歌文化和生态旅游等特点，入选国家首批地质文化村名录，有力支撑地质文化村（镇）创建和生态地质旅游发展。

(3) 通过系统调查及研究承德县北大山森林公园石海地貌景观的砾石堆积体形态及分布范围、物质来源、搬运动力等，分析了组成石海景观的巨大砾石的物质来源，具有重力崩塌和短距离流水搬运的特点，冻融分选作用是石海地貌形成的主要动力，研究结果对石海成因的理论研究和科普具有较重要的参考价值。

第 10 章 支撑浅层地热能资源开发利用

10.1 承德北部新区浅层地热能资源调查评价

北部新城浅层地热资源调查与评价工作范围为承德市双桥区北部双峰寺和承德县高寺台镇南部一带，处于规划北部新城组团范围（图 10.1），调查区总面积为 85km²。

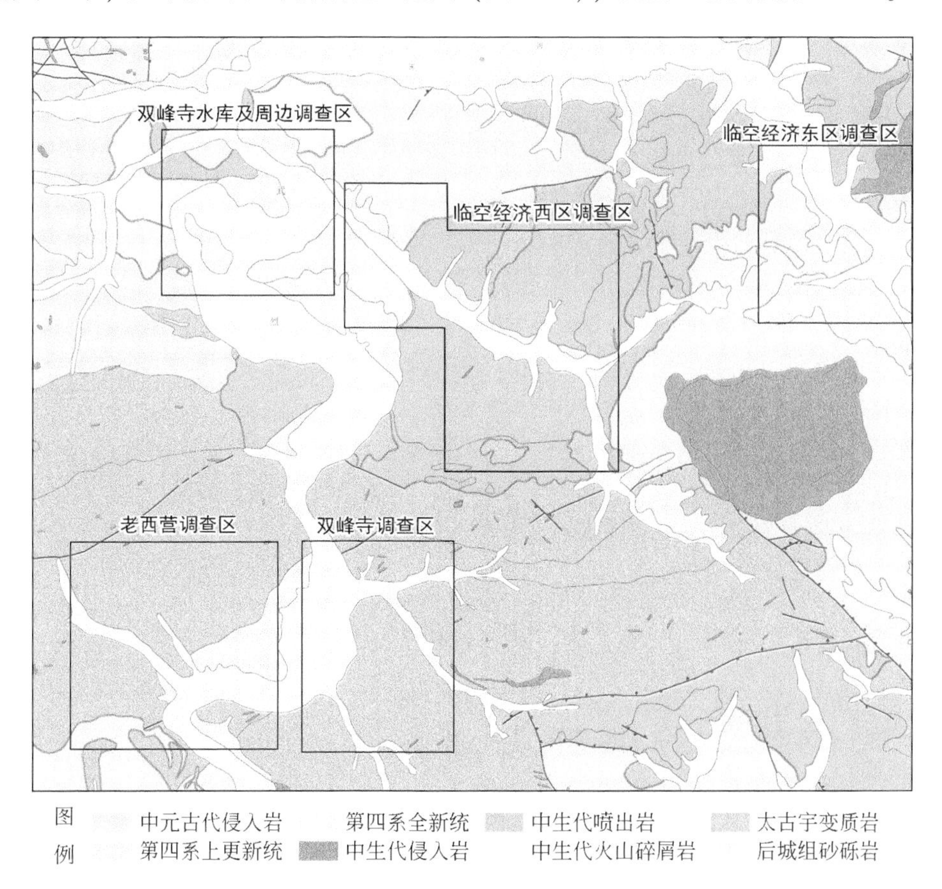

图 10.1 北部新城调查区范围示意图

本次浅层地热资源调查评价工作部署了 2 个 200m 钻孔（ZK21-1、ZK21-2）、1 个 300m 钻孔（ZK21-3），3 个钻孔均位于北部新城中南部的张营村的试验场地，位置上属于规划临空经济西区范围。

ZK21-1、ZK21-2 钻孔揭露地层自上而下依次为：①第四系卵石（0 ~ 2.10m）；②第四系含砾亚黏土（2.10 ~ 14.52m）；③中侏罗统后城组砂岩（14.52 ~ 20.00m）；④中侏罗统后城组砾岩（20.00 ~ 55.51m）；⑤中侏罗统髫髻山组安山岩（55.51 ~ 105.47m）；⑥太古宇片麻岩（105.47 ~ 200m）。

ZK21-3 钻孔位于 ZK21-1 钻孔西北侧，直距 70m，ZK21-3 钻孔揭露地层自上而下依次为：①第四系粉土（0 ~ 0.80m）；②第四系圆砾（0.80 ~ 4.80m）；③第四系粉土（4.80 ~ 11.40m）；④第四系圆砾（11.40 ~ 18.50m）；⑤中侏罗统髫髻山组安山岩（18.50 ~ 300m）。

10.1.1 浅层地温场空间分布特征

1. 温度带分布特征

浅层地温场是指地表以下 200m 以浅范围内地温垂向变化及平面分布特征。一般可以分为变温层、恒温层、增温层（图 10.2）。

通过地温监测数据，绘制了不同时期地温随深度变化折线图，从图 10.2 可以看到，ZK21-1 钻孔位置 200m 以浅的垂向地温梯度约为 1.76℃/100m，25m 以上为变温层，地温随气温变化较为明显；25 ~ 40m 为恒温层，地温随深度变化不明显；40m 以下为增温层，地温随深度呈近似线性增加。

本次通过专项水文地质调查，在了解工作区水文地质基本特征的同时，面向本次浅层地热资源调查需要，开展了地温测量工作，在机民井测量的基础上，选取各单元成井较深的机井，进行分段井温测量，掌握工作区地温垂向分布特征。受工作区机民井深度限制，本次只进行了 100m 以浅的地温测量。从井温测量数据来看，工作区 100m 深度的地温 10.12 ~ 13.51℃范围，多数处于 10 ~ 12，100m 以浅的平均地温梯度波动较大，最低井 0.7℃/100m，最高大于 2.0℃/100m。从图 10.3 可以看出，工作区区域恒温层埋深一般在 20m 左右，恒温层厚度约 20m，变温层一般在 40m 以下。

2. 地温场平面分布特征

本次调查分别统计了 100m、200m 的温度分布。利用水文地质调查过程中取得的机民井测温数据，按深度进行平均，得到区域地温场的平面分布特征图，其中，200m 深度地温数据是以实测为基础，由于区域 200m 深度钻孔的缺少，部分数据采用 100m 温度结合地温梯度计算得到。

工作区 100m 深度平均地温在西部、西北部较高（图 10.4），大于 12.0℃。地温最高的区域集中在双峰寺水库以北的下河口–甸子一带，老西营和双峰寺镇一带温度也较高，而工作区东部温度普遍较低。基本上，武烈河干流区域的地温普遍高于细小支流的平均地温，反映出地下水径流强度对地温的影响。

200m 深度温度分布图与 100m 深度基本一致，温度最高区域仍为下河口一带，且温度分布更为集中（图 10.5）。

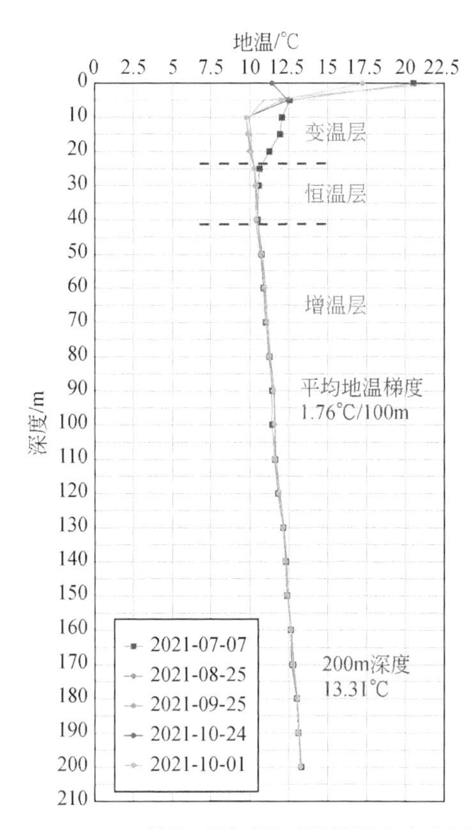

图 10.2　ZK21-1 钻孔不同时期地温随深度变化折线图

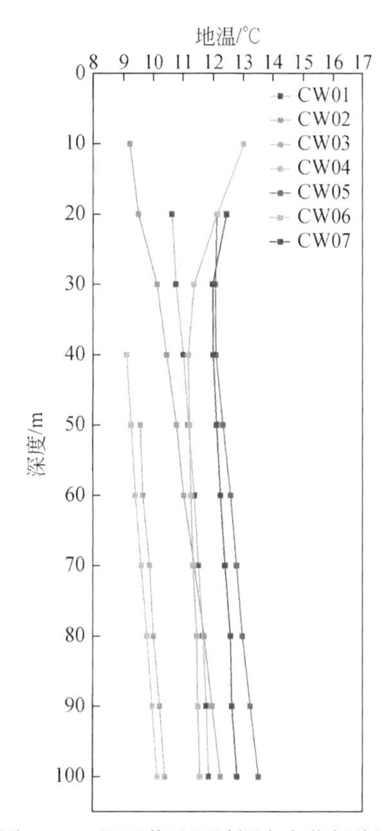

图 10.3　机民井地温随深度变化折线图

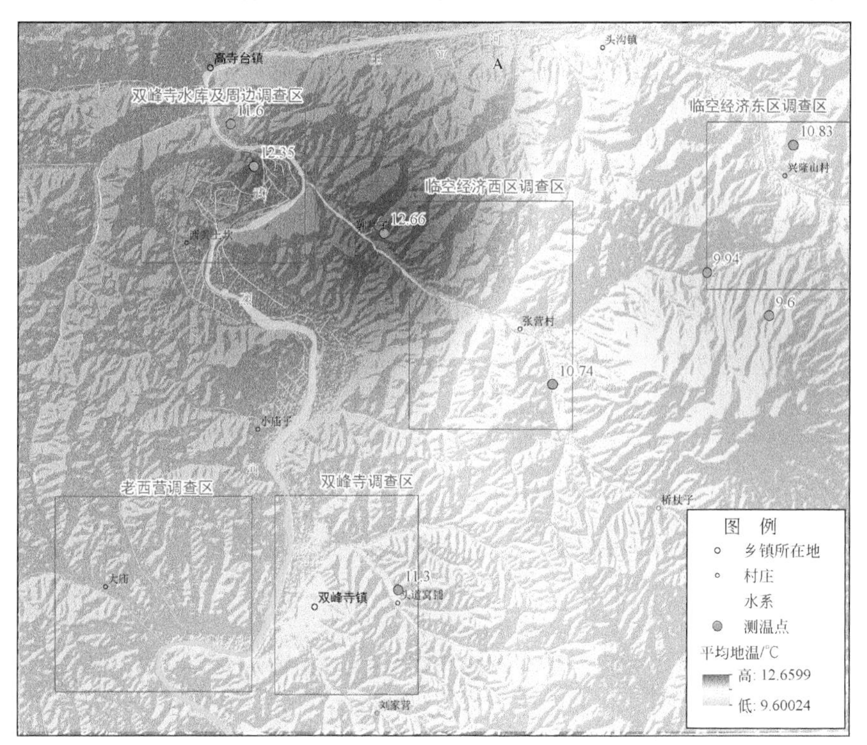

图 10.4　工作区 100m 深度平均地温分布图

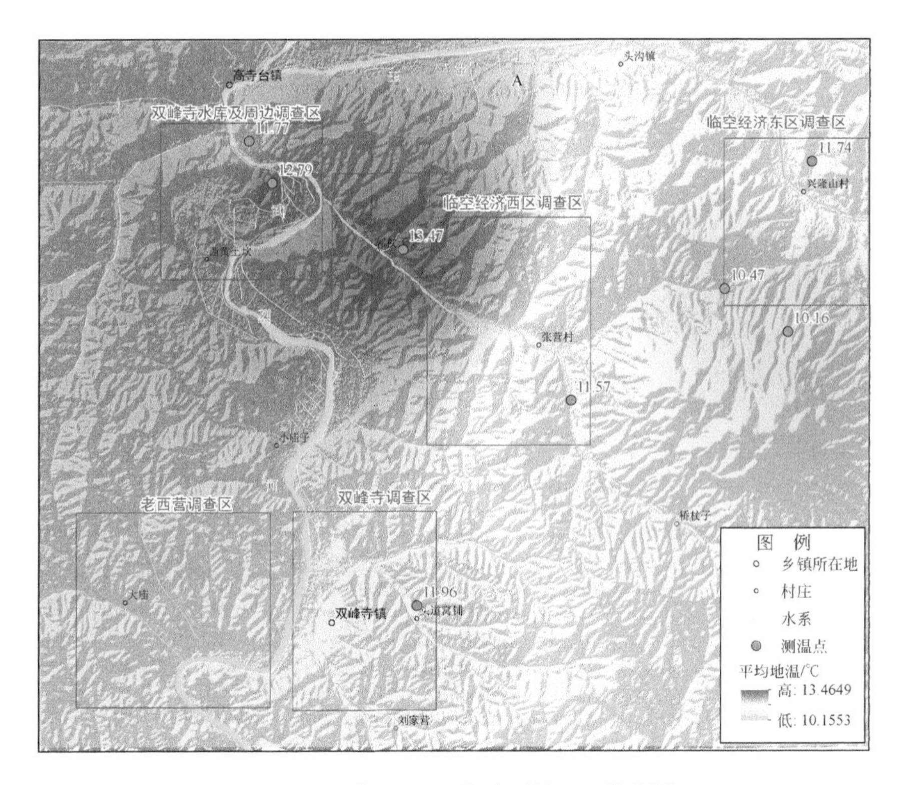

图 10.5　工作区 200m 深度平均地温分布图

3. 地温长期监测

本次调查工作在地温测量与热响应试验的基础上，对试验钻孔安装了地温垂向监测设备，对 300m 以内的地温长期变化情况进行实时监测。地温监测时段自 2021 年 7 月上旬开始，每 2h 采集一次地温数据，200m 深度设置 24 个温度传感器，300m 深度设置 34 个传感器。

从地温监测曲线可以看到，对于 5m、25m、100m、200m 不同深度的地温数据，随着深度的加深，地温的波动幅度逐渐减小。

10.1.2　地层热响应特征

热响应试验在过程上分为 3 个阶段：岩土初始平均温度测定、加热试验、地温恢复测试。本次调查工作完成了 3 个钻孔，共计 11 组热响应试验测试研究工作。进行了 200m 深度双 U 型地埋管、200m 深度套管式地埋管、300m 深度套管式地埋管的不同换热器研究，并且在大小不同循环流量下对地层热响应特征对比分析，对岩土体热导率、比热容、延米换热量等进行了重点研究。

具体研究设置是：ZK21-1 钻孔 200m，进行双 U 地埋管的热响应试验，ZK21-2 钻孔 200m，进行套管式地埋管的热响应试验，ZK21-3 钻孔 300m，进行套管式地埋管热响应试验，同时，在ZK21-3钻孔进行2.5m^3/h和3.5m^3/h两种循环流速下的对比试验。

1. 试验过程

ZK21-1、ZK21-2钻孔，共进行了4种不同工况共计6组的原位热响应试验：

（1）初始地温测试2组；

（2）PE双U地埋管模拟夏季工况恒定进水温度35℃，试验流量为1.5m^3/h的夏季工况恒温法热响应试验1组；

（3）PE双U地埋管模拟冬季工况恒定进水温度4℃，试验流量为1.5m^3/h的冬季工况恒温法热响应试验1组；

（4）套管式地埋管模拟夏季工况恒定进水温度35℃，试验流量为3.5m^3/h的夏季工况恒温法热响应试验1组；

（5）套管式地埋管模拟冬季工况恒定进水温度4℃，试验流量为3.5m^3/h的夏季工况恒温法热响应试验1组。

ZK21-3钻孔共进行了4种不同工况共计5组的原位热响应试验：

（1）初始地温测试1组；

（2）套管式地埋管模拟夏季工况恒定进水温度35℃，试验流量为2.5m^3/h的夏季工况恒温法热响应试验1组；

（3）套管式地埋管模拟冬季工况恒定进水温度5℃，试验流量为2.5m^3/h的冬季工况恒温法热响应试验1组；

（4）套管式地埋管模拟夏季工况恒定进水温度35℃，试验流量为3.5m^3/h的夏季工况恒温法热响应试验1组；

（5）套管式地埋管模拟冬季工况恒定进水温度5℃，试验流量为3.35m^3/h的冬季工况恒温法热响应试验1组。

2. 初始平均地温

地层初始平均地温即地表以下一定深度范围内各类岩土体温度的加权平均值。它的大小用来衡量区域浅层地热能资源开发潜力。若初始平均温度过高，则夏季单位面积上制冷面积偏小；若初始平均温度过低，则冬季单位面积上供暖面积偏小。所以初始平均温度是地埋管系统设计的重要参数，其测得值的准确与否直接影响对建筑系统负荷量的计算。地层初始平均地温的测试方法为热响应试验和测温仪钻孔测温两种，在本次调查研究中，采用热响应试验法。

在不开加热器的条件下维持换热管中的水循环24h，直到管路中进、出孔水温差值稳定在0.1℃以内，则此时的进、出口平均温度可视为地下换热器埋深范围内岩土的初始平均温度。

1）ZK21-1钻孔（200m双U）

ZK21-1钻孔200mPE双U地埋管试验孔初始地温测试在恒定流量（G=1.5m^3/h）的情况下持续时间为23h，恒定温度稳定在12.2℃，测试曲线见图10.6。

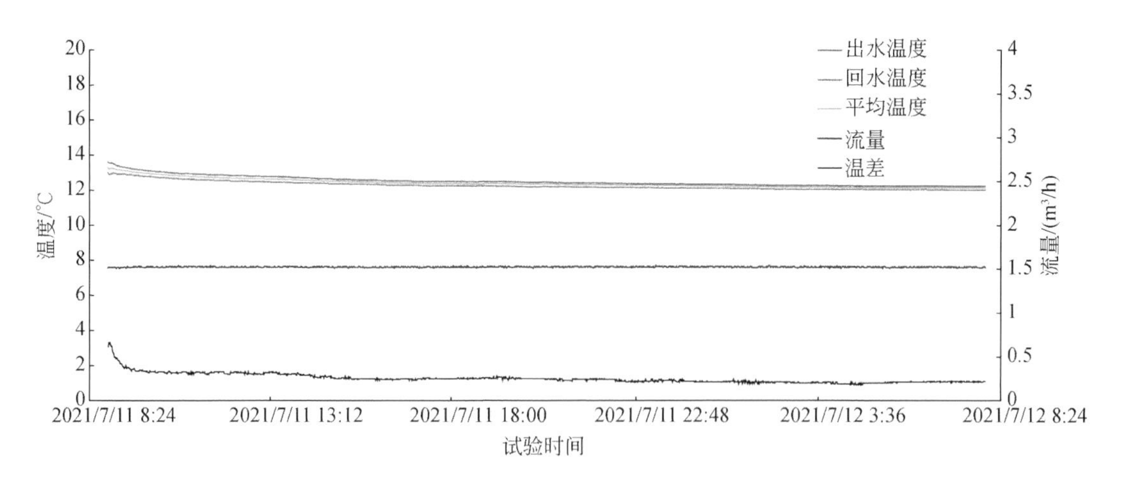

图 10.6　ZK21-1 钻孔初始平均地温曲线图

2）ZK21-2 钻孔（200m 套管）

ZK21-2 钻孔 200m 套管式地埋管试验孔初始地温测试在恒定流量（$G=3.6m^3/h$）的情况下持续时间为 14h，恒定温度稳定在 11.9℃，测试曲线见图 10.7。

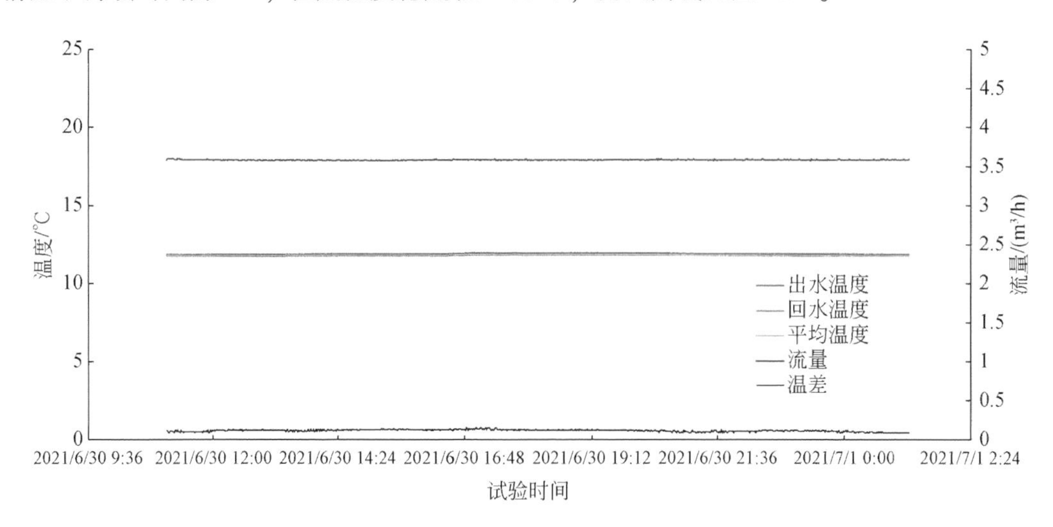

图 10.7　ZK21-2 钻孔初始平均地温曲线图

3）ZK21-3 钻孔（300m 套管）

ZK21-3 钻孔 300m 套管式地埋管试验孔初始地温测试在恒定流量（$G=2.59m^3/h$）的情况下持续时间为 16h，恒定温度稳定在 13.97℃，测试曲线见图 10.8。

随着钻孔深度的增加，岩土体初始平均温度呈上升趋势。勘查孔随着深度的增加，平均温度逐步增高，从 11.9℃上升到 13.97℃。由于承德地区地源热泵系统以供暖为主、制冷为辅，冬季从地层提取的热量往往会大于夏季的排热量，如果初始温度较低，可利用温差就会偏低，系统能效降低，要满足建筑系统的负荷需求，就会消耗更多的能量，违背了

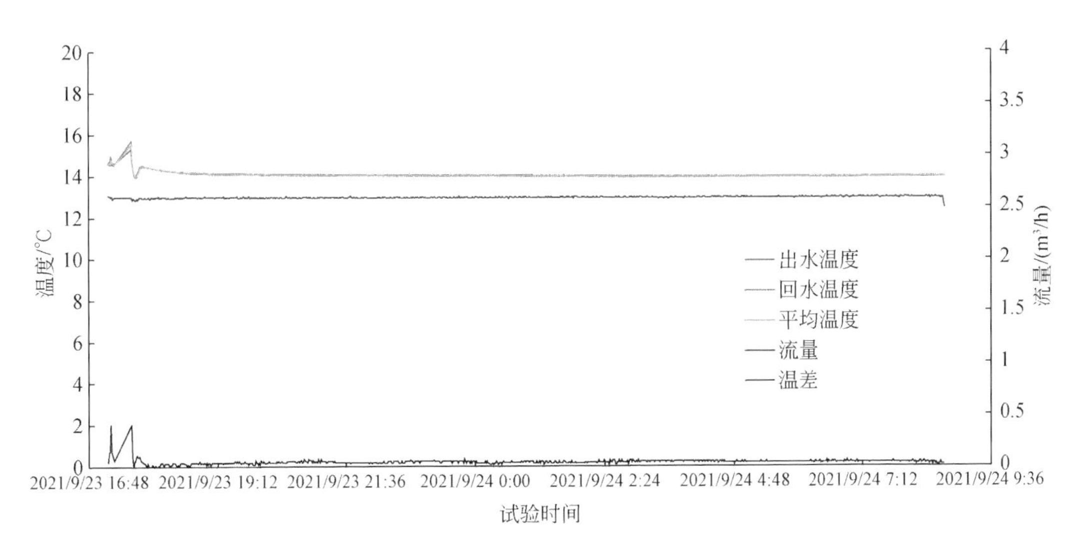

图 10. 8　ZK21-3 钻孔初始平均地温曲线图

节能减排的初衷。因此，在承德地区的地埋管孔应该在一般利用深度基础上加深。

10. 1. 3　热响应试验热物性参数计算

1. 计算方法

线热源理论是当前大多数地源热泵埋管换热器传热模型的理论基础，其物理意义明确、计算简单方便，广泛应用于地源热泵地下埋管换热器的计算。因此，本轮试验也采用线热源理论，假定钻孔周围土体传热为纯传导方式，进行恒热流试验。应用以下公式求得钻孔的平均热传导系数（λ_s）、钻孔热阻（R_b）、单孔换热功率和延米释热量实测值等。

$$\begin{aligned} T_f(t)-T_\infty &= \frac{q_c}{4\pi\lambda_s}\left[\ln\left(\frac{4\alpha t}{\gamma_b^2}\right)-\gamma\right]+q_c\times R_b \\ &= \frac{q_c}{4\pi\lambda_s}\ln(t)+q_c\left[R_b+\frac{1}{4\pi\lambda_s}\left[\ln\left(\frac{4\alpha}{\gamma_b^2}\right)-\gamma\right]\right] \end{aligned} \tag{10.1}$$

由于载热流体的平均温度与加热时间的自然对数成正比，因此，只需根据测试结果做出载热流体平均温度与时间对数的关系曲线（理论上为直线），确定该曲线的斜率（K），可由式（10. 2）求热传导系数，并可推导出式（10. 3），式（10. 4）、式（10. 5）也可在一系列假设的情况下得到。

计算热传导系数：

$$\lambda_s=\frac{q_c}{4\pi k} \tag{10.2}$$

计算钻孔热阻：

$$R_b=\frac{C_m-T_\infty}{q_c}-\frac{1}{4\pi\lambda_s}\left[\ln\left(\frac{4\alpha}{\gamma_b^2}\right)-\gamma\right] \tag{10.3}$$

计算延米释热量实测值：

$$q_{\text{c释热}}=\frac{T_{\text{fmax}}(t)-T_{\infty}}{T_{\text{f试验}}-T_{\infty}}q_{\text{c试验}} \tag{10.4}$$

计算延米取热量实测值：

$$q_{\text{h取热}}=\frac{T_{\text{fmin}}(t)-T_{\infty}}{T_{\text{f试验}}-T_{\infty}}q_{\text{c试验}} \tag{10.5}$$

式中，$T_{\mathrm{f}}(t)$为载热流体的平均温度,℃；q_{c}为加热试验时单位长度钻孔的加热量，W/m；T_{∞}为土壤初始温度,℃；λ_{s}为土壤热传导系数，W/(m·℃)；t为加热时间，s；γ_{b}为钻孔半径，m；R_{b}为钻孔热阻，(m·℃)/W；γ为欧拉常数，取0.5772；C_{m}为埋管深度范围内土壤的平均比热容，J/(kg·℃)；$q_{\text{c试验}}$为试验工况时载热流体的单位孔深释热量 W/m；$q_{\text{c释热}}$为延米释热量实测值，即释热工作工况时载热流体的单位孔深释热量，W/m；$q_{\text{h取热}}$为延米取热量实测值，即取热工作工况时载热流体的单位孔深取热量，W/m；$T_{\text{f试验}}$为载热流体试验工况时的平均温度,℃；T_{fmax}额载热流体释热工作工况时的平均温度,℃；T_{fmin}为制冷流体取热工作工况时的平均温度,℃。

根据《浅层地热能勘查评价规范》(DZ/T 0225—2009）附录A，钻孔延米换热量（D）计算式（10.6）如下：

$$D=\frac{2\pi L\left|t_1-t_4\right|}{\frac{1}{\lambda_1}\ln\frac{r_2}{r_1}+\frac{1}{\lambda_2}\ln\frac{r_3}{r_2}+\frac{1}{\lambda_3}\ln\frac{r_4}{r_3}} \tag{10.6}$$

式中，λ_1为地埋管材料的热导率，W/(m·k)，PE管取0.42W/(m·k)；λ_2为换热孔中回填料的热导率，W/(m·k)；λ_3为换热孔周围岩土体的平均热导率，W/(m·k)；L为地埋管换热器长度，m；r_1为地埋管束的等效半径，m，双U为管内径的4倍；r_2为地埋管束的等效外径，m，为等效半径（r_1）+管材壁厚；r_3为换热孔平均半径，m；r_4为换热温度影响半径，m，取0.5m；t_1为地埋管内流体的平均温度，散热工况取35℃、吸热工况取4℃；t_4为温度影响半径之外岩土体的初始温度,℃。

2. 热物性参数计算结果

1）200m深度钻孔热物性参数

（1）套管式地埋管试验孔岩土各项热物性参数。①初始地温测试：无功循环13h，进出水温差稳定为0.09℃左右。地埋侧出水温度稳定为11.9℃。②夏季工况测试：设定恒定进水温度为35℃，测试稳定后，测试孔的平均进出水温差为5.8℃左右，流量稳定值为3.5m^3/h，测试孔换热功率为27.23kW/孔，测试条件下单位延米换热功率参考值为136.16W/m。③冬季工况测试：设定恒定进水温度为4℃，测试稳定后，测试孔的平均进出水温差为5.05℃左右，流量稳定值为3.5m^3/h，测试孔换热功率为8.92kW/孔，测试条件下单位延米换热功率参考值为44.6W/m（表10.1）。

（2）PE双U试验孔岩土各项热物性参数。①初始地温测试：无功循环40h，进出水温差稳定为0.2℃左右。地埋侧出水温度稳定为12.27℃。②夏季工况测试：设定恒定进水温度为35℃，测试稳定后，测试孔的平均进出水温差为8.45℃左右，流量稳定值为

1.5m³/h，测试孔换热功率为 16.95kW/孔，测试条件下单位延米换热功率参考值为 84.79W/m。③冬季工况测试：设定恒定进水温度为 4℃，测试稳定后，测试孔的平均进出水温差为 3.2℃左右，流量稳定值为 1.5m³/h，测试孔换热功率为 6.09kW/孔，测试条件下单位延米换热功率参考值为 30.45W/m（表 10.1）。

表 10.1　200m 深度钻孔热物性参数表

测试孔	孔深/m	初始地温/℃	测试工况	导热系数/[W/(m·K)]	热阻/[(m·K)/W]	延米换热功率/(W/m)	换热功率/(kW/孔)
ZK21-1PE 双 U 地埋管	200	12.27	模拟计算夏季工况（35℃）	1.68	0.08	84.79	16.95
			模拟计算冬季工况（4℃）	1.01	0.09	30.45	6.09
ZK21-2 套管式地埋管	200	11.9	模拟计算夏季工况（35℃）	1.35	0.03	136.16	27.23
			模拟计算冬季工况（4℃）	1.52	0.09	44.6	8.92

2）300m 深度钻孔热物性参数

（1）流量 L=2.5m³/h 套管式地埋管试验孔岩土各项热物性参数。①夏季工况测试：设定恒定进水温度为 35℃，测试稳定后，测试孔的平均进出水温差为 9.99℃左右，流量稳定值为 2.5m³/h，测试孔换热功率为 30.4kW/孔，测试条件下单位延米换热功率参考值为 101.34W/m。②冬季工况测试：设定恒定进水温度为 5℃，测试稳定后，测试孔的平均进出水温差为 3.77℃左右，流量稳定值为 2.5m³/h，测试孔换热功率为 11.03kW/孔，测试条件下单位延米换热功率参考值为 36.75W/m（表 10.2）。

表 10.2　300m 深度钻孔热物性参数表

测试孔	测试流量/(m³/h)	孔深/m	初始地温/℃	测试工况	导热系数/[W/(m·K)]	热阻/[(m·K)/W]	延米换热功率/(W/m)	换热功率/(kW/孔)
ZK21-3 套管式地埋管	2.5	302	13.97	模拟计算夏季工况（35℃）	2.04	0.06	101.34	30.4
				模拟计算冬季工况（5℃）	1.99	0.05	36.75	11.03
	3.5	302	13.97	模拟计算夏季工况（35℃）	1.77	0.01	121.77	36.53
				模拟计算冬季工况（5℃）	2.44	0.08	38.06	11.42

（2）流量 L=3.5m³/h 套管式地埋管试验孔岩土各项热物性参数。①夏季工况测试：

设定恒定进水温度为35℃，测试稳定后，测试孔的平均进出水温差为9℃左右，流量稳定值为3.5m^3/h，测试孔换热功率为36.53kW/孔，测试条件下单位延米换热功率参考值为121.77W/m。②冬季工况测试：设定恒定进水温度为5℃，测试稳定后，测试孔的平均进出水温差为2.95℃左右，流量稳定值为3.35m^3/h，测试孔换热功率为11.42kW/孔，测试条件下单位延米换热功率参考值为38.06W/m（表10.2）。

10.1.4　钻孔热物性参数差异分析

本次调查工作热响应试验共完成3个试验钻孔的11组试验，均采用恒温法，实验方法相同，在回填材料、钻探工艺相同的情况下，取得的试验成果具有一定的差异，钻孔换热效率即每延米换热量差异明显，通过对比分析，工作区影响钻孔热物性参数的因素主要有以下几个方面。

1. 换热器类型

ZK21-1钻孔采用PE双U地埋管换热器，PE管孔径为32mm。ZK21-2、ZK21-3钻孔采用套管式地埋管换热器，套管式换热器外井筒采用D127/4.25mm石油套管，相对其他材质的换热器具有抗压性能强、导热系数高等特点，更有利于地下热量的交换。内管采用直径（Φ）50mm PE管材外加混水板，使换热器内的水充分与套管壁进行接触，提高了地埋管换热器热交换的效率。

从一号孔、二号孔相同深度的钻孔热响应试验成果可以看出，套管式地埋管在每延米换热量和单孔换热量方面相比于PE双U地埋管有显著提升。在夏季工况，每延米换热量和单孔换热量是双U地埋管的1.61倍，在冬季工况下，每延米换热量和单孔换热量是双U地埋管的1.46倍。

2. 地层差异

工作区3个钻孔主要揭露地层除第四系外，主要包括了中生界碎屑岩、喷出岩和太古宇变质岩类，其中ZK21-1、ZK21-2钻孔在200m深度揭露地层主要为后城组砂砾岩、髫髻山组安山岩，下部主要为片麻岩，片麻岩地层厚度占钻孔基岩总深度的50%以上；ZK21-3钻孔全孔主要岩性为安山岩。

通过热导率分析，片麻岩是工作区导热性能最好的岩石。从ZK21-2钻孔和ZK21-3钻孔的数据上可以看出，在采用相同换热器和相同循环流量的情况下，片麻岩地层钻孔相比于安山岩地层钻孔的换热性能明显很好。在初始地温较低的条件下，ZK21-2钻孔（初始地温为11.9℃）相比于ZK21-3钻孔（初始地温为13.97℃），夏季工况每延米换热量和单孔换热量是ZK21-3钻孔的1.12倍，夏季工况每延米换热量和单孔换热量是3号孔的1.17倍。

3. 循环流速

本次针对ZK21-3钻孔开展了大小两个流速的热响应试验，流量分别为2.5m^3/h和

$3.5m^3/h$。

(1) 流量 $L=2.5m^3/h$ 套管试验结果：套管试验孔模拟夏季工况恒定进水温度为35℃，单位延米换热功率参考值为 101.34W/m，单孔换热功率为 30.4kW；套管试验孔模拟冬季工况恒定进水温度为 5℃，流量 $2.5m^3/h$ 测试条件下，单位延米换热功率参考值为36.75W/m，单孔换热功率为 11.03kW。

(2) 流量 $L=3.5m^3/h$ 套管试验结果：套管试验孔模拟夏季工况恒定进水温度为35℃，单位延米换热功率参考值为 121.77W/m，单孔换热功率为 36.53kW；套管试验孔模拟冬季工况恒定进水温度为 5℃，流量 $3.35m^3/h$ 测试条件下，单位延米换热功率参考值为 38.06W/m，单孔换热功率为 11.42kW。

以上数据可以看出，对于工作区试验钻孔，流量 $3.5m^3/h$ 相比于 $2.5m^3/h$ 可以更好地提升地埋管系统的换热效率。

相关研究表明，地埋管内载热流体流速保持在 0.27～0.40m/s 是较为合适的循环流速，过大或过小都会对地埋管孔的换热性能带来不利的影响。

10.1.5　浅层地热能资源评价

1. 浅层地热能容量公式

根据调查区浅层地温能的利用特点，采用热储法计算北部新城地区 200m 深度范围的浅层地温容量。执行标准《浅层地热能勘查评价规范》（DZ/T 0225—2009），并参考《地热资源地质勘查规范》（GB 11615—89）和中华人民共和国地质矿产部部标准（DZ 40—85）中的“地热资源评价方法”。

由于承德地区潜水位一般为 3～5m，储存在包气带中的浅层地温能没有开发价值，因此本次只对浅层含水层中的浅层地热容量计算评价。

在浅层含水层和相对隔水层中，地热容量的计算公式如下：

$$Q_R=Q_S+Q_W$$

式中，Q_R为浅层地热容量，kJ/℃；Q_S为岩土体骨架的热容量，kJ/℃；Q_W 为岩土体所含水中的热容量，kJ/℃。

其中，Q_S 的计算公式如下：

$$Q_S=\rho_S C_S(1-\phi)Md$$

式中，ρ_S为岩土体密度，kg/m^3；C_S为岩土体骨架的比热容，kJ/(kg · ℃)；ϕ 为岩土体的孔隙率；M 为计算面积，m^2；d 为计算厚度，m。

而 Q_W 的计算公式如下：

$$Q_W=\rho_W C_W \phi Md$$

式中，ρ_W 为水密度，kg/m^3；C_W 为水比热容，kJ/(kg · ℃)；在非封闭含水层中，d 为地下水面至隔水层顶板的厚度，在承压水中，d 为承压含水层厚度。

2. 热容量计算结果

承德市北部新区评价总面积为 $294.4km^2$（双峰寺水库、武烈河及支流水域除外），在

100m、200m 以浅深度范围内，浅层地热热容量分别为 6.24×10^{7}kJ/℃、12.48×10^{7}kJ/℃，具体分布特征见图 10.9、图 10.10。热容量高值区位于北部新城区域的西部和西南部，以武烈河干流和主要支流河谷为中心，主要集中在甸子村、双峰寺镇一带；低值区位于东部。主要原因为西部富水性较好，基岩埋藏深，东部为基岩大面积分布区，岩土体密度较大，比热容低，同时，富水性较西部差。

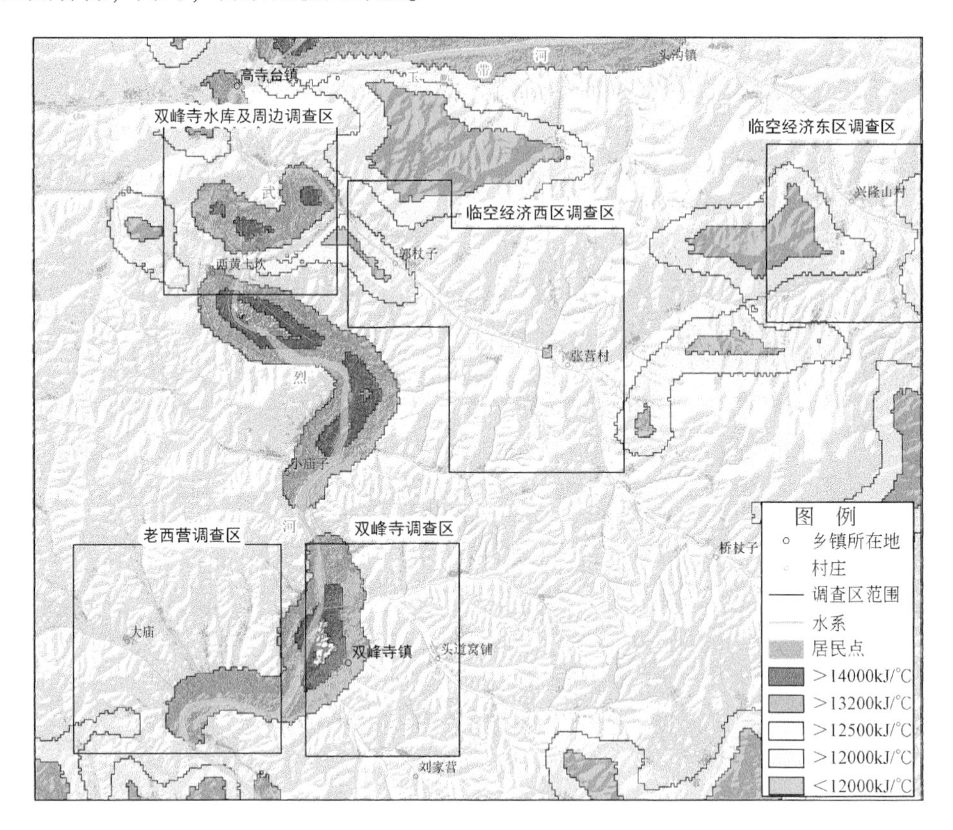

图 10.9　100m 以浅浅层地热热容量分布图

3. 浅层地热能换热功率

本次工作控制性投入 200m 以浅、300m 以浅 2 个深度的浅层地热资源钻探与试验，试验钻孔数量较为有限。本次浅层地热资源调查评价工作部署了 2 个 200m 钻孔（ZK21-1、ZK21-2）、1 个 300m 钻孔（ZK21-3），3 个钻孔均位于北部新城中南部的张营村的试验场地。

综合分析 3 个钻孔，ZK21-1、ZK21-2 钻孔揭露地层除第四系外，主要为中侏罗统后城组砂砾岩、中侏罗统髫髻山组安山岩和太古宇片麻岩地层。ZK21-3 钻孔位揭露地层主要为中侏罗统髫髻山组安山岩（18.50～300m）。200m 深度内，ZK21-1 钻孔揭露地层涵盖了新生界第四系沉积物、中生界陆相沉积岩、中生界中性喷出岩以及太古宇变质岩基底，反映了工作区分布最为广泛和典型的地质建造结构。同时，ZK21-1 钻孔采用 PE 双 U 地埋管，具有较为广泛的区域适用性。因此，在勘探工作尚未普及全区的情况下，以 ZK21-1

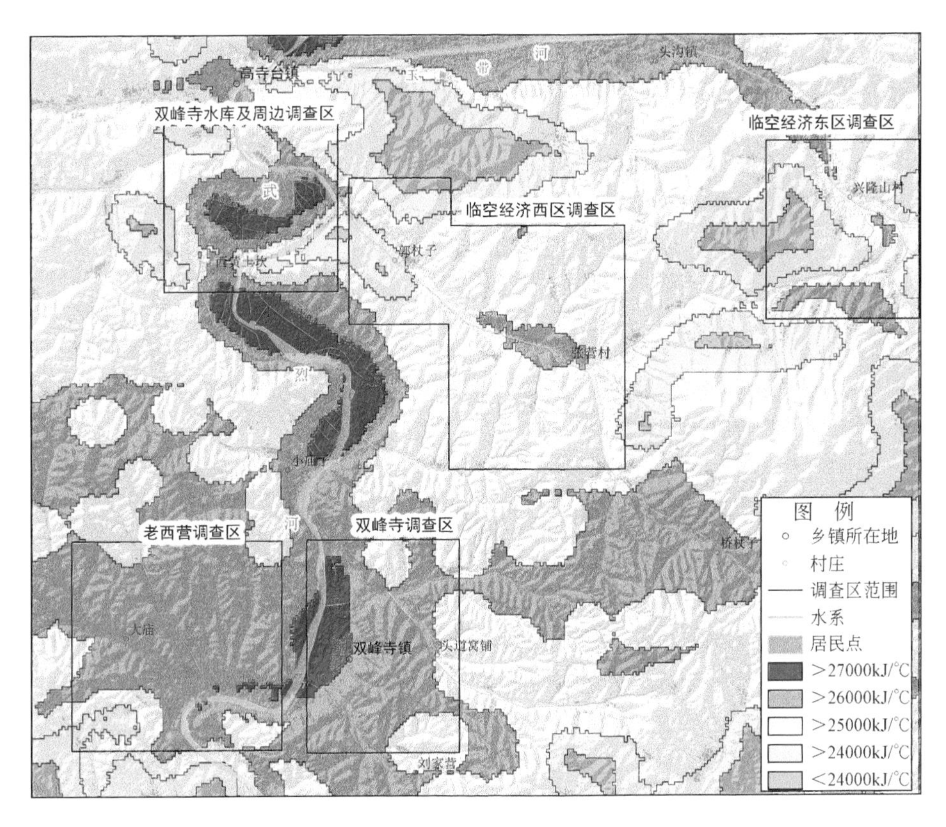

图 10.10　200m 以浅浅层地热热容量分布图

钻孔热响应试验所获取的单孔换热功率数据作为计算参数，具有较高的代表性，可以作为估算工作区区域地层换热功率的依据。

ZK21-1 钻孔初始地温为 12.27℃，采用恒温法，夏季工况释热量（D）夏为 16950W，单位延米换热功率参考值为 84.79W/m；冬季工况取热量（D）冬为 6090W，测试条件下单位延米换热功率参考值为 30.45W/m。

4. 地埋管系统换热功率计算

前文采用层次分析法和 ArcGIS 空间分析进行的地埋管地源热泵系统适宜性区划的基础上，划分了适宜区、较适宜区和不适宜区 3 个等级的分区。由于工作区地处基岩山区，施工条件和钻探成本相对不利于大规模的地埋管地源热泵系统开发，为了提高计算成果的可应用程度和保证程度，结合北部新城规划建设用地的主要区域，本次工作区地埋管系统换热功率计算范围仅包括适宜区（A）范围，并扣除武烈河及其支流水系水体面积。根据前文分区成果，200m 地埋管系统换热功率计算区面积为 61.71km^2。

夏季释热量：根据 5m 间隔的换热孔密度，计算区内换热孔数量为 2468.4×10^{3}个。根据 U 形地埋管单孔换热功率计算公式为 $Q_{h夏}=D_{夏}\times n\times\tau\times10^{-3}=16950\times2468.4\times10^3\times0.11724\times10^{-3}=4.91\times10^6$kW，即工作区地埋管系统适宜区夏季可利用量为 4.91×10^{6}kW。

冬季取热量：根据 5m 间隔的换热孔密度，计算区内换热孔数量为 2468.4×10^{3}个。根据U形地埋管单孔换热功率计算公式为 $Q_{h冬} = D_{冬} \times n \times \tau \times 10^{-3} = 6090 \times 2468.4 \times 10^{3} \times 0.11724 \times 10^{-3} = 1.76 \times 10^{6}$ kW，即工作区地埋管系统适宜区冬季可利用量为 1.76×10^{6} kW。

5. 浅层地热能资源潜力评价

根据承德地区气候特点，参考供热规划及相关测算，在以居住区综合、学校办公、医院幼托、旅馆、商店为主要建筑类型的城镇区，其冬季供暖负荷为40～70W/m²，平均约55W/m²，夏季制冷负荷为40W/m²。在适宜性分区的基础上，结合浅层地温能的可利用量，采用单位面积可利用量的供暖和制冷面积表示北部新区浅层地温能资源潜力。

总潜力：通过计算，地埋管系统适宜区200m以浅，冬季可供暖潜力为 $3.20 \times 10^{7} m^2$，夏季可制冷潜力为 $12.28 \times 10^{7} m^2$。

单位面积潜力：通过计算，地埋管系统适宜区200m以浅，单位供暖潜力为 $5.19 \times 10^{5} m^2/km^2$，单位制冷潜力为 $1.99 \times 10^{6} m^2/km^2$。

10.2 七家–茅荆坝地热田地热流体的水化学和同位素特征

10.2.1 地质构造与热水通道

七家–茅荆坝地热田所处大地构造位置为中朝准地台（Ⅰ级）–内蒙地轴（Ⅱ级）–围场拱断束（Ⅲ级）–喀喇沁台穹（Ⅳ级）西南嵎的断陷盆地。该区域周边近东西向深大断裂发育，主要形成于燕山运动中—晚期，以晚侏罗世—早白垩世为主。沿深大断裂及其两侧岩浆活动频繁，形成多期侵入岩、火山岩。茅荆坝地区内还存在多条近北东、南北向的派生断裂，如两家–锦山断裂、武烈河断裂等，均为近东西向的丰宁–隆化深断裂和大庙–娘娘庙深断裂的派生构造。这些派生断裂的切割深度也可达到数十千米，沟通由火山活动及岩浆侵入活动所形成的隐伏热源体（张德忠等，2013），构成地热田（区）的主要热源。次级断裂切所形成的断裂带宽度可达几十米至数百米，其呈现张性–张扭性性质的地段往往由拉张岩块、碎块岩、角砾岩等组成，结构较疏松、胶结较弱、空隙较大、连通性较好，是浅部地下水向地下深处进行径流的通道，为武烈河流域对流型地热系统中主要的导水、导热构造。

地热资源勘查结果显示盆地内地热水主要赋存地层有：①侏罗系火山熔岩，岩性以凝灰岩、安山岩、流纹岩为主；②太古宇、元古宇变质岩，主要为片麻岩、角闪岩、片岩等；③各类侵入岩（γ、δ、η、μ等），其中酸性、中性岩类如花岗岩、闪长岩、正长斑岩等，风化裂隙、构造裂隙为张性，热储条件较好；而基性、超基性岩类如辉长岩、斜长岩等，结构致密，节理裂隙不连续，热储条件较差。新生界松散岩层为区内主要盖层。

地热田区域地下水流场特征受地形地貌、地层岩性、地质构造等多方面因素的影响。由于隆化县北东—北北东向为主的构造格局以及北高南低总体地势，地下水的总体径流方向为由北向南顺势径流。

10.2.2　样品采集与测试

为掌握地热流体的循环特征，2021 年 9 月在茅荆坝地区进行了系统采样，共采集 12 件水样，其中，地热井水样 3 件、温泉水样 2 件、河水样品 4 件、第四系浅层地下水样 3 件。水样测试项目包括水化学、^{3}H、δD、$\delta^{18}O$、^{14}C、$\delta^{13}C$、$\delta^{34}S_{SO_4^{2-}}$、$\delta^{18}O_{SO_4^{2-}}$ 和 $n(^{87}Sr)/n(^{86}Sr)$。其中，水化学分析测试在中国科学院地质与地球物理研究所完成，阴阳离子平衡检查的相对误差小于±5%。水样的 δD、$\delta^{18}O$、^{3}H、$\delta^{34}S_{SO_4^{2-}}$、$\delta^{18}O_{SO_4^{2-}}$和 $n(^{87}Sr)/n(^{86}Sr)$测试在核工业北京地质研究院分析测试研究中心完成。δD 和 $\delta^{18}O$ 利用同位素比质谱仪完成，绝对偏差分别为±1‰和±0.3‰。^{3}H 用 Quantulus 1220-003 低本底液闪仪完成测试，检出限为 1.3TU。$\delta^{34}S_{SO_4^{2-}}$和 $\delta^{18}O_{SO_4^{2-}}$采用气体同位素质谱计完成测试，测试结果分别采用相对于国际标准 V-CDT 和 V-SMOW 值的千分差表示，测试精度分别优于 0.2‰和 0.5‰。Sr 同位素采用热表面电离质谱仪（Isoprobe-T）测定，表示方法为 $n(^{87}Sr)/n(^{86}Sr)$。^{14}C 和 $\delta^{13}C$ 样品委托 BETA 实验室完成测试，采用加速器质谱完成，绝对偏差分别为±0.2pMC 和±0.3‰。

10.2.3　结果和讨论

1. 不同水体的成因

研究区内温泉和地热井水的出水温度在 58～102℃范围内，pH 分布在 7.4～8.6 范围内，TDS 分布在 480～590mg/L。地热水的阳离子均以 Na^+为主，阴离子组成略有差异。按照舒卡列夫分类，北部花岗岩热储地热水化学类型为 SO_4^{2-}-Na^+型，温泉水和南部花岗岩热储地热水为 SO_4^{2-} · HCO_3^--Na^+型。第四系地下水 TDS 分布在 210～400mg/L，水化学类型为 HCO_3^- · SO_4^{2-}-Ca^+型。河水的 TDS 分布在 170～240mg/L，水化学类型也为 HCO_3^- · SO_4^{2-}-Ca^+型水。不同水体 SO_4^{2-}含量普遍偏高，地热水 SO_4^{2-}含量均值为 530mg/L，浅层地下水 SO_4^{2-}含量均值为 188mg/L，河水 SO_4^{2-}含量为 280mg/L（图 10.11）。

Gibbs 图通过 TDS 与 $c(Na^+)/c(Na^++Ca^{2+})$、TDS 与 $c(Cl^-)/c(Cl^-+HCO_3^-)$(c 为离子含量)的关系，反映地表水和地下水中各离子的来源和演化过程。研究区河水和浅层地下水分布于 Gibbs 图的大气降水区域［图 10.12（a）］，与大气降水有关。地热水分布于岩石风化区域［图 10.12（b）］，受水-岩相互作用影响。进一步根据水体中 $c(Ca^{2+})/c(Na^+)$-$c(HCO_3^-)/c(Na^+)$值建立对数关系散点图，来评估碳酸盐岩、硅酸盐岩和蒸发盐岩风化作用对地热水成分的相对贡献。从图 10.12（c）可见，地热水样点主要靠近硅酸盐岩风化区。结合研究区地热地质条件，地热水赋存地层岩性主要为古元古界变质中粗粒斑状二长花岗岩和中侏罗统中细粒二长花岗岩，外围出露地层为富含硅酸盐矿物的斜长角闪片麻岩、黑云角闪斜长片麻岩。推测地热水从深部花岗岩热储向上径流过程中流经硅酸盐岩风化区，表现出溶解硅酸盐矿物的特征。

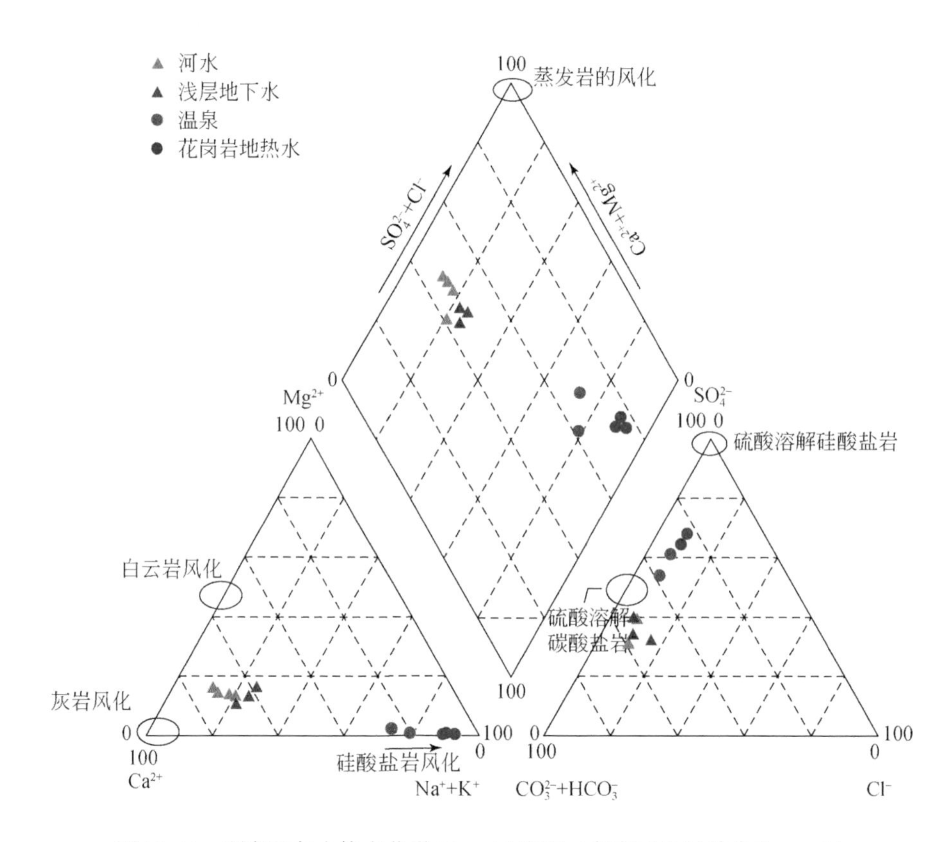

图 10.11　研究区各水体水化学 Piper 三线图（各离子含量单位为 mg/L）

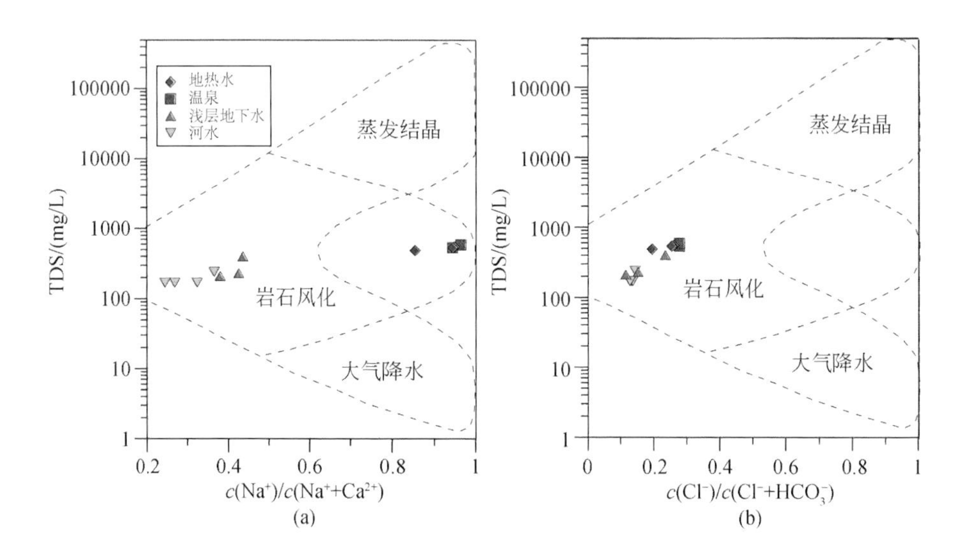

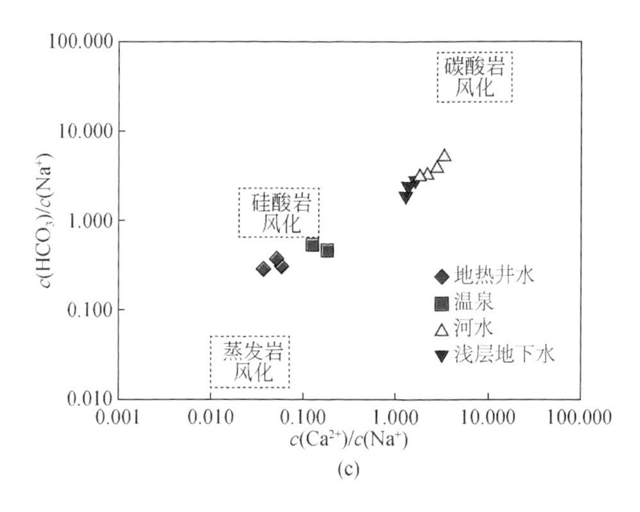

图 10.12　研究区不同水体 Gibbs 图与 $c(Ca^{2+})/c(Na^{+})-c(HCO_3^-)/c(Na^+)$关系图

根据各类水体主量组分之间相关性分析，水中 Ca^{2+}和 Mg^{2+}摩尔浓度相关系数为 0.92，具有强相关关系，说明水中 Ca 和 Mg 的来源较为一致，可能来源于同种矿物溶滤或者发生了相似的水文地球化学过程。地热水中 HCO_3^-与 $Ca^{2+}+Mg^{2+}$组分的摩尔浓度比大于 1［图 10.13（a）］，表明水中 HCO_3^- 不单来源于碳酸盐岩矿物的溶解，可能还经历了其他水文地球化学作用，比如地热气体组分中 CO_2溶解在水中达到溶解沉淀平衡，使地热水中 HCO_3^-含量增加。地热水中 Ca^{2+}与 SO_4^{2-} 两种组分存在负相关关系［图 10.13（b）］，表明水中 SO_4^{2-} 离子并非来源于硫酸盐岩矿物溶解，可能为高温地热水与硫反应形成硫酸根，也可能是地热气体组分 H_2S 从深部还原环境上升过程中氧化生成 SO_4^{2-}。

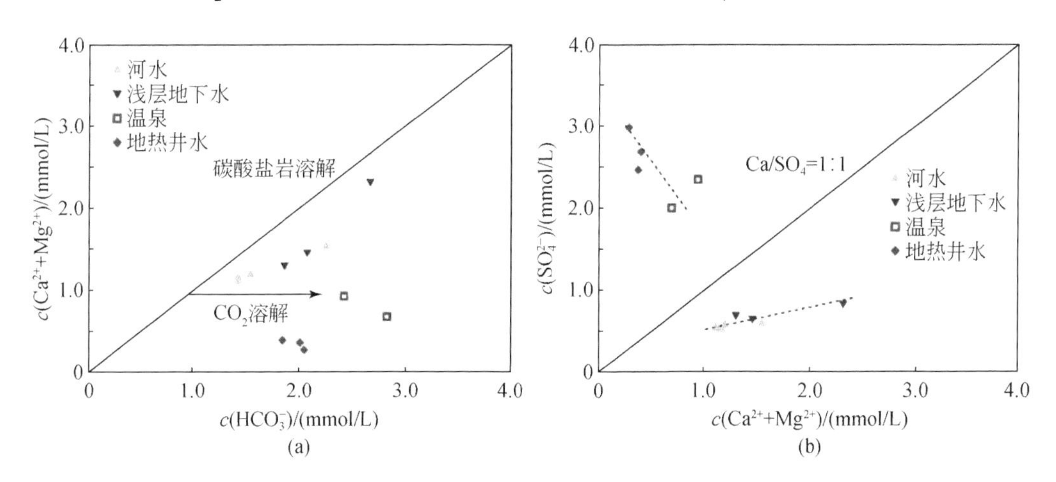

图 10.13　研究区不同水体（$Ca^{2+}+Mg^{2+}$）与其他离子（HCO_3^-、SO_4^{2-}）含量关系图

深部热储流体通过断裂系统或者人工钻孔运移至地表过程中，极易与浅层地下水发生混合。根据图 10.14（a）、（b）中显示的 Cl^-与 Na^++K^+及 SiO_2的关系，初步可以判定钻孔揭露的地热水以及出露地表的温泉水是深部热储流体上升过程中发生混合作用形成的，并

且由于阳离子交换作用导致地热水中 Na^+、K^+和 SiO_2更加富集。

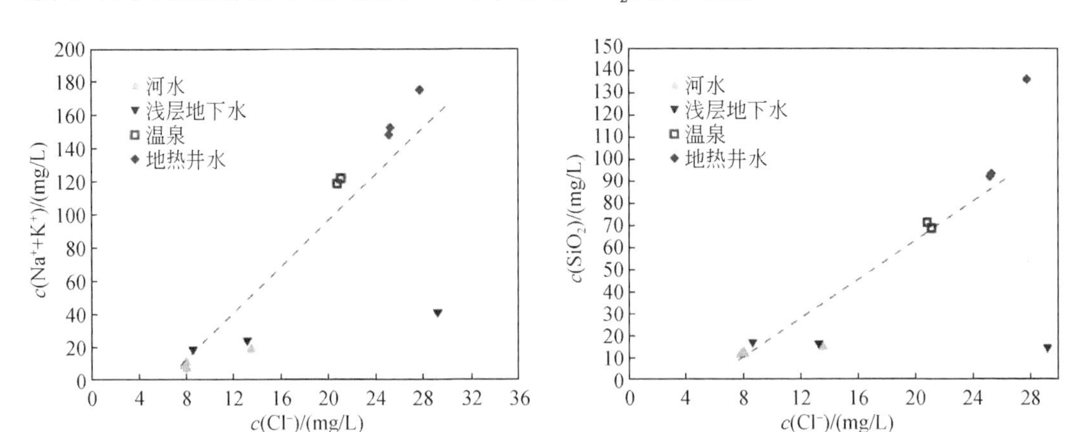

图 10.14　研究区不同水体 Cl^-与其他离子（Na^++K^+、SiO_2）含量关系图

2. 氢氧同位素特征和补给来源

研究区不同水体的 $\delta^{18}O$、δD 组成如图 10.15 所示，当地大气降水线引自距承德较近的北京地区大气降水线（Li et al., 2018）。茅荆坝地区温泉水和花岗岩热储地热水点均落在当地大气降水线附近，表明地热水起源于当地的大气降水。浅层地下水赋存地层为第四系更新统砂卵砾石含水层，$\delta^{18}O$ 均值为-9.9‰，δD 均值为-67.9‰。河水的同位素组成 $\delta^{18}O$ 均值为-10.2‰，δD 均值为-68.9‰。根据区域水文地质条件，第四系浅层地下水和河水接受大气降水的垂直补给和山前侧向径流补给。花岗岩热储地热水的 $\delta^{18}O_{V\text{-}SMOW}$ 组成比较集中，分布范围为-12.0‰～-10.8‰，相对贫重同位素，是同位素高程效应的表征。温泉水的 $\delta^{18}O$、δD 组成沿着大气降水线分布于深层地热水和河水的连线上，表明温泉水是来自深层地热水和河水的混合。结合水化学组成特征，温泉水的 HCO_3^- 浓度（离子毫摩尔浓度占阴离子毫摩尔浓度总数的百分比）和 SO_4^{2-} 浓度均表现为深层地热水和河水的混合。

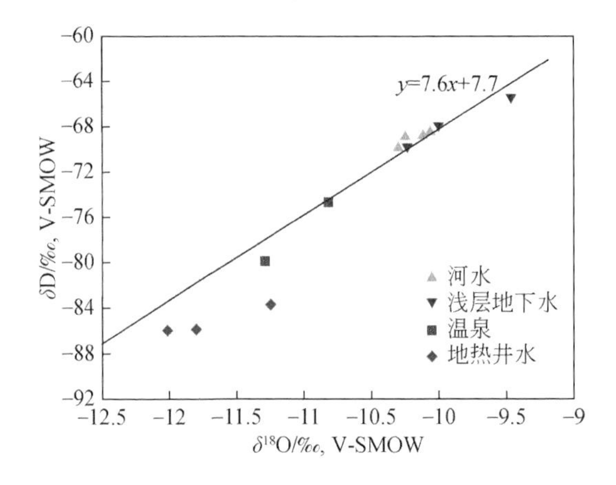

图 10.15　研究区不同水体 $\delta^{18}O$-δD 关系图

地热水起源于当地的大气降水，且普遍贫重同位素，其补给来源可利用同位素的高程效应来确定。结合区域水文地质条件，可利用地下水补给高程的计算公式，计算地热水补给高程公式如下：

$$H=\frac{\delta^{18}O_r-\delta^{18}O_a}{grad^{18}O_r}+h$$

式中，H为补给高程；$\delta^{18}O_r$为补给高程处大气降水稳定同位素组成；$\delta^{18}O_a$为当地大气降水平均组成；h为当地高程；$grad^{18}O_r$为流域内大气降水$\delta^{18}O$随高程变化梯度值。

引用中国华北地区降水$\delta^{18}O$的高程效应，取$grad^{18}O_r$为-0.2‰/100m（Liu et al.，2009）。根据区域水文地质条件，研究区第四系浅层地下水和河水的补给来源均为盆地内大气降水的垂直入渗补给和侧向径流补给，$\delta^{18}O_a$选择浅层地下水和河水的$\delta^{18}O$均值，为-10.1‰。$\delta^{18}O_r$取研究区地热水$\delta^{18}O$值。h为采样点平均地面高程，取682m。计算得出地热水的补给高程为1532～1632m。结合茅荆坝地区所处山间谷地的地形地势，地质构造条件以及地下水运动的总体趋势，判断补给区为研究区北部海拔1061～1551m的七老图山（表10.3、表10.4）。

表10.3　水化学数据表　（含量单位：mg/L）

序号	样品编号	类别	Ca^{2+}	Mg^{2+}	Na^{+}	K^{+}	HCO_3^-	Cl^-	NO_3^-	SO_4^{2-}	Si
1	HW1	地热井水	13.5	0.7	143.0	5.1	122.5	25.2	3.0	236.0	42.9
2	HS1	温泉	34.1	1.8	114.0	4.6	147.9	20.8	1.9	225.1	33.2
3	HW2	地热井水	15.1	0.3	147.0	5.4	112.4	25.3	—	257.2	43.5
4	HW3	地热井水	10.8	0.2	166.0	9.0	125.0	27.8	0.2	286.0	63.4
5	HS2	温泉	26.0	0.7	115.0	7.0	172.8	21.1	0.7	192.2	32
6	R1	河水	38.5	4.6	8.2	1.5	87.0	7.8	14.8	50.5	5.6
7	R2	河水	51.4	6.1	17.0	2.5	137.9	13.5	24.1	56.5	7.27
8	R4	河水	36.6	4.5	10.1	1.8	87.0	8.0	13.4	51.2	6.26
9	QS1	河水	39.1	5.2	7.3	0.7	94.2	8.1	3.2	54.4	5.69
10	CW1	第四系地下水	47.9	6.0	20.4	2.9	126.6	13.2	27.6	59.9	7.42
11	CW2	第四系地下水	44.8	4.1	15.8	2.0	113.6	8.6	10.9	65.3	7.67
12	CW3	第四系地下水	72.3	12.1	32.1	8.2	162.9	29.2	106.6	78.4	6.58

表10.4　水样同位素数据表

序号	样品编号	类别	$\delta^{18}O$ /‰，V-SMOW	δD /‰，V-SMOW	^3H/TU	^{14}C/pMC	$\delta^{34}S_{SO_4^{2-}}$ /‰，V-CDT	$\delta^{18}O_{SO_4^{2-}}$ /‰，V-SMOW
1	HW1	地热井水	-12.0	-86.0	—	23.62	10.7	1.5
2	HS1	温泉	-11.3	-79.8	4.5	—	7.4	0.9
3	HW2	地热井水	-11.8	-85.9	—	16.44	12.2	1.9
4	HW3	地热井水	-11.8	-85.9	—	21.61	11.9	2.7
5	HS2	温泉	-11.3	-84.1	5.7	67.37	7.2	0.6
6	R1	河水	-11.2	-83.8	—	—	7.1	3.8

续表

序号	样品编号	类别	$\delta^{18}O$ /‰，V-SMOW	δD /‰，V-SMOW	^{3}H/TU	^{14}C/pMC	$\delta^{34}S_{SO_4^{2-}}$ /‰，V-CDT	$\delta^{18}O_{SO_4^{2-}}$ /‰，V-SMOW
7	R2	河水	-10.8	-75.9	—	—	7.2	2.6
8	R4	河水	-10.3	-69.8	—	—	7.7	1.1
9	QS1	河水	-10.1	-68.7	—	—	8.2	1.6
10	CW1	第四系地下水	-10.3	-68.9	10.8	—	6.4	2.1
11	CW2	第四系地下水	-10.1	-68.4	11.7	—	6.7	0.2
12	CW3	第四系地下水	-10.0	-68.1	10.9	—	8.8	5.5

3. 地热水年龄与循环路径

1）地热水年龄

地热水的可更新能力与其年龄有关，年龄越老，更新能力越差。按照年龄大小可以分为现代水和古水，现代水指最近数十年入渗补给的地下水，现代水的存在意味着地下水交替十分活跃。古地下水是指1000年以前入渗补给的地下水，说明地下水更新非常缓慢（Clark and Fritz，1997）。本书利用放射性同位素^{3}H及^{14}C来测定各水体年龄。

茅荆坝地区第四系浅层地下水中^{3}H含量分布在10.8～11.7TU范围内（表10.4），考虑到^{3}H的半衰期为12.36a，引用北京1985年大气降水中^{3}H含量实测数据的月均值32.6TU，表明浅层地下水与大气降水联系紧密，年龄较小，为20～30a。

地热水的^{3}H含量均低于检测限值，说明地热水没有与现代降水发生混合，与现代降水并无水力联系。根据^{14}C数据计算地热水年龄的公式为：

$$t=\frac{1}{\lambda}\ln\left(\frac{A_0}{A_t}\right)=8267\ln\frac{A_0}{A_t}$$

式中，t为地下水表观年龄，年；λ为^{14}C衰变常数，取12.1×10^{-6}/a；A_0为母核的初始放射性浓度，pMC，取100pMC（Clark and Fritz，1997）；A_t为样品的^{14}C放射性浓度，pMC。计算得出研究区花岗岩热储地热水的表观年龄分别为12.7ka、11.9ka、14.9ka。表明研究区内花岗岩中热水属于古地下水，循环更新能力差。

研究区温泉水中^{3}H含量分布在4.5～5.7TU范围内（表10.4），表明温泉水为现代水与极低^{3}H地热水的混合。

2）地热水和硫酸盐的硫同位素

我国北方内陆地区地下水中溶解的SO_4^{2-}可以有多种来源，如大气干湿沉降硫、土壤和植被中的硫、蒸发岩中硫酸盐矿物（主要是石膏）和硫化物（主要为黄铁矿）溶解，火山喷发，人为活动的输入等（洪业汤等，1994；储雪蕾，2000；蔡春芳和李宏涛，2005；蒋颖魁等，2007；汪建国，2009）。在地热系统中，溶解SO_4^{2-}的硫氧同位素特征可以用来示踪硫的来源和运移转化过程，进而了解地下热水的径流途径和水岩作用过程。海相成因大气降水的$\delta^{34}S_{SO_4^{2-}}$值为+15‰～+21‰；化石燃料燃烧以及矿物冶炼产生的硫化物气体形

成的大气降水中的 $\delta^{34}S_{SO_4^{2-}}$ 值偏负，在 −3‰ ~ +9‰（汪建国等，2009）。膏岩层一般富集 ^{34}S，二叠纪—三叠纪膏岩层中石膏 $\delta^{34}S$ 范围为 +14.5‰ ~ +32.5‰，$\delta^{18}O$ 范围为 +13‰ ~ +15‰（蔡春芳和李宏涛，2005）。石膏类矿物溶解进入水体中形成 $\delta^{34}S_{SO_4^{2-}}$ 值较高，一般大于 +20‰（蒋颖魁等，2007）。

研究区花岗岩地热水、温泉水、浅层地下水、河水的 $\delta^{34}S_{SO_4^{2-}}$ 值分别在 +10.7‰ ~ +12.2‰、+7.2‰ ~ +7.4‰、+6.4‰ ~ +8.8‰、+7.1‰ ~ +8.2‰分布范围；$\delta^{18}O_{SO_4^{2-}}$ 值分别在 +1.5‰ ~ +2.7‰、+0.6‰ ~ +0.9‰、+0.2‰ ~ +5.5‰、+1.1‰ ~ +3.8‰分布范围。文中地热水样最高 $\delta^{34}S$ 值为 +12.2‰，未表现出蒸发岩溶解的同位素特征。结合水化学风化特征中 SO_4^{2-} 和 Ca^{2+} 相互关系所表明的石膏类蒸发岩矿物溶解不是地热水系统中 SO_4^{2-} 的主要来源，基本可排除蒸发岩溶解对水体 SO_4^{2-} 的贡献。

根据硫氧同位素分布范围，浅层地下水和河水中数据点落在土壤硫酸盐溶解区，SO_4^{2-} 主要来源于土壤硫酸盐的溶解。地热水硫同位素值均值为 11.7‰，氧同位素值均值为 2.1‰，接近土壤硫酸盐区和无机硫化物氧化生成的硫酸盐区。在野外调查和采样过程中，能够闻到臭鸡蛋气味，说明地热水中有硫酸盐还原产物 H_2S 气体，推测认为地热水中 SO_4^{2-} 由 H_2S 从深部还原环境上升到浅部氧化后生成 SO_4^{2-}（图 10.16）。温泉水存在与浅层地下水的混合，水中 SO_4^{2-} 表现为土壤硫酸盐成因。

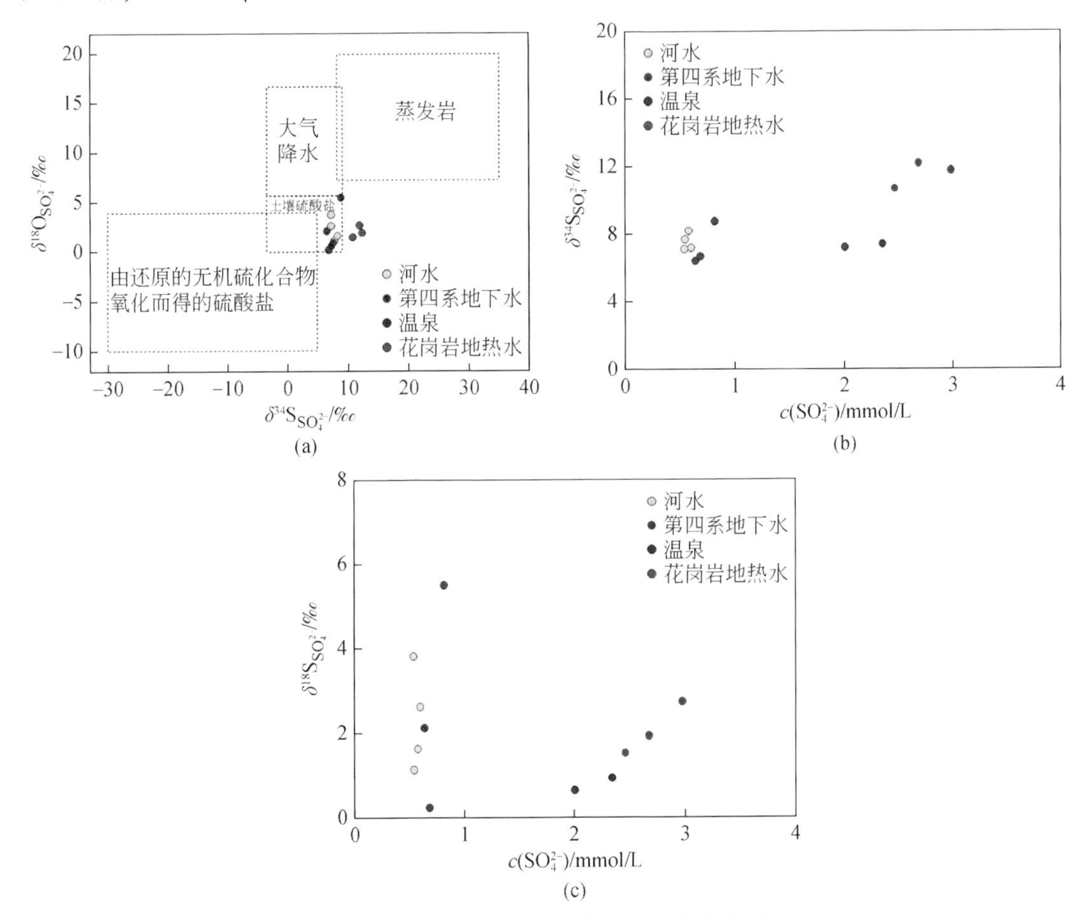

图 10.16　地热水与其他水体硫氧风位素关系图

3）地热水的碳同位素

$\delta^{13}C$ 是地下水中碳酸盐演化极好的示踪剂，碳的来源不同，$\delta^{13}C$ 变化很大。研究区内各类水体 pH 分布在 7.4～8.6 范围内，在此范围内，水中的溶解无机碳（dissolved inorganic carbon，DIC）主要以 HCO_3^- 的形式存在，因此水体中 $\delta^{13}C_{DIC}$ 主要表现为 $\delta^{13}C_{HCO_3^-}$。利用热力学及同位素平衡计算水中与 HCO_3^- 相平衡的 CO_2 的 $\delta^{13}C$ 值，可以定量评价 HCO_3^- 及 CO_2 的来源。当达到同位素交换反应平衡时，溶解态 HCO_3^- 与气相 CO_2 的碳稳定同位素 $\delta^{13}C$ 值之差与绝对温度（T）之间存在如下关系（Deines et al.，1974）：

$$\delta^{13}C_{HCO_3^-}-\delta^{13}C_{CO_2}=-4.54+\frac{1.099\times10^6}{T^2}$$

由此，根据出水温度和水体中 HCO_3^- 的 $\delta^{13}C$ 值，可计算得出当达到同位素交换平衡时各水体中气相 CO_2 的碳稳定同位素值，见表 10.5。

CO_2 来源的判别通常基于 CO_2 的 $\delta^{13}C$ 值，地幔起源的 $\delta^{13}C_{CO_2}$ 值范围为−8‰～−5‰，平均值为−6.5‰（Sano and Marty，1995）。海相碳酸盐岩热变质起源的 $\delta^{13}C_{CO_2}$ 值为−3‰～+3‰，接近碳酸盐岩的 $\delta^{13}C_{CO_2}$ 值（Moore et al.，2001）。有机沉积物起源的 $\delta^{13}C_{CO_2}$ 值的范围为−35‰～−10‰，生物成因的 $\delta^{13}C_{CO_2}$ 为−25‰～−22‰（肖琼等，2016）。

研究区地热水和温泉的 $\delta^{13}C_{HCO_3^-}$ 值为−12.9‰～−8.6‰，接近幔源成因的 $\delta^{13}C$ 值。根据计算得出 $\delta^{13}C_{CO_2}$ 值为−16.34‰～−10.44‰，表明其碳的多种来源性，初步推测地热水中参与水-岩反应的 CO_2 主要为生物成因和幔源 CO_2。地热水中 HCO_3^- 含量比较少，表明参与水-岩反应的 CO_2 也很少，HCO_3^- 浓度低。

表 10.5　茅荆坝地区地热水碳同位素数据表

序号	样品编号	类别	^{14}C/pMC	$\delta^{13}C_{HCO_3^-}$ /‰，VPOB	$\delta^{13}C_{CO_2}$ /‰，VPOB
1	HW1	地热井水	23.62	−9.3	−12.88
2	HW2	地热井水	16.44	−8.6	−12.13
3	HW3	地热井水	21.61	−8.9	−11.77
4	HS2	温泉	67.37	−12.9	−16.98

4. 地热水中锶同位素特征

在地热系统中，$^{87}Sr/^{86}Sr$ 值可以研究水岩相互作用以及热水的深部滞留环境，区分不同的水热循环系统。变质岩 $^{87}Sr/^{86}Sr$ 值约为 0.7200，其中硅酸盐的 Sr 含量及放射性成因的 ^{87}Sr 均较高（Brown et al.，2013）；海相碳酸盐岩 $^{87}Sr/^{86}Sr$ 值约为 0.7080（Burke et al.，1982；Korte et al.，2003），海水 ^{87}Sr 较低，沉淀过程不发生显著分馏，所以 $^{87}Sr/^{86}Srr$ 值较低；玄武岩 $^{87}Sr/^{86}Sr$ 值最低，约为 0.7040（Millot et al.，2012）。

茅荆坝地热田热储的岩性主要为古元古界变质中粗粒斑状二长花岗岩和中侏罗统中细

粒二长花岗岩，盖层为第四系上更新统和全新统沉积物，地热田外围出露地层岩性以斜长角闪片麻岩、黑云角闪斜长片麻岩等变质岩为主。锶同位素测试结果显示，研究区地热水的$^{87}Sr/^{86}Sr$值为0.7090～0.7097，平均值为0.7092。地热水的$^{87}Sr/^{86}Sr$值与海相碳酸盐岩比值基本一致，说明深部可能存在海相碳酸盐岩储层，或者深部地热水可能存在海相沉积水来源，在向上运移过程中受到浅部沉积岩及变质岩改造，变质岩以硅酸盐为主，故$^{87}Sr/^{86}Sr$值增高（图10.17）。

此外，如图10.18（b）所示，花岗岩中地热水的Ca/Sr值范围为46～58，平均值为50，低于沉积岩比值（约200），与海相碳酸盐岩比值（约33）较为接近，说明地热水主要受海相碳酸盐岩影响，表明深部可能存在海相碳酸盐岩储层。

第四系地下水和河水的$^{87}Sr/^{86}Sr$值为0.7096～0.7102，平均值为0.7098。此外，Ca/Sr值为328～401，平均值为370，接近于沉积岩的Ca/Sr值（图10.17、图10.18）。

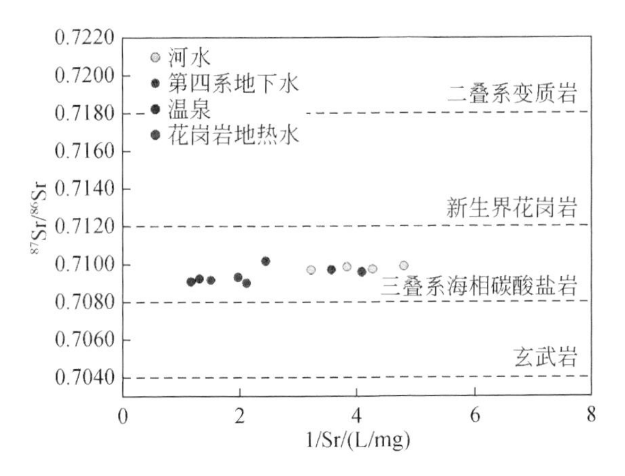

图10.17　研究区地下水锶同位素分布图

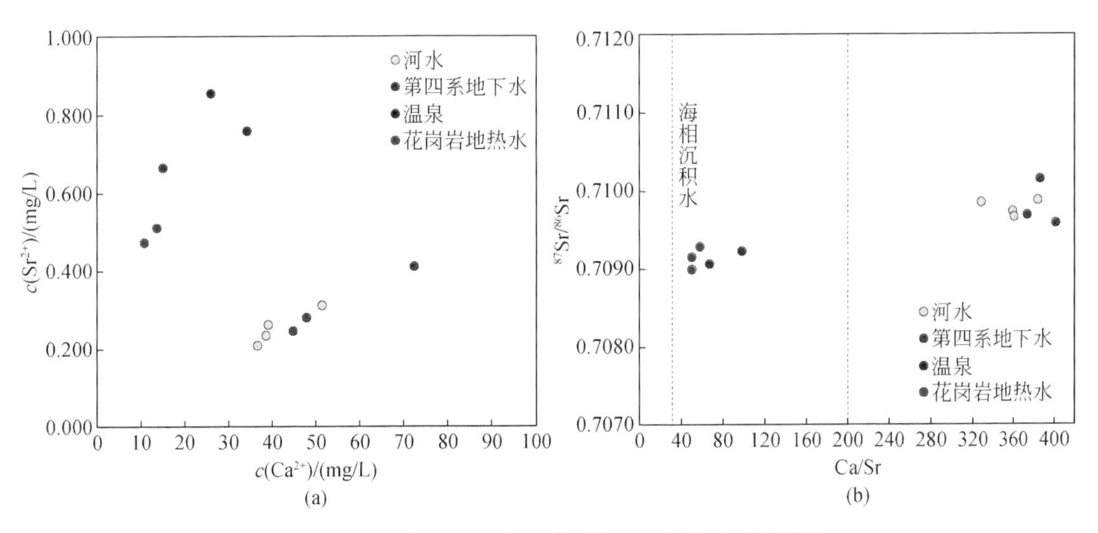

图10.18　研究区地下水Sr离子与Ca离子相互关系图

5. 热储温度和热水循环深度

吉根巴赫（Giggenbach）于1988年提出Na–K–Mg三角图来指示矿物的平衡温度，并且根据水–岩反应的平衡状态，将地热水区分为非平衡、部分平衡和完全平衡3种类型（Giggenbach，1988）。研究区地下水的平衡状态如图10.19所示，第四系地下水位于Na–K–Mg三角图右下角，表明第四系地下水为“未成熟水”，水岩作用尚未达到平衡。花岗岩中地热水和温泉水均位于部分平衡区，且指示热储温度在125～150℃范围。由于地热水均处于部分平衡状态，用阳离子地热温标来估算未成熟水的平衡温度不合理，适合采用SiO_2地温计和地球化学热力学模拟的方法来评价热储温度。表10.6列出了蒸汽足量损失和无蒸汽损失的石英地温计的计算结果。

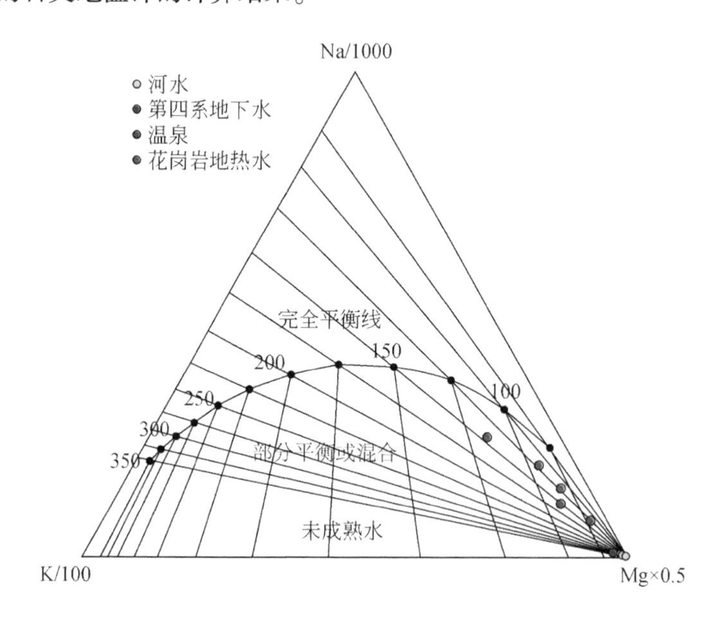

图10.19 茅荆坝地热田地热水的Na–K–Mg三角图

表10.6 茅荆坝地热田内花岗岩热储温度化学热力学模拟结果表

编号	Si/(mg/L)	类型	出水温度/℃	无蒸汽损失石英地温计/℃	蒸汽足量损失石英地温计/℃	化学热力学模拟温度/℃
HS1	33.2	温泉	60	94.80	96.49	106
HS2	32		90	82.09	85.40	98
HW1	42.9	地热井水	58	94.80	96.49	138
HW2	43.5		90	95.43	97.03	142
HW3	63.4		102	113.22	112.37	144

地球化学热力学模拟基于地热水化学组分数据计算多种矿物在不同温度下的饱和指数，将多种矿物与地热水溶解–沉淀反应达到平衡状态时的温度，作为热储温度（T）（Pang and Reed，1998）。矿物的选择基于茅荆坝地区地层岩性和含水层特征，选取方解

石、石英、微斜长石、浊沸石、钾蒙脱石、钠蒙脱石等水热系统中常见的矿物，采用 SOLVEQ-XPT 软件，基于 Soltherm-XPT. dat 热力学数据库来计算矿物的饱和指数（SI）。考虑到研究区地热水样品均在地热钻孔中采集，在地热水上升至井口的过程中，CO_2脱气作用会造成碳酸盐矿物在热平衡温度下过饱和而发生沉淀，因此，需要对 CO_2脱气过程进行校正。利用 SOLVEQ 软件进行 CO_2脱气修正，向地热水中依次加入一定量的 CO_2，直至方解石和石英矿物指示的平衡温度一致。在重建后的平衡曲线中，花岗岩热储中 6 种常见矿物收敛于 138 ~ 144℃（图 10. 20）。热储温度估算值高于地热井口出水温度，表明在地层深部地热流体与岩石热交换充分，热储温度较高。

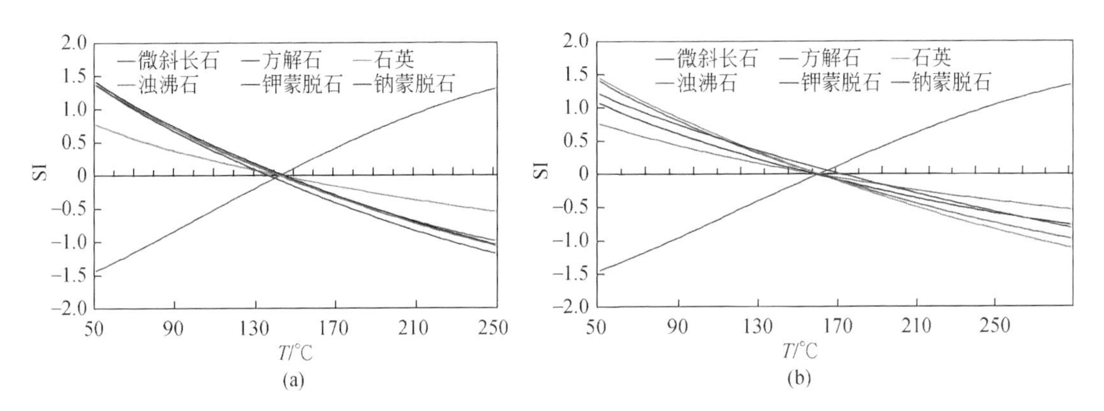

图 10. 20　花岗岩热储地热水 HW1 井（a）和 HW3 井（b）热储温度化学热力学模拟结果图

利用地热水循环深度计算公式（张德忠等，2013）如下：

$$Z=Z_0+\frac{T_r-T_0}{\mathrm{grad}T}$$

式中，Z 为循环深度，m；Z_0为恒温带深度，m；T_r为热储温度,℃；T_0为恒温带温度,℃；$\mathrm{grad}T$ 为地温梯度,℃/100m。

根据区域调查资料，承德武烈河河谷区地温梯度为 1. 76℃/100m，当地恒温带深度为 30m，恒温带温度为 10. 5℃，基于石英地温计可计算得出温泉的循环深度为 4000 ~ 4800m，花岗岩热储中地热水的循环深度为 4700 ~ 5800m。

10. 3　本 章 小 结

（1）基本查清了承德北部新区浅层地热能开发利用的区域控制条件，评价了地埋管地源热泵系统开发利用适宜性，建议新城建设可充分利用浅层地热能作为冬季供暖补充热源。北部新城地区恒温层埋深在 30 ~ 40m，恒温层地温为 10. 5℃，200m 以浅基岩地温梯度为 1. 76℃/100m。100m 深度地温等值线走向沿武烈河以近南北向带状分布，地温最高区域集中在双峰寺水库以北，武烈河干流区域的地温普遍高于支流流域的地温，反映了浅层地温明显受断裂构造控制。热导率高值区主要分布在中南部，热导率值为 2. 11 ~ 2. 55W/(m · K)，主要受基底岩性的影响。比热容高值区主要分布在武烈河河谷及其支流河谷、沟谷，比热容值为 0. 90 ~ 1. 29kW/(kg · K)，主要受区域地下水条件的影响。

（2）基于承德隆化县茅荆坝地热田地热地质条件、地热水化学特征以及碳、硫、氧等多种同位素分析，认为茅荆坝地热田的热水来源于大气降水补给，补给区为地热田北部的七老图山。基于^{14}C定年方法确定的花岗岩热储地热水的表观年龄在9～11.9ka，属于古地下水，循环更新能力差。地热水的水化学类型以SO_4-Na型为主，硅酸盐矿物的溶解及阳离子交换作用促进了地热水中Na^+、K^+和SiO_2的富集。地热水中SO_4^{2-}离子推测为H_2S气体从深部还原环境上升到浅部氧化后生成SO_4^{2-}，也可能为高温地热水与硫反应形成硫酸盐。

第 11 章　地表基质与地表覆盖耦合研究

11.1　地表基质的概念内涵与分类

地表基质是地球表层孕育和支撑森林、草原、水、湿地等各类资源的基础物质（自然资源部，2020 年），也是地球关键带的主要承载体（Daniel et al.，2009；Banwart et al.，2013；Zhang et al.，2021；张甘霖等，2021）和浅山区流域尺度表层岩土体调查监测支撑服务国土空间生态环境保护修复的“主战场”（马腾等，2020），其对于认识表层地球关键带结构特征及其土壤透气性、水文连通机制等具有重要意义（刘金涛等，2019）。

近年来，多位专家学者围绕地表基质分类及调查与编图开展了大量探索性研究工作，初步构建了地表基质三级分类体系，建立了要素与属性调查指标体系，完成了不同尺度的地表基质编图试点（葛良胜和杨贵才，2020；郝爱兵等，2020；殷志强等，2020a；侯红星等，2021；李响等，2022）。例如，葛良胜等（葛良胜和杨贵才，2020）提出地表基质调查是自然资源调查监测工作新领域，殷志强等（2020a，2020b）开展了地表基质的三级分类研究，并初步提出了地表基质调查的支撑服务目标（郝爱兵等，2020a），侯红星等（2021）在保定试点基础上，提出了地表基质层调查的技术方法、主要内容及要素-属性指标体系。进一步研究发现在相同或者相似的微环境或者生境空间内，温度和降水等气候条件很难解释不同的植物群落组成差异与共存现象，地表基质层时空差异对局地生态系统空间布局具有决定性影响（王京彬等，2020；卫晓锋等，2020a；肖春蕾等，2021）。

由于地表基质包括的内容丰富，在植被群落保护、农业生产、土壤多样性调查等不同领域应用广泛，尚未取得一致认识，主要表现在如何在保证科学性前提下构建地表基质的分类体系和标准？不同比例尺的图面如何表达？调查监测的地表基质核心要素指标有哪些？等等。2020 年发表的《地表基质分类及调查初步研究》（郝爱兵等，2020）初步探讨了地表基质的科学内涵、三级分类、支撑服务目标、调查与编图应关注的重点问题等。2021 年以来，在承德生态文明示范区地表基质调查和编图的基础上，结合东北黑土地、北京、河北、江苏等不同地区地表基质调查试点工作，进一步厘清了地表基质的科学内涵和支撑服务目标，完善了地表基质统一分类方案和调查深度分层等内容，以期为全国范围内的地表基质调查与编图提供参考。

11.1.1　地表基质调查的理论、定位与内涵

1. 地表基质调查理论基础

地表基质调查是一项服务于生态文明的基础性综合地质调查工作（有别于土壤普查），

需要以地球系统科学理论为指导，从地质本身出发，坚持大生态观和大系统观，将地表基质与自然资源和生态环境紧密联系（图 11.1），查清、填绘岩石和表层沉积物的物质组成、空间范围、厚度、理化性质等属性，描述的是其自然性质、表现行为及其对生态环境的约束影响。

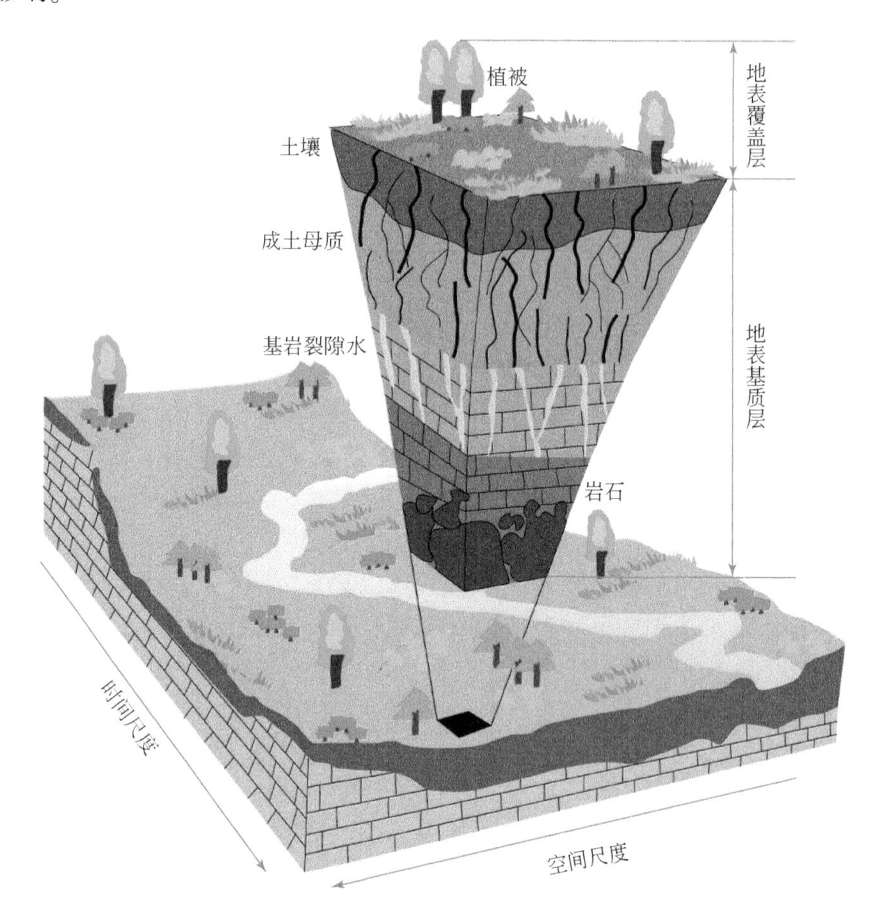

图 11.1 地表基质层位置及剖面结构图（据 Chorover et al.，2011 修改）

地表基质的理化性质指标是多门类自然资源之间相互作用和密切联系的纽带，是山水林田湖草沙“生命共同体”的形成基础，地表基质研究强调的是其自然属性和生态属性，需要回归自然本源。在“第三次全国国土调查”的基础上，研究植被覆盖层下部的土壤、风化壳及包气带中水、气、元素的迁移和交换等，查清地表基质与林草生态植被的协同适宜性，纠正目前部分地区地表基质层与覆盖层不匹配、土地利用错位问题，实现调查成果的“一查多用”，支撑服务粮食安全（耕地占补平衡、耕地后备资源潜力区评价，国土整治等）、生态安全（生态修复）、地质安全（城市建设区砂土液化、山区滑坡崩塌泥石流等地质灾害防治）、碳储碳汇评估、承载能力评价以及表层地球科学演化研究等。

2. 地表基质调查目标定位

通过地质调查，查清全国地表基质的类型、分布范围、厚度、剖面结构、理化性质、孔隙度、生态特征及分布规律等属性，掌握地表基质层中水气和关键养分元素的动态变化，根据地表基质的地质成因，分析地表基质演化规律及其对表生过程和多圈层相互作用的影响和响应。

现阶段是地表基质的概念内涵、三级分类体系和调查编图等技术方法的探索阶段，迫切需要结合已有的基础地质调查工作，率先开展华北山前平原区、长三角沿江地区、西北黄土沙漠过渡区、东北黑土地典型发育区、福建-海南等南方强风化区和承德等农牧过渡带地区地表基质层试点调查，形成陆域与海岸带，地上与地下，山区、丘陵与盆地、平原，河流与湖泊，沙漠与戈壁等不同区域的地表基质调查工作模式和技术方法。例如，通过对东北黑土地贯穿不同气候、地貌、景观、植被区的典型剖面调查，分析黑土地关键带的生态地质特征，系统揭示黑土地资源数量、质量、生态和结构的变化趋势，提出黑土地变薄、变瘦和变硬的地球系统科学解决方案。

3. 地表基质的科学内涵

地表基质层位于地下资源层之上、地表覆盖层之下。因此，其应位于地球表层，是地球关键带的主要承载体，也是一个具有穿透性的区域，其空间范围自地面开始，穿过土壤，一直延伸至基岩顶部或包气带的底部，是地球五大圈层相互作用的主要发生区域（安培浚等，2016）。

地表基质层是地球关键带的主要物质组成部分，其包括陆地表层或水体（河湖与海水）底面以下，由自然过程形成的天然岩石、半固结岩石、第四纪沉积物和风化残积物及其在表土母质基础上发育形成的土壤层等，是地表覆盖层和陆表生物圈的承载体、表生地质作用影响的地球表层岩土物质层和地球关键带中水气与岩土矿物质、植被根系与土壤微生物等发生能量和元素交换的主要层位，是各种物理和化学风化、土壤形成发育的发生带，也是包气带水气液转换、地球化学循环、碳氮循环、土壤温室气体吸收与生成、盐类物质淋滤淀积、冻土层形成变化、侵蚀与沉积作用的发生地，更是人类土地利用与管理的主要对象。因此，这一区域的地质母质决定了地球关键带各种过程中生物地球化学及水文循环、能量交换的特点，也决定了地表覆盖层生态系统的本底特征。

地表基质层影响着地表覆盖层（生态系统）的形成演化过程和稳定性，其特征可以用其物质组分、母质物源、成因过程、发育时代、空间分布和垂向结构等多种属性来描述刻画。不同特点的地表基质层可以对地表生态环境产生不同的影响，因此查清母岩母质-土壤-植被之间的生成关系，是支撑服务宜林则林、宜草则草、宜耕则耕的生态空间分布适宜性规划和管理的重要基础背景信息。

地表基质是表生地质作用的主要承载体，也是各种物理和化学风化、土壤形成发育的发生带（Bristol et al.，2012），更是人类土地利用与管理的主要对象。地表基质是林草植被孕育和生长的基础，并影响着生态环境的形成演化过程和稳定性。不同的地表基质类型孕育了不同的生态系统和植被类型，决定着林草生态要素孕育的本底特征，制约着生态要素的空间格局和演化趋势。如承德的板栗、山楂等的果实籽粒对基岩-风化壳-土壤中富集的有益、有害元素有很好的响应关系。

不同地质成因的地表基质类型具有不同的沉积构造、分层结构、厚度、孔隙度、岩性等理化性质，直接影响表土的地气和水分交换、微生物群落类型和有机质组成，为植被提供不同的营养和有害成分。同一气候条件下，不同的地表基质类型区生长有不同的植被群落类型和覆盖密度，地表基质对植被类型及组合有明显影响。基质内含有的营养元素将促进植被生长，如花岗岩和玄武岩矿物类型丰富，风化壳在成壤化过程中富集了较多的营养成分，基质区适宜生长乔木；而砂岩和粉砂岩风化壳区由于颗粒小且致密，风化壳因矿物相对单一而缺乏足够的营养元素，基质区的植被类型往往以草本和灌木为主。因此，地表基质异质性直接影响着植被的类型和空间展布格局。

4. 地表基质的物质组成与成因属性

地表基质层在物质构成上主要由岩石和第四纪沉积物所构成，岩石包括沉积岩、火成岩和变质岩，第四纪沉积物则包括风成的沙漠和黄土、水成的河湖海洋沉积、山区的坡积物、冰碛物和基岩表面风化残积物构成的风化壳。表生地质作用包括风力作用（风蚀和风积）、冰川作用（冰蚀、冰碛）、降雨流水作用（滑坡、泥石流、洪积、冲积、湖积和海相沉积）、重力作用（崩塌和坡积物）、蒸发作用（盐碱、盐壳、钙华）、物理风化作用、化学风化作用（风化残积）、成壤作用（土壤）、淋滤淀积作用（钙结核）、潜育化作用、生物作用等（图 11.2）。

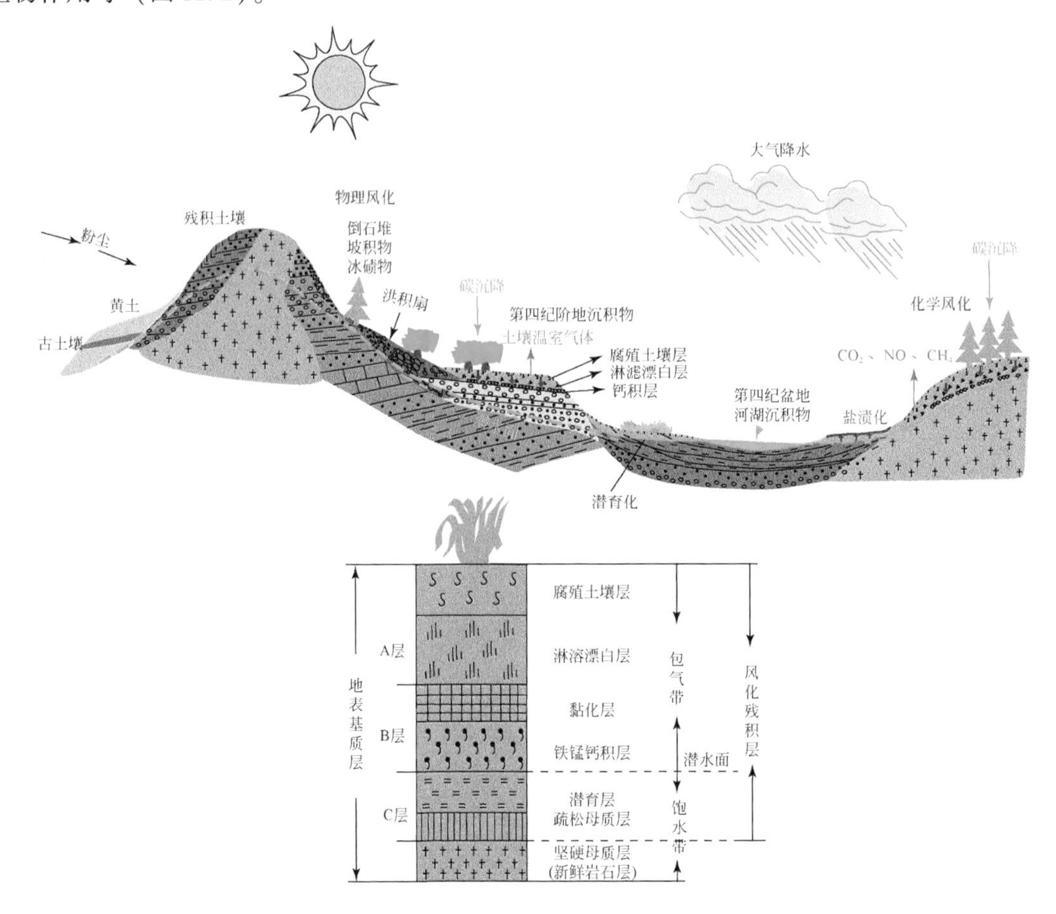

图 11.2　地表基质的空间展布及表生地质作用特征图

11.1.2　地表基质分类

自然资源部办公厅印发的《地表基质分类方案（试行）》（自然资源部，2020 年）根据粒径、质地、组成、成因等把地表基质划分为 4 个一级类和 14 个二级类，但方案存在类型划分标准不统一，地质含义不明确，缺少科学性，造成实际地表基质填图中难以操作、生态修复和经济建设中无法落地的窘境。根据在承德市地表基质调查研究的实际案例，提出了地表基质的四级分类方案。

关于地表基质四级分类，根据承德市地表基质编图实践，建议在物质组成、成因类型、地貌形态基础上，岩石以年代+成因类型+地貌形态进行命名，如侏罗纪沉积裸露型岩石，还可以在岩性前面加限定修饰词；第四系松散沉积物增加成因质地（反映原生沉积环境）进行命名，命名方式可采用年代+成因类型（地貌形态）+粒度质地，如第四系冲洪积扇（alluvial fan）粗砾（gravel）（Q^{a-g}）。实际编图中可用花纹表示成因类型（或地貌形态），颜色表示粒度质地，同时标出年代符号。对于一定深度的地表基质，通过地质剖面图展示其分层特征，标出不同深度的岩性及其厚度。

理论上地表基质应该是陆域和海域全覆盖。按照地表基质的原来定义，自然成因的才属于地表基质类型。但随着人类活动增加，按现实情况和治理需要，人工填埋物已经不可忽视，占了地表很大的比重，尤其是在人群密集的工业、城市、村落，因此建议把人工填埋物作为一个独立的地表基质类型划分出来，当人工填土厚度大于 1m，单独在地表基质剖面图顶部画出人工填土层的厚度，在平面图上用人工填土符号表示。

1. 目前地表基质分类存在的问题

总体方案中对陆地一侧的地表基质分为岩石、砾石、砂、土壤等，这种分类主要是按照基质结构和颗粒特征的物理特性来划分的，虽然突出了最主要的物性特征，但也有不足之处：

（1）涵盖不全，还有盐碱盐壳等化学沉积、风化壳等基质类型。

（2）难以填图，沉积物的粒度常常是过渡的，只有大量采样测量才可能得到沉积物的粒度分布，而且粒度相同的沉积物可能化学性质存在明显差异。

（3）沉积物通常是混杂堆积，有粗有细，砾石之间也会有细砂和黏土，只是含量的优势组分可能表现为砾、砂、黏土等。

（4）未体现沉积物成因，实际上，相同成因的沉积物，虽然粒度特征可能会出现差异，但却常常具有相同的物源和相似的成分构成，对地表覆盖层和生态系统具有相似的母质影响。

2. 地表基质分类原则

（1）吸收借鉴相关学科领域分类标准，分类保持科学性，同时着眼于当前自然资源调查监测工作需要，避免交叉重复。

（2）从自然生态系统演替规律和各种地球关键带过程的内在机理出发，体现地表基质的发育、演化的逻辑关系，具有成因和空间联系、分布一致属性。

（3）野外调查具有可操作性，要实用，类型定义通俗易懂，层级不宜过多。

3. 地表基质初步分类方案

地表基质调查需要查清基质的类型、理化性质及地质景观属性。因此需要从这 3 个方面考虑分类体系，并以此形成地表基质层填图规范。关于基质分类，总体上可按物质组成、成因类型、地貌形态、粒度质地等进行划分。

这里对地表基质提出四级分类方案：

一级分类主要根据地表基质在陆地和海底的物质组成分为基岩和松散沉（堆）积物两大类。松散沉（堆）积物是地质基质层最重要的组成部分，也是生态系统赖以承载的母质和农作物耕种的土壤母质，必须得到足够重视。

二级类型：在一级分类基础上，根据成因类型将基岩和松散沉（堆）积物分别划分为 13 个二级类。其中基岩根据岩石建造类型又分为岩浆岩建造、变质岩建造和沉积岩建造，每一个建造类型下又可借用工程地质的岩组单元划分的类似方法进行细分。沉积物的二级类根据成因可分为陆相沉积、海陆交互相沉积和海相沉积等，并根据水、风、冰、重力、风化、化学等成因细分。

三级类型：在二级分类基础上，根据地貌形态和景观特征，每一个二级类再细分为多个三级类（图 11.3）。对于基岩就是依据岩石的裸露程度或风化壳类型进行划分；对于第四纪沉积物，如河流冲积物，可再细分为多级阶地或河床相、河漫滩相，湖泊沉积可细分为湖心、湖滨和湖心–湖滨过渡相，风成沉积细分为风砾、风沙、风成黄土，洪积扇细分为扇根、扇中、扇缘，冲积平原（扇）细分为冲刷区、砂砾石覆盖区等，化学沉积可细分出盐类沉积、盐碱化、碳酸盐台地等。冰碛物由于为冻原地带，生态系统相对简单，可以简化。

四级分类：在三级分类基础上，再依据沉积物的粒度质地特征进一步细化，如按砾、粗砂、中细砂、粉砂、黏土等级别（曹伯勋，1995；吴克宁和赵瑞，2019），可命名为粗砂冲积物、黏土湖心相沉积物等。

需要说明的是：

（1）新近系半固结成岩地层介于岩石和松散沉积物之间，统一归入基岩类型。

（2）化学沉积：陆上的钙华、石膏、盐碱都是，水下的也有石盐、碳酸盐、石膏等等，标准里面不用细分，具体填图时根据化学沉积类型再分即可。

（3）一般来说，同一成因的沉积物类型具有相同的物源、相近的物质组成，但同一成因的沉积物可能因为沉积分选而出现理化性质的分异，如坡积物顶部颗粒细、底部粗，河流沉积物河道粗、漫滩细等，在填图时应充分考虑差异性。

（4）由于土壤是地表基质重要的组成部分，应在地表基质填图时，根据土壤质地、有机质含量和成壤程度对土壤层进行单独成图。

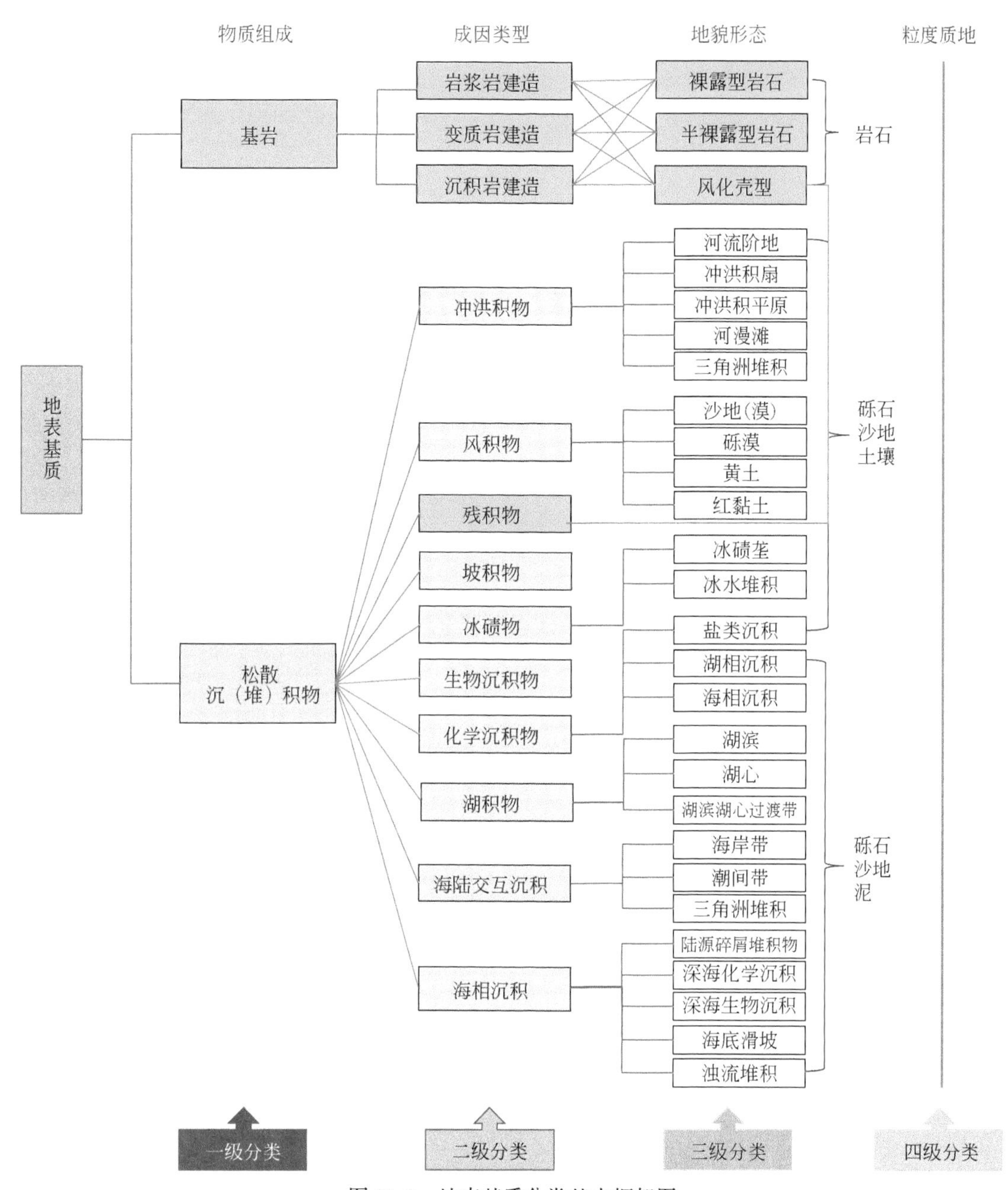

图 11.3　地表基质分类基本框架图

11.2　地表基质综合调查与填图方法

11.2.1　地表基质综合调查内容

地表基质综合调查包括调查、监测、评价、区划等内容。重点是以地球多圈层相互作用为主线，调查监测圈层之间相互作用的有联系的关键指标。在调查之前，需要根据地貌、气候、地质等对调查地域进行分区，根据地表基质在地球表层的分布特征，可分为基岩裸露区、半裸露区和风化壳区，平原盆地（含高原）第四纪沉积区、人工填土堆积区（建筑覆盖区、垃圾场等）和水域等。

1. 地表基质调查

重点开展地表基质层的垂向结构（母岩-母质-土壤-植被中的类型、质地、含水率、有机质含量等）、地表地形地貌（山地-山前过渡带-阶地-平原-湖沼）及其物质运移方式（河流、湖泊、风力、地下水、包气带水下渗蒸发淀积等物质搬运表现）、地表基质的本底特征和理化性质、土地开发利用情况和土地、生态保护现状等调查，同时还要兼顾岩石的矿物组成对表生地质作用的影响调查，如花岗岩区跟砂岩区植被不一样，原因是母岩对土壤性质的控制作用及对资源环境禀赋的影响有差异。

在承德地表基质调查过程中发现，山区和平原区地表基质调查的侧重点有所不同，由于山区的山坡上主要为基岩风化壳和残坡积物，且河谷区第四系沉积物面积较小，从支撑服务植被群落的角度，主要调查风化壳和残坡积物厚度、砂砾混杂程度指标；而平原区（高原区）的土壤母质主要为第四系冲洪积物或风成沉积物，且主要服务于农业生产，需着重调查地表基质的成因（风成沙或黄土、河流阶地或滩涂）、厚度、有机质、容重等指标。

2. 地表基质监测

地表基质与母岩-母质-土壤-植被关系是重点，监测地表基质不同层位厚度、地下水位、土壤含水率及有机质等趋势变化。监测的具体内容需要根据监测目的进行部署，比如含水率是为了评价包气带水的来源和迁移方式，昼夜地温变化是为了评价包气带水的凝结贡献等。

3. 地表基质评价

开展地表基质的宜林则林、宜草则草、宜耕则耕、宜荒则荒等地质生态适宜性评价，重点评价风化壳、盐碱地、沙地、裸地等对生态和农业的综合潜力。重点评价更宜林、宜草、宜耕、宜荒的地表基质类型。

4. 地表基质区划

在气候-地貌分区基础上，开展地表基质区划。编制地表基质等厚线图、地表基质层与地表覆盖层耦合关系图、地表基质区划图等。

11.2.2　地表基质调查厚度与分层

1. 地表基质调查厚度

地表基质层的顶面为地面，底界理论上应是表生地质作用能够到达的下限深度，然而这个深度因地而异，很难在基础地质调查中准确厘定，因此根据支撑服务生态安全和粮食安全的目标不同，综合考虑以下几个方面信息来确定地表基质层的底界：

（1）风化为主的表生地质作用能够到达的下限深度；

（2）近地表最深植被根系能够达到的深度；

（3）浅层地下水位的波动下限或基岩的不规则顶面；

（4）最后结合当前人类和生物生活（采矿等特殊活动除外）能够影响的深度。

另外，由于地表基质层也是建筑工程的承载体，因此城市工程要求的勘探深度决定了地表基质层调查深度的下限，但本书暂时不考虑工程建设深度，仅从支撑服务生态和耕地两个角度考虑。

调查深度根据不同沉积物区应有差异，如第四系覆盖层区以 30m 以浅为主（因为大多数植被根系能达到的最大深度约 20m 以浅，如西北内陆干旱区民勤沙枣树的根最深约为 20m，地表变温层（冻土层）和松散沉积物深度以 30m 以浅为主，土壤耕作层和土壤中主要微生物活动范围不超过 5m）；基岩山区以揭示新鲜基岩面出露深度向下 5m 左右；坑塘湖泊水底面向下 10m 左右。

2. 地表基质调查分层

在查清地表基质区域尺度基岩风化壳、风成沉积物、水成沉积物平面异质性的基础上，利用野外露头观测，剖面测量（横向和垂向），物探、工程地质钻探（背包钻）、微动、探槽等山地工程，土壤、水等物理参数快速监测、古环境古地理演化代用指标及年代学样品采集测试等手段，对岩石与第四系沉积物的厚度进行分层，进而部署相应的调查手段和调查任务。根据地表基质垂向支撑的内容不同，分类生产层、生态层和生活层。

1）*生产层*

调查深度一般为 0 ~ 1m，最深为 2m，主要支撑农作物种植和农业生产。调查深度确定为 1m 的理由是一般农作物根系的深度在 1m 以内（主要集中在 20 ~ 30cm），少数作物最大根系深度可达 2m（如玉米）。这一层主要是耕地的土壤层或耕作层，也是土壤微生物的主要活动层位，由于主要支撑粮食生产，故命名为生产层。建议同一种土壤类型单元需要有一个控制性调查点，由于这一层与农业生产密切相关，从粮食安全的角度出发，需要开展常规定期监测，强化管控。

2）*生态层*

调查深度一般为 0 ~ 5m，最深为 20m，主要服务植被群落科学绿化。调查深度确定为 20m 以浅的理由是大多数植被的根系最大深度为 20m，如西北地区民勤盆地的沙枣树。这一层是地下水与林草湿等植被群落的物质和能量交换层位，主要支撑植被群落生长和演替，故命名为生态层。建议同一类地层单元应部署有一个地质钻孔或露头剖面，调查精度相对较低，需要开展长期观测，提高地质与生态制约的认知水平。

3）*生活层*

调查深度 0 ~ 50m，主要支撑城市规划建设。调查深度确定的理由是目前城市空间一般向下开发的深度约 50m，这一层主要是人类利用地下空间进行生产生活，如城市地铁或建筑地下空间，故命名为生活层。这一层位是地表基质层形成演化、砂土液化、滑坡松散堆积物等研究（年代学、沉积古环境、三维立体模型）的主要层位，需要在典型微地貌区部署垂向钻探或横向地质剖面，通过精细探测，获取三维立体剖面结构，解析地表深部50m以浅地质演化信息，揭示自然资源赋存的地质背景和表生地质作用过程。

11.2.3 柴白河流域地表基质填图

1. 柴白河流域地质概况

以承德市的柴白河流域为例，研究野外地表基质调查的深度。柴白河流域位于承德盆地南缘，流域面积为481.98km^2。出露地层主要为中元古界蓟县群的雾迷山组和少量长城群高于庄组的泥晶白云岩、砂质白云岩、粉晶白云岩等，分布于柴白河流域的南部地区；侏罗系后城组第二、三岩性段的砂岩、粉砂夹泥岩、透镜状砾岩，分布于柴白河流域东北部地区；侏罗系张家口组的流纹质火山碎屑岩，分布于柴白河流域北部地区，呈断层接触关系；岩浆岩主要为侏罗系中细粒二长花岗岩，分布于柴白河流域西北部地区。

2. 地表基质填图单元厚度确定

野外调查发现，山体坡向（阴坡或阳坡）、坡度、海拔等因素控制地表残坡积层的厚度，而后者的覆盖深度又与植被发育程度密切相关。

通过在该流域获取的104组不同岩石残积物和坡积物厚度与植被数据分析发现，残坡积层厚度总体是阳坡小于阴坡，且坡度越大，残坡积厚度越小。残坡积层厚度越小，植物发育程度就越差，如阳坡的残积层区，植被类型主要发育为矮小的灌木，且高度大多小于1m；而在阴坡的残积层区，由于残积层厚度较阳坡大，植被发育虽然也为灌木，但高度可达1.5m。

在阳坡的坡积层区，坡积层厚度相对较厚，植被类型中灌木和乔木均匀分布，且灌木和乔木分布比例相当；但在阴坡的坡积层区，坡积层厚度相对更厚，植被主要以乔木为主。在砂岩、白云岩、花岗岩、片麻岩及泥页岩等5种不同的岩石风化后的残积物和坡积物区域内，调查发现残、坡积层的厚度在各个岩性之间存在细小差别，但总体趋势与前面总结的规律一致，即残积层的厚度总体小于20cm，天然植被主要为草本和灌木；而坡积层的厚度普遍大于20cm，植被类型以乔木为主（图11.4）。因此，这里以残、坡积层的厚度20cm为界线进行填图单元划分，从支撑植被的角度出发，小于20cm的残积物（风化壳）以母岩岩石类型进行基岩填图单元，而≥20cm的区域作为第四系沉积类型（坡积物）作为地表基质填图单元。

3. 地表基质填图单元划分

根据前面的地表基质四级分类理论，综合岩性组合特征，对出露较少的地质单元进行合并，在承德市柴白河流域地区划分了侏罗系砂砾岩类基岩、蓟县群白云岩类基岩、长城群砂砾岩类基岩、侏罗系流纹岩类基岩、侏罗系花岗岩类基岩、侏罗系粗安岩类基岩、长

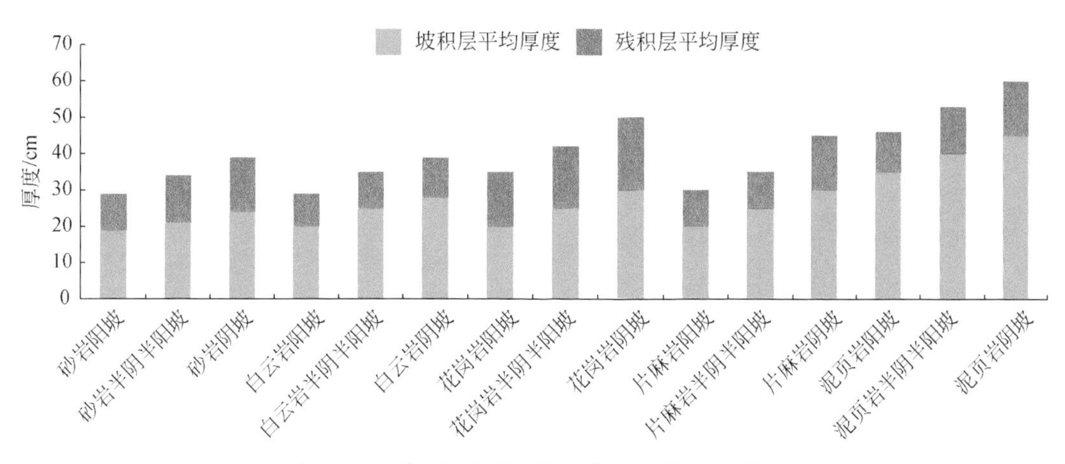

图 11.4　柴白河流域残坡积物平均厚度统计图

城群片麻岩类基岩，第四系砂砾岩类残坡积粗砾、第四系白云岩类残坡积粗砾、第四系流纹类残坡积粗砾、第四系花岗岩类残坡积粗砾、第四系粗安岩类残坡积粗砾、第四系片麻岩类残坡积粗砾、第四系砂砾岩类残坡积砂砾、第四系白云岩类残坡积砂砾、第四系流纹类残坡积砂砾、第四系花岗岩类残坡积砂砾、第四系粗安岩类残破积砂砾、第四系片麻岩类残破积砂砾、第四系冲洪积粗砾、第四系冲洪积砂、第四系风成粉砂（壤土）、第四系冲洪积黏土 23 个地表基质四级类填图单元（图 11.5）。

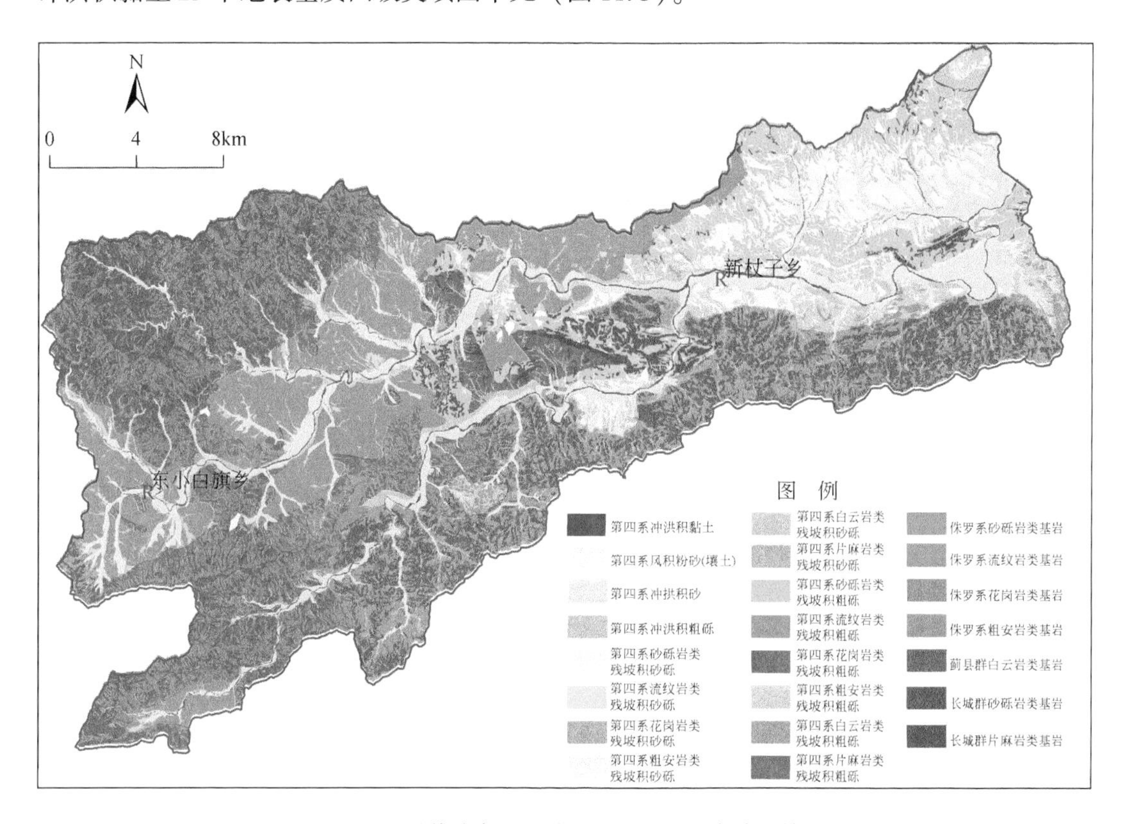

图 11.5　承德柴白河流域地表基质四级类填图单元

这里说明一下，文中将第四系的沉积物命名为砂，由于各种岩石的风化壳及残坡积物均为第四系沉积物，故统一为砂。

11.3 地表基质调查方向与支撑科学绿化和生态修复

11.3.1 地表基质层调查的主要方向

1. 地表基质层与地表覆盖层的约束关系调查

地表基质层是地表覆盖层的主要承载体，提供了地表覆盖层生长发育的基础母质。地表覆盖层是外营力主导的表生作用的发生地，其与地表基质层之间存在能量和物质交换，与浅层地下水和大气之间存在水热交换，因此，地表基质层与地表覆盖层之间存在紧密联系，开展地表基质与森林草原湿地等自然资源相互关系调查，评价全国、大流域和重点地区地表基质类型宜林、宜草、宜耕生态功能和适宜性，有助于从空间格局演变和地质剖面结构两个层次理清地表基质与自然资源和生态环境的相关作用关系，科学划定宜林则林、宜草则草、宜耕则耕的适宜区域，更好地支撑服务不同尺度的国土空间规划落地和生态修复科学实施。

联系地表基质层与地表覆盖层的一个重要要素就是土壤层，所谓土壤就是生长植被的松散土层。因此开展土壤调查应该是地表基质层调查的重要内容之一，而基于质地和成壤程度的土壤调查是凸显地表基质层母质贡献的切入点。

2. 基岩山区风化壳精细化调查

基岩风化壳是地壳表层在风化和水流的作用下，在基岩顶部形成薄的残积物外层，它不连续覆盖于基岩之上。基岩风化壳是山区水土流失和地质灾害防治，高标准农田整治、梯田修建的物质基础，不同类型的岩石风化后形成元素差异明显、地貌形态特征各异的风化壳。由于我国平原和浅山区已进行了不同程度的开发建设，为实现农田占优补优，调查认为坡度较缓的基岩风化壳是未来可考虑的方向，而基岩风化壳的厚度、理化性质、剥蚀过程等是地表基质调查的重要内容。通过剖面露头、物探、钻探等揭示风化壳的剖面结构和厚度，制作风化壳厚度分布图（等厚线），揭示土壤层、残积层、风化层和下部基岩的元素迁移转化关系。另外南北方的风化壳发育具有较大的差异，可针对当地的风化壳类型确定能显示地域特点的风化壳提出分类方案。

3. 地表基质层填图深度剖面和地表单元间关系

初步提出地表基质的调查深度为30m，那么在30m的深度范围内，地表基质层的岩土体性质可能会发生变化，因此，需要通过露头剖面、工程浅钻、探槽等揭示的地表基质剖面特征，在地表基质图上通过剖面柱状图的形式充分反映出来。在图11.3框架中的三级和四级分类确定的填图单元中，建议单块面积超过规定大小的填图单元内增加一个地表基质柱状剖面图，以便揭示地表基质厚度的变化。

11.3.2　地表基质调查支撑科学绿化和生态修复

1. 支撑塞罕坝地区植树造林优化布局

2019～2021 年，在位于河北北部的张家口—承德（简称“张承”）坝上高原地区开展地表基质调查，结果显示塞罕坝地区地表基质类型主要是玄武岩、花岗岩、风积物、和河湖沉积物，其他类型还有凝灰岩、安山岩、流纹岩等。目前的人工林主要种植于风积物和玄武岩基质区。

风积物基质区：因地下水位埋深较深（一般大于 10m），土壤养分含量较低，人工种植乔木林后，灌木和草本因水分和养分不足出现植被群落结构单一现象。

玄武岩基质区：调查发现表层土壤厚度为 0.1～0.3m，风化壳厚度为 0.5～1.0m，土壤中氮和钾元素含量较高。致密块状玄武岩垂向柱状节理裂隙发育，可为落叶松等浅根乔木树种根系生长提供物理空间和水分通道；蜂窝状和杏仁状玄武岩保水性较好，适宜樟子松、白桦等深根乔木树种生长，在山坡上种植的乔木生物多样性较好（图 11.6）。

(a) 强风化玄武岩基质区植被根系

(b) 弱风化花岗岩基质区植被根系

图 11.6　张承坝上高原典型地表基质与植被生长约束示意图

花岗岩基质区：土壤层厚 0.2～0.5m，风化壳层厚 1.0～2.0m，土壤中 N 和 K 元素含量较高，岩石保水性较好，适宜樟子松、榆树等以深根为主的乔木生长，也可作为周边扩大造林规划的区域。适宜的花岗岩基质区主要分布在塞罕坝地区中部和丰宁县大滩镇和外沟门乡等地。

因此，周边扩大造林宜优先规划在玄武岩基质区，重点推广针阔混交林，并增加蒙古栎、白桦和榆等乡土树种。适宜的玄武岩基质区主要分布在塞罕坝地区中部、丰宁县大滩-鱼儿山镇一带和草原乡、围场县御道口牧场及御道口镇等地。

2. 支撑坝上高原狼毒防治

对坝上高原御道口牧场区42处狼毒分布区进行样方调查，测量株数、株高等，发现9处为密集斑块类型，6处为稀疏斑点类型，27处为零散点状类型。其中“风积+水积”类二元地质结构单元更易出现狼毒，在河湖相+薄层风积砂土壤结构单元内狼毒空间展布呈面状和带状密集分布（图11.7）；在沙地区域内和河道两侧及低洼区域内呈零散点状分布。由于二元结构单元对水分、养分的供给能力较强，利于狼毒产生“肥岛”。密集斑块状型地表基质层中N、P、K、Ca、Mg、S元素含量明显高于狼毒零散点状，且粒度组分以砂为主，水土条件优良，“肥岛”效应显著，利于狼毒根系对表层至深层土壤的利用效率，产生较多的根系沉淀，而根系活动能维持“肥岛”的功能和发育，狼毒和“肥岛”相互促进有利于狼毒种群的大面积扩张。相反，沙地区和低洼区水土条件差异显著，不利于“肥岛”效应发生，延缓狼毒的扩散。

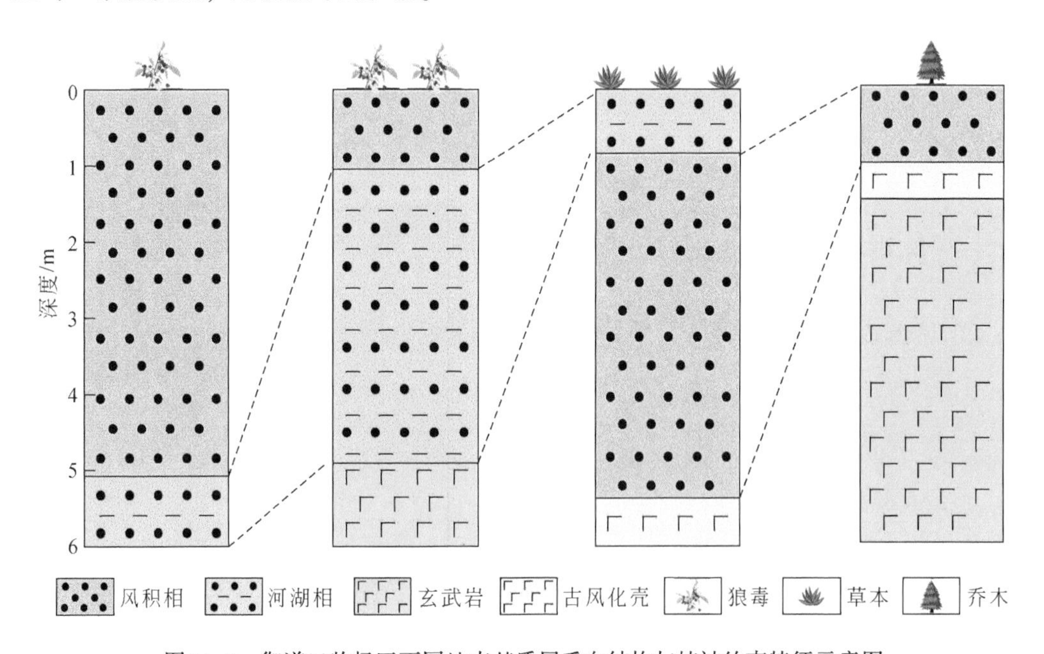

图11.7　御道口牧场区不同地表基质层垂向结构与植被约束特征示意图

11.4　坝上高原如意河流域地表基质调查评价

11.4.1　如意河流域地质环境及研究方法

1. 气候环境与地质地貌

位于承德坝上高原东部的如意河是生态单元相对独立的流域单元，流域面积为

196.7km^2，海拔为 1250～1700m，如意河道长约 65.1km。地势由东北向西南低倾斜，地貌属侵蚀剥蚀山地和剥蚀堆积平原，区域构造属棋盘山中凹陷构造单元，为典型的森林-草甸草原过渡带。如意河流域位于我国北方生态脆弱区和农牧过渡带，其水源涵养和防风固沙功能极其重要。

如意河流域出露地层从老到新主要为白垩系张家口组（K_1z）角砾凝灰岩、流纹质凝灰岩、流纹岩，白垩系义县组（K_1y）气孔杏仁状安山岩、斑状安山岩，新近系汉诺坝组（N_1h）致密块状橄榄玄武岩、气孔状橄榄玄武岩、橄榄辉石玄武岩及安山质玄武岩，第四系（Qh）洪积亚砂土及细砂夹砂砾石、风积粉细砂、湖沼积淤泥及碳质泥土、冲洪积砂砾石夹亚砂土。其中玄武岩和风积砂的分布范围较广，玄武岩具有多期次喷发、气孔发育分层明显等特点（孙厚云等，2020）。地下水类型为降雨-入渗型，随季节变化明显。地下水总体流向与如意河流向一致，为北东-南西流向，地下水埋深较浅，一般为 2～4m。如意河流域分布土壤类型为灰色森林土、草甸土、风沙土、栗钙土、黑土、沼泽土。

2. 调查研究方法

采用遥感解译，穿越路线、追索路线调查和典型地表基质剖面解剖的方法，在如意河流域内选择 1 条自南至北具有典型性的剖面路线，剖面路线穿过的地表基质类型、地貌单元、土地利用类型、土壤类型和地表覆盖的作物植被类型丰富。在剖面路线穿过相近的地貌单元内开展地表覆盖层植被样地样方调查，对穿过的天然露头和人工露头进行剖面测绘，对重要的地质边界开展物探、钻探和槽探确定地表基质层厚度和剖面结构特征，并采集样品（卫晓锋等，2020b）。按照流域面上调查-流域重点区调查-典型地表基质层剖面解剖 3 种尺度在如意河流域开展调查编图工作，从不同尺度深化对地表基质层与地表覆盖层耦合关系的认知，为运用地球关键带理论研究地表基质层与地表覆盖层的耦合关系提供依据。地表基质调查编图的区域地质数据来源于 1∶5 万区域地质图，土地利用类型数据来源于“第三次全国国土调查”2020 年 10 月时点数据，地表基质层数据通过编调结合的方式，以野外调查实测数据为主。

11.4.2　地表基质层与地表覆盖层耦合关系调查

1. 地表基质和地表覆盖类型划分

如意河流域砾质分布很少且按不同粒级体积含量的二、三级分类在野外调查填图的可操作性、应用性不强。在如意河流域野外调查填图中发现砂质与砾质通常发育在一起，故将砂砾作为地表基质的一级分类，对应于砾质（侯红星等，2021）。在借鉴已有地表基质分类研究的基础上，通过综合分析如意河流域区域地质、第四纪地质图件和水文地质、工程地质钻孔数据，结合遥感解译和地质调查验证确定地表基质的边界范围，划分了玄武岩、安山岩、凝灰岩、流纹岩、冲洪积砂砾石、残坡积砂砾石、风积砂土、湖积淤泥和沼积淤泥 9 种类型三级分类地表基质，分析相应特征和分布情况（图 11.8，表 11.1）。如意河流域主要乔木树种为华北落叶松、樟子松、油松、云杉、白桦、榆树、蒙古栎等林木，主要灌木树种为杞柳、沙棘、黄柳等。如意河流域的草原以多年生草本植物占优势，主要由草甸草原和干草原组成。

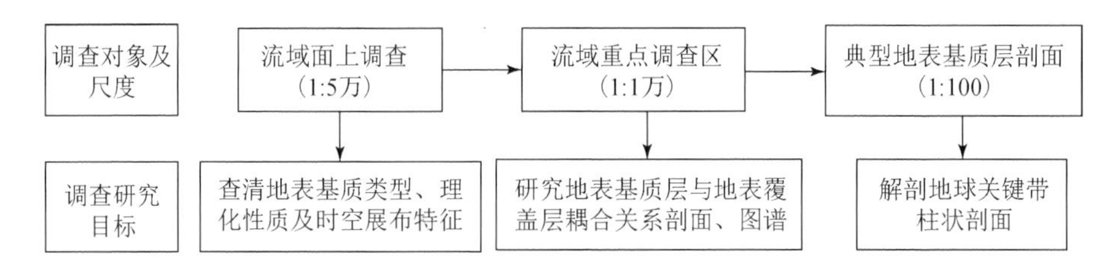

图 11.8　如意河流域地表基质调查尺度及内容示意图

表 11.1　如意河流域地表基质分类特征表

地表基质三级分类	分布情况及特征描述
玄武岩	主要为汉诺坝组致密块状、气孔状橄榄玄武岩及安山质玄武岩等。呈面状分布于流域的上中游，在韭菜顶至神仙洞一片分布集中，坡度大于20°
安山岩	主要为义县组气孔杏仁状安山岩、斑状安山岩等。零星分布，面积较小
凝灰岩	主要为张家口组安山质角砾凝灰岩、流纹质角砾凝灰岩、流纹质凝灰岩等。分布面积较大，在韭菜顶一带沿如意河河道两岸分布。上部发育一层厚度为30cm左右的灰色森林土
流纹岩	为张家口组流纹岩，出露面积较小，范围较集中
冲洪积砂砾石	主要分布在如意河干支流两岸，沿河流两岸呈带状分布，其中砾质以中砾、细砾为主，砂土以细砂、粉砂为主。上部发育草甸土和风沙土
残坡积砂砾石	主要为汉诺坝组玄武岩残坡积砾石、凝灰岩残坡积砾石，棱角状为主，夹杂含有机质风积砂土。出露较分散，呈条带状或透镜状分布，在玄武岩基质、风积砂层中零星分布
风积砂土	分布范围最广，呈片状分布，集中分布在如意河流域中下游。上部一般有25cm左右的含有机质风积砂土，土壤养分含量较低
湖积淤泥	分布在月亮湖等几个湖泊底部
沼积淤泥	主要分布在月亮湖南部、如意河源头一片，为沼泽草地和沼泽地

2. 地表基质调查监测内容

地表基质调查是基础地质调查的范畴，强调的是自然属性和生态属性。海南岛开展的地表基质调查将地表基质调查建议指标分为基础调查、特征调查和评价指标（李响等，2022）。地表基质监测与地表基质调查相衔接，通过对不同类型地表基质进行连续观测、定期复测和专项观测的活动，实时刻画流域地表基质理化性质、数量质量、生态和地质景观变化情况，分析动态变化和预测趋势（中国地质调查局，2021年）。地表基质调查填图和监测为地球关键带理论提供基础数据（马腾等，2020）。调查填图是研究地表基质层的组成、结构和空间分布的基础，回答“地表基质层是什么”的科学问题，监测是研究地表基质层随时空变化的基础，监测地表基质与母岩-母质-土壤-植被及作物关系，回答“地表基质层是如何变化”的科学问题。江汉平原建立的地球关键带监测网，对岩-水-土-

生-气等地表基质和地表覆盖要素开展监测，但只有部分监测内容和指标达到了原位实时在线监测（李俊琦等，2019）。本书在如意河流域开展地表基质调查和监测指标选取的分析，以流域的一个完整水文年为监测周期，进行地表基质理化性质的长时间实时序列监测（表 11.2）。

表 11.2　如意河流域地表基质调查和监测指标体系表

<table>
<tr><th>地表基质三级分类</th><th>调查指标</th><th>监测指标</th></tr>
<tr><td>玄武岩</td><td rowspan="4">岩性、颜色、产状、结构面类型、结构面密度、坚硬程度、风化程度、结构类型、完整程度等</td><td rowspan="4">含水率、渗透性等</td></tr>
<tr><td>安山岩</td></tr>
<tr><td>凝灰岩</td></tr>
<tr><td>流纹岩</td></tr>
<tr><td>冲洪积砂砾石</td><td rowspan="2">颜色、砾径、砾石含量、磨圆度、分选性</td><td rowspan="2">含水率、渗透性等</td></tr>
<tr><td>残坡积砂砾石</td></tr>
<tr><td>风积砂土</td><td>质地、颜色、粒径、成土母质、厚度、结构类型等</td><td>含水率、温度、电导率、有机碳、酸碱度，以及各种有益和有害元素含量等</td></tr>
<tr><td>湖积淤泥</td><td rowspan="2">颜色、气味、水深、水动力条件等</td><td rowspan="2">酸碱度、重金属，以及有机污染物类型、含量、活性等</td></tr>
<tr><td>沼积淤泥</td></tr>
</table>

3. 地表基质层与地表覆盖层耦合关系调查技术思路

地表基质层与地表覆盖层耦合关系调查以地球关键带理论为指导，首先以地质调查、土壤调查、国土调查等已有资料为基础，开展集成综合研究。其次通过多时相、多来源、高分辨率综合遥感解译，地面调查，物探钻探，剖面测量，测试分析和模型建库等手段，调查地表基质的基本类型、空间分布、垂向结构、理化性质、地质景观、利用情况、形成演化、固碳能力等特征。调查地表覆盖的类型分布、数量质量、生态功能等要素，研究地表基质层的本底特征、开发利用状况及对地表覆盖层的控制机理。最后开展基于地球关键带理论的地表基质层系列图件编制。

充分吸收借鉴坝上高原如意河流域区域地质、第四纪地质、水文地质、工程地质等调查填图方法，通过遥感解译、地质调查验证、样方调查、剖面测量、高密度电法测量、工程水文地质钻探和取样测试等手段，探索基于地球关键带理论指导下的地表基质层与地表覆盖层耦合关系图件编制方法。

11.4.3　地表基质系列图件编制讨论

1. 地表基质厚度空间分布图编制

厚度是地表基质重要的理化性质指标之一（侯红星等，2021），以如意河流域分布较广的风积砂为例，采用电测深法对如意河流域中游的风积砂厚度进行 500×800m 网格式扫面测量，精细测量风积砂与下伏基岩的界线。一共获取风积砂厚度数据 152 组，同时通过地面调查和开挖探槽方式对风积砂厚度数据进行验证，风积砂厚度数据真实反映了研究区风积砂厚度空间分布的客观情况。将 152 组风积砂厚度数据分为样本数据集 136 组、验证数据集 16 组，风积砂厚度调查点空间分布见图 11.9。基于 152 组风积砂厚度数据，应用径向基函数人工神经网络插值方法编绘如意河流域中游风积砂厚度空间分布图（图 11.10）。通过样本数据和验证数据的精度分析，如意河流域中游风积砂厚度空间分布与实际厚度分布情况较为吻合。

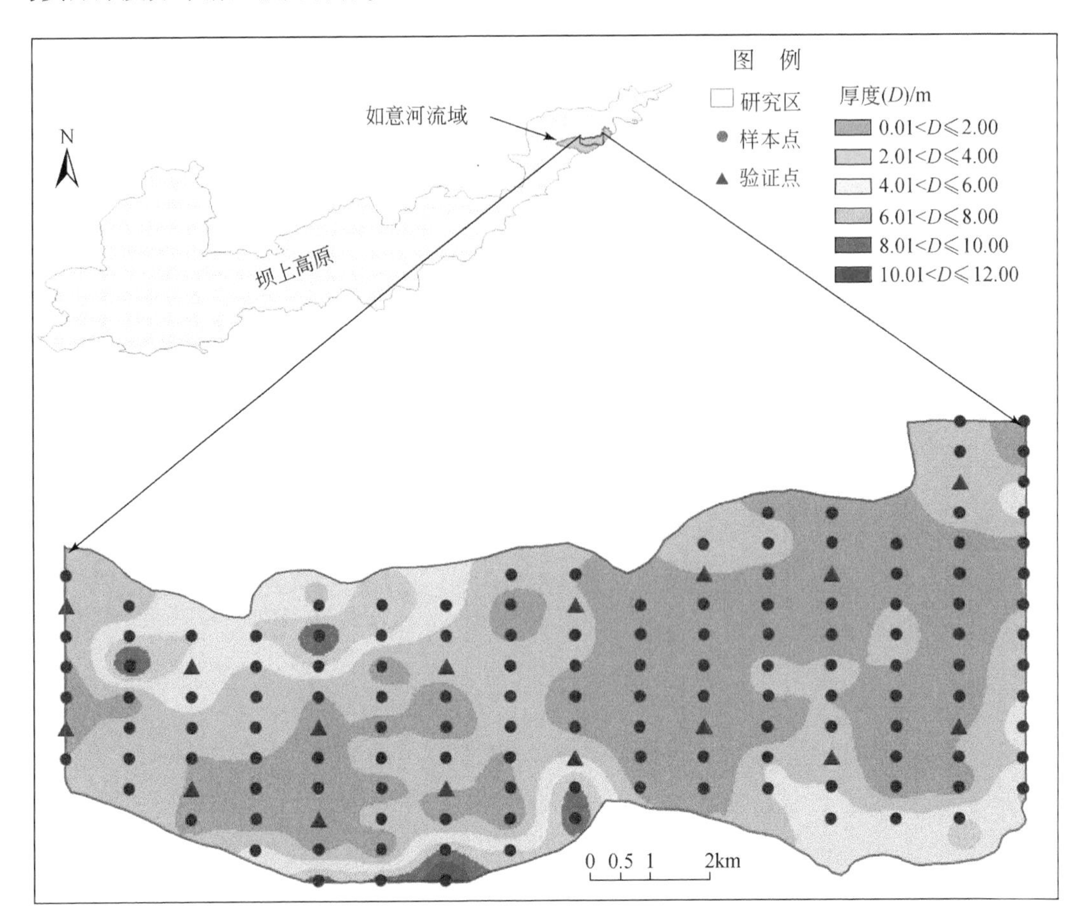

图 11.9　如意河流域中游风积砂厚度调查点空间分布图

2. 地表基质与地表覆盖耦合关系剖面图编制

地表基质层与地表覆盖层耦合关系剖面图是地表基质调查的基础工作，也是地表基质调查的重要内容和技术手段。通过地表基质层与地表覆盖层耦合关系剖面图的编制，可直观地刻画典型剖面的地表基质结构、岩石性质、成土母质性质、土壤性质及分布、植被及作物的立地条件和空间展布特征等信息，有利于总结地表基质对地表覆盖生态要素的约束

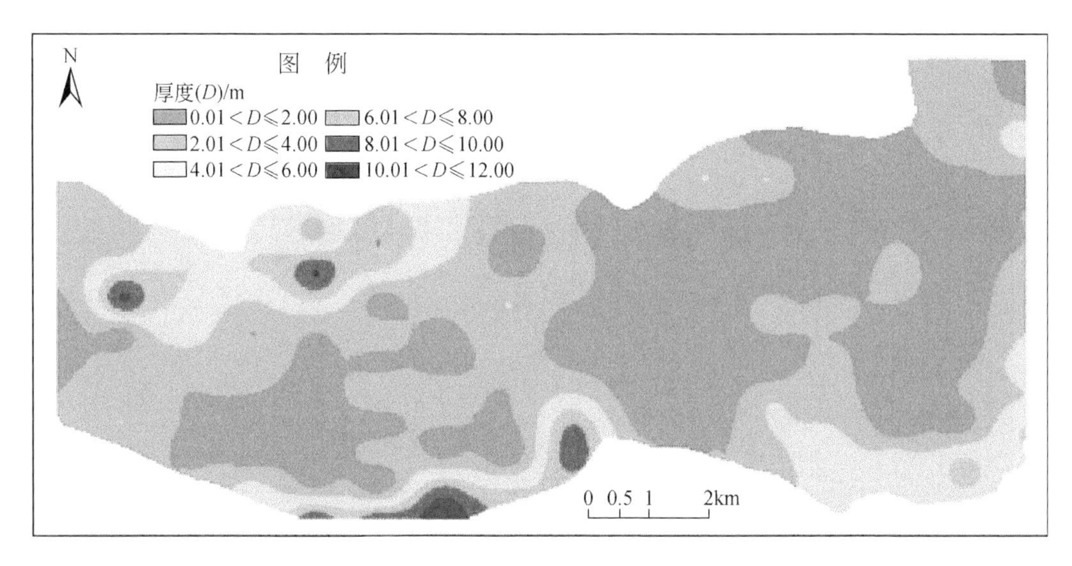

图 11.10　如意河流域中游风积砂厚度空间分布图

作用，分析岩-土-水-生等地球关键带多圈层交互作用。地表基质层的变化会影响地表覆盖层，地表覆盖层也反作用于地表基质层。以地球关键带理论为指导，研究地表基质层的什么性质影响着地表覆盖植被的类型和分布、哪些特征决定哪些地表覆盖生态要素的变化？地表基质层中发生的哪些表生地质作用和地质过程对地表覆盖生态要素起主要控制作用？以简化的区域地质图为底图，同时确保每种类型地表基质都有调查点控制。用高密度电法、电测深法探测基岩起伏面埋深。在地表基质层剖面图基础上，考虑耦合成土母质、土壤类型和地表覆盖植被类型等，探索地质调查、物探、钻探相结合的联合剖面表达空间结构，编制地表基质层与地表覆盖层耦合关系剖面图，直观地刻画地表基质层的剖面结构特征和对地表覆盖生态要素的约束作用（图 11.11）。

地表基质的物性差异是物探解释的重要参数，不同类型的地表基质层孔隙度不同，而地层孔隙度与电阻率具有相关性，孔隙度越大电阻率相对较高（白超琨等，2021）。基岩表现为视电阻率相对低阻异常，而上部的风积砂层则具有视电阻率高阻异常。高密度电法测量采用温纳 α 装置，通过反演解释剖面 *A-A′*、*B-B′* 成果数据，识别风积砂层的厚度和岩土层界线。

土壤是地球关键带中物理、化学、生物和能量流动转化的最重要载体之一，土壤也是地表基质层与地表覆盖层耦合关系中的一个重要要素。研究地表基质层土质厚度、粒径、含水率等对地表覆盖植被作物的影响。柱状剖面 PM01 位于如意河流域中游神仙洞北 1.6km，坡向朝南，坡度为 32°。地表覆盖草地及零星灌丛，植被覆盖度为 20%，草群平均高度为 15cm，草本植被根系主要集中分布在 20 ~ 30cm 深度范围。地表基质层特征为 0 ~ 30cm 为含有机质风积砂，含水率为 3.2%；30cm 以下为风积砂。该处风积砂厚度为 15m，风积砂下部为气孔状玄武岩［图 11.12（a）］。风积砂是在风积母质上发育成的土壤，成土作用微弱。风积砂上的植被稀疏，覆盖度较小，多以沙生植被为主。柱状剖面 PM02 位于如意河流域中游神仙洞西南 2km 处，为修路取土形成的陡坎，坡向朝北，坡度

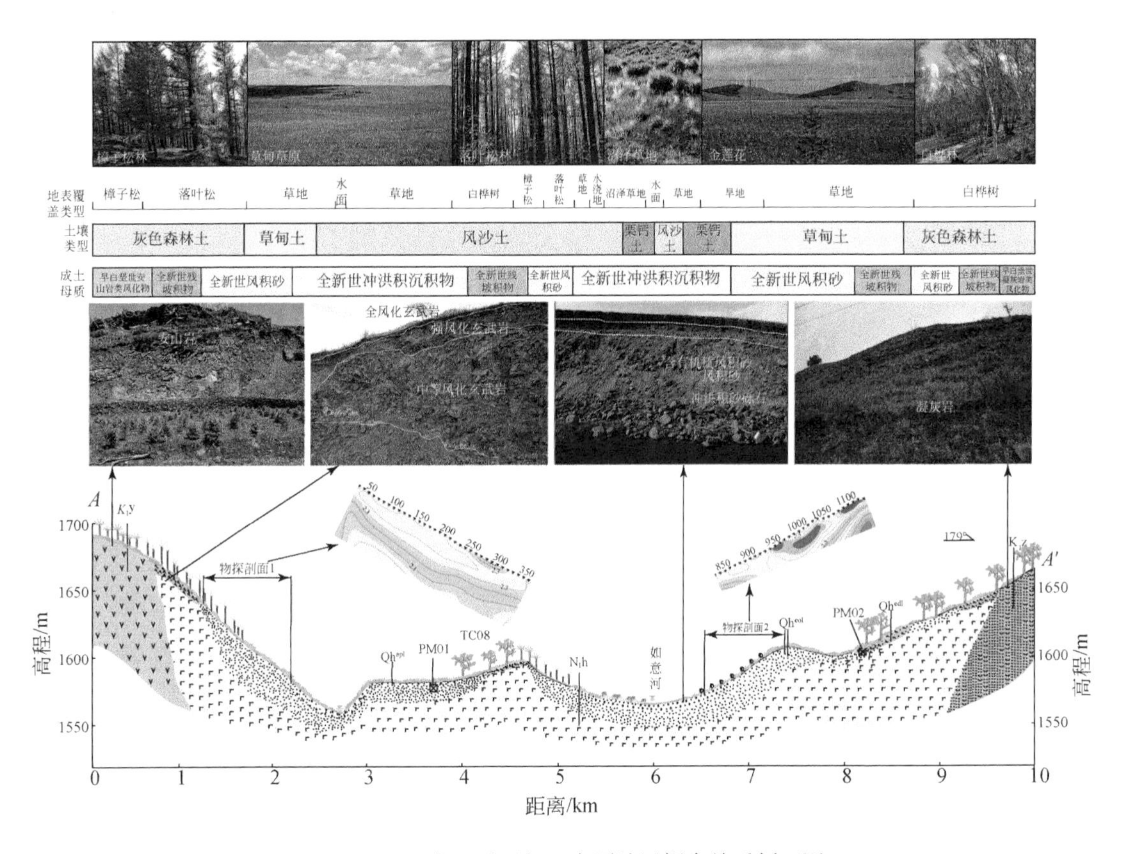

图 11.11　地表基质层与地表覆盖层耦合关系剖面图

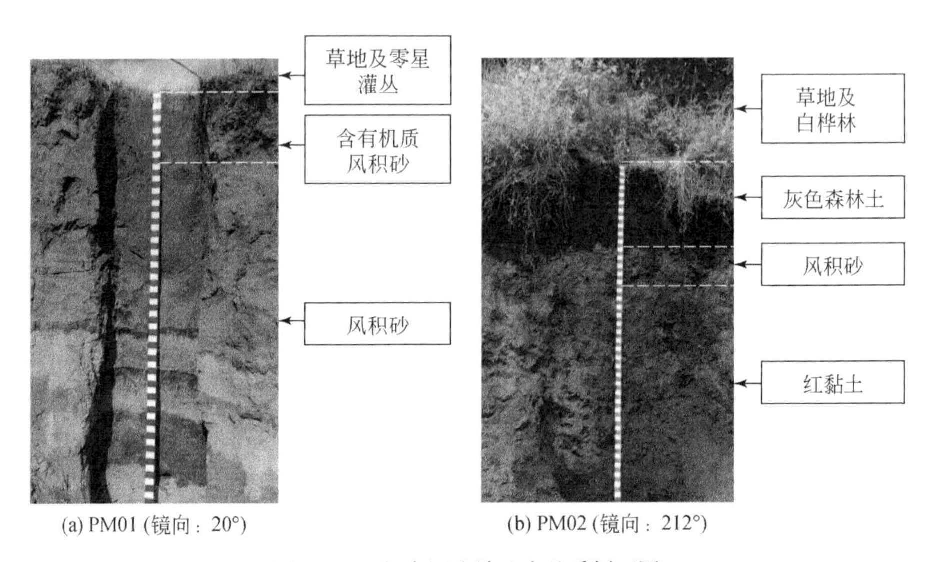

图 11.12　如意河流域地表基质剖面图

为 86°。地表覆盖白桦林、草地，植被覆盖度为 98%，草群平均高度为 65cm，草本植被根系主要集中分布在 20 ~ 50cm 深度范围，部分为 85cm，达到红黏土层。地表基质层特征为

0～50cm 为灰色森林土，含水率为 6.5%；50～80cm 为风积砂，含水率为 7%；80cm 以下为红黏土，含水率为 8.6% [图 11.12 (b)]。灰色森林土颜色深暗，土层薄，淀积层发育不明显，土体有机质含量较高，一般大于 5%。红黏土的成土母质为碳酸盐类岩石，颜色呈褐红色，黏粒含量高，塑性指数为 23，渗透性差，可视为不透水层。对风积砂、红黏土等地表基质样品进行取样和粒度分析，风积砂中值粒径为 198.78μm，红黏土中值粒径为 42.38μm，风积砂中值粒径是红黏土的 5 倍左右。对比 PM01 与 PM02，PM01 中风积砂较厚，1m 范围内的含水率在 2%～4%，地下水位大于 10m，且风积砂透水性好且持水性差。PM01 中风积砂下部为透水性差的红黏土层，起到隔水的作用，故能生长一些深根性的草本植物和白桦。

11.5　伊逊河河流阶地发育特征

伊逊河下游河流阶地保存较为完好，并结合上游地区由于人为改造及河流侧方侵蚀的影响，致使原有河流阶地多被侵蚀，在野外实地调查过程中仅布设若干个观测点。本研究中在伊逊河下游地区重点布设有 3 条剖面，分别是夏台村剖面 (P1)、郎营剖面 (P2)、孙家营剖面 (P3)。其中距离伊逊河与滦河交汇处最近的是夏台村剖面 (图 11.13)，然后是上游的孙家营剖面，最后是郎营剖面。在 3 条剖面的实测过程中，格外注意对各级阶地的拔河高度进行严格把控，同时合理选取年代样的布设位置，以便对各级阶地的形成年代进行把控。

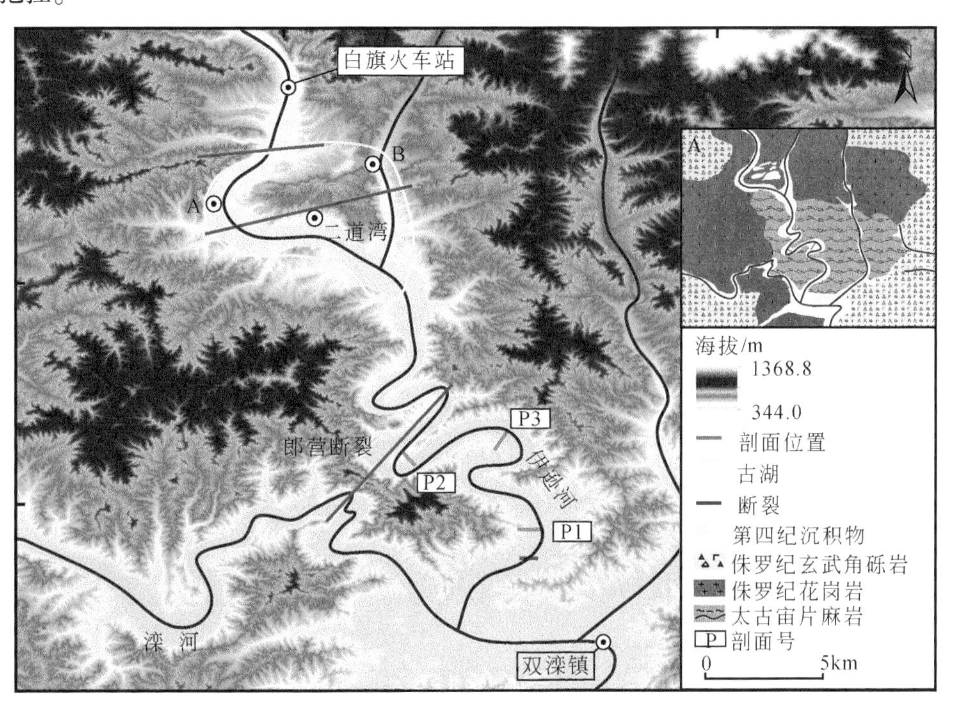

图 11.13　伊逊河下游地貌简图

图 A 为伊逊河下游区域地质图。P1. 夏台村剖面；P2. 郎营剖面；P3. 孙家营剖面

室内研究及实地调查中都会使用地质图、地形图、卫星图像、航空摄影以及数字高程模型（DEM）等数据开展遥感相关工作，以便对研究区域有较为准确的认识，进而提高野外工作效率。应用中国国家地质调查局发布的 1∶5 万地质图、卫星遥感影像以及 DEM 等进行室内研究，结合详细的野外调查，在伊逊河下游发现了较好的河流阶地剖面，并对上述 3 条有代表性的剖面进行了观察、实测、取样等工作。

11.5.1　河流阶地发育特征

1. 夏台村剖面

夏台村位于伊逊河与滦河交汇口附近，此剖面处发育有 4 级河流阶地，此剖面伊逊河水面高程为 373m，如图 11.14 所示。T4 为基座阶地，其余均为堆积阶地，T4 海拔为 413m，此处基岩为角闪花岗片麻岩，片麻理发育。其上部为砂及砾石互层及少部分粉砂下部多为灰褐色黏土质粉砂。另据实地调查发现 T4 接近山顶处出现双沟同源现象，据此推测此地曾有滑坡发生，此级阶地取样处，没有基岩碎石，由此可见此处并非残坡积物。T3 上覆土壤明显增厚，海拔为 404m，黏土质粉砂为 T3 的主要沉积物。T2 海拔为 394m，阶地前缘出露一个保存良好的剖面，阶地中部至后缘平坦，阶地面较为宽阔且顺河流流向成一条条隆状物。T2 地表土壤层为 15～20cm，土层较薄。土壤为黏土至粉砂为主，成壤母岩大致为河流相中到粗砂及砂砾石，因此土壤肥力差，表面出露些许小的砾石，分选好、磨圆度较高、砾性较为复杂，阶面上以杂草、灌木、乔木为主，未种植农作物。T1 海拔为 374m，阶面发育较为稳定，宽度较大。依据 T1 及 T2 二者高差，初步断定 3 条剖面在 T2 之后形成深切河曲，且 T1 上覆多为洪积砾石，砾石磨圆度及分选性均较差，推测 T1 原有河流相沉积物均被掩埋，在此层下部为粉砂质黏土等，植被十分发育，阶面上有大量作物以及经济林。

此段共有 4 口人工井，井深均为 3m 左右，地下水位埋深均为 3～3.5m，在挖掘井之时，挖出大量卵砾石，并被堆砌在其旁，具有磨圆度较好，分选性一般，岩性较为复杂等特征，主要以火山角砾岩、辉绿岩、花岗岩、脉石英、砂岩、肉红色钾长花岗岩、灰黑色闪长岩、灰绿色石英砂岩等为主，其中粒径最大者 a 轴达 18cm、b 轴达 12cm，小者 a 轴达 5cm、b 轴达 3cm。河漫滩处表层为黑色中细砂，下部为黑褐色含黏土粉砂，局部夹有红褐色黏土团块，含水性较好，上覆为灰黄色粉砂，植被根系较为发育，再下部为黄红色砂砾石层，砾性复杂、分选性较好、磨圆度较高，其中充填中到细砂，砾石层上部可见大块砾石，岩性为花岗岩，此处有乔木出现。

2. 郎营剖面

此剖面位于双滦区郎营东南部，此处伊逊河河面高度为 406m，河面宽为 80m，如图 11.15 所示。同上依据海拔及测年结果判定 T3 被侵蚀。T2～T6 因顶部发育有黄土，均被黄土覆盖掩埋。在此条剖面中，T2～T6 均为基座阶地，T1 为堆积阶地，T6 海拔为 472m，此处有一尾矿库，其规模较大，且延伸较远，深度较大，洞口处堆积有大量的矿渣。在尾

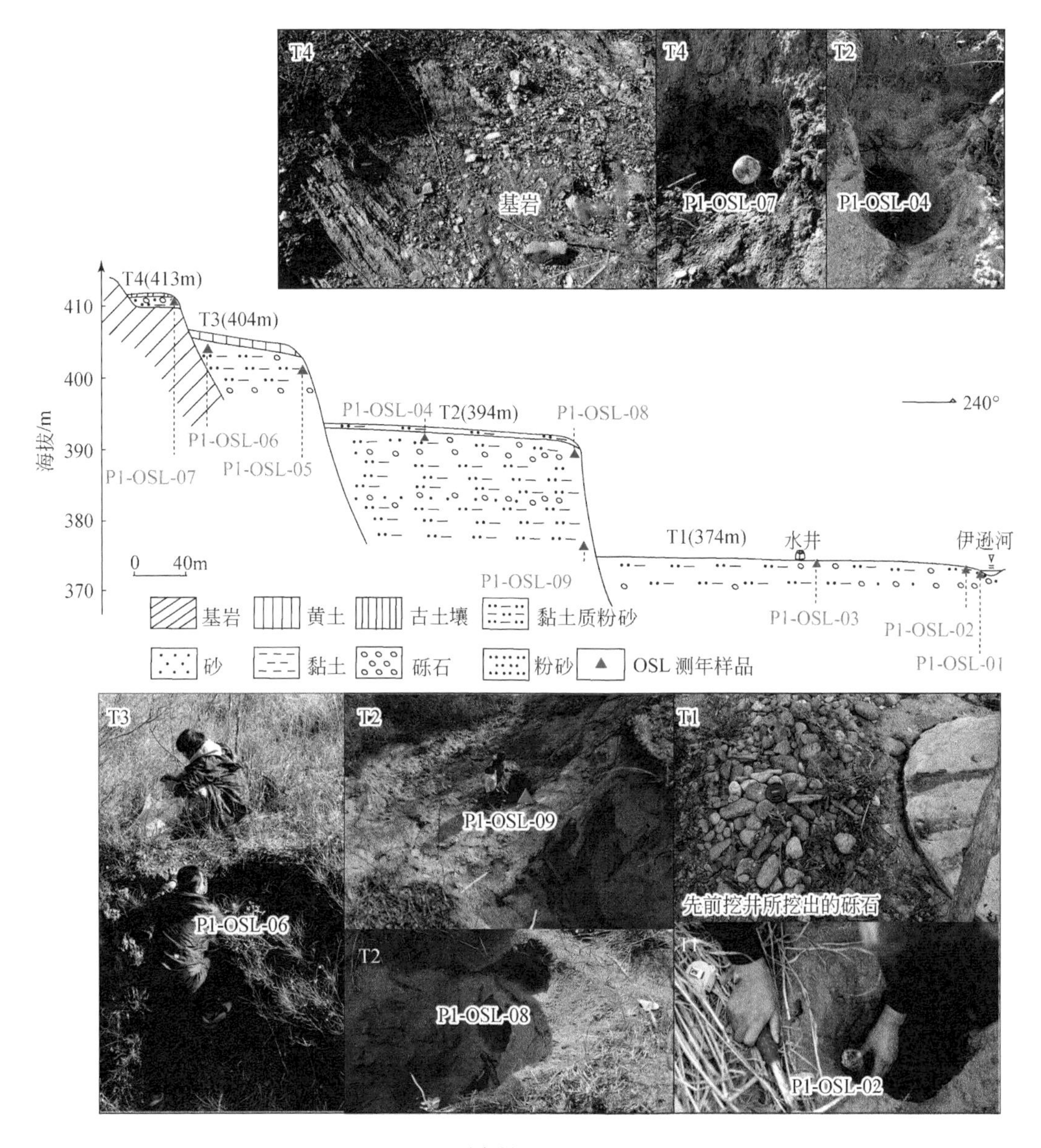

图 11.14　夏台村（P1）实测剖面图

矿库入口处北侧，发现一个分界清楚，岩性变化较为明显的剖面，由基岩、黄土、粉砂质黏土、土壤以及砂砾石层等组成。此级阶地上河流相砾石岩性较为复杂，磨圆与分选均较好，与 P3 T6 处的砾石层相比，其粒径略大，风化程度相当，两处砾石层岩性大致相同，砾性均较为复杂。在尾矿库入口处测得古土壤以上黄土厚为 7m，T5 大部为粉砂质黏土，下部有砾石出现，此处砾石磨圆较好、成层性较好，较大的砾石长轴为 20cm，较小者为 2cm，砾石间夹杂有粉砂、细砂等，主要岩性为辉绿岩、片麻岩、花岗岩、石英砂岩，顶部有红色黏土，此处砾性复杂，在 T6 顶部的黄土之上种植有枣树及玉米等经济作物。T5 海拔为 455m，上覆黄土及阶面比 T6 明显收窄，从上至下依次为黏土质粉砂，砾石层、黏土质粉砂与砂砾石的互层，此处砾石层分选中等至较差、磨圆度一般，大者直径可达 30 ~ 40cm，小的为 10 ~ 20cm。T4 海拔为 445m，上部为黄土堆积，此级阶地上可见一较为明显的平台出现，其大部由砾石及粉砂等组成。T2 海拔为 426m，其底部可见河流冲积的砂砾石层，顶部则由红色粗砂与灰黄色细粉砂等组成，其前部出现一个基岩陡坎，基岩为变质石英砂岩。T1 海拔为 408m，其上出现有些许磨圆及分选均较差的洪积砾石，推测 T1 上覆原有沉积物被掩埋，后被冲洪积物覆盖，T1 阶面平坦开阔，阶面上沉积物均为灰黄色粉砂，上部大面积种植果树。

值得注意的是 P2 T6 之下的黄土可视为其基座，依据测年数据初步将 T6 下的黄土定为马兰黄土，我们从郎营剖面所在位置向伊逊河上游调查，在伊逊河中游同样发现了此基座（样品 2、样品 3），其测年结果与 P2 T6 下黄土年龄大致相仿，亦为马兰黄土；同时在伊逊河上游（隆化县第六养殖场剖面处样品 1）年代数据显示 T4 在此处发现的黄土基座可能为离石黄土，在此剖面上部则出现马兰黄土，据此推测此基座下覆为离石黄土，上覆为马兰黄土，P2 T6 正是发育在这个基座上（图 11.15）。

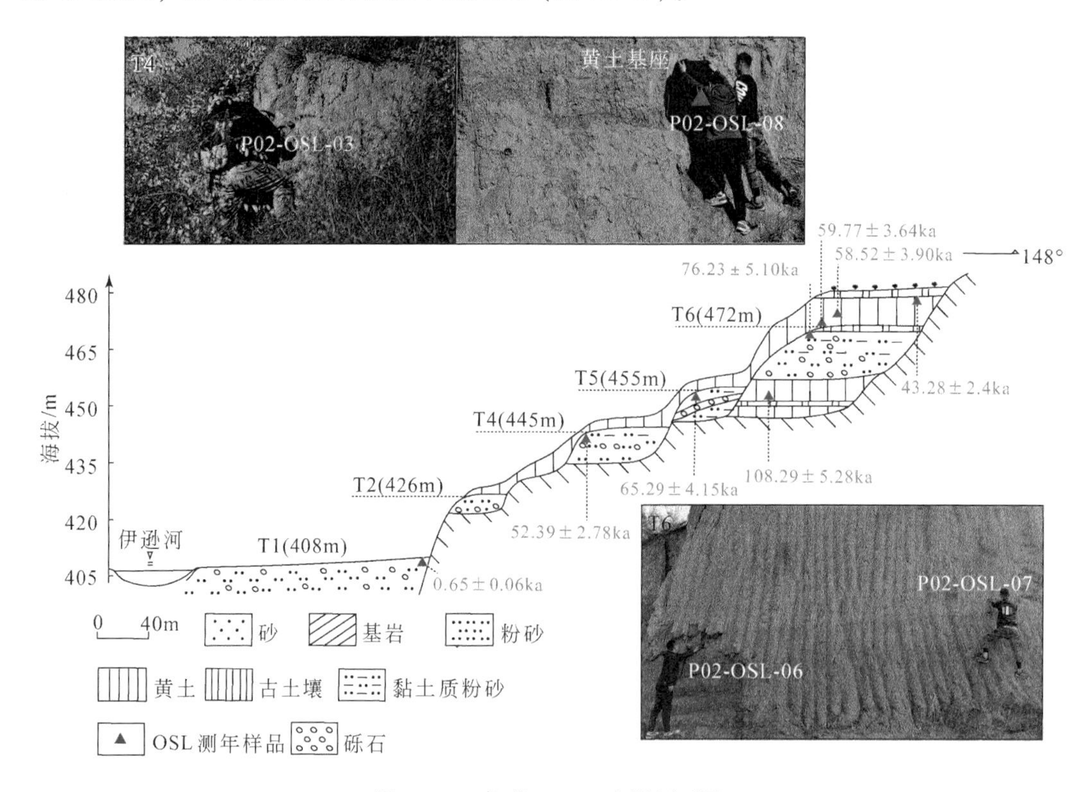

图 11.15　郎营（P2）实测剖面图

3. 孙家营剖面

P3 位于承德市双滦区孙家营西侧，在此面我们厘定了 7 级阶地，其中 T7 ~ T3 为基座阶地，T2 ~ T1 为堆积阶地，T5 ~ T3 均被上覆黄土埋藏（我们应用定位设备在阶地存在的位置进行了定位，并记录下了数据，以便于后续展开进一步研究），此剖面伊逊河河面高度为 399m。T7 是此剖面最高级阶地，海拔为 484m，其后为此段的山顶，并出现基岩斜坡，T7 上部为厚 2m 的灰褐色土壤，灰褐色土壤下部为一个古土壤层，风化呈肉红色，厚度为 30cm，再下为一整个砾石层，砾石层厚度为 1.5m，此处砾石层分选性一般，磨圆较好，底部偶夹大砾石，大者粒径为 30cm×13cm×6cm，砾石层底部基岩风化程度强，其原岩为片麻状花岗岩，在此之后下部均为砂砾石层，T7 处植被较为发育，有树木及灌木丛出现。T6 海拔为 466m，整个剖面厚约 7m，此处出现有姜结石，说明可能此级阶地先前风化较为严重，在顶部黄土之下为红色土壤层，砾石层顶部有红色砂砾石，T6 砾石层厚为 2m，砾石多集中在 3 ~ 5cm。其中大者为 4.5cm×2.5cm×2cm、7cm×4.2cm×1.5cm、8.5cm×8cm×4cm，中间填充细砂、粉砂等，主要岩性为肉红色正长花岗岩、火山角砾岩、变质石英岩、片麻岩等，下部多为砂砾石层及黏土。T5 至 T3 均被上覆黄土掩埋，T5 海拔大致为 447m，顶部有一人工修筑的水泥台，可见砂砾石层，之下为黏土至粉砂。T4 海拔大致为 437.5m，推测由粉砂与黏土等沉积物构成，行进的路线上可见少许磨圆度较好的砾石。根据出露的陡坎推测其由粉砂质黏土及黏土组成。T4 处原本为一处地质遗迹（康营遗址），T5 与 T3 之上均种植有大量作物，T3 海拔为 429m，通过出露的剖面判定河流相沉积物特征同上述两条剖面大致相仿，T2 海拔为 419m，因采砂被挖出一个较大的采砂坑，暴露出两侧剖面。采矿坑南侧剖面，顶部为黄土，其下为红褐色古土壤层，其成分为黏土质粉砂，古土壤下为角砾石层，角砾石层厚为 1 ~ 1.5m，分选中等至较好，磨圆中等至较差，含有些许棱角状砾石，砾石成分比较复杂，最后为一层灰色至灰黄色平行与交错层理发育的粗砂与砂互层，局部夹有砾石透镜体，且在此处发育有冻融褶皱。采坑南侧剖面与北侧本为一体，因此其组成成分大致相同，从上至下亦为黄土、古土壤层、砾石层，以及粗砂与砂互层。T1 阶面较宽，海拔为 400.5m，其上发现有些许洪积相沉积物，推测 T1 上原有河流相沉积物被后来洪积物掩埋。

对孙家营 T2 处两个区域的砾石进行了更为详细的统计，选定此两个区域进行统计的原因是此处为一个人工开挖的采沙坑，采沙坑两侧的陡壁上可以发现很多磨圆度较高、分选性较好、砾性较为复杂的砾石，但其成因并不能确定，同时确定了此区域内砾石的成因可很好地佐证此区域内为河流相沉积，因此进行此两个区域的砾石统计工作。

在对研究区域实地调查的过程中，发现一些地方出露有河流相砾石，特别是在 3 条实测的河流阶地剖面中均发现有砾石层的存在，如孙家营剖面 T7、T6 及郎营剖面 T3、T4、T2 以及夏台村剖面各级阶地均发现有河流相砾石层存在。在孙家营剖面 T2 处，因采砂，致使采坑两壁可见此处砾石层较厚，选择这里的原因是此地砾石的成因不好确定，不知是否受到了人为的改造，且此地区坡度不大，便于展开砾石的测量工作。因此为了探明此地区是否为河流相沉积的砾石，我们在此处共进行了两个区域（A、B 区）的砾石统计与分析工作。砾石统计的方法为先用罗盘测量统计区域内砾石的产状，然后准确记录，再应用盒尺测量砾石最大 A、B、C 3 轴即其最大边平面以及砾石的厚度，同时在测量的过程中注意对统计区域内的岩性进行识别并记录。在进行砾石统计的过程中，要注意选取砾石的随机性，不能仅挑选区域内较大者或较小者进行统计，还要注意统计砾石的位置应均匀分布在布设的统计区域内，具体位置如下文及 P3 剖面图 11.16 中绿框所示。

以上文提到的两个区域（A、B 区）砾石磨圆度绘制磨圆度饼图，分类为圆状、次圆

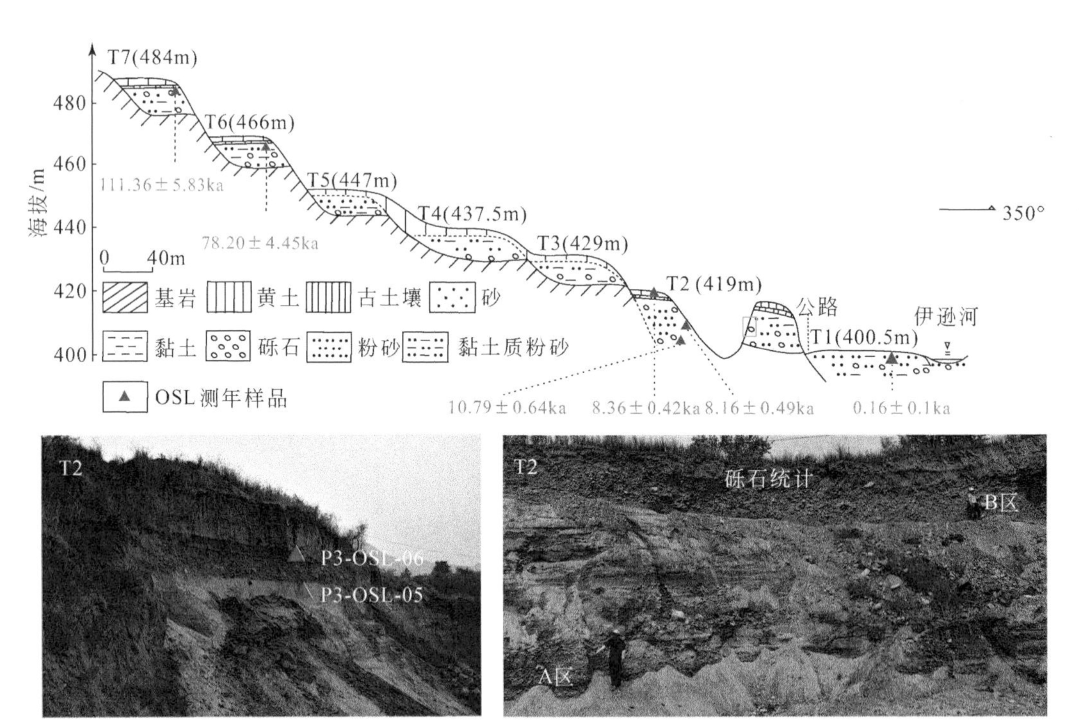

图 11.16　孙家营（P3）实测剖面图

状、棱角状及次棱角状，依据砾石不同磨圆度的占比并使用 Origin 软件绘制饼图，依据不同颜色表示不同磨圆度的占比情况，具体如图 11.17 所示。所有数据精度精确到小数点后 1 位，对砾石而言，A 轴为砾石中最长的轴，以其进行统计可以很好的衡量砾石整体大小，故以各砾石 A 轴长度绘制统计区域内长轴柱状图。绘制方法为将各砾石的粒径输入 Excel 中，利用其生成直方图，然后将图件放置到 CorelDRAW 进行进一步的绘制，最后成图，此种直方图可以很直观地看出各个区域内砾石大小的情况及其粒径集中范围。玫瑰花图是可以很直观地表现统计区域内砾石的倾向及走向等，依据所实测的两个区域内砾石最大扁平面的倾向玫瑰花图，其一周代表 360°，r 为此圆的半径，其表示统计砾石的数量，不同制作方法为首先将半径定位一个基准数，然后整理出各个砾石的倾向以及倾角，在 360°的圆上找到指定的度数，然后按照砾石所属的角度将砾石的个数在对应的点位上标注，并将半径上点 r 分之一的个数，如半径定位 6 个砾石，当倾向或倾角为 55°的砾石有两个时，

55°处的点应在距离圆心三分之一半径处，由此根据整个图中点的分布，将各个点位依次相连即可得到倾向玫瑰花图。根据所测得的砾石磨圆度饼图、砾石最大扁平面长轴统计直方图及砾石的倾向玫瑰花图的分析展开以下进一步探讨。

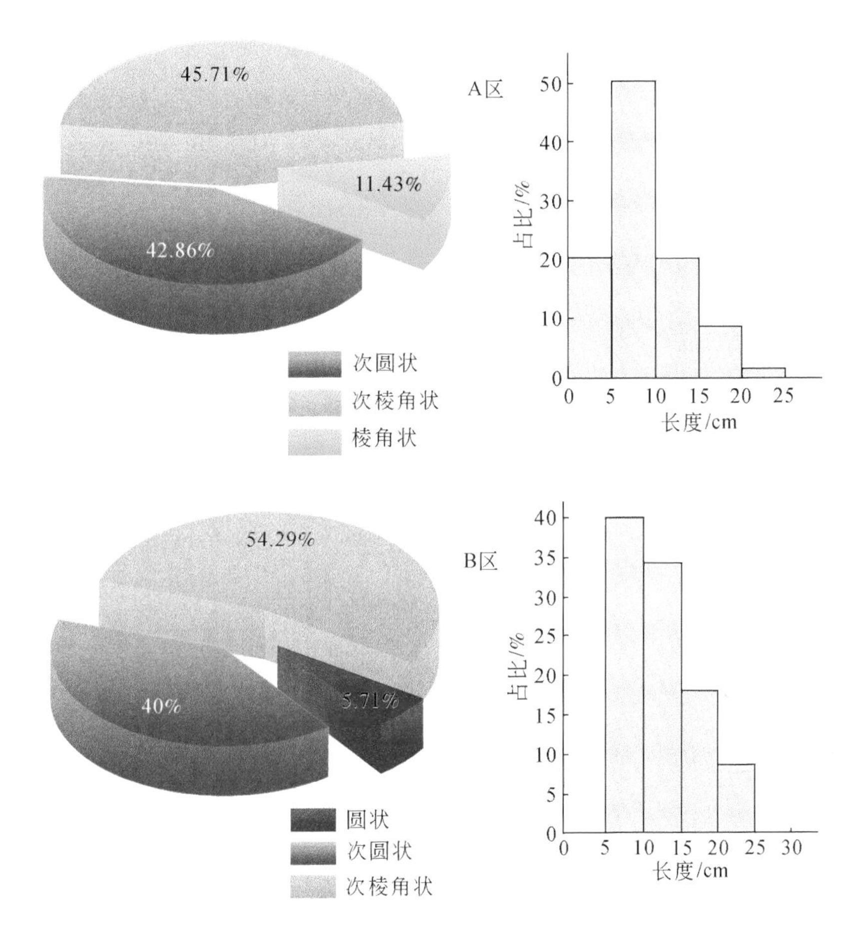

图 11.17　孙家营剖面 T2 砾石磨圆度饼图和砾石长轴柱状图

对统计区域内岩性的分析可知，A 区砾石的岩性主要以火山角砺岩、粉砂岩、花岗片麻岩、变质石英岩、白色花岗岩、花岗钾长岩、灰绿色角闪岩、花岗岩、辉长岩、辉绿岩等为主，B 区砾石的岩性主要以粉砂岩、变质石英岩、火山角砾岩、花岗岩、辉绿岩、辉长岩以及石英砂岩等为主，可以得知 B 区岩性与 A 区大致相同。在实地调查的过程格外注意对当地出露的基岩等进行调查，发现 A、B 两区中有几种砾石在当地不常见，根据实地调查的结果推测几种砾石正是被伊逊河携带至此，而非原地的产物。用激光测距仪及皮尺进行测量的过程中发现 A、B 两区本身高程差距不大，可以推测出此两区物源大致相同，皆来自伊逊河中上游地区。上文提到的对中上游地区的探勘过程中曾有发现上述岩性的基岩出露，因此结合其特征可进一步推断此为河流相沉积。

A、B 区砾石风化程度大都为弱风化，未见风化程度很强的砾石，这或与此级阶地较新的年代有关，即这 3 条剖面 T2 处所测的较小的年龄相吻合，所以对于两区砾石风化程度不再作图分析。下面展开对上文提到的 A、B 区砾石磨圆度饼图及长轴柱状图的分析(些许学者在研究的过程中将砾石中 AB 面的长轴即砾石本体最长之轴的长度，作为表征砾石的粒径的长度)。依据图 11.17 可以看出 A 区砾石多为次圆状及次棱角状，其中有超过 42% 的砾石为次圆状，有超过 45% 的砾石为次棱角状，棱角状砾石较少，仅占 11% 左右，未见其他磨圆度的砾石，只有在放大研究区域的过程中，发现些许圆状的河流相卵石，对于少部分棱角状的砾石则可推断为非典型的河流相沉积，可能是此地上游发生洪水事件所携带的洪积物。A 区砾石粒径较 B 区更小，多为 0 ~ 15cm，以 5 ~ 10cm 居多，其占比可达到约 50% 左右，此区域内粒径超过 15cm 的砾石较少，仅有少数超过 20cm。B 区砾石磨圆较 A 区砾石更好，有约 6% 的砾石为圆状，次圆状砾石则占 40%，次棱角状砾石占比则超过 54%，B 区砾石粒径大小与 A 区相差不大，多集中在 5 ~ 20cm，由上述内容可知两区砾石大致为同一物源。两区砾石之外的河流相沉积物上可见些许磨圆度低，分选差，棱角状的砾石，其粒径往往较之其他种类砾石更大，与其他河流相砾石形成明显的对比，因此多为此段河流上游洪水事件的产物。

根据 A、B 两区砾石的倾向玫瑰花图 11.18 可以得知两区砾石倾向多集中在第三象限，即 180°至 270°之间，其中 A 区域砾石倾向，占比可达到百分之 90 以上，而 B 区砾石的倾向集中性较 A 区稍差，其多集中在第三象限，但仍有少部分位于第二象限及第四象限，集中在第三象限的砾石占比可达到百分之 80 左右。据上文提到的研究区域图，可发现此 A、B 两区砾石的倾向可与此段伊逊河流向形成一定的对应关系，据此可以初步推断 A、B 两区砾石均为河流相沉积。

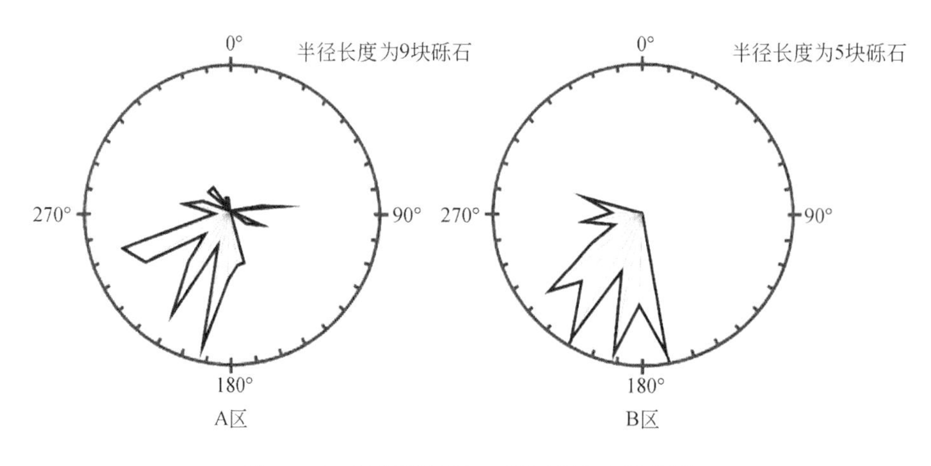

图 11.18　孙家营剖面 T2 砾石倾向玫瑰花图

4. 隆化县第六养殖场剖面

此河流阶地剖面位于河北承德市隆化县第六养殖场附近，其大致位置在伊逊河的中上游地区，因人工开挖致使其暴露出分层良好且保存完好的剖面，该剖面共厘定了 4 级阶地(图 11.19)。此剖面河流相沉积物以黏土质粉砂、粉砂、黏土及砂砾石层等组成。

T4 处海拔为 650m，上覆为黄土，未见明显的成层性，垂直节理发育，厚度较大，其下部为砾石及残积物，其中可见磨圆度较高、分选性好、岩性较为复杂的河流相砾石，亦

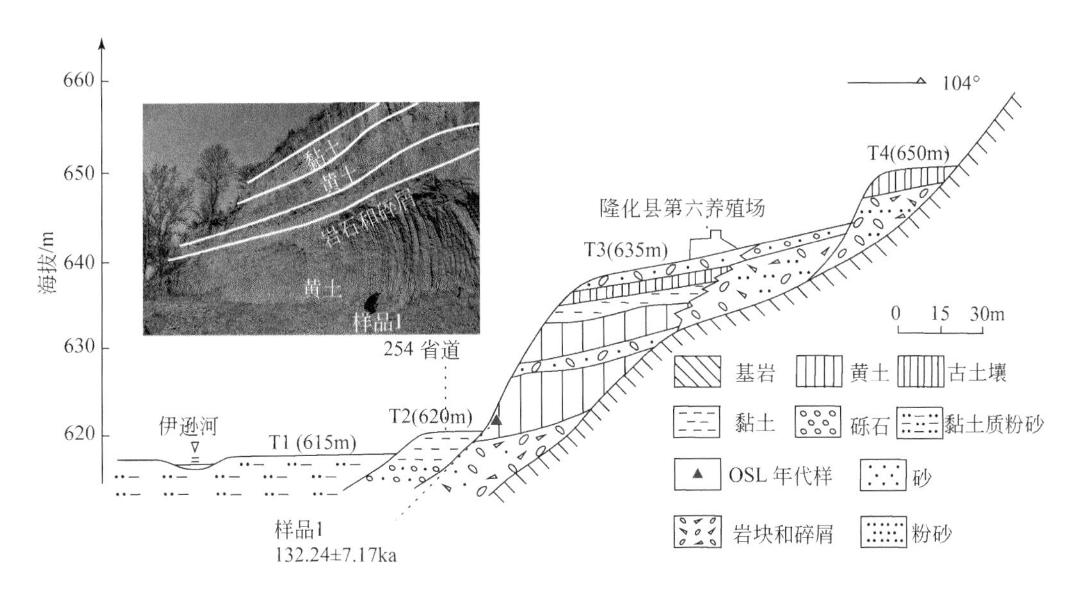

图 11.19　隆化县第六养殖场剖面图

可见些许粒径较大、磨圆度差且分选一般的砾石，此种砾石岩性较为单一，推测为剖面后部斜坡因风化侵蚀或构造活动等原因致使粒径较大的散落岩体在重力或者水流作用下滚下。T3 海拔为 635m，延伸较远，其上覆为砂砾石层，厚度一般，其下部为一层红色古土壤及黏土，其是古气候变化良好的记录，多可代表湿热的气候。其前部可见磨圆及分选较好的砂砾石层，砂多为粉砂，其中的河流相砾石磨圆及分选均较好，砾石岩性复杂，但其后部可见些许磨圆度较差、粒径差距较大、岩性较为单一的砾石，推测其多为山坡顶部崩落下的岩体，或许是此区域发生的山洪，致使此种岩土体被搬下，并可见磨圆度较高的砾石，其前部分层较为明显。隆化县第六养殖场在其上，养殖场面积较大，此级阶地上亦可见些许乔木，植被较为发育，但未见明显的灌木。在 T2 上可见砂砾石及黏土，其海拔为 620m，T2 上覆为黏土、下覆为砂砾石层，此处河流相砾石磨圆度较高、分选好、砾石岩性较为复杂，为河流相卵砾石。T1 阶面平坦，延伸较远，其上多种植有农作物，其上可见些许磨圆度较好、分选较好、岩性较为复杂的砾石，阶地面上河流相砾石风化程度较低，海拔为 615m，多为黏土质粉砂。T3 前缘可见一出露较多且保存完好的阶面，由上至下分别为黏土、黄土砂砾石层及另一层黄土，在此剖面底部取一个年代样，根据年代样的记录，此处 T3 前缘剖面黄土年代为离石黄土。

11.5.2　河流阶地形成年代

有关河流相沉积物的定年一直是河流地貌研究的重难点，正如上文提到的，河流地貌的定年如古生物学法、考古学法、构造-气候旋回法等，其只是对河流相沉积物形成时代进行大体的估算，并不能准确地知道具体年代数据，以至于不能准确地建立河流地貌的年代格架，随着科学技术的进一步发展，较为准确的定年技术随之进入学者们的视线，如热释光测年技术、光释光（optically stimulated luminescence，OSL）测年技术、^{14}C测年技术等，较为准确的定年使得进一步准确建立研究区内河流地貌年代格架成为可能，特别是上述技术优点十分明显，如测年精度高、所需样品较少等优点。在进行野外工作时应注意对各级阶地布设年代样，以便更好地建立研究区内河流阶地年代格架。因光释光测年精度较高、特别适用于相对松散的第四纪沉积物以及其测年范围较广，能很好地指导研究区内河流阶地年代格架建立的工作，同时黄土的 OSL 测年较为精准，取研究区内河流阶地上覆黄土为 OSL 测年材料可将其作为河流阶地形成的重要年代约束。因此，选用光释光测年法来进一步研究研究区内河流地貌的年代格架，以便较为准确地建立研究区内河流地貌的年代格架，本研究共取 OSL 样品 26 件，其中 P1 夏台村剖面取 9 件、P2 郎营剖面取 8 件、P3 孙家营剖面取 6 件、河北省承德市隆化县第六养殖场剖面取 1 件以及伊逊河中游黄土基座（控制点）取 2 件。

1. 光释光样品采集

OSL 测年作为第四纪研究的重要方法，其测年精度较高，可以很好地测量河流相沉积物的形成年代，已被前人广泛应用，并取得了些许成果。光释光测年法的机理大致是因为样品中石英矿物所储存的光释光辐照能量为其最后一次见光时产生，那么应用相对应的仪器进一步探索样品中石英矿物所蕴藏的光释光辐照的能量，并依据一定的换算关系，便可得知样品最后一次见光的大致时间，其大致等同于样品首次被埋藏的时间。那么避免样品再次被曝光即避免所取样品中所蕴藏的石英信号受到影响，在取样过程应注意绝对避光，避免阳光直射，采用黑布或者黑伞盖住样品，在取样工作结束后立马封装样品，避免样品在曝光后致使其中的蕴藏的 OSL 信号受到影响。

同时在所取样品外部用隔水材料包装，以保证样品含水量不会发生改变。在重点研究区域我们的取样流程亦遵循上述标准取样流程，因研究区内河流阶地剖面上沉积物较为坚硬，不便采取袋装的方法，所以在取样过程中，皆取用长度为 20cm、内径为 6cm 的钢管进行剖面取样工作。首先采样时要做的就是除去至少 30cm 的浅表层物质如风化较强的沉积物及耕植土等，以此来避免或减少样品被污染的可能性。同时在采样管的另一端充以黑色的不透光材料，保证其密不透光，再用地质锤将钢管尖头的一端砸入已除去浅表层物质的取样点，之后稍微向外抽动钢管，将黑色不透光材料覆盖在钢管的尖端，并以塑封胶带将钢管与不透光材料缠在一起，之后再用黑色不透光材料等将钢管再包裹一次以保证其良好的避光性同时保证含水量不会发生改变，将样品编号明确地标在钢管上，应用皮尺及测距仪等准确记录样品的埋深，并在之后尽快将样品送至实验室，年代样品 OSL 测年数据表详见表 11. 3。

表 11. 3　年代样品 OSL 测年数据表

样品号	剖面	U/(μg/g)	Th/(μg/g)	K/%	剂量率/(Gy/ka)	当量剂量/Gy	年代/ka B. P.
P1-OSL-07	T4	1. 86±0. 17	8. 75±0. 56	1. 93±0. 08	2. 95±0. 14	166. 93±4. 7	56. 44±3. 07
P1-OSL-05	T3	1. 87±0. 08	9. 39±0. 57	2. 3±0. 09	3. 48±0. 16	139. 35±6. 53	40. 08±2. 66

续表

样品号	剖面	U/(μg/g)	Th/(μg/g)	K/%	剂量率/(Gy/ka)	当量剂量/Gy	年代/ka B. P.
P1-OSL-06	T3	1. 94±0. 08	9. 42±0. 76	2. 22±0. 09	3. 35±0. 16	119. 31±3. 05	35. 61±1. 90
P1-OSL-09	T2	0. 58±0. 06	2. 84±0. 15	2. 17±0. 09	2. 48±0. 13	32. 53±0. 73	13. 14±0. 76
P1-OSL-08	T2	0. 41±0. 04	1. 63±0. 09	1. 74±0. 07	2. 16±0. 11	20. 59±0. 66	9. 55±0. 58
P1-OSL-04	T2	0. 77±0. 08	4. 21±0. 19	2. 11±0. 08	2. 75±0. 14	22. 61±0. 46	8. 23±0. 45
P1-OSL-03	T1	2. 06±0. 09	11. 2±0. 4	2. 13±0. 08	3. 01±0. 12	0. 67±0. 06	0. 22±0. 02
P1-OSL-02	T1	0. 77±0. 06	4. 89±0. 25	2. 45±0. 1	3. 18±0. 16	1. 85±0. 23	0. 58±0. 08
P1-OSL-01	T1	1. 29±0. 05	5. 96±0. 41	1. 61±0. 06	2. 15±0. 09	0. 41±0. 03	0. 19±0. 02
P2-OSL-05	T6	2. 13±0. 21	11. 1±0. 3	2. 88±0. 11	3. 78±0. 17	287. 94±14. 04	76. 23±5. 10
P2-OSL-06	T6	2. 09±0. 13	11. 4±0. 4	2. 02±0. 08	2. 99±0. 13	178. 47±7. 62	59. 77±3. 64
P2-OSL-07	T6	2. 16±0. 21	11. 3±0. 5	1. 94±0. 08	3. 12±0. 15	182. 32±8. 68	58. 52±3. 90
P2-OSL-04	T6	1. 81±0. 12	10. 2±0. 4	2. 01±0. 08	3. 16±0. 14	156. 73±4. 36	43. 28±2. 4
P2-OSL-08	T6	2. 23±0. 09	12. 0±0. 4	2. 22±0. 09	3. 45±0. 16	373. 25±4. 67	108. 29±5. 28
P2-OSL-02	T5	0. 61±0. 06	2. 56±0. 22	2. 07±0. 08	2. 48±0. 13	161. 62±5. 67	65. 29±4. 15
P2-OSL-03	T4	1. 58±0. 15	7. 99±0. 46	1. 98±0. 08	2. 94±0. 14	153. 79±3. 66	52. 39±2. 78
P2-OSL-01	T1	1. 62±0. 10	8. 93±0. 53	1. 99±0. 08	3. 10±0. 15	2. 02±0. 16	0. 65±0. 06
P3-OSL-02	T7	2. 03±0. 10	12. 0±0. 4	1. 97±0. 08	3. 26±0. 15	362. 9±9. 83	111. 36±5. 83
P3-OSL-03	T6	1. 56±0. 13	10. 2±0. 5	1. 75±0. 07	2. 86±0. 13	223. 5±7. 26	78. 20±4. 45
P3-OSL-04	T2	0. 52±0. 05	2. 27±0. 12	2. 23±0. 09	2. 60±0. 14	27. 99±0. 71	10. 79±0. 64
P3-OSL-06	T2	1. 62±0. 09	7. 18±0. 38	2. 14±0. 09	3. 08±0. 15	25. 75±0. 35	8. 36±0. 42
P3-OSL-05	T2	0. 82±0. 11	3. 44±0. 22	2. 46±0. 1	2. 84±0. 15	23. 21±0. 72	8. 16±0. 49
P3-OSL-01	T1	0. 90±0. 08	7. 03±0. 30	2. 40±0. 1	3. 28±0. 17	0. 54±0. 03	0. 16±0. 01

2. 光释光测年结果

如上文所示 OSL 样品所测试的年代数据可表示样品最后一次曝光距今的年龄，本次所送检的 OSL 样品年代数据与预估值偏差不大。3 条剖面 OSL 测年数据及结果与预期值大致相符，低级阶地形成时间较晚，高级阶地形成时间更早，同时进行野外工作的时候，也发现低级阶地上河流相沉积物风化程度较之高级阶地上河流相沉积物风化程度更差，值得注意的是 3 条剖面 T1 上所取样品测年数据较为年轻，取样及实验过程遵循标准流程，数据可信。我们并不可能知道样品在被埋藏之时的含水率，因此所有的光释光测年法均是以所取样品的含水率代替样品地质历史时期的含水率进行计算。

含水率是 OSL 样品测定的重要参数，其测试结果对最终测试结果影响较大，因此在样品取样结束后应用隔水塑封袋包装样品并尽快送至实验室以保证含水率不会发生改变。有关含水率的测试方法较为简单，首先，将部分样品进行称重测量，记录样品的质量；然后，将样品送至烘干箱，样品完全烘干之后再次记录样品的质量；最后，将所得数据进行运算，得出样品含水率。之后在相关仪器上展开 OSL 参数的进一步测定。首先将所测数据按照不同剖面划分，即将 P1、P2、P3 所属的数据分开，之后将样品按照阶地级序排列，测试结果以样品编号，阶地级序，U、Th、K 含量，等效剂量率以及环境剂量率展开，并以上述数据计算得出年代数据。

3. 河流阶地年代格架建立

河流阶地级序的建立是进一步研究其年代格架的基础与前提，因此在展开野外实地调查的同时应做足踏勘的工作。因河流阶地的识别存在一定的困难，因此踏勘定点的工作十分有必要，即在研究区内对存在的露头进行定点以方便展开进一步工作。在开展踏勘的过程中应注意对河流阶地的识别，特别是河谷作为人类重要的居住地，因河流阶地上阶地面均较为平坦，在阶地面上种植作物、将阶地面作为住房建设的重要材料等导致许多的阶地被人为破坏，河流阶地的识别存在一定的困难。河流的侧方侵蚀亦是河流阶地难以保存的重要因素，如河流两侧阶地不对称，河流同一侧阶地出现某一级阶地缺失的现象，因此在野外实测的过程中应格外注意对阶地的识别，当存在一条剖面中的某一级阶地被侵蚀未被保存时进一步建立研究区内的年代格架。在建立研究区内河流阶地级序的基础上，进一步研究某一区域河流阶地年代格架时，应格外注意拔河高度及年代样品的测试数据以及各级阶地河流相沉积物特征，以便更好地识别研究区内被侵蚀以及被人为破坏的阶段，以此更为准确地厘定研究区域内河流阶地及年代格架。

在一定范围的研究区域内，同一级阶地形成时间大致相仿且拔河高度相差不大，其次正如上文提到的河流阶地上沉积物的年代可以很好的辅佐阶地年代格架的建立，依据各级阶地测年数据及海拔在伊逊河下游最多厘定了 7 级阶地。夏台村剖面（P1）厘定了 4 级阶地；郎营剖面（P2）厘定了 6 级阶地，T3 被剥蚀；孙家营剖面（P3）厘定了 7 级阶地，T5、T4、T3 被埋藏。此 3 条剖面在空间位置及阶地上沉积物都有较强的关联性，首先砾石砾性大致相同，风化程度及磨圆差距不大，大致为同一物源，其次各剖面均由黏土、黏土质粉砂等组成。

将各级阶地所测数据中最老的年龄定为其开始形成的大致时间，值得注意的是因新构造运动的增强致使伊逊河下切幅度增大，3 条剖面在 T2 之后形成深切河曲，使得 T1 上沉积物被洪积物覆盖，致使 T1 上所取年代样品数据偏新，其测年数据多可指示洪水事件，因此只给出 T1 形成的大致时间。依据研究区内 3 条主要实测剖面上河流相沉积物特征及野外实际调查结果并辅以光释光测年结果发现区内重点研究区内的夏台村剖面、郎营剖面、孙家营剖面发现伊逊河下游最多发育有 7 级阶地，T7 拔河高度为 85m，形成时间大致为 111. 36±5. 83ka B. P.；郎营及孙家营剖面实测的 T6 拔河高度分别为 66m 及 67m，其形成时间大致为 78. 20±4. 45 ~ 76. 23±5. 10ka B. P.；郎营剖面及孙家营剖面所实测的 T5 拔河高度大致为 49m 及 48m，其形成时间大致为 65. 29±4. 15ka B. P.；夏台村剖面、郎营剖面及孙家营剖面所实测的 T4 拔河高度分别为 40m、39m、38. 5m，其形成时间大致为 56. 44±3. 07ka B. P. ~ 52. 39±2. 78ka B. P.；夏台村及孙家营实测剖面所得数据得知 T3 拔河高度分别为 31m 和 30m，其形成时间大致为 40. 08±2. 66ka B. P.；因此 3 条重点研究剖面在 T2 之后形成深切河曲，致使 T2 拔河高度略大，夏台村剖面、郎营剖面及孙家营剖面拔河高度分别为 21m、20m、20m，其形成年代大致为 13. 14±0. 76ka B. P.（表 11. 4）；因此 3 条重点研究剖面在 T2 之后形成深切河曲，后被洪积物覆盖，致使其上所取的年代样数据偏新，其多可代表重点研究区上游地区发生的洪水，即此两次洪水事件大致为 0. 58±0. 08ka B. P. 及 0. 22±0. 02ka B. P. 。

表 11. 4　3 条剖面各级阶地拔河高度及形成时间

地点	T1		T2		T3		T4	
	拔河高度/m	年代/ka B. P.	拔河高度/m	年代/ka B. P.	拔河高度/m	年代/ka B. P.	拔河高度/m	年代/ka B. P.
夏台村	2	—	21	13. 14	31	40. 08	—	56. 44
郎营	2	—	20	—	—	—	39	52. 39
孙家营	1. 5	—	20	10. 79	30	—	38. 5	—

地点	T5		T6		T7		
	拔河高度/m	年代/ka B. P.	拔河高度/m	年代/ka B. P.	拔河高度/m	年代/ka B. P.	
夏台村	2	—	—	—	—	—	—
郎营	49	65. 29	66	76. 23	—	—	
孙家营	48	—	67	78. 2	85	111. 36	

综上所述，依据测年结果及阶地级序的展布，可推测得出伊逊河各级阶地形成的时间，即 T7 ~ T2 分别形成于 111. 36±5. 83ka B. P. 、78. 20±4. 45ka B. P. 、65. 29±4. 15ka B. P. 、52. 39±2. 78ka B. P. 、40. 08±2. 66ka B. P. 、13. 14±0. 76ka B. P. ，T1 则形成于晚更新世晚期至全新世早期（图 11. 20）。

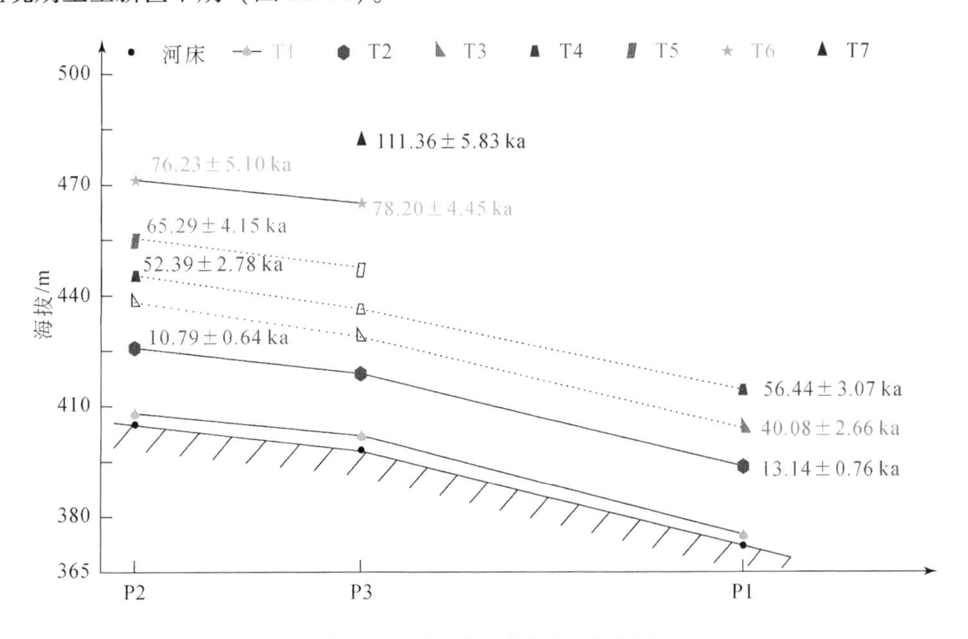

图 11. 20　伊逊河下游阶地位相图

依据伊逊河中下游地区此 3 条重点研究剖面各级阶地拔河高度及形成时间，结合其区域位置关系绘制阶地位相图，绘制重点研究区域河流阶地相位图，此图纵轴为研究区内各级阶地面海拔，以 m 为单位，表示各条剖面的水平距离和各级阶地的空间位置，在对应的点位标识相关研究剖面。之后，应用不同颜色及形状对不同期次阶地进行表示，其中未填充颜色并以黑色外框多边形表示的图形代表被侵蚀或被埋藏，1 级阶地下为河床。依据实地调查过程中所记录的各级阶地的拔河高度及各级阶地形成年代的点画在图上，并将同一剖面的各级阶地按照级序从高到低排列，之后将同一级实测的阶地以实线相连，而对于埋藏的阶地以及未布设年代样品的阶地则用虚线相连，再将各级阶地的形成时间标在其旁边，重点研究剖面各级阶地拔河高度相差不大，各级阶地无论是在拔河高度及形成时间上均可形成良好的对应，通过此图可以得出同一期次的阶地拔河高度大致相仿，形成时间也较为相近。为了方便进一步的对比，将阶地的级序置于左侧表头，将拔河高度及形成时间制表，右侧表头为 3 条剖面，此表可以较为清晰地展示 3 条重点研究剖面各级阶地的拔河高度和形成时间。

4. 河流阶地发育对新构造运动可能的指示

阶地面高程及测年数据是量化河流下切速率的重要依据。以横轴为年代，纵轴为各级阶地海拔，并以不同的颜色表征不同的剖面，其中红色代表的是 P1 夏台村剖面，绿色代表的是 P2 郎营剖面，蓝色代表的是 P3 孙家营剖面，并以与前一幅图相同的图形表示不同级别的阶地，均以各剖面对应的颜色表示。之后依据各级阶地的形成时间在横轴上找到对应的数字，再依据各级阶地的海拔将代表阶地的图形依次排列，用实线连接野外实地调查过程中实测的剖面并将年代数值标在其旁，未填充颜色的多边形代表被剥蚀或被埋藏，郎营剖面 T2 因在同期次阶地布设年代样品，因此未取年代样，在图中以黑色外边的多边形表示，之后以带有框的橘黄色字体标注伊逊河在不同时段的下切速率。因伊逊河下游 3 条重点研究剖面阶地沉积物上布设了多个年代样品取样点，因此我们重点用此 3 条剖面展开有关河流平均下切速率的研究，依据 3 条剖面各级阶地的海拔并结合测年数据及上述方法制作下图以此探讨伊逊河下切平均速率（图 11. 21）。伊逊河在晚更新世晚期至全新世其下切过程细分为如下几个阶段：

在约 111ka B. P. 时 T7 形成，由于我们并未找到更高级别的阶地，所以并未测算伊逊河在此段时间内的下切速率。①以孙家营剖面探讨 T7 ~ T6 下切的平均速率，在 111. 36 ~ 78. 20ka B. P. ，伊逊河以 0. 543mm/a 的速率下切。②以郎营剖面探讨 T6 ~ T5 下切的平均速率，在 76. 23 ~ 65. 29ka B. P. ，伊逊河下切的速率达到 1. 554mm/a。③以郎营剖面探讨 T5 ~ T4 下切的平均速率，在 65. 29 ~ 52. 39ka B. P. ，伊逊河下切的速率为 0. 775mm/a。④以夏台村剖面探讨 T4 ~ T3 伊逊河下切的平均速率，在 56. 44 ~ 40. 08ka B. P. ，伊逊河下切的速率为 0. 550mm/a。⑤根据夏台村剖面 T3 ~ T2 推测在 40. 08 ~ 13. 14ka B. P. ，伊逊河以 0. 371mm/a 的速率下切。⑥依据孙家营剖面测得伊逊河 T2 ~ T1 的下切速率为 1. 592mm/a，依据夏台村剖面所测数据则为 1. 740mm/a。从上述 6 个阶段可以看出伊逊河在下切的过程中经历了先增速后减速再增速的过程。

是什么原因使得伊逊河在第二阶段（②）里平均下切速率达到 1. 554mm/a? 随着人

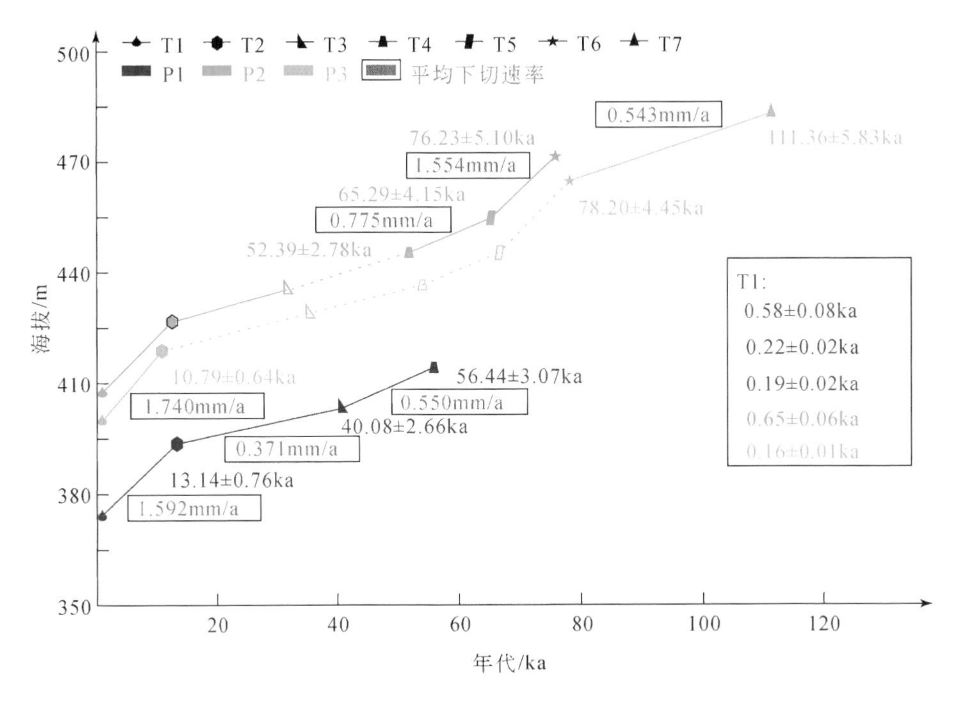

图 11.21　伊逊河下切平均速率图

们对河流地貌及新构造运动其二者作用关系的进一步认识，及近年来科学技术的进一步发展，河流下切速率对构造运动指示在一定程度上受到削弱，但其二者之间存在的耦合作用关系仍被许多学者所认可。首先，新构造运动作为影响河流阶地的重要因素之一，其并不可忽略。海平面波动会使得侵蚀基准面有所下降，致使河流下切速率增大。其次，由于研究区域距渤海并不远，整体可能会受海平面波动的影响，引起侵蚀基准面的下降，加速河流下切。伊逊河 T2～T1 下切速率可达 1.592～1.740mm/a，究其原因，我们认为是 T2 之后区域内新构造运动的增强致使深切河曲形成，使得阶面高差变大。在末次冰期之后，全新世大暖期到来，气温出现大幅回升，加速了河流的下切。

11.6　双滦区地表基质特征及开发利用建议

要回答承德林田湖草如何科学规划、发展的问题，首先需要了解区内的环境本底，而这正是由第四纪环境资源类型所决定的。这里以承德市双滦区为例，研究第四纪环境资源的特点及适宜性。

在地表基质层调查基础上，认为该地区的地表基质层包含基岩和第四系沉积物两大类，前者指完全裸露的基岩岩石，在区内分布很少，后者主要包括风成沉积物、水成沉积物、重力堆积物和基岩风化残积物等四大类。风成沉积物指风成沙和风成黄土，双滦区内只有风成黄土，没有风成沙。重力堆积物主要指崩塌、滑坡等重力过程形成的第四纪堆积物，在承德地区通常与降雨过程复合作用，形成的沉积物类型包括坡积物和滑坡体，在双滦区主要是坡积物。基岩风化残积物就是基岩风化壳，是原岩风化后残留原地的物质，特点是与下伏基岩为逐渐过渡状态，未发生过较大的水平移动，保留了原岩的性质，是地质建造影响地表覆盖层植物的主要地表基质层类型。基岩风化残积物与坡积物之间常呈过渡关系，随基岩山地坡度增加，地表残积物受重力和降雨冲刷影响，向坡下移动，逐渐过渡为坡积物，因此野外调查时二者不易区分，故归为残坡积物类，未明显移动的残积物则归为风化壳，以凸显其与基岩的密切关系。水成沉积物包括河流沉积物和湖沼沉积物，前者又包括洪积物和冲积物沉积，承德双滦区没有明显的洪积扇和湖泊，以河流冲积物为主。双滦区由于河流地貌具有与承载能力有关的鲜明特征，河流阶地细分为 5 级，其中 4、5 级阶地上因覆盖了风成黄土，而具有风成黄土的地表基质层属性，1 ~ 3 级阶地表层则常常被次生黄土所覆盖，在一些山谷内河流阶地难以划分，因此归并为次生黄土类型。针对双滦区的地质基质层划分结合了地貌和沉积物特点，划分为河流阶地、风成黄土堆积、次生黄土堆积、残坡积物、冲洪积物、基岩风化壳等 6 类（图 11.22），其中风成黄土堆积和次生黄土堆积主要用于河流阶地难以细分地区的黄土质沉积物，目的是为了彰显黄土特有的承载特征。在对各基质单元的关键地点进行样品分析测试的基础上，对河流阶地、坡积物等空间分布特征进行了识别和研究（图 11.23），认为本区的地表基质层存在以下类型和特点。

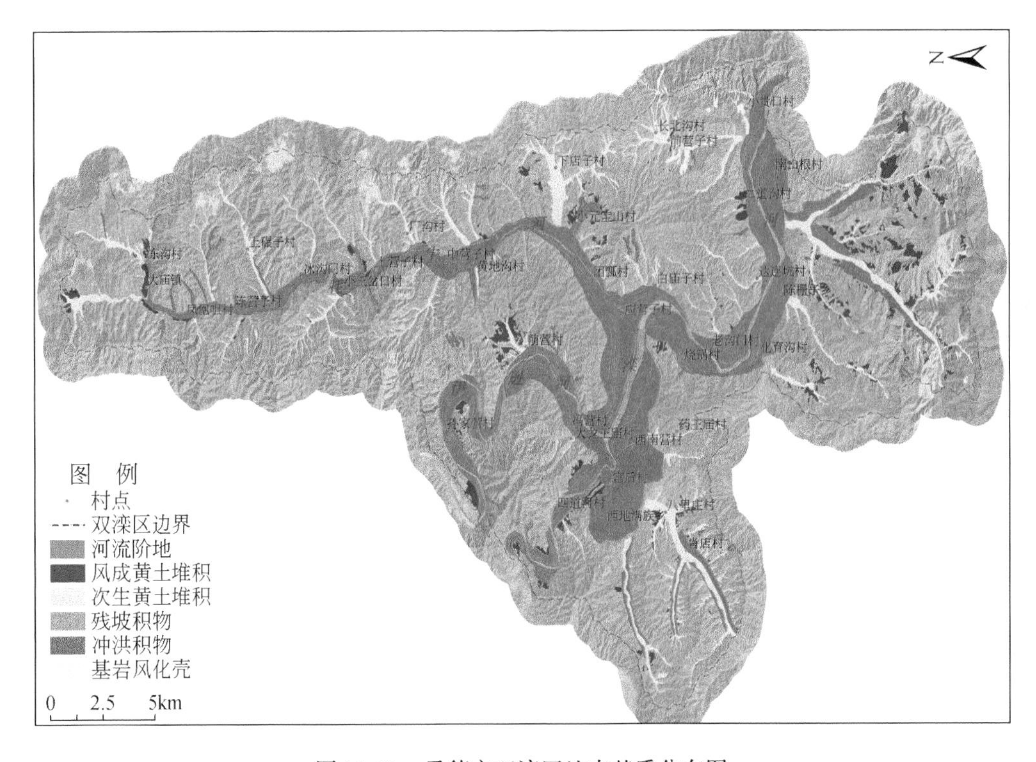

图 11.22　承德市双滦区地表基质分布图

（1）河流阶地：1 级阶地位于河谷农田区（图 11.24），以灌溉耕地为主，地表土质为粉砂质次生黄土，沉积物厚度为 4 ~ 5m，是全区最重要的农业命脉所在，但近年来的城市发展，已开始侵占 1 级阶地。2 级阶地是河谷区大多数村庄首选位置（图 11.25），其次

图 11.23　滦河小河南村分布的 4 级阶地和基岩风化壳

图 11.24　小河南村滦河河道地貌（左）和 1 级阶地耕地地貌

是道路。3 级阶地多覆盖风成黄土，以黄土坡地、梯田、旱地为主。4 级阶地为小面积黄土坡地、旱地，在 4 级阶地之上还有较多的风成原生黄土分布，其下伏为基岩，现已开垦为旱作耕地。

（2）风成黄土堆积：主要分布在较低的和缓山顶，与 3、4 级阶地上覆盖的风成黄土相似，但多在次级沟谷里的低山丘陵上披覆存在，以旱地为主。

（3）次生黄土堆积：主要分布在次级沟谷内，被雨水从山坡上冲刷下来的黄土堆积在沟底形成的较厚次生黄土土层，多被山中村民开垦成耕地耕作。这类耕地旱、水地均有，是山谷村民主要基本农田，具有发展生态绿色农业的优良条件。

（4）基岩风化壳：薄层风化土壤，地表以乔木和灌木为主，在全区分布面积最大，是涵养水源的最重要保障。由于土层薄，一旦破坏，很难恢复，必须加大保护，严禁砍伐森林。

(a)

(b)

图 11.25 1 级和 2 级阶地过渡带景观和建在 2 级阶地上的村庄

(5) 残坡积物：主要分布在风化壳较厚的山地，多将其开垦成窄小梯田，其标志特点就是梯田很窄，沉积物分选差，因此不适合作为基本农田继续耕作使用。这种类型的地区由于沉积物物源不远，因此保留了基岩原有的地球化学特征，特别适合发展特有的经济林木果蔬，要退耕还林还灌还草或中药种植。

(6) 冲洪积物：分布面积较小，主要在山区的一些缺少黄土堆积的深沟内。

结合双滦区的地表基质特征，提出了未来该地区宜林宜耕适宜性分布建议。

(1) 滦河、伊逊河和牤牛河等河流阶地是区内主要的工农业、城镇人口集中地带，争地现象明显、矛盾突出，建议 1 级阶地以灌溉农业为主，应作为基本农田大力保护，减少城镇建设开发对其占用；2 级阶地地势较高，适于工业和居民住宅的开发利用；3 级阶地常常地势高、黄土覆盖厚，应退耕还灌草，以经济林草果蔬作物作为优先发展方向；4 级阶地多覆盖厚层黄土，应与风成黄土覆盖区一样，减少种植规模，发展特色经济林草果蔬作物种植。

(2) 风成黄土区可考虑退耕部分不适宜种植的耕地，提高灌草覆盖率，考虑发展经济作物或中药种植。

(3) 次生黄土区应考虑发展生态绿色农业。残坡积物分布区在区内也占有不少面积，必须退耕，应根据地球化学优势有益元素特点，重点发展特色经济林果业。

11.7 本章小结

(1) 基于生态安全和粮食安全的地表基质分类方案，厘定了地表基质的科学内涵、物质组成、调查精度和未来调查重点方向等内容。

充分借鉴区域地质、水文地质、工程地质、第四纪地质、环境地质等学科分类和图件表达方式，综合岩石、砾石、砂、土壤等的物质组成、成因类型、地貌形态和粒度质地等，初步将地表基质的类型划分为 4 个层级，并提出了地表基质层的物质组成、成因属性和研究深度范围，指出了未来开展地表基质调查和编图的主要方向，为地表基质统一分类体系构建和全国范围开展的地表基质调查提供了参考依据。提出地表基质层决定了地表覆盖层生态系统的本底特征，是支撑服务宜林则林、宜草则草、宜耕则耕的生态空间分布适宜性规划和管理的重要基础背景信息。指出地表基质层调查的支撑目标和应开展的调查精度，建议未来应加强地表基质层与地表覆盖层的约束关系和基岩山区风化壳精细化调查。

（2）对地表基质调查指导理论、研究目标定位及与植被群落的约束关系等进行了探讨，并提出了地表基质调查分层建议。

地表基质调查需要从地质本身出发，将地表基质与自然资源和生态环境紧密联系，查清其自然性质及其可能的表现行为。同一气候条件下，不同地表基质类型对植被类型及其组合有明显影响，地表基质异质性直接影响着植被的类型和空间展布格局。地表基质的四级分类可在物质组成、成因类型、地貌形态的基础上，岩石以年代+成因类型+地貌形态进行命名，第四系松散沉积物以年代+成因类型（地貌形态）+质地进行命名。地表基质综合调查包括调查、监测、评价、区划等内容，根据地表基质垂向支撑的内容不同，可分为生产层、生态层和生活层。

（3）通过野外实地调查及河谷横剖面实测厘定了伊逊河下游地区河流阶地的级序，并探讨了重点研究区内河流阶地的类型及阶地上河流相沉积物的发育特征。在伊逊河下游地区共厘定了 7 级阶地，低级阶地多以堆积阶地为主，而高级阶地多为基座阶地，利用光释光（OSL）测年确定了阶地的形成时代：T7 ~ T2 大致形成于 111.36±5.83ka B.P.、78.20±4.45ka B.P.、65.29±4.15ka B.P.、56.44±3.07ka B.P.、40.08±2.66ka B.P.、13.14±0.76ka B.P.，因 T1 下切深度大，估算其形成年代大致为晚更新世晚期至全新世。

（4）对伊逊河下游地区河流阶地的形成及其与古气候耦合作用关系的研究表明伊逊河下游地区阶地沉积物年龄分别与 MIS 4、MIS 2 冷期，以及 MIS 5e、MIS 3、MIS 1 相对寒冷阶段对应。晚更新世以来伊逊河的下切速率为 1.740mm/a，在 T7 ~ T6、T5 ~ T4、T4 ~ T3、T3 ~ T2 几段伊逊河下切的速率低，但在 T6 ~ T5、T2 ~ T1 两段伊逊河下切速率分别达到 1.554mm/a 及 1.592 ~ 1.740mm/a，此是因新构造运动的增强致使下切速率增高且 T2 ~ T1 段下切速率的增高亦与全新世大暖期有关。

第12章　水平衡与水源涵养研究

本研究所涉及的区域为承德全域、塞罕坝地区、小滦河流域、伊逊河流域上游4个尺度（图12.1）。承德全域分属两个流域，即海河流域和辽河流域，其中海河流域分为滦河及冀东沿海诸河水系（简称滦河水系）和北三河水系；辽河流域分为辽河水系和辽东湾西部沿渤海诸河水系（简称辽东湾水系）。滦河水系集水面积为28616.58km^2，占全市总面积的72.44%，主要一级支流有小滦河、兴洲河、伊逊河、武烈河、老牛河、柳河、瀑河、青龙河、瀓河等。北三河水系集水面积为6858.31km^2，占全市总面积的17.11%，主要一级支流有潮河和蓟运河。潮河较大支流有汤河、安道木河、清水河等；蓟运河主要支流有句河、沙河等。辽河水系集水面积为3703.37km^2，占全市总面积的9.37%，在本市主要一级支流为老哈河，较大二级支流有阴河。辽东湾水系集水面积为428.05km^2，占全市总面积的1.08%，在本市主要一级支流为大凌河（西支）。

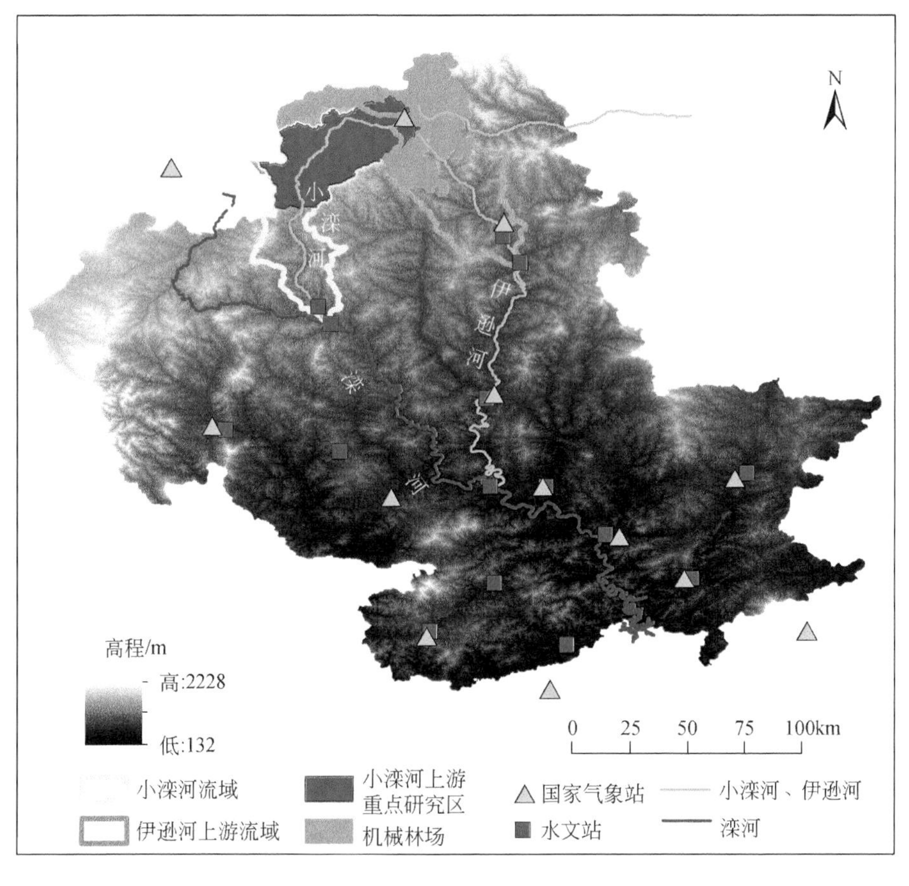

图12.1　塞罕坝及周围自然地理图

塞罕坝地区是小滦河和伊逊河的发源地，两条河流最终都汇入滦河。小滦河是滦河上游的主要支流，发源于塞罕坝林场，流经御道口牧场，处于典型的森林–草原过渡带、农牧交错带，全长为 143km，流域面积为 1972. 125km^2，其中，小滦河上游重点研究区处于坝上地区。伊逊河是滦河支流中流域面积最大的支流，发源于围场县，流经隆化和滦平两县，南下入滦平县，至承德市滦河乡汇入滦河，全长 195km，流域面积为 6750km^2。除伊逊河源头在坝上地区外，伊逊河上游大部分地区在坝下。

本研究同时考虑行政区划和自然流域，空间尺度由大到小，空间分辨率从低到高，按照 4 个区域尺度进行水平衡研究。

（1）承德全域。承德地处内蒙古高原向燕山山地过渡地区、半干旱–半湿润过渡地区和 400mm 降水量线分界地区，由于其地理位置和气候类型的特殊性，形成了山水林田湖草沙兼具的景观格局。水贯穿上下游、左右岸、干支流，将各生态系统联系起来。承德包括四大水系，其中潮河流入密云水库支撑北京，滦河流入潘家口水库支撑天津，被誉为“京津水塔”。由于承德超过 60% 的森林覆盖率，被誉为“华北绿肺”，因此承德被定位为“京津冀水源涵养功能区”“京津冀生态环境支撑区”“国家绿色发展先行区”“国家可持续发展创新示范区”。为了明确承德的水在京津冀协同发展中发挥的重要作用，所以开展承德水平衡和水源涵养研究。

（2）小滦河流域。一个水循环过程是在自然流域中完成的，所以水平衡研究要基于自然流域。本研究选取小滦河流域进行降水、蒸散、径流 3 个要素的水平衡研究。计算蒸散所对应的土地利用类型数据的空间分辨率为 250m×250m。

（3）塞罕坝机械林场和小滦河流域上游重点研究区。用塞罕坝实测站点（塞罕坝站）的气象数据代表坝上地区进行气候变化分析，包括降水、潜在蒸散的变化趋势以及暖湿化的判断，同时选取伊逊河流域上游的实测站点（围场站）代表坝下地区进行同步对比，来分析塞罕坝机械林场对气候变化的影响。此外，在小滦河流域上游重点研究区遥感反演 30m×30m 分辨率的土地利用（覆被）和实际蒸散，分析土地利用和实际蒸散的变化趋势，并进行实际蒸散和潜在蒸散对比。

（4）月亮湖流域。月亮湖周围林区为人工林，湖边和湖中水生植物有水葱、水草和水藻。选取月亮湖流域进行 10m×10m 分辨率的土地覆被和实际蒸散的遥感反演，进行更为精细的覆被物的蒸散量大小比较和变化趋势分析，叠加月亮湖流域的树种和树龄数据，分析树种和树龄对实际蒸散量的影响。

12. 1　技 术 路 线

围绕“承德水源涵养区和森林草原荒漠生态系统水平衡研究”的目标，从工作方法、关键技术、成因分析 3 个角度部署工作。本研究的工作方法包括野外实地考察、室内资料搜集、数据统计分析、遥感影像反演、水文模型模拟，在这些方法中用到的关键技术包括水平衡分析、Mann- Kendall（M- K）趋势检验、暖湿化判断、土地覆被遥感反演、ETWatch 模型和 InVEST 模型，从气候变化、土地利用方式变化、生态耗水量变化、三生用水变化角度分析水平衡各要素变化的原因分析。

通过野外调查→搜集整理多门类资料和遥感影像→遥感反演土地利用和不同覆被实际蒸散量→计算出生态耗水量+水循环过程模型模拟→生成生态耗水量和水源涵养量→结合水文气象资料做要素统计分析→分析水平衡要素变化趋势→气候变化和人类活动影响分析，完成“塞罕坝地区森林草原生态系统水平衡研究”，有效支撑生态文明建设和自然资源管理，塞罕坝地区水平衡研究技术路线见图 12. 2。

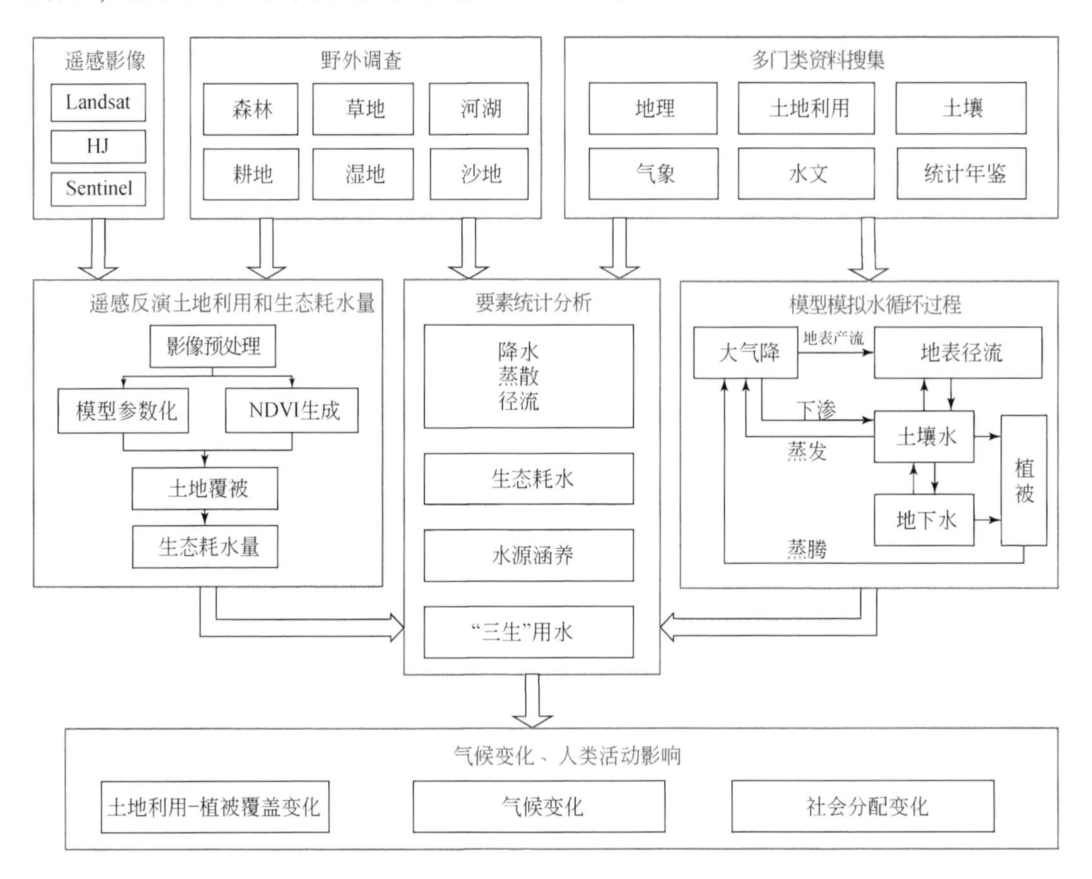

图 12. 2　塞罕坝地区水平衡研究技术路线图

狭义的水平衡以水收支平衡理论为基础，考虑经济社会发展与生态用水之间的用水平衡和经济社会供需水平衡；广义的水平衡除包括狭义的 3 个方面外还包括人水关系和谐平衡（左其亭等，2022）。于承德而言，所有水平衡的研究基础是水平衡原理，经济社会供需水平衡体现在供水用水之间的平衡，经济与生态用水平衡体现在水源涵养，人水关系和谐平衡体现在京津冀协同发展上（图 12. 3）。

水平衡原理遵从水平衡方程式（芮孝芳，2018）为

$$\bar{I}\Delta t-\bar{O}\Delta t=\Delta W$$

式中，$\bar{I}$和$\bar{O}$分别表示时段 Δt 内进、出某一研究体的平均流量，这里的研究体可以是大气层、生物体、土壤层、河流、湖泊、流域、区域等，那么在 Δt 时段内进入研究体的水量为$\bar{I}\Delta t$，流出研究体的水量为$\bar{O}\Delta t$。当进入水体的水量大于流出去的水量时，差值

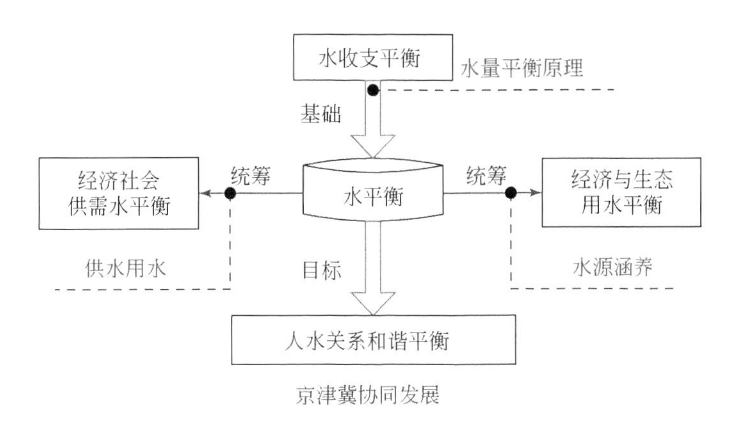

图 12.3　承德水平衡内涵图

$(\bar{I}\Delta t-\bar{O}\Delta t)$ 为正值；反之，当进入水体的水量小于流出去的水量时，差值 $(\bar{I}\Delta t-\bar{O}\Delta t)$ 为负值。这个差值就是引起水体蓄水量增加或减少的原因，这符合质量守恒定律。

对于一个闭合流域，除流域出口外，无论地面、地下均不与周围发生水量交换，因此在一年中，进入流域的水量只有年降水量，用 P 表示。降水落到流域后可能产生径流，并从流域出口断面流出去，流域在一年中产生的径流量，用 R 表示。流域上还有一部分水分要以蒸散形式进入大气，用 E 表示。因此，对于闭合流域一年中收入与支出的水量差值为

$$P-(R+E)$$

根据质量守恒定律，这个差值必然等于这一年当中流域上各种水体包括河流、湖泊、水库、湿地、土壤层、地下水等的蓄水量的变化值之和，其值可正可负。变化量（ΔW）也被一些研究者认为是水源涵养量（龚诗涵等，2017）。于是，闭合流域的年水量平衡方程式为

$$P-(R+E)=\Delta W$$

或

$$P=(R+E)+\Delta W$$

对于多年情况，第 1 ~ n 年的水平衡公式为

$$P_1=(R_1+E_1)+\Delta W_1$$
$$P_2=(R_2+E_2)+\Delta W_2$$
$$P_3=(R_3+E_3)+\Delta W_3$$
$$\vdots$$
$$P_n=(R_n+E_n)+\Delta W_n$$

将上述 n 个年水量方程式加起来，得

$$P_1+P_2+\cdots+P_n=R_1+R_2+\cdots+R_n+E_1+E_2+\cdots+E_n+\Delta W_1+\Delta W_2+\cdots+\Delta W_n$$

将公式两边同时除以 n，得

$$\frac{P_1+P_2+\cdots+P_n}{n}=\frac{R_1+R_2+\cdots+R_n}{n}+\frac{E_1+E_2+\cdots+E_n}{n}+\frac{\Delta W_1+\Delta W_2+\cdots+\Delta W_n}{n}$$

其中，等式左边为降水的多年平均值，即多年平均降水量，用$\bar{P}$表示；等式右边第一项为年径流量的多年平均值，即多年平均径流量，用$\bar{R}$表示；等式右边第二项为年蒸发量的多年平均值，即多年平均蒸发量，用$\bar{E}$表示。所以上述公式变形为

$$\bar{P}=\bar{R}+\bar{E}+\frac{\Delta W_1+\Delta W_2+\cdots+\Delta W_n}{n}$$

公式右边第三项是 n 年 ΔW 的平均值。由于这 n 年中，有些年份的 ΔW 为正，有些年份为负，这些正负值抵消使得和很小。当 n 很大（如几十年）甚至 $n\to\infty$ 时，公式右边第三项趋于0，即对于闭合流域，多年平均降水量等于多年平均径流量与多年平均蒸散量之和：

$$\bar{P}=\bar{R}+\bar{E}$$

综上，当 $n=1$ 时，ΔW 为每一年流域（区域）的储水量变化值即水源涵养值，可正可负；当 n 代表几年或者十几年的时候，$\frac{\Delta W_1+\Delta W_2+\cdots+\Delta W_n}{n}$不一定为0，代表这段时间内储水量即水源涵养量的总变化；当 n 代表几十年时，$\frac{\Delta W_1+\Delta W_2+\cdots+\Delta W_n}{n}$趋于0，多年平均降水量等于多年平均径流量和多年平均蒸散量之和。

大气降水降落到地表经产流形成地表径流，由地表进入土壤中的水下渗补充地下水，地表径流和地下水通过河川基流相互转化。地表径流汇入河道和入境流量一起形成地表水资源，其中一部分被取用供水，用于农田灌溉、二三产业用水、生活用水和生态用水。表层土壤水通过蒸发进入大气，植被通过呼吸蒸腾作用将不同深度的土壤水带到大气中，二者合起来为蒸散。供水用于农田灌溉和生态用水的部分通过蒸散进入大气；二三产业用水和生活用水经过污水处理后再次排入河道。河道中的水从出口断面流出（图 12. 4）。

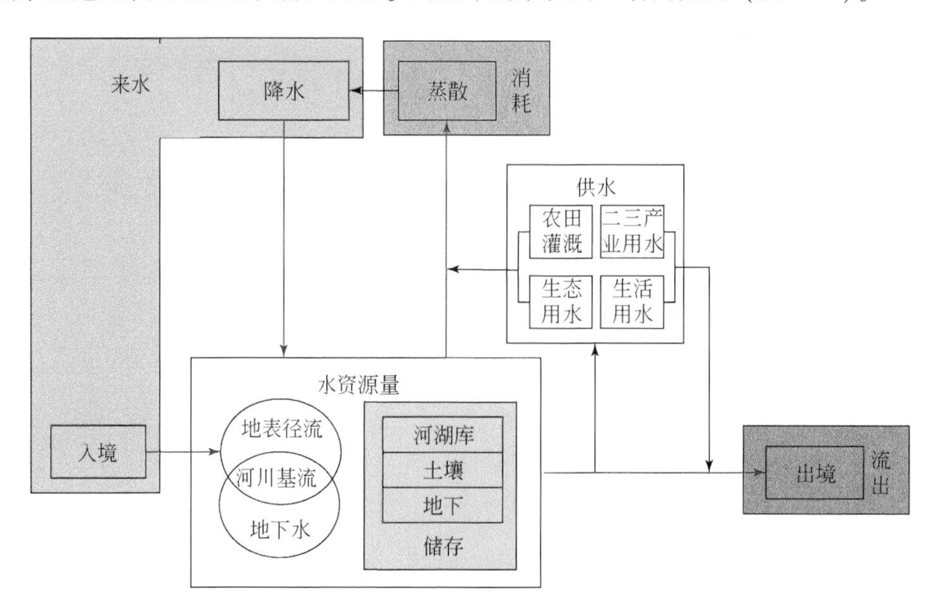

图 12. 4　承德水循环过程示意图

由水平衡公式可知，储变量等于来水减去消耗和流出，承德来水包括两个方面，降水和滦河上游的入境水量；消耗主要用于蒸散；流出包括潮河出口断面的流出量和滦河出口断面的流出量。储变量表现在河湖水库中水体的变化以及土壤水、地下水量的变化，后二者为水源涵养的重要储存空间。

12.2　承德水平衡分析

12.2.1　来水

1. 降水

1985～2020年的降水量变化可划分为3个阶段（图12.5）：1985～1989年降水显著减少，平均年降水量为194.9亿m^3；1990～1998年降水呈略减少趋势，平均年降水量为223.1亿m^3；1999～2020年降水增加，平均年降水量为189.5亿m^3，1985～1989年与1999～2020年基本持平。

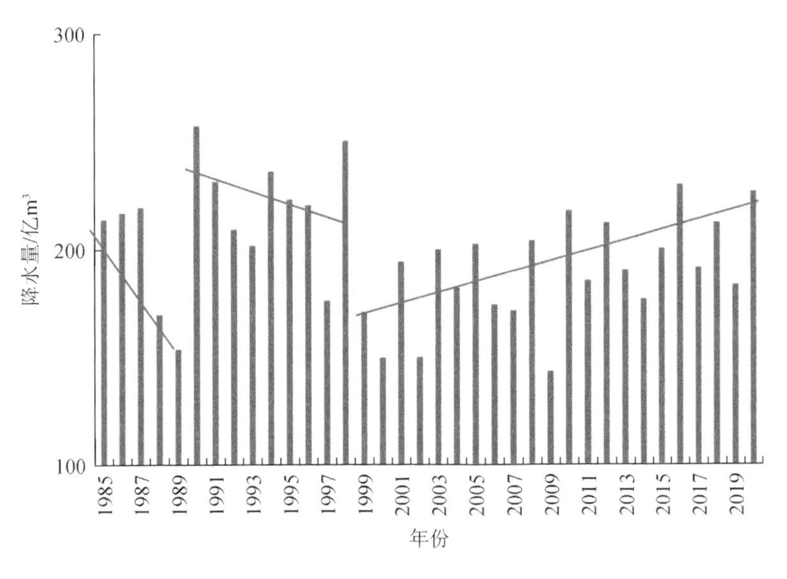

图12.5　1985～2020年降水量变化趋势图

2. 入境水量

入境水量的变化可划分为5个阶段（图12.6），1985～1989年平均为1.4亿m^3；1990～1999年平均为1.7亿m^3，该阶段入境水量大；2000～2001年入境水量最少，平均仅为0.4558亿m^3；2002～2013年平均为1.3亿m^3；2014～2020年入境水量较少，平均为1.1亿m^3。与降水相比，入境水量总量少，其变化对水平衡影响不明显。

图 12.6　1985 ~ 2020 年入境水量变化趋势图

12. 2. 2　消耗

1. 出境

出境水量的总体变化趋势与降水一致，可划分为 3 个阶段（图 12.7）：1985 ~ 1989 年平均为 16.2 亿 m³；1990 ~ 1998 年平均为 27.4 亿 m³，出境水量大；1999 ~ 2020 年平均为 9.6 亿 m³，出境水量少，但呈增加趋势。与降水同期比较，1999 ~ 2020 年是用于蒸散和涵养最强的时期。

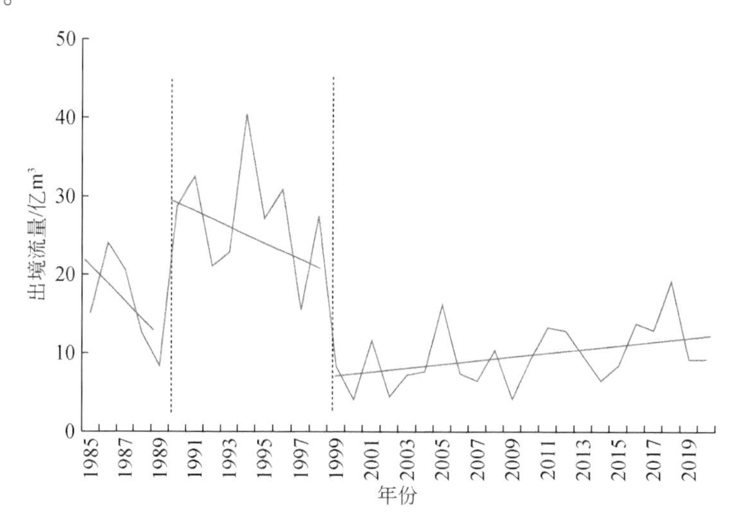

图 12.7　1985 ~ 2020 年出境水量变化趋势图

2. 蒸散

实际蒸散量整体呈减少趋势（图 12.8），1990 年及之前蒸散量较高，1999 ~ 2010 年呈现先增加趋势，2011 ~ 2020 年呈现再减少，2010 年是蒸散量的高峰值。在 1999 ~ 2020 年期间，降水呈持续增加趋势，所以可以看出 2011 ~ 2020 年蒸腾消耗减少，利于水源涵养。

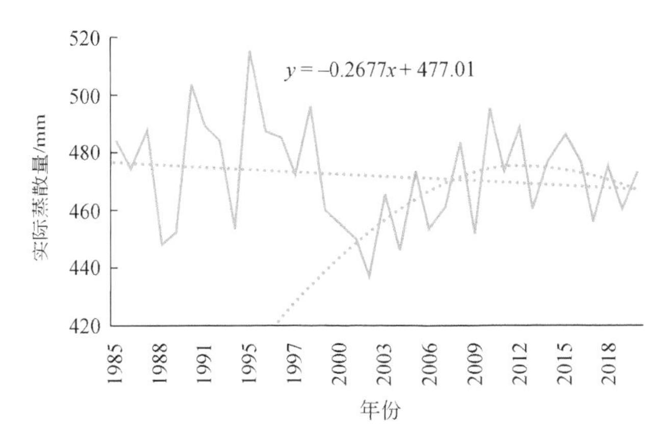

图 12.8　1985 ~ 2020 年实际蒸散量变化趋势图

12.2.3　储变量

按水平衡公式计算储变量（图 12.9），1985 ~ 1998 年平均为 1.2 亿 m^3，1999 ~ 2009 年平均为−11.1 亿 m^3，水源涵养亏缺；2010 ~ 2020 年平均为 4.8 亿 m^3，水源涵养增加。

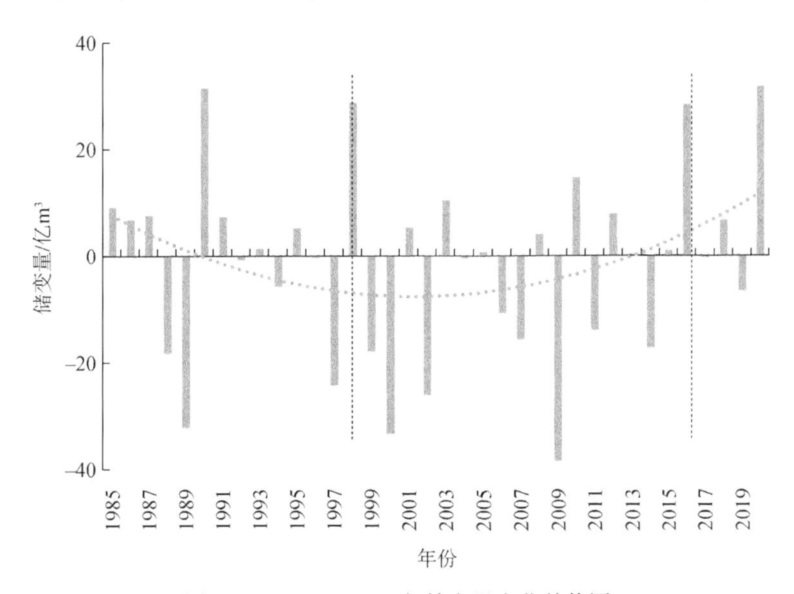

图 12.9　1985 ~ 2020 年储变量变化趋势图

1985～2020年储变量表现出降水多时储变量为正，水源涵养。2000～2009年期间，来水量少且水资源消耗量大，主要体现在蒸散大于降水，储变量为负；2010～2020年期间，来水量大，但消耗量增加不明显，出境流量较少，水源涵养效果明显（表12.1）。

表12.1　承德水平衡要素分阶段统计表　　（单位：亿 m^3）

年份	来水量	消耗量	出境流量	储变量
1985～1989	196.2	185.4	16.2	-5.4
1990～1999	219.5	191.5	25.5	2.6
2000～2009	178.3	180.8	7.9	-10.4
2010～2020	203.6	187.5	11.3	4.8

12.2.4　供水

2013～2018年期间，承德供水以地下水工程（浅层水）为主，6年平均占比为55.9%；其次是地表水，6年平均占比为42.4%；污水处理和雨水利用供水很少（图12.10）。

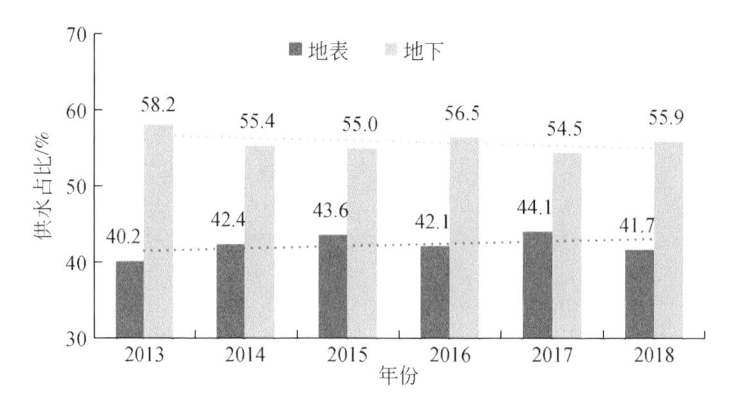

图12.10　承德不同水源供水占比变化趋势图

按供水水源统计，2001年、2005年、2010～2018年期间的实际供水量呈减少趋势，从2001年的10.43亿 m^3 下降到2018年的7.82亿 m^3。供水量占水资源总量的比例从2001年的45.1%减少到2012年的29.8%，从2013年开始升高，2015年达到最高占比64.1%，之后再次减少到2018年的30.7%（图12.11）。

12.2.5　用水

2001年、2005年、2010～2018年期间的用水量中，农业灌溉用水占比最大（63.9%～79.0%），但呈减少趋势；工业生产（二三产业）用水占比次之（13.4%～24.9%），从2001年的13.4%增加到2011年的24.9%，又从2013年的24.9%减少到2018年的20.9%，但仍高于2010年以前；生活用水占比较少（7.3%～13.7%），但呈增加趋势；

生态用水占比最少（0.25%～1.34%），但呈快速增长趋势（图 12.12）。

图 12.11　承德供水量变化趋势图

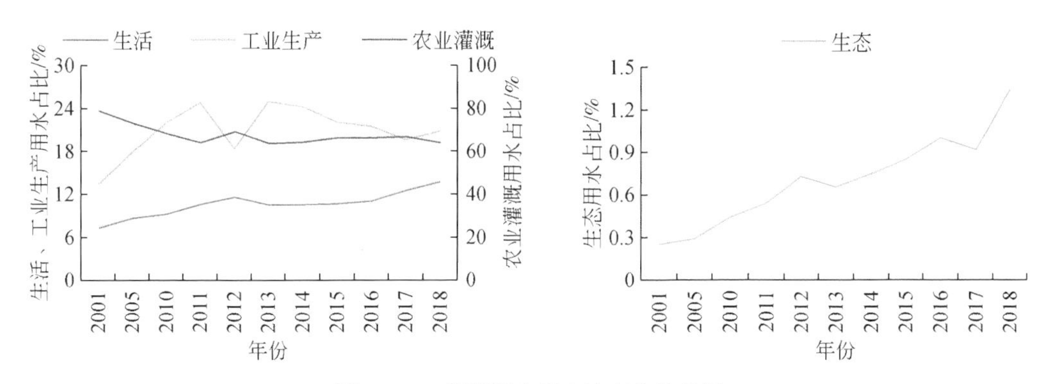

图 12.12　承德用水量占比变化趋势图

承德二三产业耗水量占比较大并呈增加趋势，同时，GDP 也呈增长趋势，故将单位产值的二三产业耗水量作为分析对象（图 12.13）可以看出，在 2001～2010 年间大幅度减少，是承德绿色发展的体现。同理，单位人口的生活耗水量呈稳中有增的趋势。

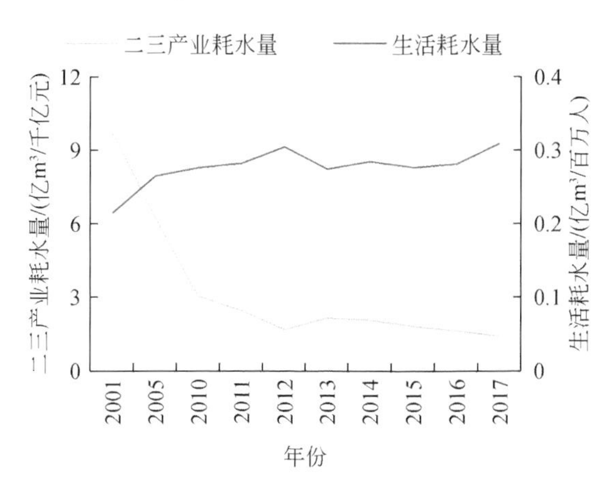

图 12.13　承德单位产值的二三产业耗水量和单位人口的生活耗水量变化趋势图

12.3　小滦河流域水平衡分析

12.3.1　水平衡趋势分析

水平衡计算以流域为研究单元，选择塞罕坝地区所在流域小滦河流域为研究区域，小滦河流域面积为 1972.125km²。以小滦河流域周围包括塞罕坝机械林场气象站在内的共 4 个气象站的降水数据为基础，利用泰森多边形法计算流域面雨量；用 ETWatch 模型反演遥感影像得到流域 250m×250m 分辨率的实际蒸散数据（图 12.14）；径流数据采用小滦河入滦河出口断面沟台子站的年径流数据。

小滦河流域 2001～2018 年降水量、实际蒸散量、径流量和储水量变化如图 12.15 所示，2018 年平均降水量为 429.15mm、实际蒸散量为 408.71mm、径流量为 27.31mm、储水量变化为 -6.86mm，将 4 个量乘以流域面积换算为水资源量依次为 8.46 亿 m³、8.06 亿 m³、0.54 亿 m³、-0.14 亿 m³。总上，降水量、实际蒸散量、储水量呈增加趋势，径流量呈减少趋势。储水量变化为负值但呈增加趋势，说明该流域在这 18 年间储水量略有亏缺，但呈现向好的趋势，水源涵养量在逐步增加。

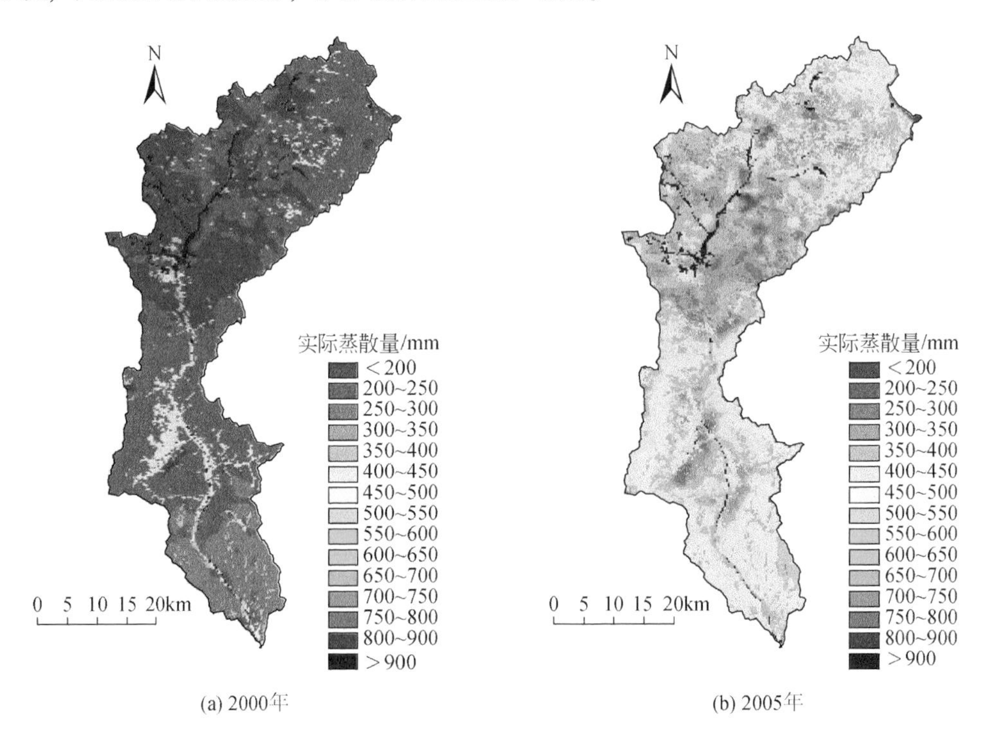

(a) 2000年　　　　(b) 2005年

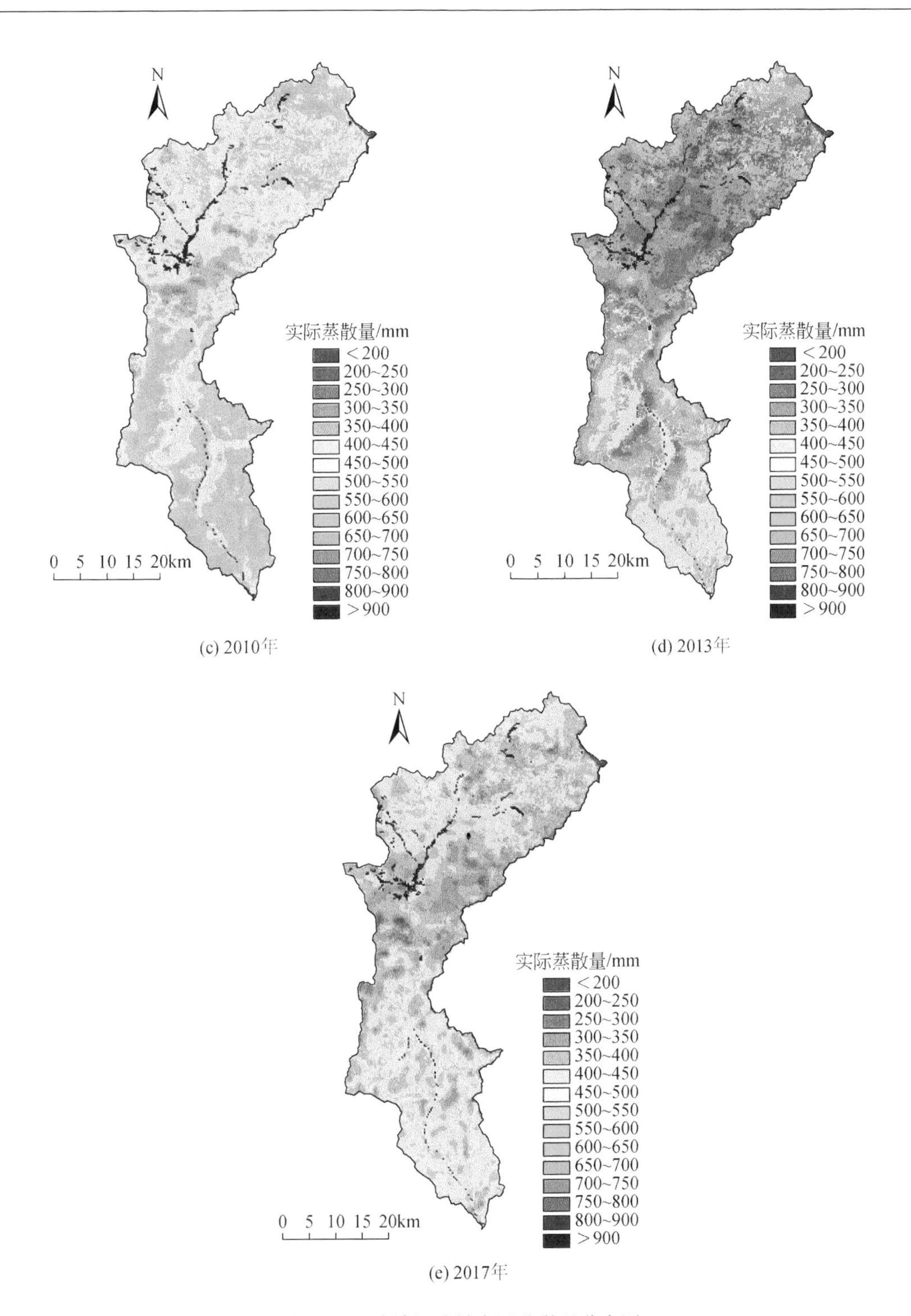

(c) 2010年

(d) 2013年

(e) 2017年

图 12.14 小滦河流域实际蒸散量分布图

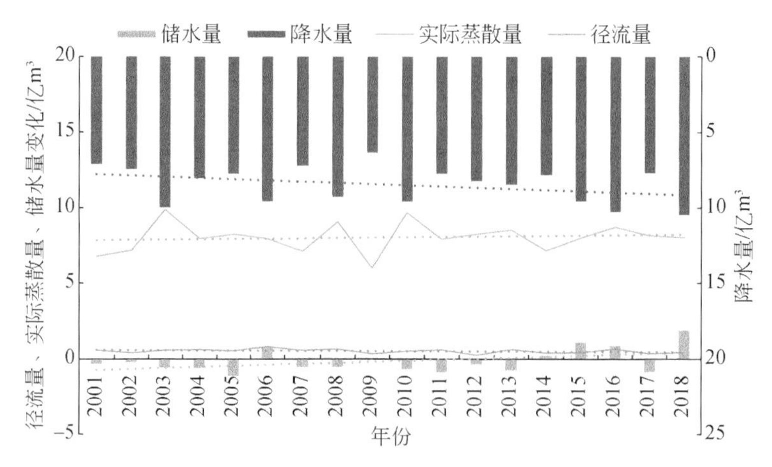

图 12.15　小滦河流域降水量、实际蒸散量、径流量、储水量变化趋势图

12.3.2　水源涵养模型模拟

为模拟和分析塞罕坝及周围地区的水源涵养空间特征，尤其想探究塞罕坝机械林场对水源涵养的作用，结合搜集到的土地利用数据和作为模型验证的水资源数据，选取 2011 年和 2017 年作为典型年。

将前期搜集的土壤、植被、地形、水文等数据按照土壤质地或土地利用类型在 ArcGIS 中进行链接，得到承德全域的根系层限制深度、植被可利用含水率、土壤饱和导水率、流速系数、地形指数等，再按照研究区边界剪裁出研究区域的相应参数输入模型。

1. 降水空间分布

将塞罕坝及周围地区气象站的观测降水用 Kriging 插值方法插值到塞罕坝和小滦河上游区域（图 12.16）。2011 年，机械林场的降水高于小滦河流域上游，降水空间分布特征

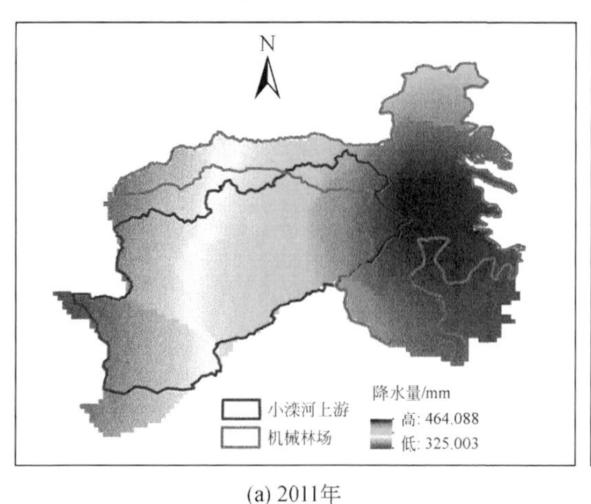

(a) 2011年

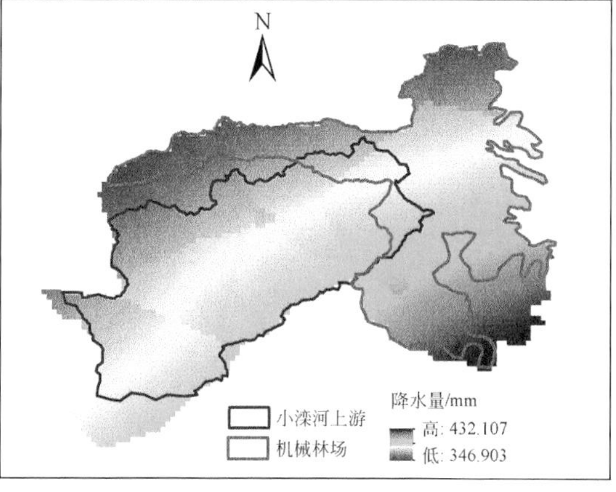

(b) 2017年

图 12.16　降水空间分布图

为从东向西减少；2017年，机械林场的降水没有明显高于小滦河流域上游，降水的空间分布特征为从东南向西北减少。

2. 水源涵养空间分布

用2011年和2017年的水资源资料对模型进行验证，此两年模型模拟的准确率超过80%。对比两年的水源涵养空间分布（图12.17），2011年水源涵养量呈现从东向西递减趋势，2017年水源涵养量从东南向西北减少，这种大的趋势与降水的空间分布一致。

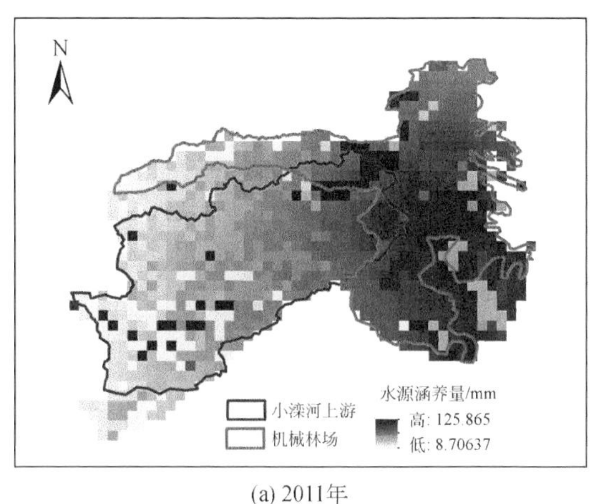

(a) 2011年

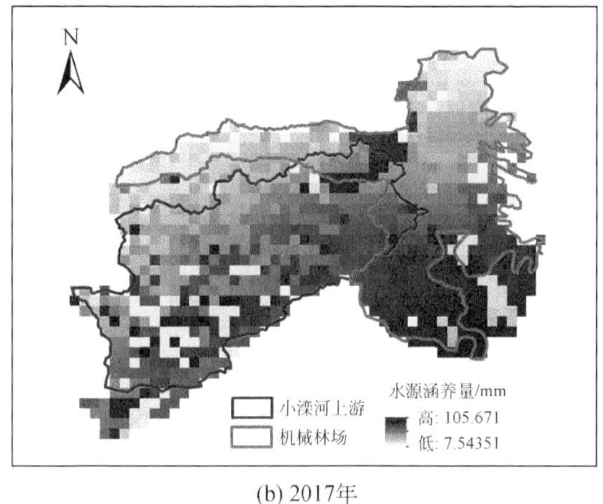

(b) 2017年

图12.17　水源涵养空间分布图

2011年和2017年小滦河流域中上游地区水源涵养量空间分布不均，表现出明显的色斑状，这与土地利用类型有直接的关系。用2017年水源涵养空间分布图与土地利用类型图对比分析（图12.18），小滦河流域中上游的不均匀色斑主要出现在耕地和沙地-裸地集

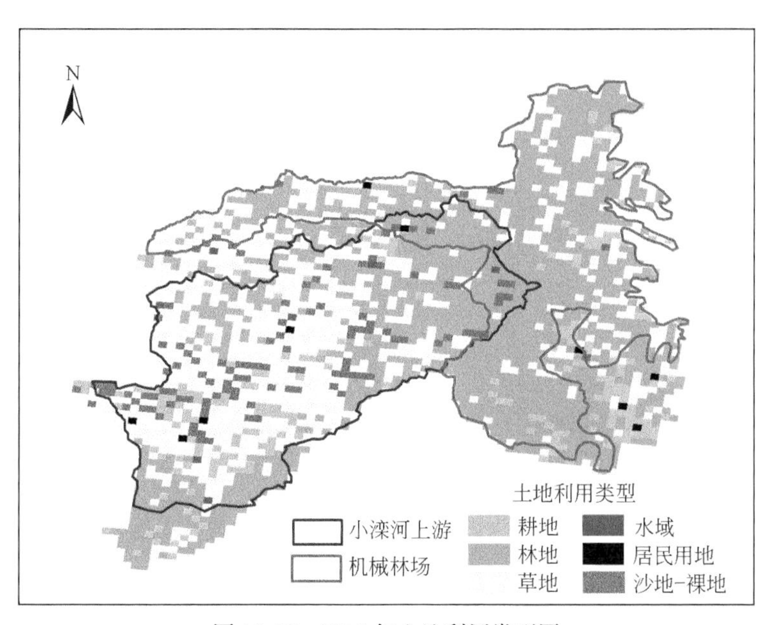

图12.18　2017年土地利用类型图

中区，这部分的水源涵养量低。而塞罕坝机械林场植被覆盖均匀，以林地为主，水源涵养量高且均匀分布。森林对于水源涵养起着至关重要的作用。

12.4　塞罕坝地区水平衡分析

1. 降水变化趋势

经 M-K 趋势检验，1971～2018 年，塞罕坝坝上和坝下地区的降水量总体呈增加趋势，但增加速率明显不同（图 12.19）。坝上地区（塞罕坝站）以 16.9mm/10a 的速度增长，这种增加趋势通过置信度 95% 显著性检验，这表明坝上地区年降水量上升趋势十分显著；对比而言，坝下地区（围场站）以 9.0mm/10a 的速度增长，该增长趋势不显著（表 12.2）。塞罕坝机械林场对于降水的增加起到了明显的作用。

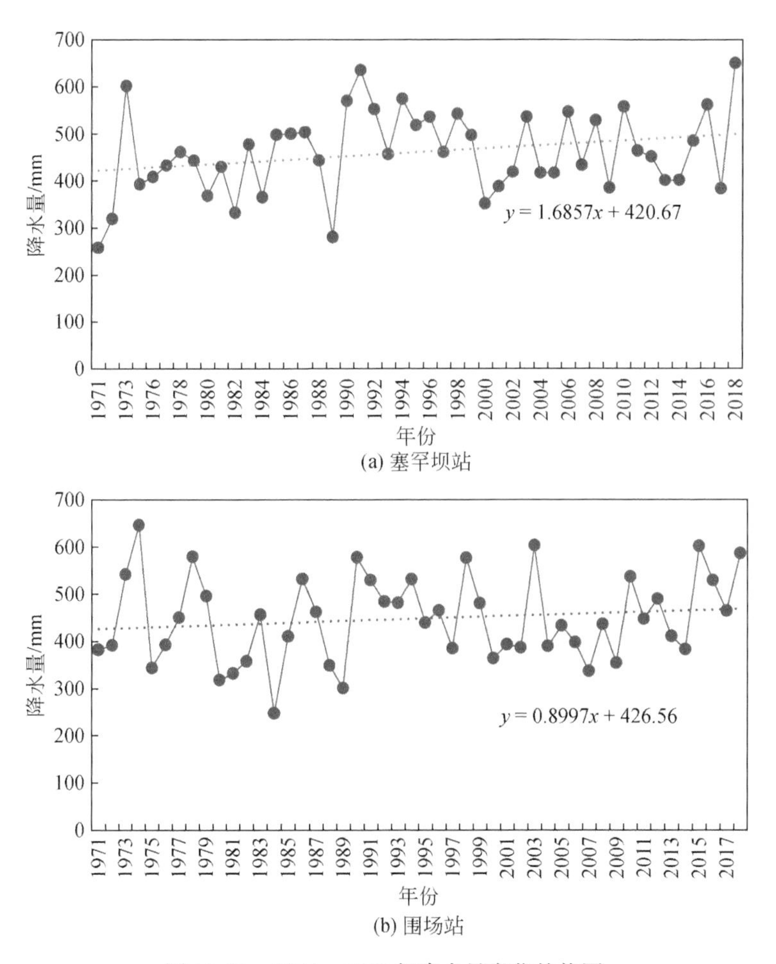

(a) 塞罕坝站

(b) 围场站

图 12.19　1971～2017 年降水量变化趋势图

表 12.2　降水量变化趋势统计表

观测站	趋势	每十年变化量/mm	Z 值	显著水平
塞罕坝站	增加	+16.9	1.84	通过置信度 95% 显著性检验
围场站	增加	+9.0	0.97	不显著

计算坝上、坝下地区从 1971 ~ 2018 年共 5 个年代际（10 年）降水量平均值（图 12.20），20 世纪 70 年代机械林场成林之初，坝上地区环境还以沙地为主，降水少于坝下地区近 60mm（表 12.3）；成林后 20 世纪 80 年代，坝上地区降水量开始高于坝下地区。在 20 世纪 80 年代至 21 世纪 00 年代期间，坝上地区的降水量高于坝下地区，但二者的差值逐渐减小，年际降水量差值从 20 世纪 80 年代的 43.1m 减小到 20 世纪 90 年代的 39.0mm 到 21 世纪 00 年代的 32.6mm，这是因为随着林木的生长林冠层茂密，机械林场开始形成小气候并对周围地区产生影响。21 世纪 10 年代两地的降水量基本持平。

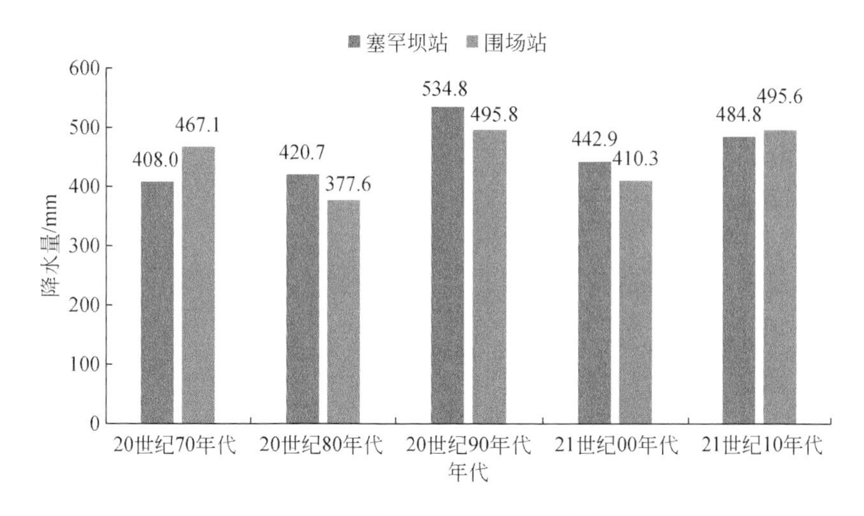

图 12.20　20 世纪 70 年代至 21 世纪 10 年代降水变化趋势图

表 12.3　20 世纪 70 年代至 21 世纪 10 年代降水量比较表　（单位：mm）

年代	坝上地区	坝下地区	坝上、坝下地区差值
20 世纪 70 年代	408.0	467.1	-59.1
20 世纪 80 年代	420.7	377.6	43.1
20 世纪 90 年代	534.8	495.8	39.0
21 世纪 00 年代	442.9	410.3	32.6
21 世纪 10 年代	484.8	495.6	-10.8

2. 潜在蒸散发变化趋势

经 M-K 趋势检验，1975 ~ 2020 年，塞罕坝坝上和坝下地区潜在蒸散量的变化趋势基本相似（表 12.4），坝上地区（塞罕坝站）以 6.1mm/10a 的速度呈不显著减少趋势，坝下地区（围场站）在 2017 年之前以 8.9mm/10a 的速度呈不显著减少，在 2018～2020 年期间有所增加（图 12.21）。

表 12.4　潜在蒸散变化趋势统计表

观测站	趋势	每十年变化量/mm	Z 值	显著水平
塞罕坝站	减少	-6.1	-0.6	不显著
围场站	减少	-8.9	-0.7	不显著

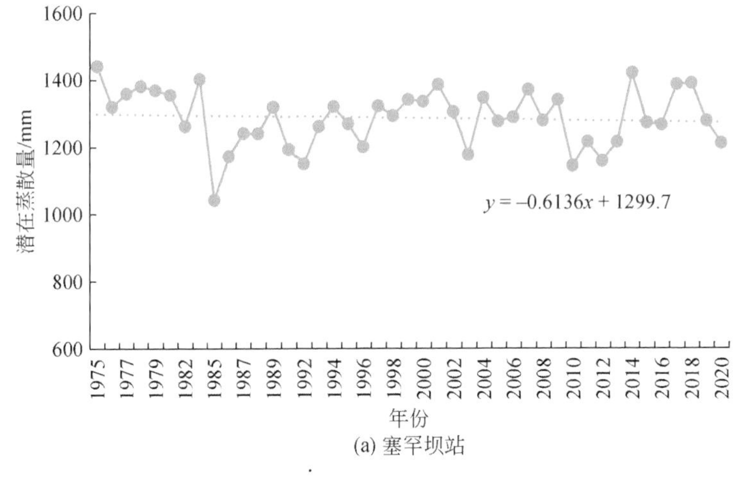

(a) 塞罕坝站

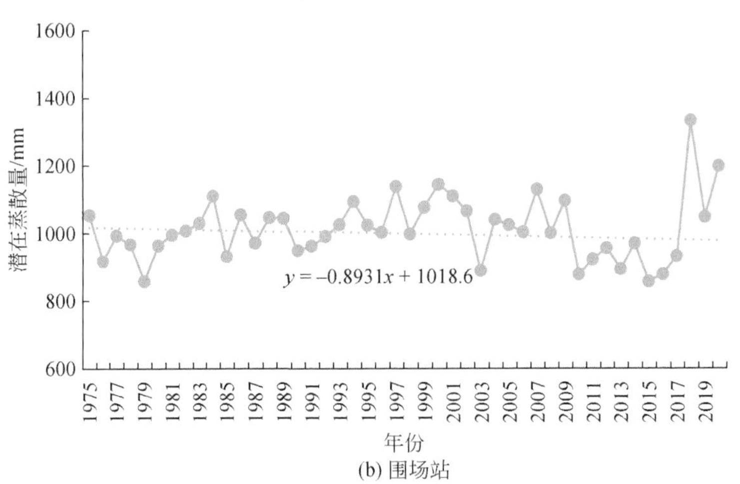

(b) 围场站

图 12.21　1975～2020 年潜在蒸散量变化趋势图

计算坝上、坝下地区从 1975～2020 年共 5 个年代际（10 年）潜在蒸散量平均值，每一时期坝上地区的潜在蒸散量均高于坝下地区（图 12.22），最大差值 416.4mm 出现在 20 世纪 70 年代，坝上地区还未成林，沙地环境下蒸散能力远高于其他土地利用方式下的生态环境。20 世纪80～90 年代，塞罕坝林场逐渐成林，坝上、坝下地区潜在蒸散量差值近

240mm，差值有明显下降；21 世纪 00～10 年代，坝上、坝下地区潜在蒸散量差值略有增加，为 270mm 左右（表 12.5），机械林冠层逐渐茂密又使蒸散能力增加。

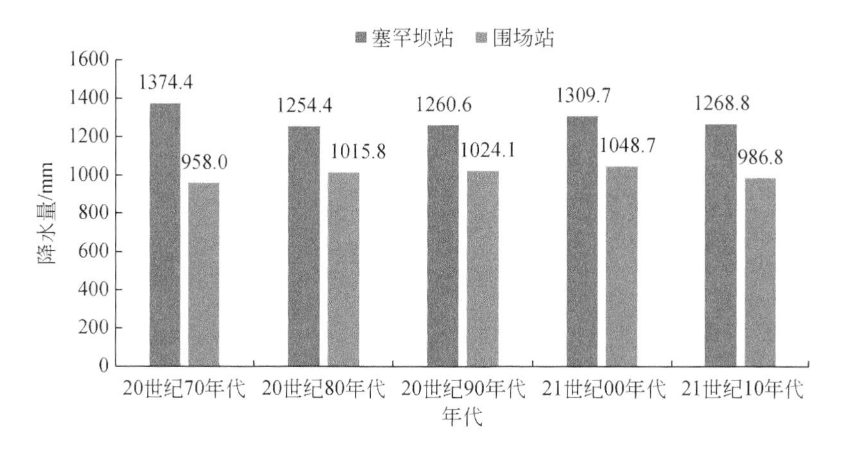

图 12.22　20 世纪 70 年代至 21 世纪 10 年代潜在蒸散量变化趋势图

表 12.5　20 世纪 70 年代至 21 世纪 10 年代潜在蒸散量比较表　（单位：mm）

年代	坝上地区	坝下地区	坝上、坝下地区差值
20 世纪 70 年代	1374.4	958.0	416.5
20 世纪 80 年代	1254.4	1015.8	238.5
20 世纪 90 年代	1260.6	1024.1	236.5
21 世纪 00 年代	1309.7	1048.7	261.0
21 世纪 10 年代	1268.8	986.8	282.0

3. 生态（实际）耗水量变化

利用塞罕坝站 1971～2020 年年降水量做频率曲线，取 75%、25% 分位点对应的年降水量 536.1mm 和 393.4mm 作为丰水年和枯水年的分界线，综合考虑丰枯年分配和遥感影像数据，最终选择 2000 年（枯水年）、2005 年（平水年）、2016 年（丰水年）、2019 年（枯水年）来分析遥感反演蒸散变化趋势。

基于完成的 2000 年、2005 年、2016 年、2019 年覆盖整个小滦河上游地区 30m×30m 分辨率遥感蒸散（evapotranspiration，ET）数据集，开展了时空成图与分析，其中，小滦河上游的年度蒸散量空间分布如图 12.23 所示。

图 12.23 可以看出，小滦河上游 2000 年与 2019 年的遥感蒸散量较低、而 2005 年与 2016 年遥感蒸散量较高。通过对 2000 年、2005 年、2016 年与 2019 年整个小滦河上游地区 30m×30m 分辨率遥感蒸散（ET）数据的不同土地利用类型的蒸散量进行统计，获得图 12.24。结果同样表明，2000 年与 2019 年的遥感蒸散量较低，2005 年与 2016 年遥感蒸散量较高。由于该区域属于山区地带，蒸散主要来源于降水，因此表明 2000 年与 2019 年该区域的降水相对其他年份较少；2005 年与 2016 年该区域的降水相对其他年份较多，这与

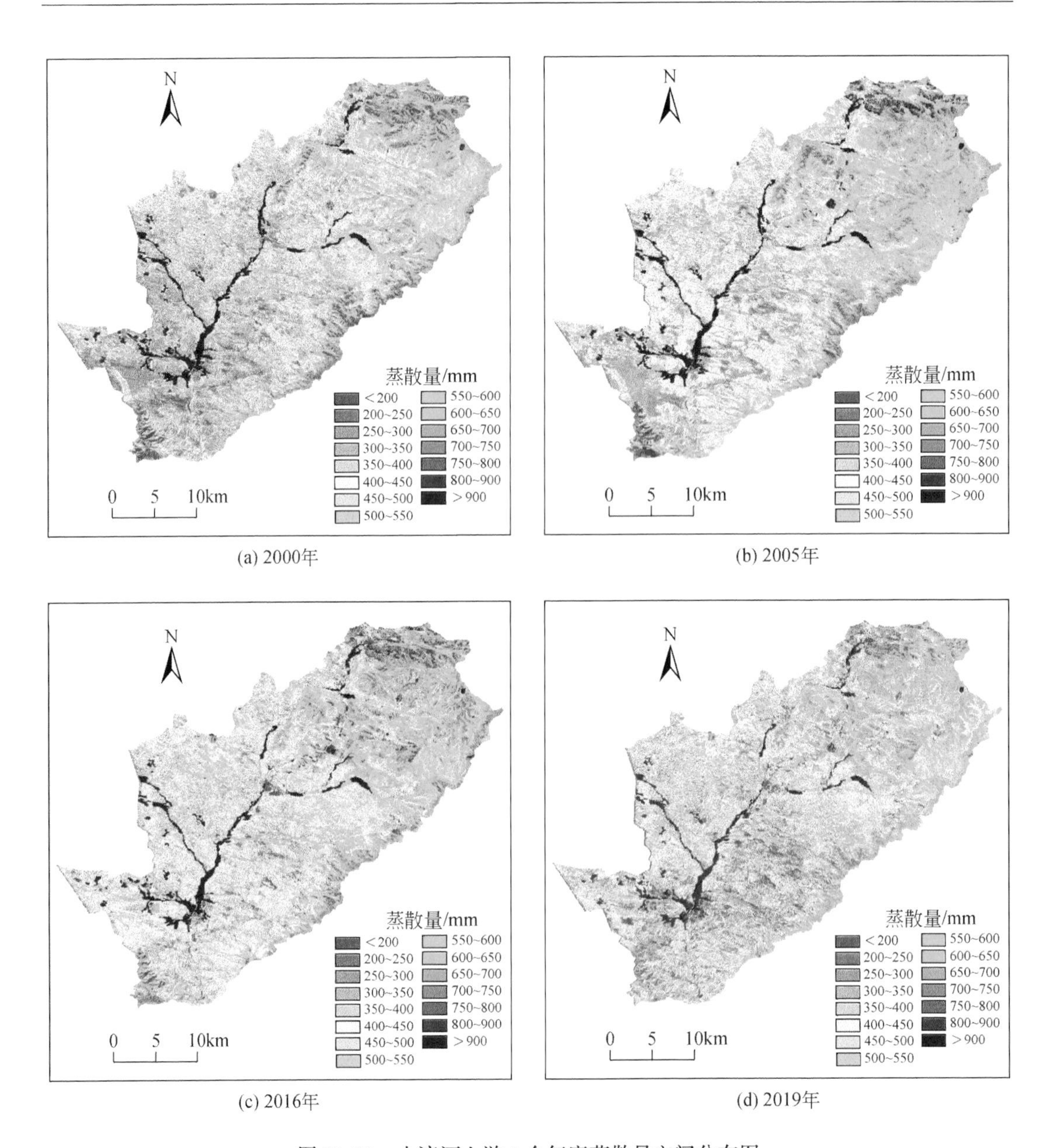

(a) 2000年　(b) 2005年　(c) 2016年　(d) 2019年

图 12.23　小滦河上游 4 个年度蒸散量空间分布图

2000 年和 2019 年为枯水年、2005 年为平水年、2016 年为丰水年相符。

由于 2005 年与 2016 年遥感 ET 数据空间分辨率为 30m×30m，一定程度上不同土地利用类型能够较好的显示出来，同样不同土地利用类型的蒸散量也能够显示出时空差异，可以看出湿地（河道、水库等）的蒸散量最大，这是因为河道、水库等不受水分胁迫，基本按照蒸散能力（即潜在蒸散）进行蒸散；其次是塞罕坝北部区域的林地蒸散量。针对不同土地利用类型的蒸散数据表明湿地（河道、水库等）的蒸散量最大，林地的蒸散量次之，然后依次是耕地、草地、沙地-裸地，最后是人工表面。

以 2019 年为例，对不同土地利用类型的蒸散发数据进行月度变化统计，结果如

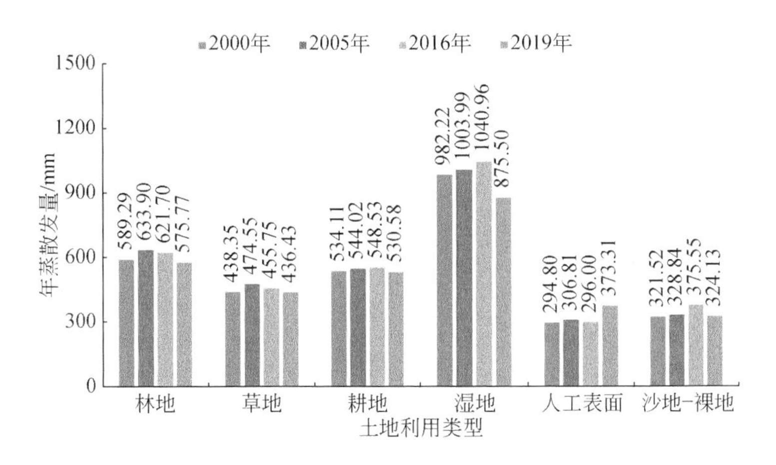

图12.24　小滦河上游不同土地利用类型年蒸散发量统计图

图12.25所示。所有土地利用类型的年内月平均蒸散发量均呈现单峰变化，这与土地利用类型中植被年内生长需水量以及季节性的降水条件变化较为吻合，且耕地的蒸散发量为单峰变化，表明该区域内作物种植为单季作物的生长，这也与该区域作物实际情况相吻合。

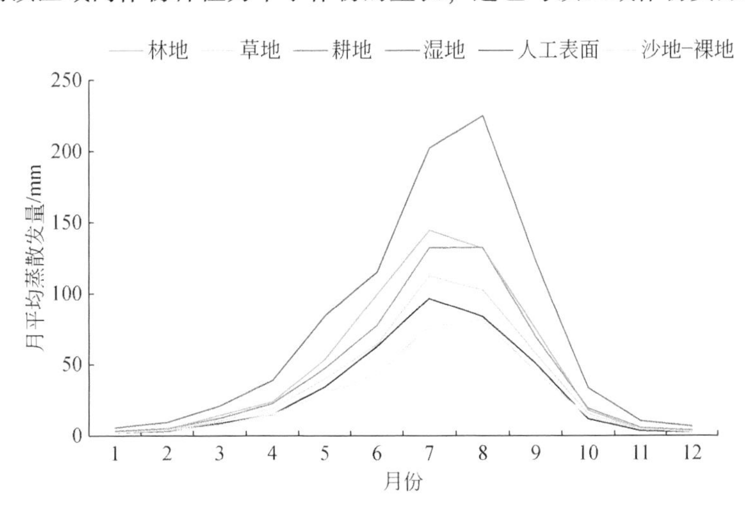

图12.25　不同土地利用类型月平均蒸散发量变化图

4. 实际蒸散发量和潜在蒸散发量关系

实际蒸散发量与潜在蒸散发量不同，潜在蒸散发量是在水分不受胁迫时同一气候条件下可能达到的最大蒸发量，而实际蒸散发量既受到覆被种类的影响，又受到供水能力的限制。利用2000年、2005年、2016年、2019年不同覆被的实际蒸散发量与潜在蒸散发量比值再求平均，计算每种覆被的实际蒸散发量和潜在蒸散发量比值即不同覆被的蒸散发系数，结果为湿地的蒸散发系数（0.76）最大，林地（0.47）和耕地（0.42）次之，草地（0.35）居中，沙地-裸地（0.26）和人工表面（0.25）蒸散发系数最小（表12.6）。

表 12.6　蒸散发系数统计表

年份	林地	草地	耕地	湿地	人工表面	沙地-裸地
2000	0.44	0.33	0.40	0.74	0.22	0.24
2005	0.50	0.37	0.43	0.79	0.24	0.26
2016	0.49	0.36	0.43	0.82	0.23	0.30
2019	0.45	0.34	0.42	0.69	0.29	0.25
平均	0.47	0.35	0.42	0.76	0.25	0.26

计算 2019 年不同土地利用的月蒸散系数（图 12.26），所有土地利用类型的年内月蒸散系数均呈现单峰变化，这与土地利用类型中植被年内生长季需水量以及季节性的降水条件变化相吻合。其中，林地蒸散系数变化范围为 0.12 ~ 0.89，均值为 0.47，小于汾河流域的森林（0.666）和灌木林（0.711）平均蒸散系数，这与林地范围的大小有关；5 ~ 9 月草地蒸散系数变化范围为 0.18 ~ 0.69，这与内蒙古自治区额济纳绿洲草地相应时期的蒸散系数变化范围 0.245 ~ 0.623 一致；4 ~ 10 月沙地-裸地的蒸散系数变化范围在 0.11 ~ 0.55，这与内蒙古自治区通辽市科尔沁沙地相应时期的蒸散系数变化范围 0.1 ~ 0.6 一致。

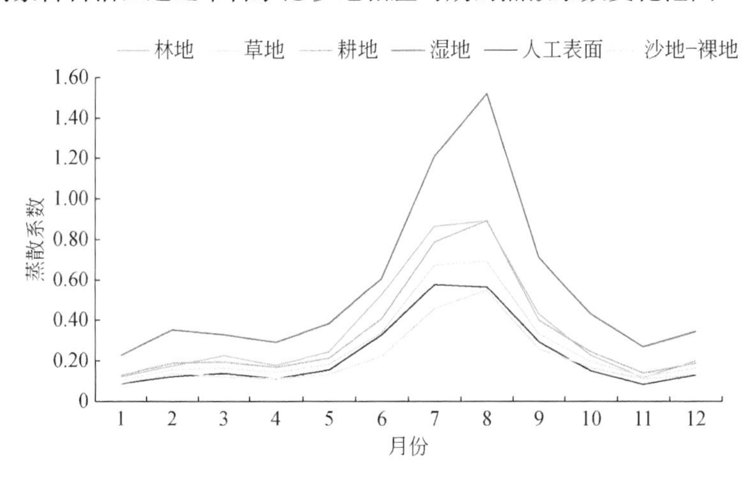

图 12.26　2019 年不同土地利用类型月蒸散系数变化图

5. 不同土地利用类型生态耗水量分析

单位面积蒸散量所表达的就是单位面积的耗水量，因此，小滦河流域范围内典型土地利用类型的年蒸散发即为单位面积的年耗水量。

某种土地利用类型的生态耗水总量即为单位面积的蒸散发量与某种土地利用类型的面积相乘即可获得。基于已估算的小滦河流域上游遥感蒸散（ET）数据，结合已监测获得的土地覆被数据，利用 2000 年土地覆被数据对 2000 年与 2005 年的遥感 ET 数据进行统计、2016 年土地覆被数据对 2016 年的遥感 ET 数据进行统计、2019 年土地覆被数据对 2019 年的遥感 ET 数据进行统计，获得 2000 年、2005 年、2016 年与 2019 年不同土地利用类型下的耗水量信息。

小滦河流域上游不同土地利用类型的年耗水量中（图12.27），虽然草地不是蒸散量最大的植被类型，但由于其面积最大，所以草地的年耗水量最大；因为林地的蒸散量和面积都较大，所以林地的年耗水量次之；沙地的面积和蒸散量均为第三，沙地-裸地的年耗水量也排在第三；再次是耕地和湿地，尽管湿地（河道、水库）的蒸散量最大，但由于其面积小，所以湿地的蒸散量并不大；年耗水量最小的为人工表面。

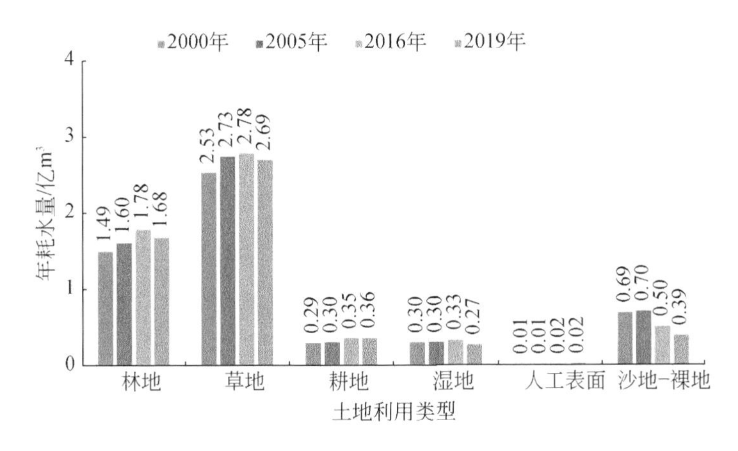

图12.27　小滦河流域上游不同土地利用类型年耗水量统计图

6. 地表径流变化趋势

地表径流是大气降水在植被和土壤作用下，经历产流和汇流过程后在地表的再分配，与降水相比波动不明显。

小滦河流域出口断面沟台子站年径流量、丰水期径流量和枯水期径流量有相似的变化趋势（图12.28）。以20世纪80年代为基准年进行分析（表12.7），径流量20世纪80～90年代呈增加趋势，20世纪90年代达到最高，丰水期（62.2%）和枯水期（150.8%）增加的百分比均高于年总量（44.3%）增加百分比，说明此时丰水期和枯水期径流均较大，枯水期径流增加量大；21世纪00年代开始径流量减少，21世纪10年代低于21世纪00年代，两个年代丰水期减少的幅度小于年总经流量，枯水期减少的幅度大于年总经流量，说明没有起到“削峰补枯”的作用。对于枯水期，21世纪00年代以前没有连续2个或以上月断流的情况，21世纪00年代以后，连续断流月数明显增加（图12.29）。

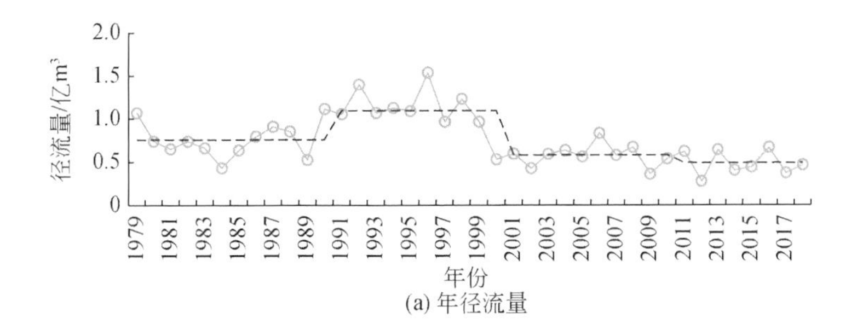

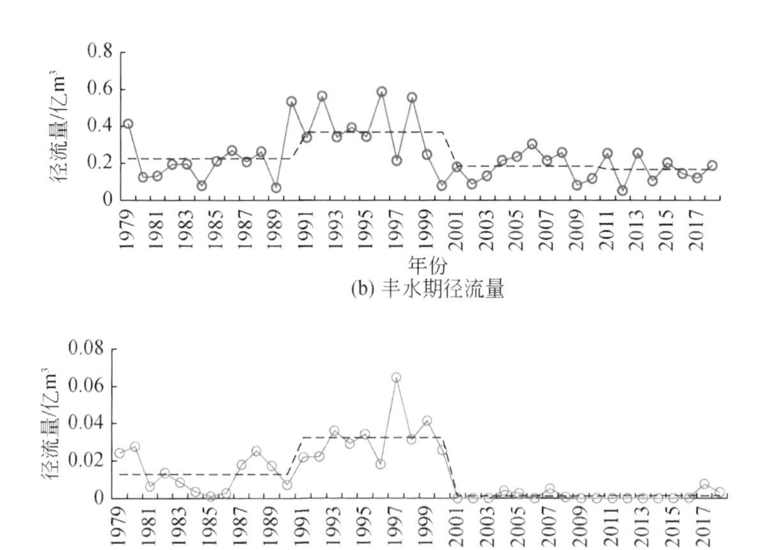

(b) 丰水期径流量

(c) 枯水期径流量

图 12.28　小滦河流域出口断面沟台子站年径流量、丰水期径流量和枯水期径流量变化趋势图

表 12.7　20 世纪 80 年代至 21 世纪 10 年代径流量变化表

年代	沟台子站变化/%			围场站变化/%		
	年总	丰水期	枯水期	年总	丰水期	枯水期
20 世纪 80 年代	基数	基数	基数	基数	基数	基数
20 世纪 90 年代	+44.3	+62.2	+150.8	+42.0	+57.7	+102.5
21 世纪 00 年代	−23.7	−19.1	−90.6	−21.3	−26.9	−95.5
21 世纪 10 年代	−35.8	−26.4	−89.5	−23.6	−28.5	−63.8

注：以 20 世纪 80 年代为基准计算变化百分比，+表示增加，−表示减少。

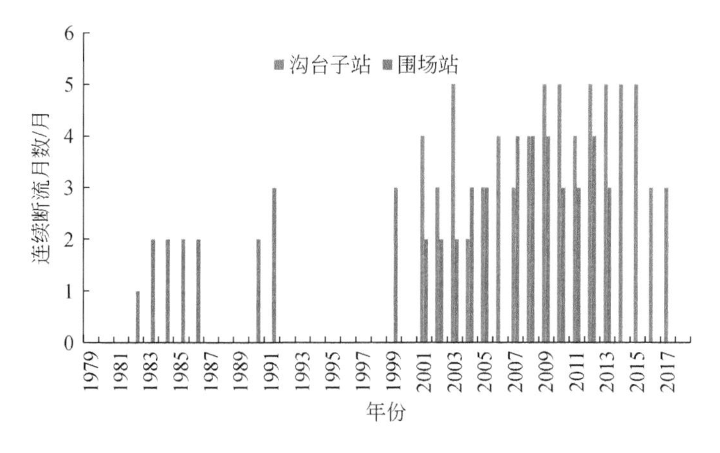

图 12.29　枯水期连续断流月数统计图

伊逊河流域控制断面围场站年径流量、丰水期径流量和枯水期径流量同样有相似的变化趋势（图 12.30）。以 20 世纪 80 年代为基准进行分析，径流量 20 世纪 80～90 年代呈增加趋势，20 世纪 90 年代达到最高，丰水期径流量（57.7%）和枯水期径流量（102.5%）增加的百分比均高于年径流量（42.3%）增加百分比，说明此时丰水期和枯水期径流均较大，枯水期径流增加量大；21 世纪 00 年代开始径流量减少，21 世纪 10 年代略低于 21 世纪 00 年代，丰水期径流量减少的幅度大于年径流量，枯水期径流量减少的幅度大于年总量，说明起到“削峰”作用但没“补枯”。21 世纪 10 年代的年径流量、丰水期径流量与 21 世纪 00 年代基本持平，21 世纪 10 年代的枯水期径流量高于 21 世纪 00 年代，此时表现出“补枯”的效果。即从 21 世纪 00 年代开始，先“削丰”后“补枯”。围场站从 20 世纪 80 年代开始就有枯水期连续 2 个或以上月断流的现象，21 世纪 00 年代以后连续断流月数有所增加，但从 2014 年开始没再出现断流的现象（图 12.29）。

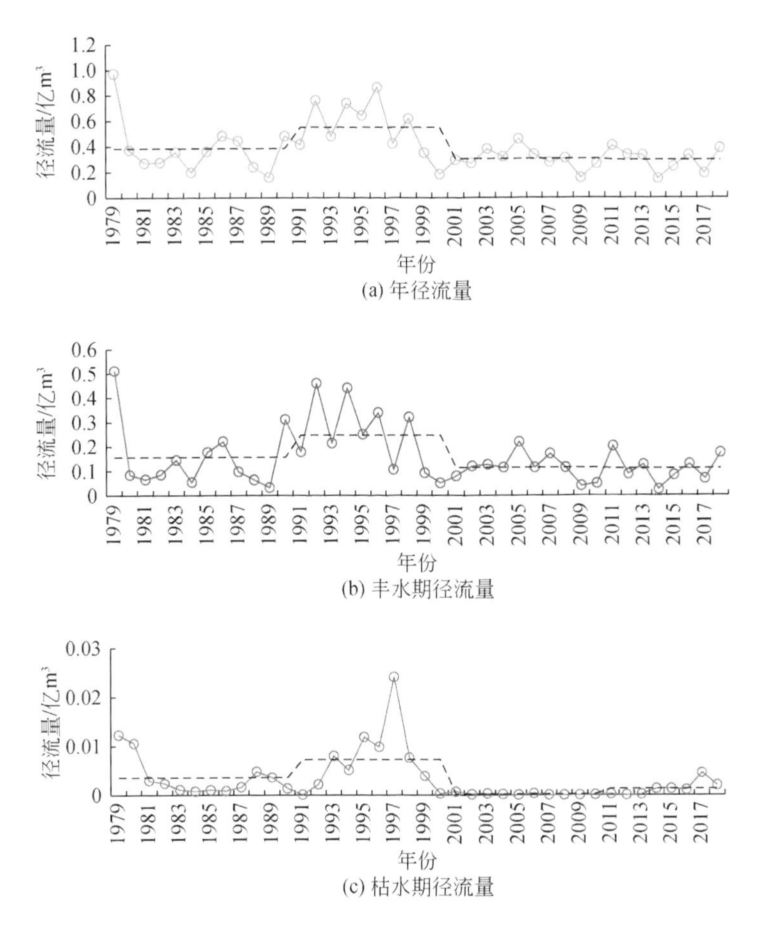

图 12.30　伊逊沙流域控制断面围场站年径流量、丰水期径流量和枯水期径流量变化趋势图

7. 暖湿化变化趋势

对年均温进行 M-K 趋势检验，1971～2017 年，塞罕坝坝上和坝下地区的年均温总体

呈显著上升趋势，但上升速率明显不同（图12.31）。坝上地区（塞罕坝站）以0.2℃/10a的速度上升，这种上升趋势通过置信度99%显著性检验；对比而言，坝下地区（围场站）以0.07℃/10a的速度上升，这种上升趋势通过置信度95%显著性检验（表12.8）。塞罕坝机械林场起到了增温的作用，但由于海拔的原因，年均温仍低于0℃，如果以这个趋势继续上升，年均温将突破0℃。

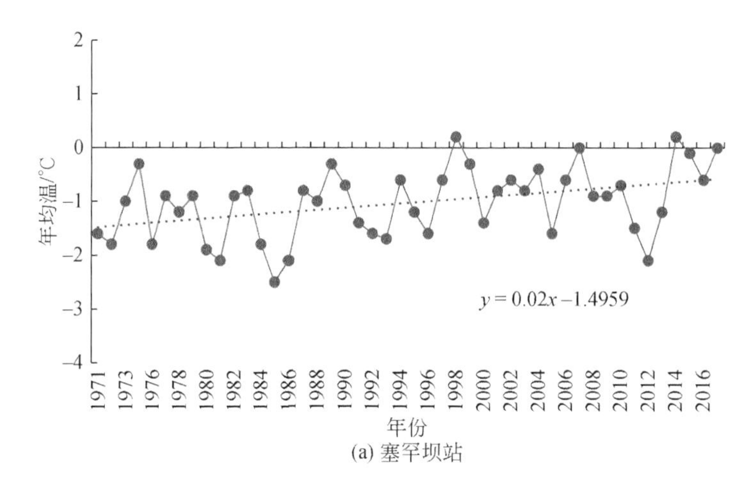

(a) 塞罕坝站

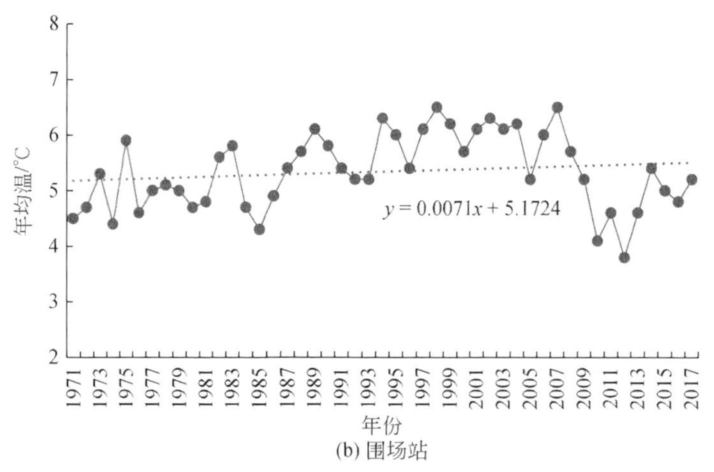

(b) 围场站

图12.31　年均温趋势图

表12.8　年均温变化趋势统计表

观测站	趋势	每十年变化量/℃	Z值	显著水平
塞罕坝站	增加	+0.2	3.06	通过置信度99%显著性检验
围场站	增加	+0.07	1.66	通过置信度95%显著性检验

对干旱系数进行M-K趋势检验，1971～2018年，塞罕坝坝上和坝下地区的干旱系数呈下降趋势（图12.32），说明坝上、坝下地区都在变得更加湿润，但这种趋势不显著（表12.9）。坝上地区，20世纪70年代干旱系数高于3.0，处于半干旱状态；塞罕坝机械

林场成林之后，明显改变了局地气候，从 1985 年开始干旱系数下降到 3.0 以下，1985 ~ 1999 年一直处于半湿润状态（除 1989 年以外）；随着林冠层逐渐茂密，植被蒸腾作用增加，在 2000 年以后，半干旱、半湿润交替出现。

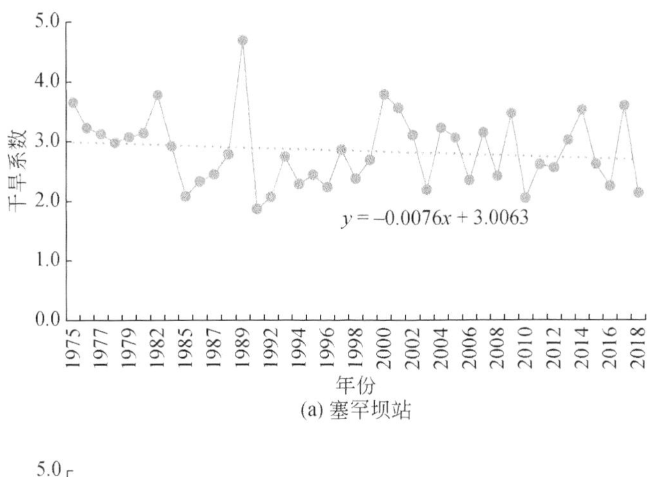

(a) 塞罕坝站

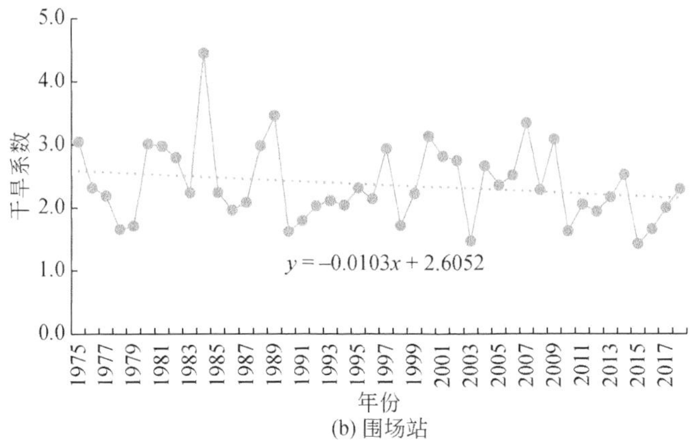

(b) 围场站

图 12. 32　干旱系数变化趋势图

表 12. 9　干旱系数变化趋势统计表

观测站	趋势	每十年变化量	Z 值	显著水平
塞罕坝站	减小	−0. 08	−0. 95	不显著
围场站	减小	−0. 1	−1. 15	不显著

综合温度和干旱系数来看，坝上和坝下地区温度升高，湿润程度增加，向暖湿化发展。

8. 土地覆被时空分布规律

小滦河上游土地利用类型主要有林地、草地、耕地、湿地、人工表面、其他共 6 种土地利用方式，其中的“其他”在小滦河上游主要表现为沙地、裸地，考虑到塞罕坝由沙地向人工林转变的特殊性，所以本研究中用“沙地-裸地”来代替“其他”。

基于土地覆被遥感监测技术与方法，完成了小滦河上游 30m×30m 分辨率的土地覆被遥感监测，构成了 2000 年、2016 年、2019 年 3 期土地利用方式数据集。

基于小滦河上游 30m×30m 分辨率的土地覆被上述 3 期土地利用类型面积占比进行统计，结果表明整个小滦河上游范围内，草地的总面积占比最大（53.08%），林地总面积占比次之（24.46%），其后为沙地-裸地（13.76%），耕地、湿地与人工表面较小（图 12.33）。

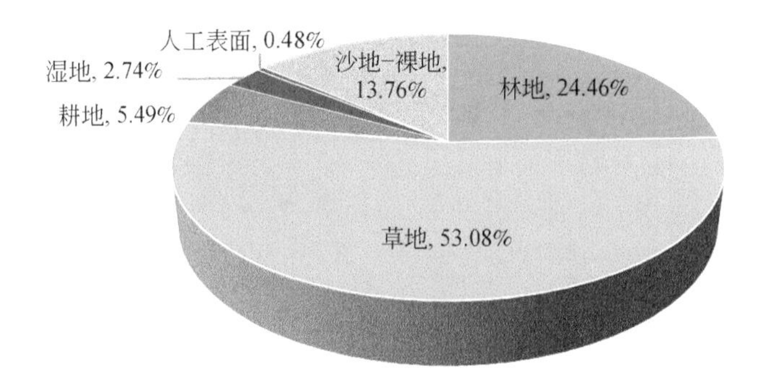

图 12.33　3 期土地利用类型面积占比图

年际间变化表明林地、草地、耕地的面积均是呈现增大趋势，人工表面和湿地的面积基本不变，沙地-裸地呈现减少的趋势且变化的面积最大（图 12.34）。

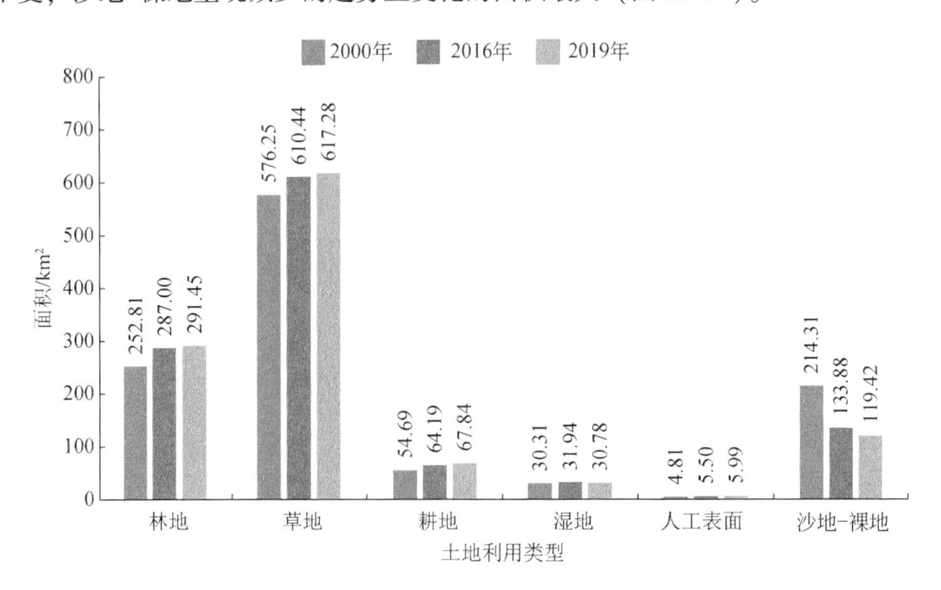

图 12.34　小滦河上游不同土地利用类型面积变化图

12.5　月亮湖流域水平衡分析

12.5.1　土地覆被时空分布规律

针对月亮湖及周边区域精细地类分析，30m×30m 分辨率相对较粗，需要使用更高分辨率的遥感影像数据来开展精细尺度的土地覆被分类，因此采用目前免费的 10m×10m 分辨率数据源哨兵二号（Sentinel-2），但由于该数据集从 2015 年下半年才有免费数据，因此选择与监测的蒸散数据相对应的 2016 年与 2019 年作为监测年份来重新开展月亮湖周边区域遥感精细监测分类，得到月亮湖及周边区域 2016 年与 2019 年两期 10m×10m 分辨率土地覆被类型数据集。

由于 10m×10m 分辨率数据足够精细，可以进行更为细致的土地覆被分类，经过综合分析，最终选取林地、草地、人工表面或裸地、水葱、水面、水草、灌木林、水藻作为主要分析对象。

选取月亮湖流域进行 10m×10m 分辨率土地覆被遥感影像反演（图 12.35）并统计不同土地类型的面积（图 12.36），结果表明林地面积最大且有增加的趋势，草地面积次之且有减少的趋势；人工表面或裸地、水面与水藻略有减少的变化趋势，水葱与水草略有增加的变化趋势，灌木林基本没变。

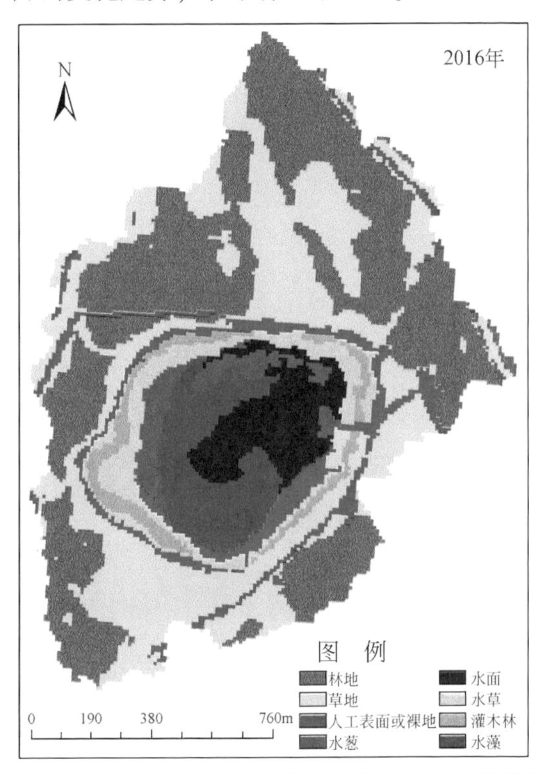

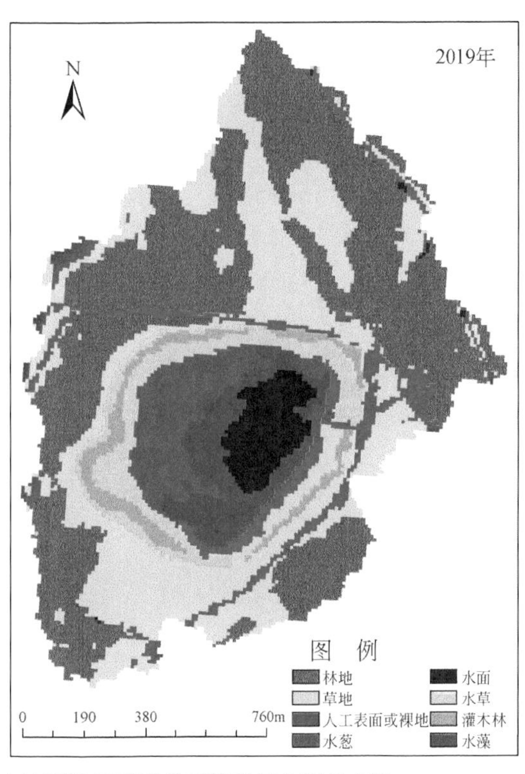

图 12.35　月亮湖流域 10m×10m 分辨率土地覆被遥感影像反演结果空间分布图

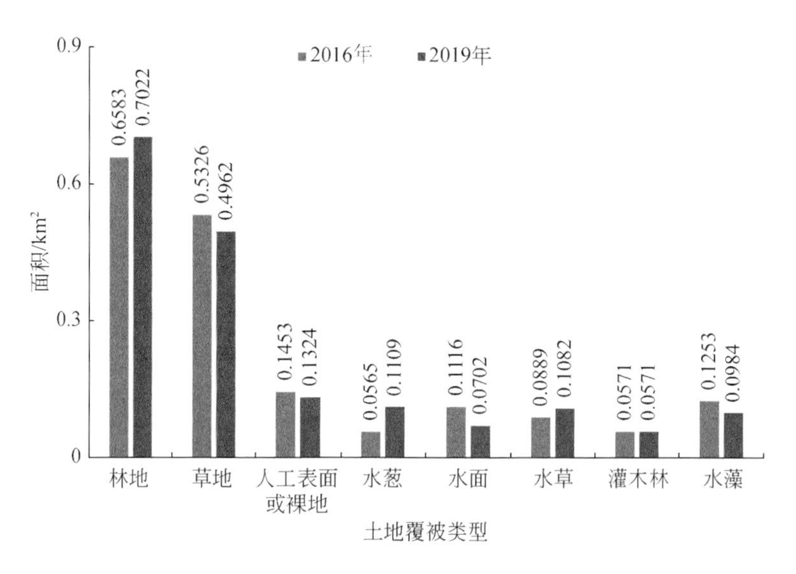

图 12.36　月亮湖流域不同土地覆被类型面积变化图

12.5.2　实际蒸散量时空分布规律

比较月亮湖流域不同土地覆被的单位面积年蒸散量（图 12.37）可以看出水面以蒸散能力蒸发，年蒸散量最大；水藻漂浮在水体表面，年蒸散量次之；水葱和水草的作物根系在湖边泥下，土壤中水分补给充足，年蒸散量再次之；接下来依次为陆生的森林、灌木和草地；最小为人工表面或裸地。

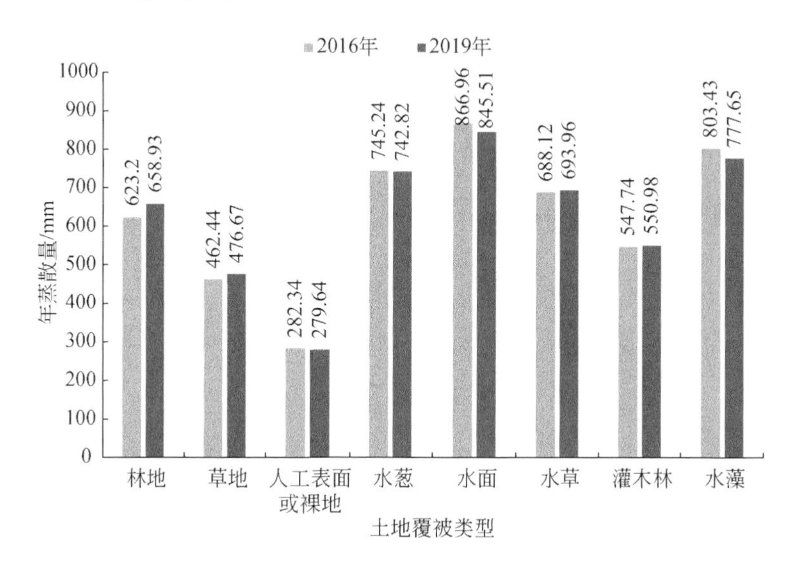

图 12.37　月亮湖区域土地覆被年蒸散量

比较月亮湖流域林地、草地和小滦河上游林地、草地的 2016 年和 2019 年蒸散量得出以下结论，2016 年为丰水年，月亮湖流域和小滦河上游林地的蒸散量非常接近，虽月亮湖流域草地蒸散量比小滦河上游草地蒸散量大 12.69mm，但相差也较小［图 12.38（a）］；2019 年为枯水年，无论是林地还是草地，月亮湖流域都比小滦河上游的蒸散量大，林地相差 83.16mm，草地相差 40.24mm［图 12.38（b）］。说明枯水年月亮湖水体对周边土壤水分有补给作用，这种作用使水体周围的植被蒸散量高于没有水体补给区域。

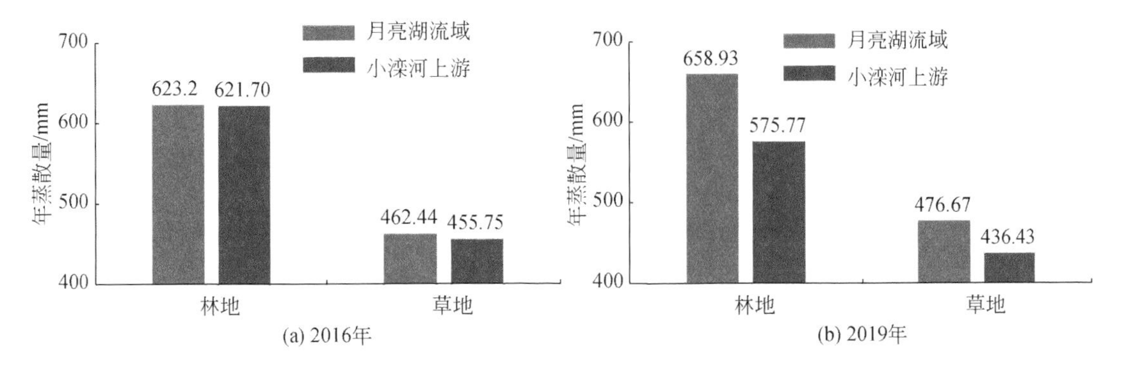

图 12.38　月亮湖流域和小滦河上游林地、草地年蒸散量比较图

12.5.3　不同覆被生态耗水量分析

计算月亮湖流域不同土地覆被类型的年耗水总量（图 12.39），无论是 2016 年还是 2019 年，林地因为面积优势年耗水总量最高，其次是草地，人工表面或裸地和灌木林最少。水葱、水面、水草、水藻在两个年份间表现出不同的变化趋势，水葱和水草 2016 年耗水量低于 2019 年，水面和水藻 2016 年耗水量高于 2019 年，是因为二者从 2016 年到 2019 年面积减小。

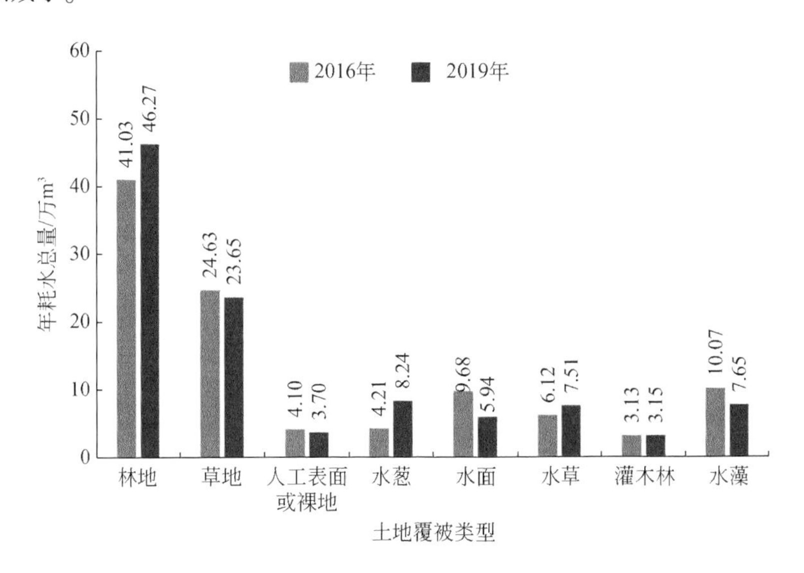

图 12.39　月亮湖流域不同土地覆被类型年耗水总量变化图

12.5.4　不同树种树龄对耗水量影响分析

利用月亮湖及周边区域树种信息，开展不同树种对应单位耗水量的统计分析，图 12.40为统计分析区域 10m×10m 分辨率蒸散数据与树种的叠加空间分布。

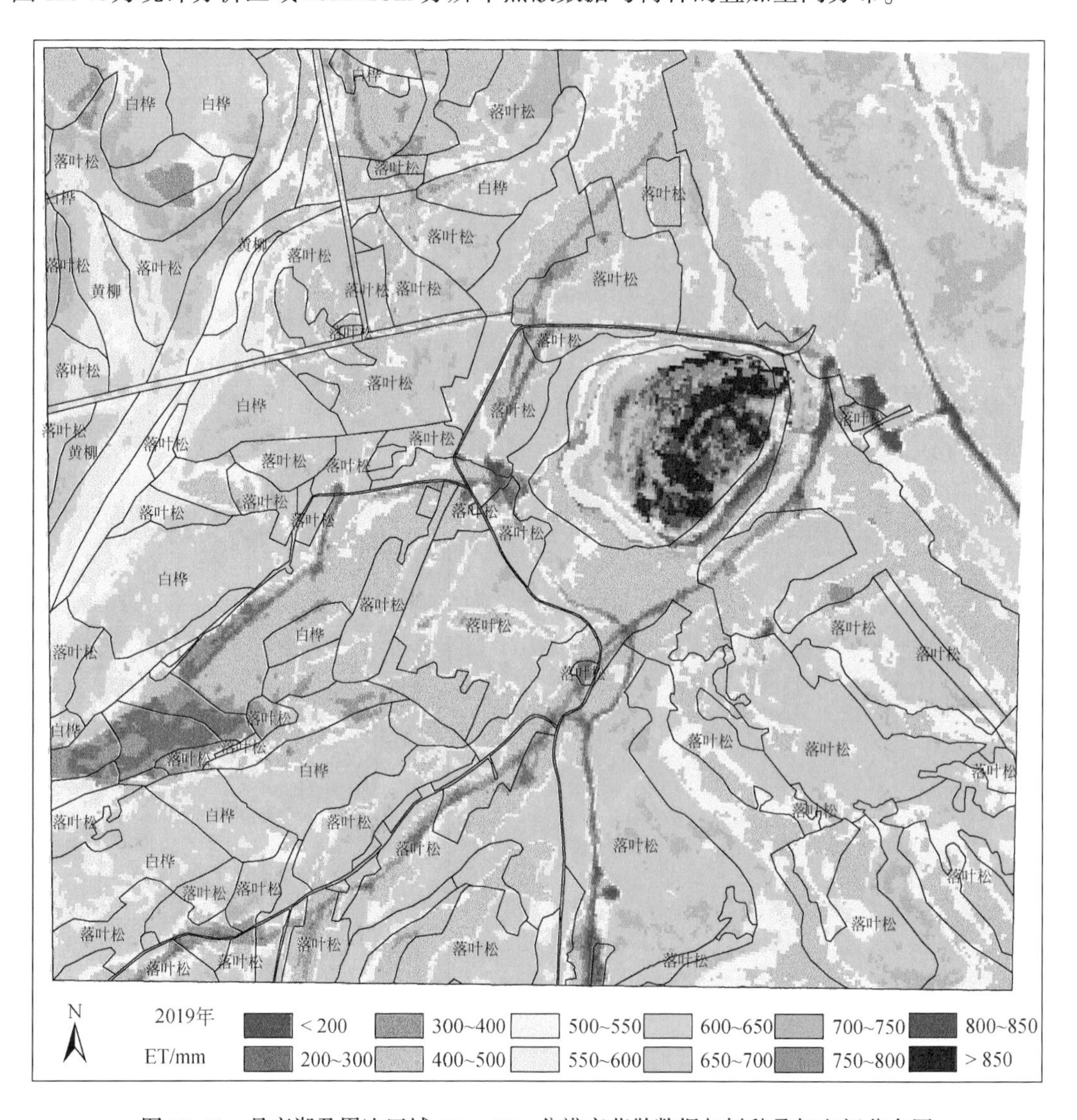

图 12.40　月亮湖及周边区域 10m×10m 分辨率蒸散数据与树种叠加空间分布图

该区域的优势树种主要是白桦、黄柳与落叶松。白桦是阔叶林的代表，落叶松是针叶林的代表。通过与 2019 年 10m×10m 分辨率蒸散数据叠加分析，获得了 2019 年 3 种优势树种的年蒸散量即单位面积耗水量（图 12.41）。3 种优势树种 2019 年平均单位面积蒸散耗水量的比较关系为白桦较大、黄柳次之、落叶松较小。即单位面积阔叶林的蒸散高于针叶林。

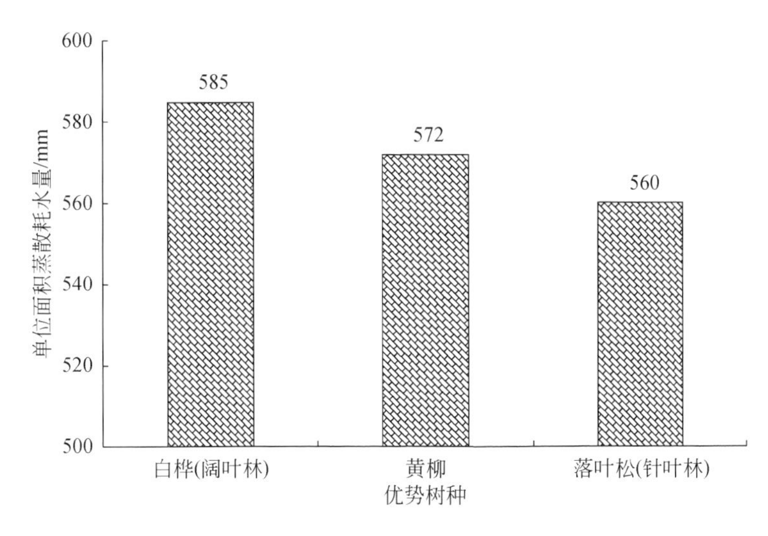

图 12.41　优势树种单位面积蒸散耗水量

利用月亮湖及周边区域树龄信息，开展不同树龄对应单位耗水量的统计分析，图 12.42为统计分析区域 10m×10m 分辨率蒸散数据与树龄的叠加空间分布。

再将月亮湖及周边区域 2019 年优势树种与树龄信息进行统计分析，结果显示白桦的树龄主要分布在 16 年、21 年、36 年、41 年；黄柳的树龄基本全为 30 年；落叶松的树龄分布范围较广，3 ~25 年均有覆盖。对白桦和落叶松开展不同树龄与年蒸散耗水量的统计分析，即是对塞罕坝地区阔叶林和针叶林不同树龄与年蒸散耗水量的统计分析得出以下结论，阔叶林在 16 年树龄时蒸散耗水量只有 165mm；在 20 年树龄时蒸散耗水量迅速增长到 561mm，为 16 年树龄时的 3.4 倍；而在 20 年树龄以后，蒸散耗水量 18mm/5a 的速度缓慢增长［图 12.43（a）］。针叶林在 17 年树龄之前，蒸散耗水量以 21mm/3a 的速度较快增长，在 17 年树龄之后，蒸散耗水量在 430 ~550mm，蒸散耗水量以 9mm/3a 的速度较慢增长［图 12.43（b）］。比较阔叶林蒸散耗水量达到稳定后的增长速度 18mm/5a 和针叶林蒸散耗水量达到稳定后的增长速度 9mm/3a，二者相近，这说明塞罕坝地区两种优势树种在树龄达到 17 ~20 年时，蒸散耗水量达到稳定，之后以 3 ~3.6mm/a 的速度缓慢增长，最大蒸散耗水量在 600mm 左右。

12.5.5　月亮湖水面时空变化规律

受到降水、蒸发、径流、地下水的动态影响，月亮湖湖水面积既有年际变化又有年内变化。遥感反演得到 1984 ~2018 年共 35 年月亮湖永久性湖水面积和季节性湖水面积。永久性湖水面积是指枯水期时湖水水面的最小面积，季节性湖水面积是指随着降水的多寡发生季节性变化的湖水水面面积，即当年最大面积与最小面积之差。

对 35 年季节性水体面积和常年水体面积进行统计分析，1985 年、1992 年、2002 年、2012 年、2016 ~2018 年常年水体面积较小；2000 年以前季节性水体面积较小，最小的 1992 年不到 3 万 m^2；而 2000 年以后季节性水体面积增大，均超过 20 万 m^2。

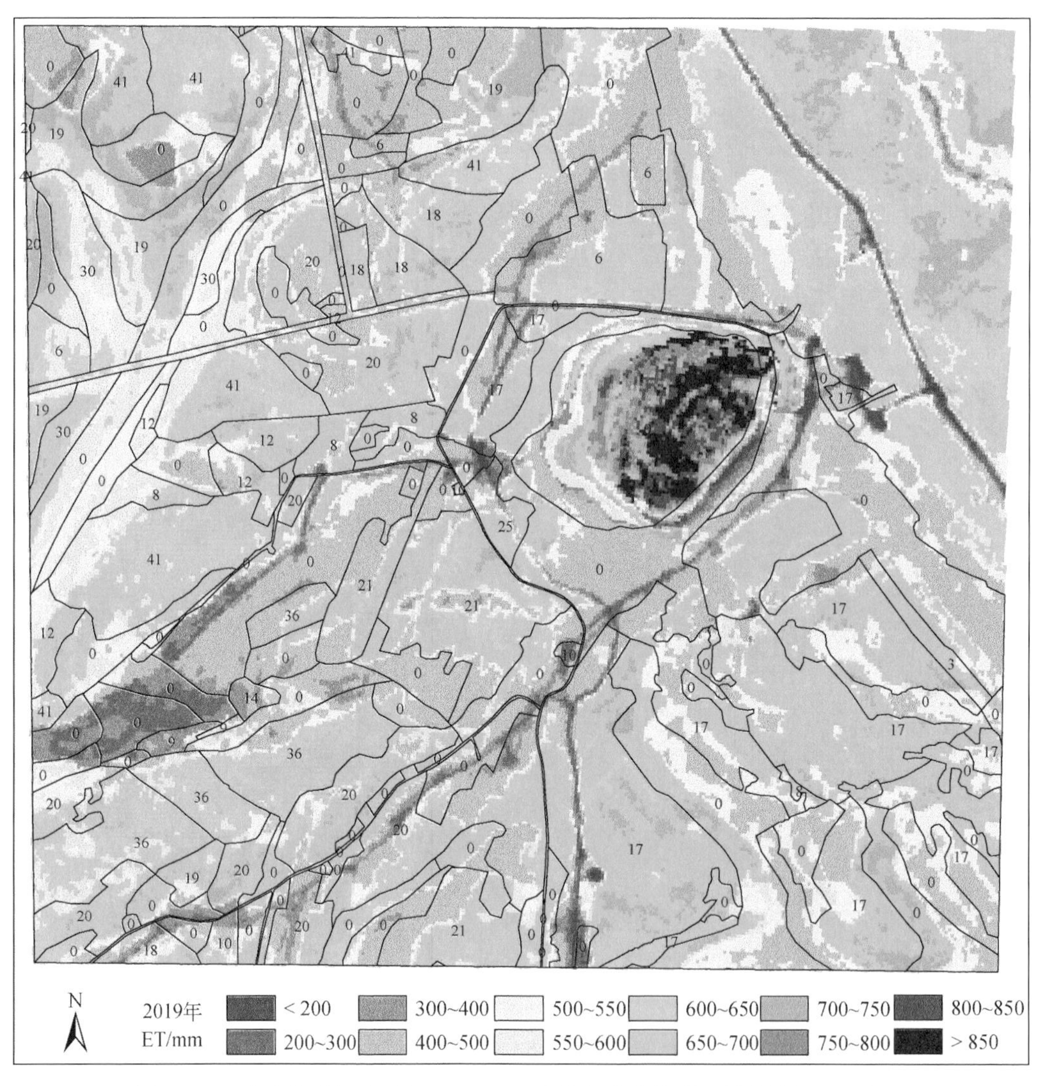

图 12.42　月亮湖及周边区域 10m×10m 分辨率蒸散数据与树龄叠加空间分布

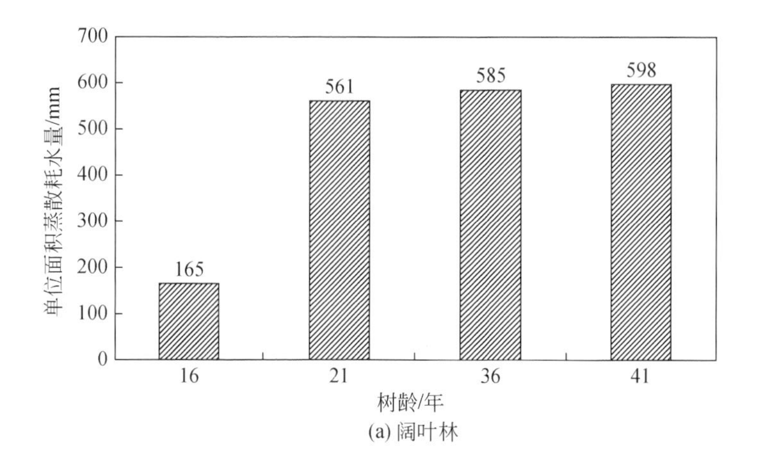

(a) 阔叶林

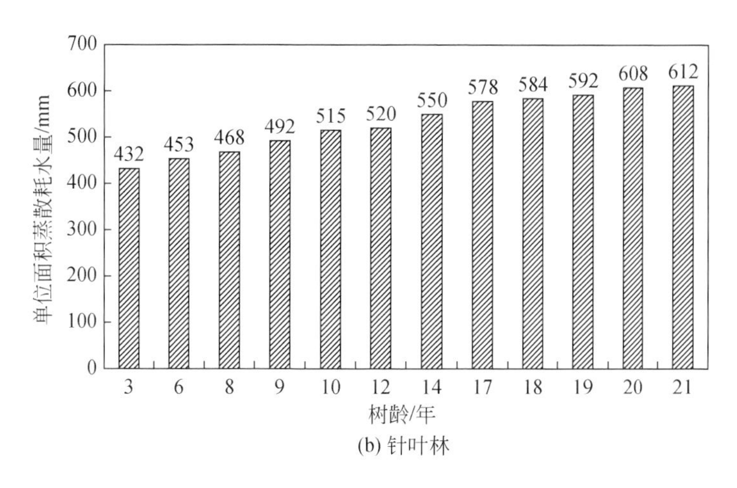

(b) 针叶林

图 12.43　优势树种蒸散耗水量随树龄的变化趋势图

由遥感反演得到 1984 ~ 2000 年月亮湖湖水最大面积，35 年间湖水最大面积呈波动式增长，两个波动较大的时期是 1991 ~ 1993 年和 1997 ~ 1999 年；2000 年以后湖水最大面积基本稳定在 35 万 ~ 40 万 m^2；从 2015 年开始，月亮湖湖水最大面积又有了下降趋势。

12.6　本 章 小 结

（1）承德市 1985 ~ 2020 年水源涵养量（储变量）先减少后增加，2000 ~ 2009 年期间，以降水为主的来水量少，随着森林覆盖率的增加以蒸散为主的水资源消耗量大，水源涵养亏缺；2010 ~ 2020 年期间，来水量与十年前比增加明显，但消耗量呈减少趋势，水源涵养效果显著，主要储存在土壤水和地下水中。

（2）小滦河流域 2001 ~ 2018 年的多年平均降水量、实际蒸散量、径流量和储水量变化量依次为 8.46 亿 m^3、8.06 亿 m^3、0.54 亿 m^3、−0.14 亿 m^3，降水量、实际蒸散量、储水量呈增加趋势，径流量呈减少趋势，储水量略有亏缺，但呈现向好的趋势，水源涵养量在逐步增加。水源涵养量的空间分布与降水的空间分布一致，森林对于水源涵养起着至关重要的作用，耕地和沙地裸地水源涵养量低。

（3）塞罕坝地区水资源主要来源于大气降水，消耗于地面蒸发、植物蒸腾、人工开采、河流流出等。近 30 年来，该区林地面积增加了 35.07 万亩，达到 115.10 万亩；森林覆盖率增加了 25%，达到 82%。森林生态系统在调节当地小气候和增强水源涵养能力等方面发挥了以下重要作用：①降水量增加幅度明显高于外围地区。1991 年前后 30 年相比，林区年平均降水量增加了 51.9mm，达到 483.6mm，同期临近的围场县城、多伦县城增幅仅为 38.1mm 和 34.9mm。②丰枯期河川径流得到有效调节。2011 年前后 10 年相比，丰水期河川径流量占年径流量的比率减少了 3.12%，枯水期增加 0.75%，特别是 1999 ~ 2013 年间伊逊河上游枯水期连续断流 2 月以上的情况在 2014 年后再未出现。③水源涵养能力不断增强。2001 ~ 2020 年，该区降水量与实际蒸散量年平均增加了 740 万 m^3 和 540 万 m^3，河川径流量年平均减少 30 万 m^3，水资源储变量年平均增加 230 万 m^3。2016 年以来，该区地下水水位呈上升趋势，上升幅度为 0. 26 ~ 2. 03m，越来越多的水资源被涵养在当地土壤和地下水中。

（4）月亮湖区单位面积阔叶林的蒸散量高于针叶林。阔叶林在 16 年树龄时蒸散量只有 165mm，在 20 年树龄时蒸散量为 16 年树龄时的 3. 4 倍；针叶林在 17 年树龄之前蒸散量在 430 ~ 550mm，两种优势树种在树龄达到 17 ~ 20 年时，蒸散耗水量达到稳定，之后以 3 ~ 3. 6mm/a 的速度缓慢增长，最大蒸散耗水量在 600mm 左右。月亮湖 1984 ~ 2000 年共 35 年间湖水最大面积呈波动式增长，2 个波动较大的时期是 1991 ~ 1993 年和 1997 ~ 1999 年；2000 年以后湖水面积基本稳定在 35 万 ~ 40 万 m^2；从 2015 年开始，月亮湖湖水最大面积又有了下降趋势。

第13章　支撑自然资源管理新领域探索

13.1　自然资源分类研究

2018年，按照《中共中央关于深化党和国家机构改革的决定》和《深化党和国家机构改革方案》要求，组建了中华人民共和国自然资源部，主要职责是代表国家统一行使全民所有自然资源资产所有者职责，统一行使所有国土空间用途管制和生态保护修复职责（简称“两统一”职责）。落实“两统一”职责，迫切需要建立一套统一的自然资源分类标准体系。2020年1月，自然资源部正式发布《自然资源调查监测体系构建总体方案》（简称《总体方案》），提出要构建自然资源调查监测体系，统一自然资源分类标准，依法组织开展自然资源调查监测评价工作（自然资源部，2020年）。虽然我国已有公认的自然资源定义（党的十八届三中全会《决定》辅导读本，2013年）（天然存在、有使用价值、当前和未来福利的自然环境因素的总和），但长期以来，我国的自然资源分属多部门分头管理，由于管理职责和管理要素指标内容的差异，产生了多种不同的自然资源分类方式［《土地利用现状分类》（GB/T 21010—2017），2017年；《湿地分类》（GB/T 24708—2009），2010年］。在自然资源分类体系研究方面，不同学者按空间属性和用途、法理与科学基础、自然资源实际管理需要和自然资源可利用限度等进行分类（蔡运龙，2018；杜文鹏等，2018；王伟，2018；张文驹，2019；张凤荣，2019；黄贤金，2019；陈长成等，2019；孔雷等，2019）。总之，由于自然资源类型复杂多样，目前尚未形成一套统一权威、涵盖门类齐全、适合我国国情的自然资源分类体系，还处在仁者见仁、智者见智阶段。

为此，项目组试图以地球系统科学理论为指导，基于自然资源的“自然”内涵，充分考虑我国有关自然资源的法律规定和政府管理职责，提出关于自然资源分级分类的认识，以期为自然资源统一管理和开展地上地下、数量质量生态“三位一体”的三维立体自然资源综合调查监测提供科学基础。

13.1.1　自然资源分类现状及存在的主要问题

开展分类是自然资源管理的重要基础，但国内外目前尚无统一的自然资源分类标准（蔡运龙，2018）。在学理上，国内外关于自然资源分类的认识具有相对一致性，但往往不能满足管理需求。为适应管理需要，各个国家根据自己的实际提出了不同的分类方案，但这些分类往往存在交叉重叠（表13.1）。

表 13.1　国外主要国家自然资源分类体系简表

国家名称	自然资源一级分类
俄罗斯	自然环境、能源、农业资源、建筑用地资源、其他资源
加拿大	土地资源、能源、森林资源
美国	土地资源、矿产资源、自然环境、水资源、国家公园、野生动植物
德国	矿产资源、土地资源和自然环境
日本	国土资源、农林水产资源、矿产资源、环境和海洋资源

1. 自然资源的学理分类

从学理角度，依据自然资源的属性用途进行分类，按自然资源处于的陆海空间可分为陆地资源、海洋资源和天空（宇宙）资源三大类；按自然资源在地球上的纵向空间可分为气候资源、水资源、生物资源、土地资源和地下资源（矿产资源、水气资源、地下空间）五大类（陈长生等，2019）；依据地球系统的外部圈层结构特征进行分类，可分为候资源（大气圈）、生物资源（生物圈）、土地资源（土壤圈）、水资源（水圈）和矿产资源（岩石圈）等；依据自然资源的是否可再生性质，将自然资源分为可更新资源（renewable）和不可更新（non-renewable）资源；依据自然资源的稀缺性，将自然资源分为空气、阳光等非稀缺资源和土地、矿产等稀缺资源。

2. 国外自然资源管理分类

国外自然资源管理历史较长、类型多元、重点资源差异明显、资源环境与陆海空间统筹考虑。比较典型的有俄罗斯、加拿大等国，根据自身法律和政府部门管理需要，均设立了专门的自然资源部，美国、德国、日本等国家虽未设立专门的自然资源管理部门，但也有一个或多个部门负责自然资源管理。国外关于自然分类的最大特点有两点，一是从实际国情出发，对重点关注的自然资源均单独划分为一级资源类型（苏铁娜和王海平，2016；陈长生等，2019），如加拿大将森林资源、德国将矿产资源单独划分为一级类型；二是一些自然资源类型之间并没有严格的边界，有些是综合体如自然环境、土地资源、农业资源、国家公园等，有些是相对独立的自然资源类型如矿产资源、建筑用地等。

3. 国内自然资源管理分类

国内自然资源分类主要基于学理、法理和管理 3 种方式，其中基于学理分类的自然资源类型与国际上基本一致，但基于法理和管理的自然资源类型因时而异（与政府部门设置及职责密切相关）。

1）基于法理的自然资源类型

这种分类方式主要依据国家的根本大法《宪法》和相关的法律法规。如《中华人民共和国宪法》明确了矿藏、水流、森林、山岭、草原、荒地、滩涂 7 种国家所有的自然资源；《中华人民共和国民法通则》则在《宪法》基础上又增加了国家所有的水面；《中华人民共和国物权法》除包括了《宪法》中的 7 类自然资源外，还包括了海域和无居民海岛、野生动植物和无线电频谱等共十类自然资源。此外，《海岛保护法》将海岛资源单独划为一级自然资源，《气象法》专门将气候资源单独作为一级自然资源进行开发利用和保护。

2）基于管理的自然资源类型

《自然资源部职能配置、内设机构和人员编制规定》中明确，自然资源部主要履行全民所有土地、矿产、森林、草原、湿地、水、海洋等自然资源资产所有者职责和所有国土空间用途管制职责。2020 年 1 月印发的《总体方案》也主要划分了现阶段涉及自然资源部职责的土地、矿产、森林、草原、水、湿地、海域海岛 7 类自然资源，同时指出阳光、空气、风等其他自然资源在条件成熟时开展调查。其他类型的自然资源，根据部门职责范围来进行管理，如生态环境部、农业农村部、国家林业和草原局、中国民用航空局等相关部门分别管理野生动植物、无线电频谱、气候资源、空间资源、自然保护区、风景名胜区等自然资源。

4. 自然资源分类存在的主要问题

由于自然资源类型的复杂多样，相关法律和政府管理部门往往从实际需求出发，根据职责范围列举所涵盖的自然资源类型。2018 年自然资源部成立后，还尚未建立起统一的自然资源分类方案。目前已有的各种自然资源分类体系主要存在以下两个问题：

（1）不同的分类体系中自然资源调查的内容存在交叉，以前的自然资源分类多从特定的角度出发，系统性不强，各种自然资源之间的边界范围往往有交叉，如大气降水既属于气候资源也属于水资源的范围。

（2）基于学理的自然资源专业分类注重了系统完整性，但分类分级过细过多，非专业人员很难看懂，难以在野外实际调查中推广应用，也很难适应管理需求；而基于管理需要的自然资源分类更注重实际，往往根据部门管理职责的需要，采用枚举的方法，在分类分级方面系统性较差，容易造成部分资源归类遗漏。

13. 1. 2　学理、法理与管理相结合的自然资源两级分类方案建议

立足科学（学理）和法律法规（法理），面向自然资源管理需要实际，聚焦于分类的目标和服务对象，探索开展自然资源一级和二级分类研究。

1. 分类原则

（1）遵循科学性和系统论原则。以山水林田湖草“生命共同体”思想、“地球系统科学”圈层关系和自然资源空间分层为理论基础，每一级分类标准遵从同一个分类原则，确保分类在科学上保持一致。

（2）学理法理与管理结合原则。基于自然资源管理需要，将陆域与海域、地表基质层与地表覆盖层统筹考虑，结合共性特征和差异特性将自然资源分类一级和二级两个级别，在二级基础上还可进一步细分。

其中一级分类以学理为主，更强调资源的“自然”属性，基于自然资源的发生学性质（生物资源、水资源等）、功能（矿产资源）和空间关系（陆海），遵循法理（单独立法的尽量在一级分类中体现），面向管理（《自然资源部职能配置、内设机构和人员编制规定》中明确的自然资源），建立适合中国国情的面向自然资源管理需要的分类方案；二级分类更聚焦法理和管理，相关法律和部门职责里明确规定的自然资源应考虑将技术逻辑与行政逻辑相结合，对涉及自然资源部管理职责的自然资源类型重点展开，而与自然资源部现阶段管理职责不密切的没有进一步细分。

2. 自然资源一级和二级分类方案

基于科学内涵与管理外延相结合的思路，充分考虑了地球系统科学的外部圈层和《总体方案》中的自然资源分层模型，确定了自然资源分层分类关系基本框架（图 13.1）。将地球的外部圈层划分为岩石圈、生物圈、水圈和大气圈，将自然资源按空间位置分为地下资源层、地表基质层、地表覆盖层和近地空间层。根据学理、法理和管理相结合的原则，这里将自然资源一级分类初步划分为 11 种［由于空间资源在地上和地下部分均有，所以以空间资源（地上）和空间资源（地下）进行区分］。需要说明的是，图 13.1 中的地球圈层与自然资源分层并非一一对应关系，如近地空间层的要素涵盖了大气圈和水圈两个部分，地表覆盖层也覆盖了水圈和生物圈等。根据自然资源分层分类模型和自然资源一级分类方案，以现有专业领域分类为基础，对与自然资源部门管理职责密切相关的一级类进一步划分为若干个二级类。

（1）近地空间层可分为空间资源（地上）、无线电频谱资源和气候资源等 3 个一级类，其中空间资源（地上）主要是指地面建筑、航空、航天及卫星能够覆盖的区域，可分为空天资源和地表空间资源两个二级类；由于气候资源里的大气降水同时属于水资源范畴，所以近地空间层与水资源也有密切联系。

（2）地表覆盖层主要包括水资源、生物资源、土地资源和海洋资源等 4 个一级类，其中生物资源重点关注森林和草原。土地资源和海洋资源是水、生物等资源的综合体，跨越地表覆盖层和地表基质层。

（3）地表基质层从自然资源属性的角度考虑，主要包括自然遗产和土壤资源，但水资源里的地下水和土地资源里的湿地也是地表基质调查的重要内容。

（4）地下资源层重点包括矿产资源和空间资源（地下），另外水资源里的地下水也属于地下资源层的范畴。

3. 有关问题说明

（1）地表基质层按《总体方案》中的定义是指地球表层孕育和支撑森林、草原、水、湿地等各类自然资源的基础物质，海岸线向陆一侧（包括各类海岛）分为岩石、砾石、沙和土壤等，海岸线向海一侧按照海底基质进行细分。笔者认为，地表基质是支撑地表覆盖层的“皮”，本身也具有资源属性。关于地表基质的更多内容，笔者将另文进行详细论述。

（2）地表基质层与地表覆盖层互相影响和相互作用（葛良胜和杨贵才，2020），如水资源跨越了近地空间层、地表覆盖层、地表基质层和地下资源层，湿地资源跨越了地表覆

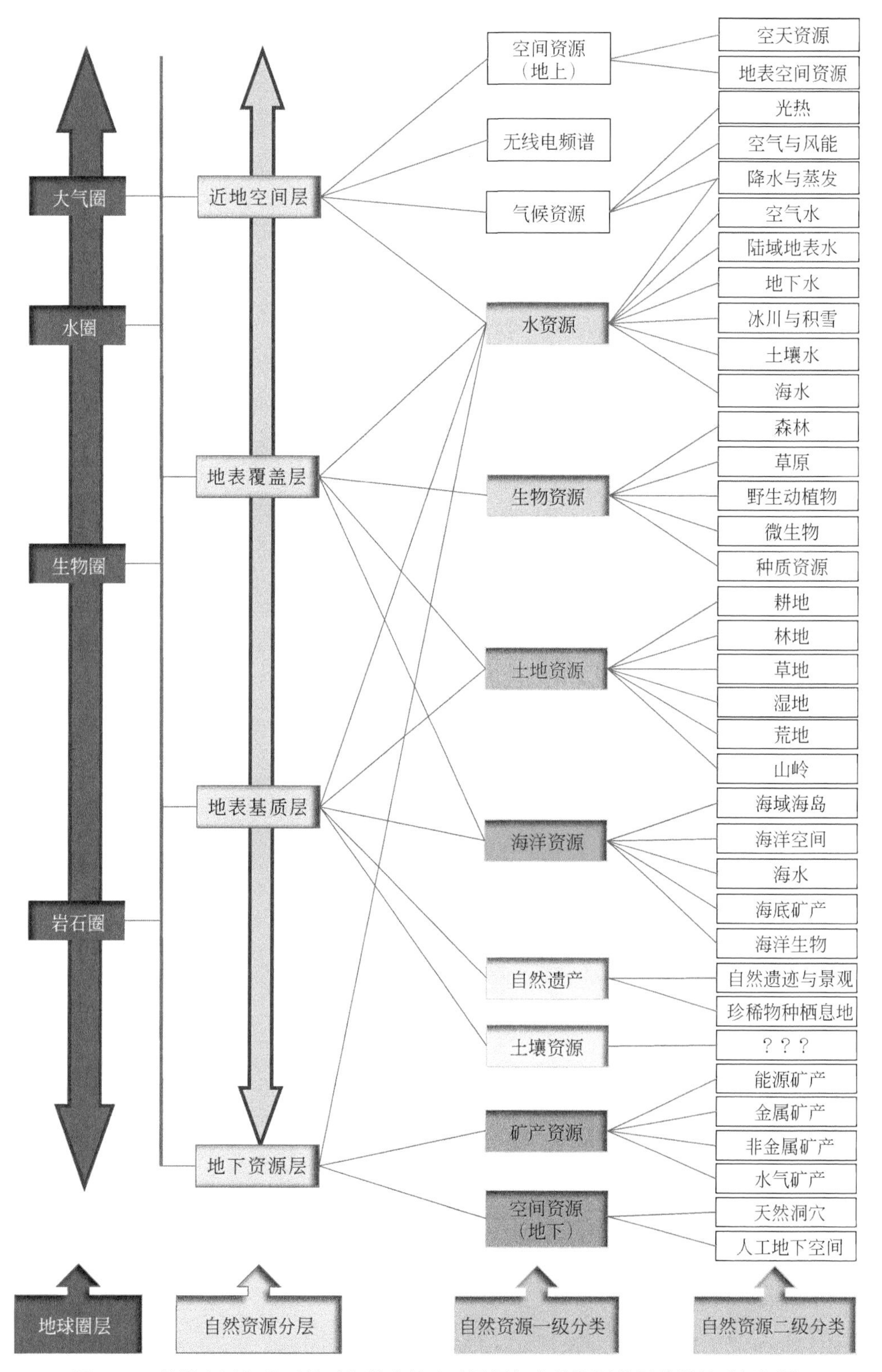

图13.1　科学内涵与管理外延相结合的地球圈层与自然资源分层分类关系框架图

二级分类中与自然资源部职责关系密切的加粗显示

盖层和地表基质层。

(3) 关于土壤资源，划分方法较多，其中一种是按照土壤质地条件（土壤颗粒机械组成或粒径百分含量）划分，关于土壤质地划分标准主要有国际制（1912 年，瑞典土壤学家阿特伯提出）（张保刚和梁慧春，2009）、美国制（1951 年，美国农业部提出）（潘瑞等，2010）、卡庆斯基制（1957 年，苏联土壤物理学家提出）（邓时琴，1986）及我国的标准（1978 年）（吴克宁和赵瑞，2019），笔者初步考虑按我国 1978 年版划分为砂土、壤土和黏土三大类，但其与其他二级资源的划分类型不一致，而又没有更好的分类方法，故暂时空白。

(4) 土地资源根据其天然性质，初步分为耕地、林地、草地、湿地、荒地、海域海岛、山岭等资源类型，其中荒地和山岭是《宪法》中提到的自然资源类型。

(5) 海洋资源单独划分一类，主要包括海水、海洋生物、海底矿产、海洋空间、海域海岛等。

(6) 人工地下空间主要从管理和开发利用的角度进行考虑。

(7) 自然遗迹与景观是个新提法，主要包括地质遗迹、名山大川等自然地貌景观等。

需要说明的是，目前对土地资源、海洋资源、地表基质等的认识理解还不是很到位，二级分类仍需要进一步细化。

13.2 自然资源综合调查数据库构建

为了实现多门类自然资源调查监测数据的统一规范管理，形成自然资源统一管理的一套数据，自然资源部先后出台了《自然资源调查监测体系构建总体方案》《自然资源三维立体时空数据库建设总体方案》等方案，明确了自然资源调查监测数据库的建设内容等。对于自然资源数据库建设相关技术研究主要侧重于土地、矿产、水资源等单门类自然资源数据（查宗祥等，2001；胡健伟等，2017；姚敏等，2019；邓颂平等，2019），对于各类自然资源数据统筹建库方面的技术研究相对较少（刘建军等，2022；邓颂平等，2022）。

在全面调研自然资源综合调查的业务需求和系统梳理自然资源综合调查的基础及成果数据资源基础上，按照“统一设计、分步建设、先进实用、支撑管理”的构建思路，研究制定自然资源综合调查数据库建设规范，明确自然资源综合调查数据库的数据内容、数据结构、数据组织存储等内容；探索不同尺度自然资源综合调查数据库建库技术方法，实现自然资源多源时空异构数据可算化治理，创新多门类自然资源数据管理与集成，形成自然资源综合调查的一套“可算”成果数据，支撑开展不同尺度的自然资源综合评价与区划，服务于自然资源统一管理。

13.2.1 自然资源综合调查数据库建设规范

在统一空间数据坐标系统（2000 国家大地坐标系）、数据集成格式（矢量数据 Shapefile 格式、栅格数据 Tiff、GeoTiff 格式）、数据质量要求等基础上，重点围绕数据库内容、数据库结构、数据库建设方法等内容，详细设计自然资源综合调查的数据内容、要素图层划分、属性数据结构、数据质量要求等内容，对各类自然资源数据内容与结构进行统一规定和明确，形成自然资源综合调查数据库建设规范（图 13.2）。

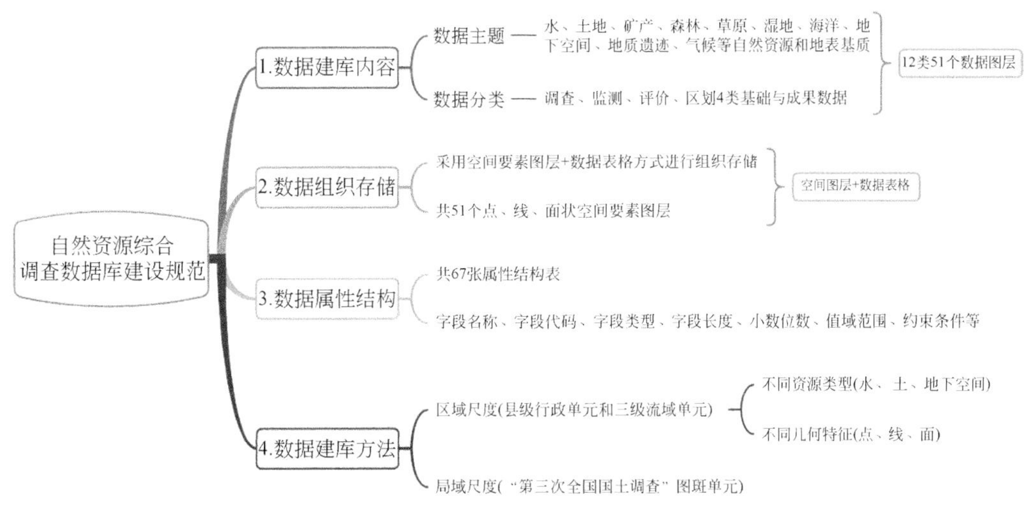

图 13.2　自然资源综合调查数据库建设规范内容概述图

自然资源综合调查数据库内容包括 12 类主题数据、4 类基础与成果数据，其中数据主题涵盖水、土地、矿产、森林、草原、湿地、海洋、地下空间、地质遗迹、气候等自然资源和地表基质，以及行政区分区、地理单元等基础地理数据；数据分类包括调查、监测、评价、区划的基础与成果数据，数据内容主要选取单门类自然资源的核心指标和多门类自然资源间相互作用与联系的关键指标，共计 51 个空间数据图层，其中水资源数据存储内容描述如表 13.2 所示。

表 13.2　水资源数据存储内容一览表

序号	类型（代码）	数据图层（代码）	主要属性信息
1	水资源（A01）	地表水体分布（0101）	名称、水体类型、等级、水面面积、长度、水质等
2		地下水含水层分布（0102）	含水层分布范围、类型、结构、厚度、岩性等
3		降水监测点（0103）	坐标位置、降水量等
4		蒸发监测点（0104）	坐标位置、蒸发量等
5		地表水监测点（0105）	坐标位置、流量、水位、含沙量、pH、电导率、溶解氧等水质指标等
6		地下水监测点（0106）	坐标位置、水位、水温、pH、电导率、溶解氧等水质指标等
7		海洋水监测点（0107）	坐标位置、海平面高程、海水温度、海水盐度等
8		地表水资源数量评价（0108）	水资源分区名称、统计年限、年平均地表水资源量等
9		地表水质量评价（0109）	单指标评价水质类别、综合评价水质类别等
10		地下水资源数量评价（0110）	地下水资源分区名称、统计年限、地下水资源量等
11		地下水质量评价（0111）	单指标评价水质类别、综合评价水质类别等
12		水资源数量评价（0112）	地表水资源量、地下水资源量、水资源总量等
13		地下水资源开采潜力区划（0113）	区划名称、区划编码、区划面积、区划说明等

自然资源综合调查数据库采用空间要素图层和属性表格数据相结合的组织存储方式，空间要素采用图层分类的方式进行组织管理，空间图层数据根据自然资源对象类型及数据精细程度分为点状、线状和面状要素图层，要素图层统一采用 7 位字符码进行编码；当要素图层的空间数据与属性数据之间存在一对多的关联关系时，则采用外挂属性表格进行关联。水资源空间要素图层和属性表格数据的组织存储如表 13. 3 所示。

表 13. 3 水资源空间要素图层和属性表格数据的组织存储表

序号	要素集	要素类	几何特征	属性表名	约束条件
1	水资源	地表水体	面状	ST_DBST	M
2		地下水含水层	面状	ST_DXSHSC	M
3		降水监测点	点状	ST_JSJC	C
4				ST_JSJC_SJB	C
5		蒸发监测点	点状	ST_ZFJC	C
6				ST_ZFJC_SJB	C
7		地表水监测点	点状	ST_DBSJC	M
8				ST_DBSJC_SJB	M
9		地下水监测点	点状	ST_DXSJC	M
10				ST_DXSJC_SJB	M
11		海洋水监测点	点状	ST_HYSJC	C
12				ST_HYSJC_SJB	C
13		地表水资源数量评价	面状	ST_DBSZYLPJ	M
14		地表水质量评价	点状	ST_DBSZLPJ	M
15		地下水资源数量评价	面状	ST_DXSZYPJ	M
16		地下水质量评价	面状	ST_DXSZLPJ	M
17		水资源数量评价	面状	ST_SZYSLPJ	M
18		地下水资源开采潜力区划	面状	ST_DXSKCQLQH	C

注：1：约束条件取值：M（必选）、O（可选）、C（条件可选），以下同；

2：本标准所标识的条件可选（C），表示数据内容存在则必选，特殊说明的除外。

自然资源综合调查数据库的图层要素存储结构主要包括字段名称、字段代码、字段类型、字段长度、小数位数、值域、约束条件等。按照每个图层要素的标识码应具有唯一代码的基本要求，依据《信息分类和编码的基本原则与方法》（GB/T 7027—2002）规定的信息分类原则和方法，要素标识码采用 21 位字符码，由县级行政区划代码、三级流域分区代码和要素标识码顺序号构成。水资源中的地表水体图层属性结构描述如表 13. 4 所示。

表 13.4　地表水体图层属性结构描述表（属性表名 ST_DBST）

序号	字段名称	字段代码	字段类型	字段长度	小数位数	值域	约束条件	备注
1	唯一标识码	UID	Text	21			M	
2	“第三次全国国土调查”关联标识	SDBSM	Text	18			M	
3	“第三次全国国土调查”地类编码	SDDLBM	Text	5			M	
4	“第三次全国国土调查”地类名称	SDDLMC	Text	50			M	
5	所属流域编码	BAS	Text	16			C	
6	名称	NAME	Text	64			M	
7	水体类型	TYPE	Text	32		本表注	M	
8	等级	GRADE	Text	8			O	
9	水面面积	WAREA	Double	15	2	>0	O	单位：m^2
10	长度	LENGTH	Double	15	3	>0	O	单位：m
11	平均水深	AHEIGHT	Double	15	1	>0	O	单位：m
12	最大水深	MHEIGHT	Double	15	1	>0	O	单位：m
13	容积	VOL	Double	15	2	>0	O	单位：万 m^3
14	水质	WQ	Text	8			C	
15	用途类型	USE	Text	16			O	
16	数据时间	TIME	Int	10			M	
17	数据来源	SOURCE	Text	50			C	
18	备注	BZ	Text	50			O	

注：水体类型填写代码：1. 河流；2. 湖泊；3. 水库；4. 坑塘；5. 沟渠；6. 冰川。

13.2.2　自然资源综合调查数据库建设方法

1. 区域尺度自然资源综合调查数据库建设方法

针对县级以上行政区域和三级以上流域的自然资源综合调查数据库建设，以行政单元（县级行政区划）和自然单元（三级流域分区）为基本单元，对水资源、土地资源、矿产资源、森林资源、草原资源、湿地资源、海洋资源、地下空间资源、地质遗迹资源、气候资源、地表基质数据进行统一整编，在二维空间分解落位，对跨行政边界和流域边界的对象范围、边界等空间要素进行裁剪分割，并计算其对应的数量、质量等属性信息，实现不同单元内自然资源数量、质量等属性信息的计算分析。

对于点状要素图层数据而言，不存在跨边界问题，通过空间位置分析获得各行政单元或自然单元内的要素及其对应的属性数据。对于线状要素图层数据，如海岸线等，通过空间相交分析对跨流域边界或行政边界的对象要素进行分割裁剪，同时按照长度模数比计算其对应单元的属性数据。对于面状要素图层数据，可按面积模数比分割，如耕地、建设用地等，通过空间相交分析对跨流域边界或行政边界的对象范围、边界等空间要素进行分割裁剪，同时按照面积模数比计算其对应单元的属性数据；不可按面积模数比分割的面状要素图层数据，则需要根据实际情况分析计算，如对于地表水资源数量、地下水资源数量等，采用汇总到县级行政单元和三级水资源分区的水资源评价成果数据。

选择承德市为例，系统梳理自然资源综合调查的基础与成果数据，并结合自然资源综合评价区划和统一管理需求，梳理出反映自然资源数量、质量等方面的数据整编指标（表 13.5）。以承德市内各县（市、区）和三级流域为基本单元，对水、土地、矿产、森林、草原、湿地等各类自然资源数据进行统一整编，从而实现不同单元内各类自然资源数量、质量等信息的计算分析表 13.6（图 13.3 ~ 图 13.8）。

表 13.5　承德市自然资源综合调查数据整编指标一览表

序号	资源类型	指标名称	备注
1	水资源	水资源总量	反映数量
2		地表水资源量	
3		地下水资源量	
4		地表水质量	反映质量
5		地下水质量	
6		水资源开发利用率	反映利用程度
7	土地资源	耕地面积	反映数量
8		建设用地面积	
9		耕地质量	反映质量
10		建设用地质量	
11		耕地面积占比	反映利用程度
12		国土开发强度	
13	森林资源	林地面积	反映数量
14		森林覆盖率	
15	草原资源	草地面积	反映数量
16	湿地资源	湿地面积	反映数量
17	矿产资源	贵金属矿产资源储量	反映数量
18		有色金属矿产资源储量	
19		黑色金属矿产资源储量	
20		特种非金属矿产资源储量	
21		冶金辅助原料非金属矿产资源储量	
22		建材及其他非金属矿产资源储量	
23		煤炭能源资源储量	

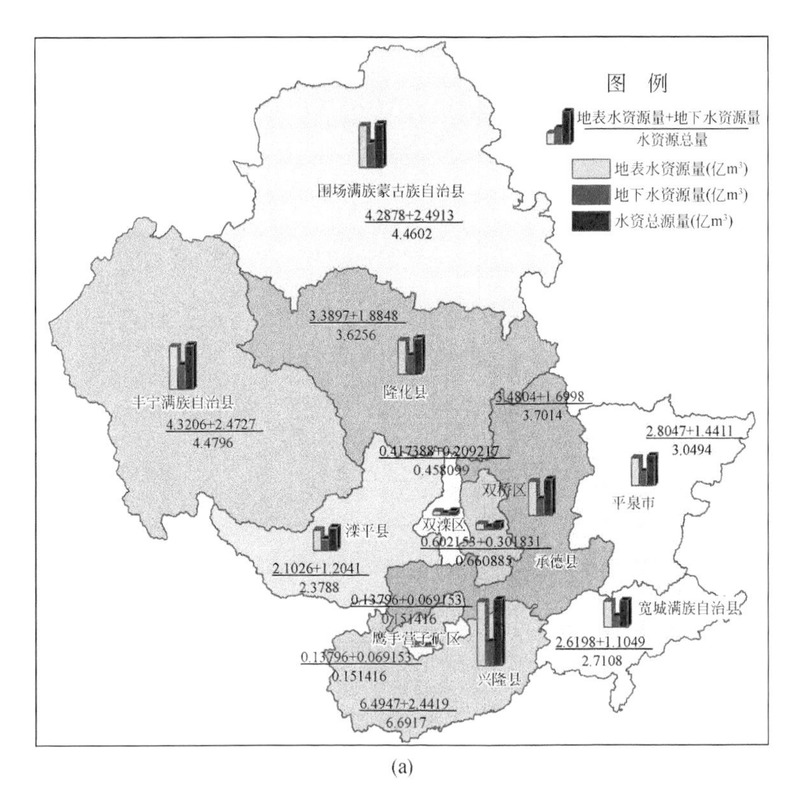

(a)

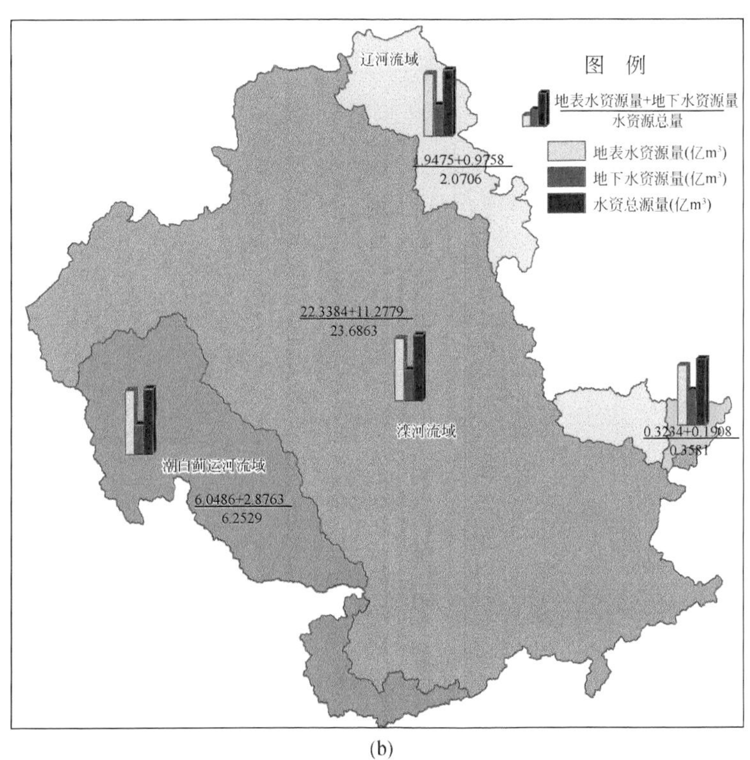

(b)

图 13.3　承德市各县（市、区）(a) 和各流域（b）水资源数量图

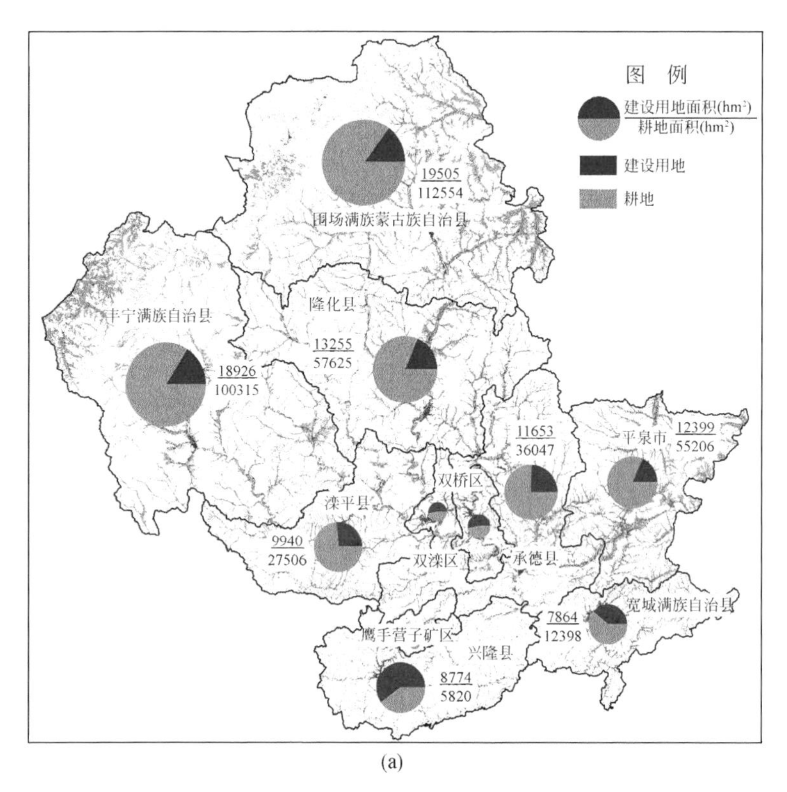

(a)

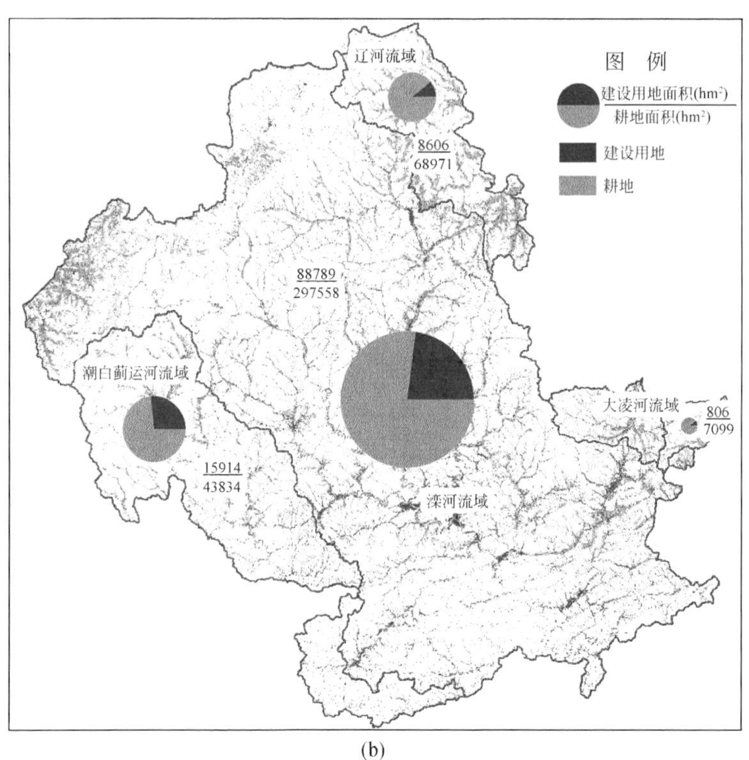

(b)

图 13.4 承德市各县（市、区）(a）和各流域（b）耕地及建设用地分布及其面积图

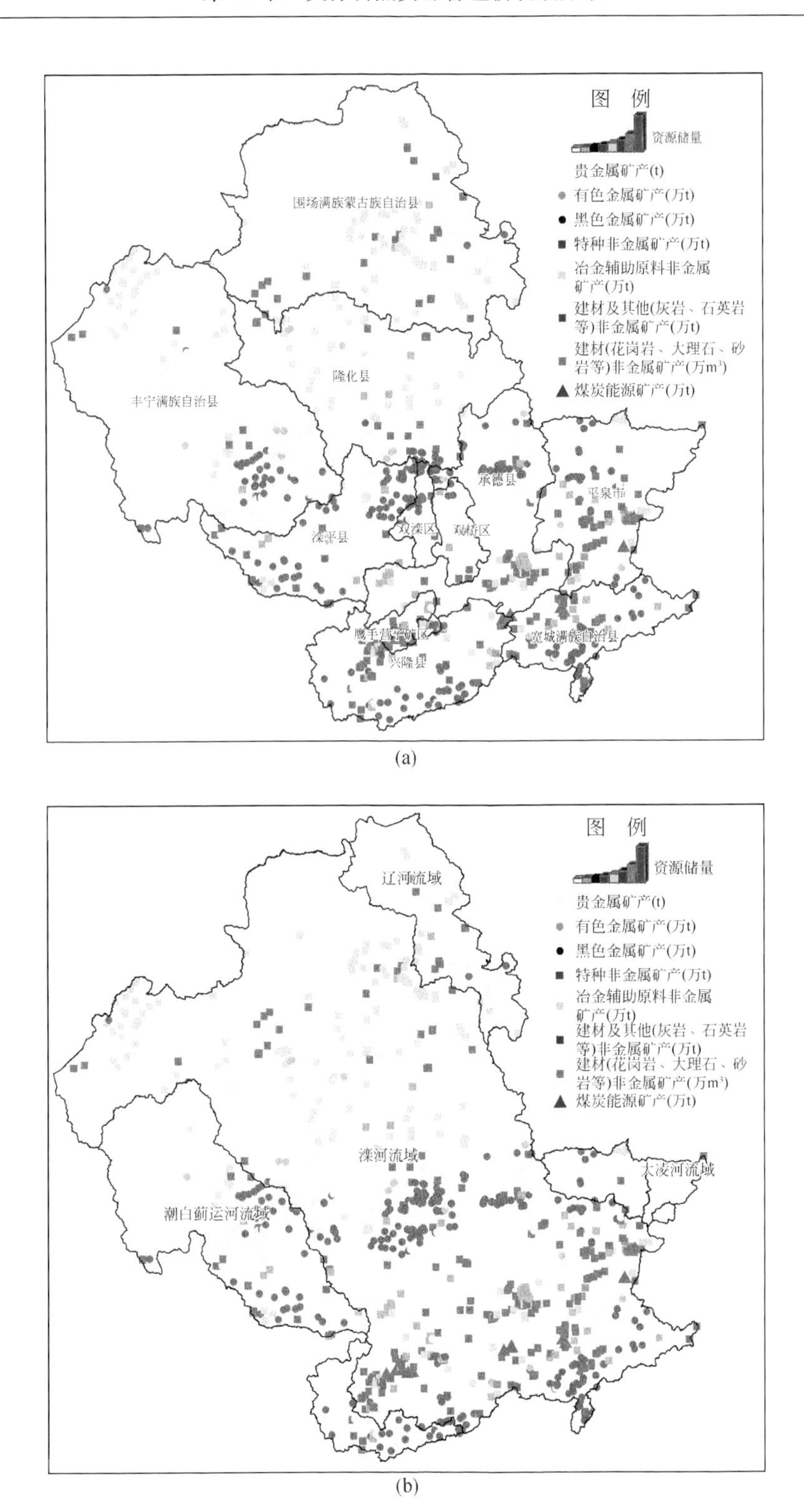

图 13.5　承德市各县（市、区）(a）和各流域（b）矿产资源分布及资源储量图

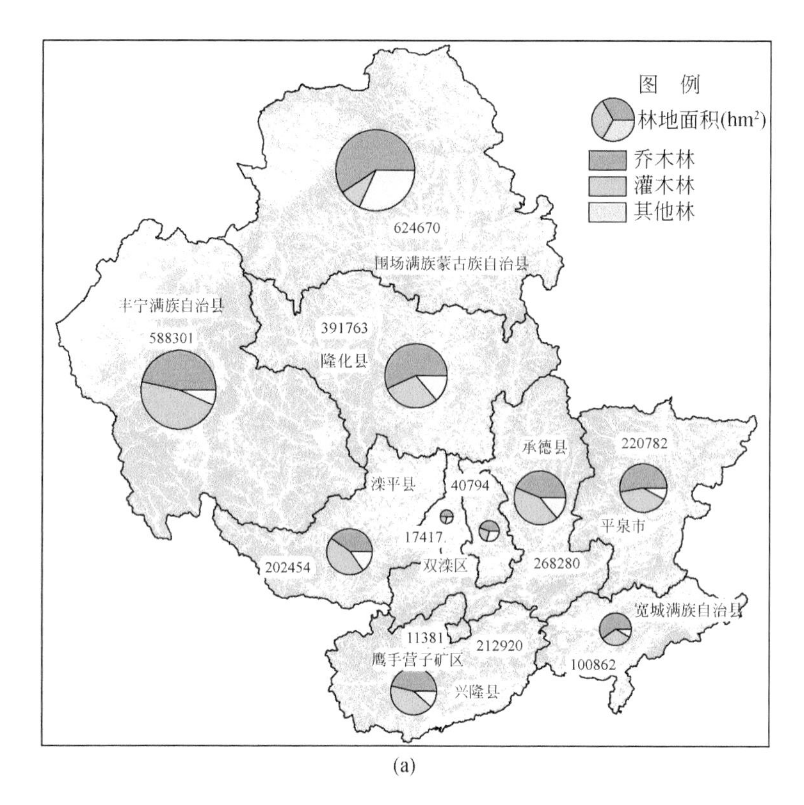

(a)

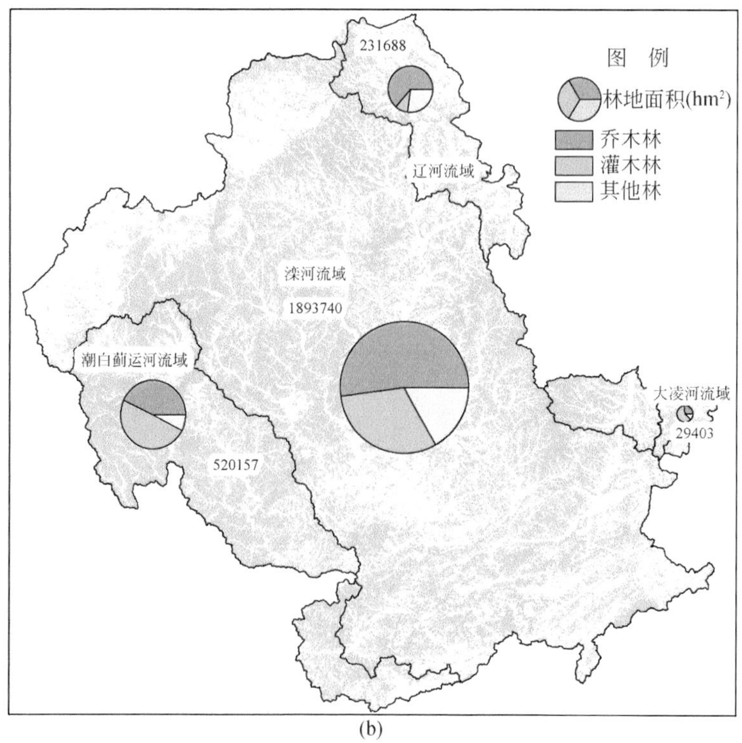

(b)

图 13.6　承德市内各县（市、区）(a) 和各流域（b）林地分布及面积图

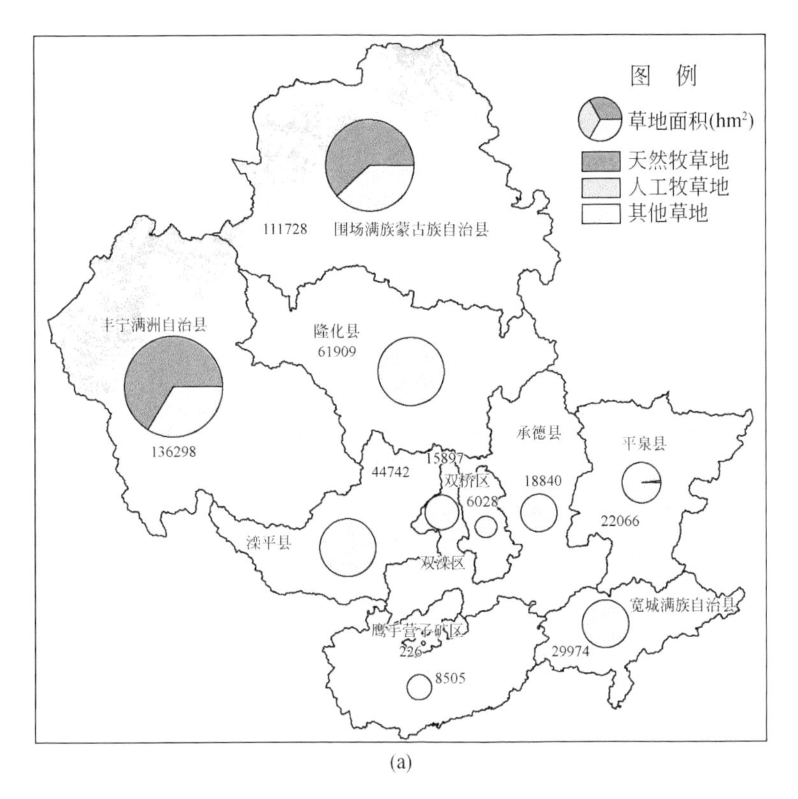

(a)

(b)

图 13.7　承德市内各县（市、区）(a) 和各流域（b）草地分布及面积图

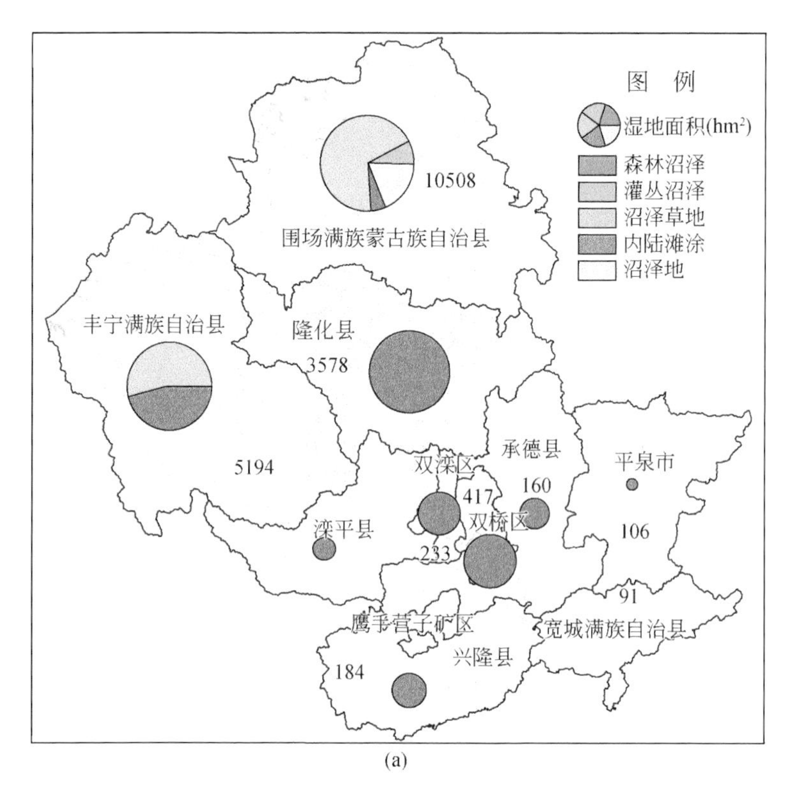

(a)

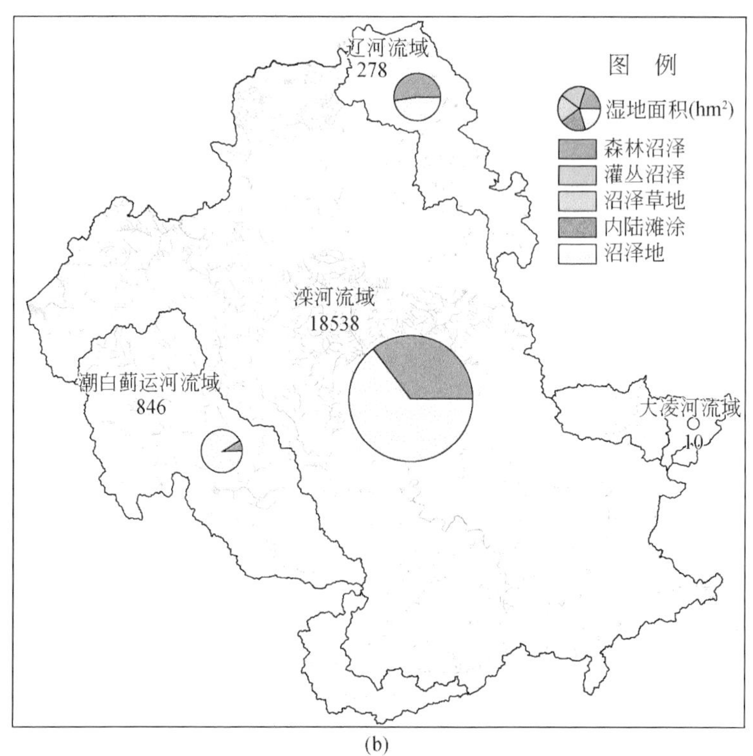

(b)

图 13.8　承德市内各县（市、区）(a) 和各流域（b）湿地分布及面积图

表 13.6　滦河流域（承德市域）自然资源数量、质量概况表

指标名称	指标值	指标名称	指标值
1. 水资源		3. 森林资源	
1.1 地表水资源量/亿 m^3	22.338	3.1 林地面积/hm^2	1893740
1.2 地下水资源量/亿 m^3	11.278	3.2 森林覆盖率/%	66.94
1.3 水资源总量/亿 m^3	23.686	4. 草原资源	
2. 土地资源		4.1 草地面积/hm^2	361552
2.1 耕地面积/hm^2	297558	5. 湿地资源	
2.2 耕地质量（有益元素）		5.1 湿地面积/hm^2	18538
2.2.1 富集程度高/hm^2	2310	6. 矿产资源	
2.2.2 富集程度中等/hm^2	8197	6.1 贵金属矿产/t	1330
2.2.3 富集程度低/hm^2	94194	6.2 有色金属矿产/万 t	7945
2.3 耕地面积占比/%	10.52	6.3 黑色金属矿产/万 t	104000
2.4 建设用地面积/hm^2	88789	6.4 特种非金属矿产/万 t	1780
2.5 建设用地质量（地质灾害）		6.5 冶金辅助原料非金属矿/万 t	6593
2.5.1 不易发区面积/hm^2	18608	6.6 建材非金属矿产/万 m^3	8013
2.5.2 低易发区面积/hm^2	5138	6.7 建材及其他非金属矿产/万 t	64303
2.5.3 中易发区面积/hm^2	49924	6.8 煤炭能源矿产/万 t	7031
2.5.4 高易发区面积/hm^2	15115		
2.6 国土开发强度/%	3.14		

2. 局域尺度三维自然资源综合调查数据库建设方法

针对县级及以下行政区域和三级及以下小流域的自然资源综合调查数据库建设，以“第三次全国国土调查”图斑为基本单元，按照自然资源分层分类立体数据模型，构建涵盖管理层、地表覆盖层、地表基质层、地下资源层的三维自然资源综合调查数据库。对土地、森林、草原、湿地、地表水等地表覆盖层，地下水、地下空间、矿产资源等地下资源层和地表基质层数据，分别进行三维空间上的分解落位，对跨图斑单元的对象范围、边界等空间要素进行分割处理，并分析计算其对应的数量、质量等属性信息，集成行政区（界线）、永久基本农田、生态保护红线、城镇开发边界等管理层数据，实现局域尺度自然资源三维数据库建设，服务自然资源统一管理。

选择承德平泉市瀑河流域上游为示范区，开展三维自然资源综合调查数据库建设方法探索。通过统计分析该区“第三次全国国土调查”数据发现，该区土地利用类型面积大小排序依次为林地>耕地>草地>建设用地>采矿用地>水体>园地>其他土地>湿地（图 13.9），即该区自然资源主要包括森林资源、土地资源、草原资源、矿产资源、水资源和湿地资源。

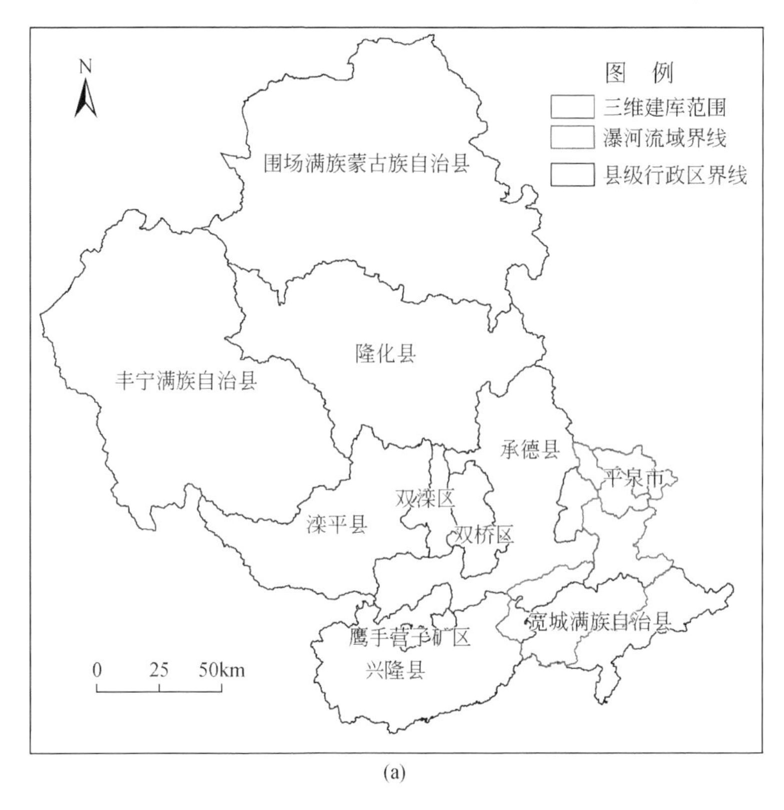

(a)

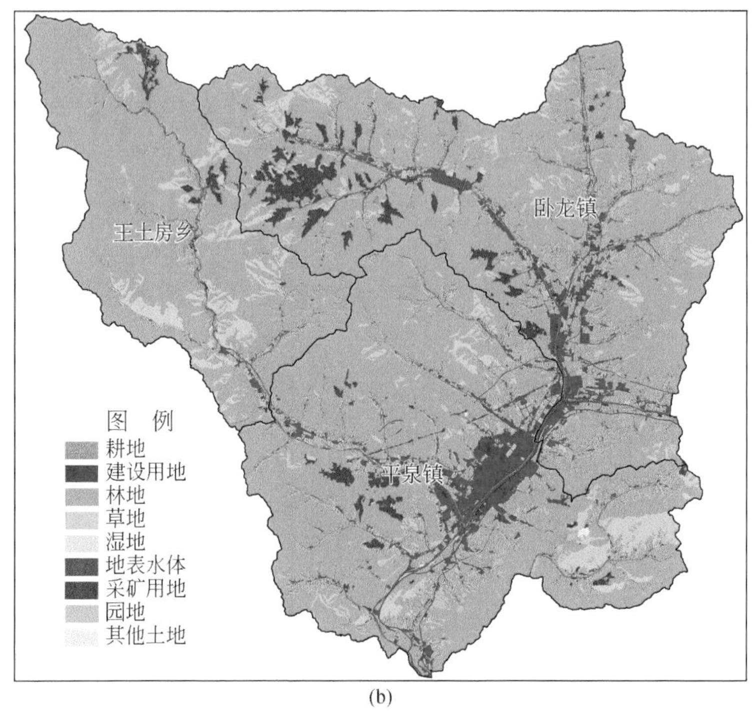

(b)

图 13.9　承德平泉市瀑河流域上游位置示意图（a）和“第三次全国国土调查”土地利用图（b）

以“第三次全国国土调查”图斑为基本单元建立三维自然资源综合调查数据库，首先需要将“第三次全国国土调查”分类体系与自然资源分类系统进行对应，“第三次全国国土调查”分类主要根据土地利用现状进行类型划分，其分类体系包括 13 个一级类和 55 个二级类。因此，在“第三次全国国土调查”分类基础上，对其部分一级和二级类进行合并或重组，形成“第三次全国国土调查”分类与自然资源分类的对应关系（表 13.7）。

表 13.7　自然资源分类与“第三次全国国土调查”分类对应情况表

<table>
<tr><th>序号</th><th colspan="2">自然资源分类</th><th>“第三次全国国土调查”分类</th></tr>
<tr><td rowspan="4">1</td><td rowspan="4">土地资源</td><td>耕地</td><td>耕地（01）</td></tr>
<tr><td>建设用地</td><td>商业服务业用地（05）、工业用地（0601）、住宅用地（07）、公共管理与公共服务用地（08）、特殊用地（09）、交通运输用地（10）、干渠（1107A）、水工建筑用地（1109）、设施农用地（1202）</td></tr>
<tr><td>园地</td><td>种植园用地（02）</td></tr>
<tr><td>其他土地</td><td>其他土地（12）</td></tr>
<tr><td>2</td><td>水资源</td><td>地表水</td><td>河流水面（1101）、湖泊水面（1102）、水库水面（1103）、坑塘水面（1104）、沟渠（1107）、冰川及永久积雪（1110）</td></tr>
<tr><td>3</td><td colspan="2">矿产资源</td><td>采矿用地（0602）、盐田（0603）</td></tr>
<tr><td>4</td><td colspan="2">森林资源</td><td>林地（03）</td></tr>
<tr><td>5</td><td colspan="2">草原资源</td><td>草地（04）</td></tr>
<tr><td>6</td><td colspan="2">湿地资源</td><td>湿地（00）</td></tr>
</table>

按照自然资源分层分类概念模型，构建示范区涵盖管理层、地表覆盖层、地表基质层、地下资源层的三维自然资源综合调查数据库，其中管理层主要为行政区界线、城镇开发边界、永久基本农田、生态保护红线等，地表覆盖层为土地资源、森林资源、草原资源和地表水体，地表基质层即为地表基质，地下资源层为地下水和矿产资源，承德平泉市瀑河流域上游示范区自然资源分层分类数据如表 13.8 所示。

表 13.8　承德平泉市瀑河流域上游示范区自然资源分层分类数据表

<table>
<tr><th>分层</th><th>分类</th><th>主要指标数据</th></tr>
<tr><td>管理层</td><td>分区界线</td><td>城镇开发边界、永久基本农田、生态保护红线等</td></tr>
<tr><td rowspan="5">地表覆盖层</td><td>森林</td><td>林种、蓄积量、净初级生产力（net primary productivity，NPP）等</td></tr>
<tr><td>耕地</td><td>耕地质量（土壤质量地球化学综合等级）</td></tr>
<tr><td>草原</td><td>产草量、地上生物量、综合植被盖度等</td></tr>
<tr><td>建设用地</td><td>建设用地质量（地质灾害易发性）</td></tr>
<tr><td>地表水</td><td>河流流量、水位，水库蓄水量、水深，地表水质状况等</td></tr>
<tr><td>地表基质层</td><td>地表基质</td><td>基质类型（三维结构）、理化性质等</td></tr>
<tr><td rowspan="2">地下资源层</td><td>地下水</td><td>地下水位（监测井、统测）、地下水质状况等</td></tr>
<tr><td>矿产资源</td><td>矿产资源类型、资源储量等</td></tr>
</table>

通过整编该区域土地质量地球化学调查成果数据和地质灾害调查评价成果数据，并与“第三次全国国土调查”中的耕地、建设用地图斑数据进行空间运算，将地球化学综合等级、地质灾害易发性等信息套合到耕地、建设用地图斑，并以此作为耕地质量和建设用地质量属性信息，形成基于“第三次全国国土调查”图斑单元的耕地质量和建设用地质量数据（图 13. 10）。

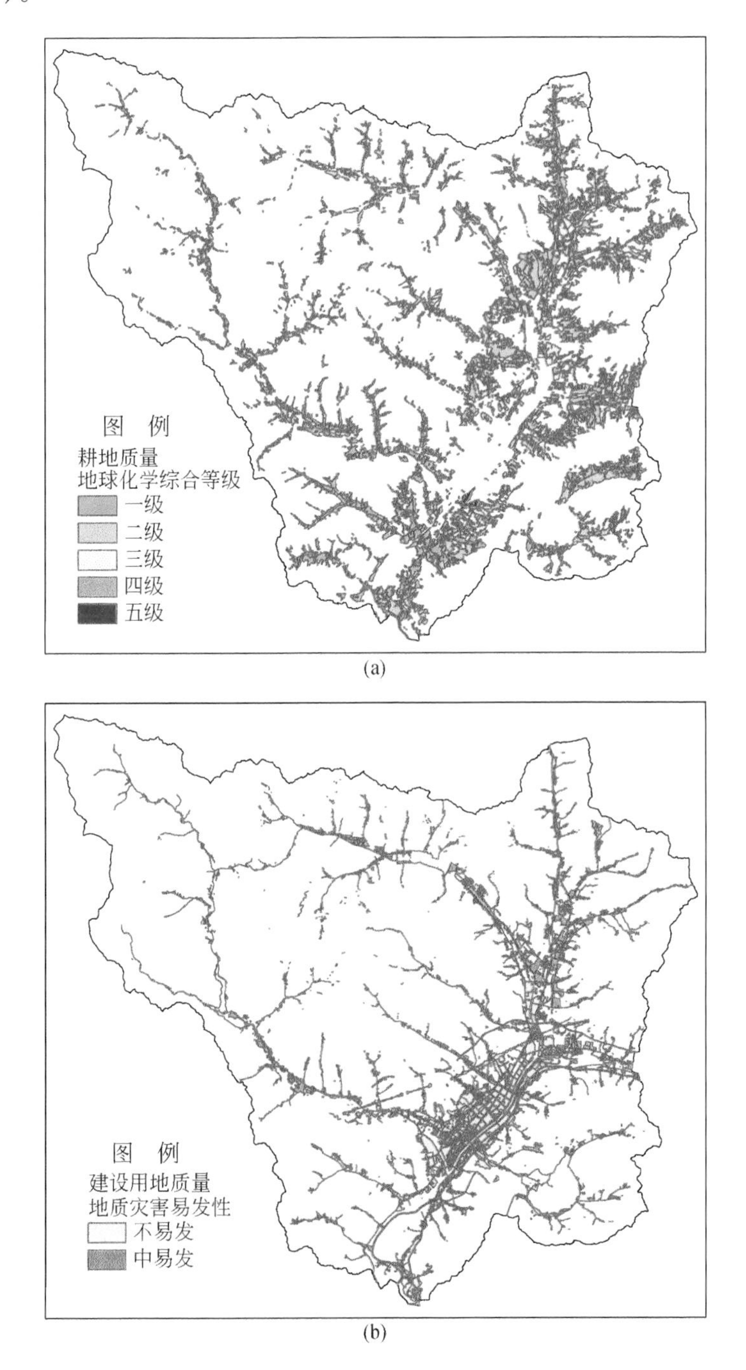

图 13. 10　基于“第三次全国国土调查”图斑单元的耕地质量等级图（a）和建设用地质量等级图（b）

通过野外样方调查与多光谱遥感定量反演相结合，获得植被地上生物量信息，通过与“第三次全国国土调查”中的草地图斑进行空间运算，形成基于“第三次全国国土调查”图斑单元的草地生物量数据（图 13.11）；以及通过野外现场调查测量，获得地表河流的

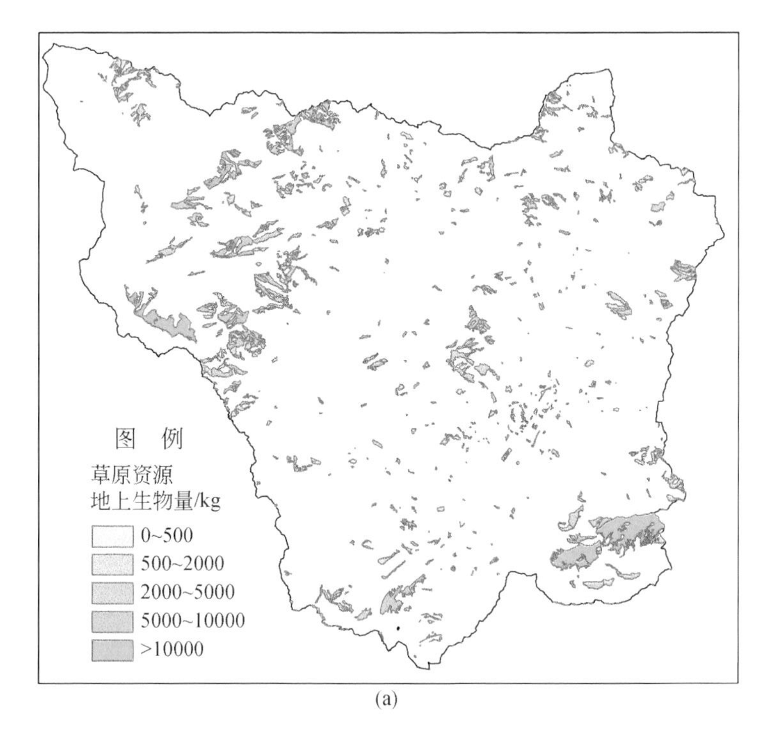

(a)

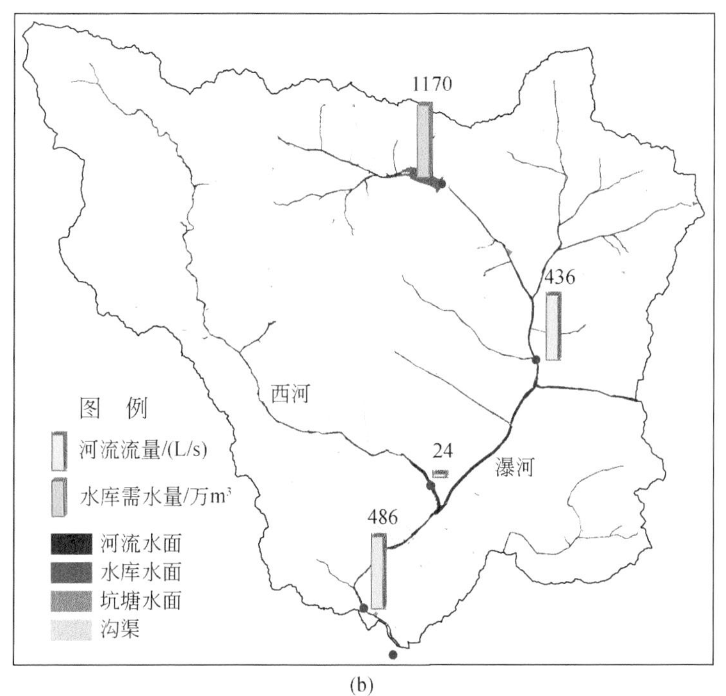

(b)

图 13.11　基于“第三次全国国土调查”图斑单元的草地生物量图（a）和地表水体数量图（b）

流量、流速、水位，水库的蓄水量、面积、水深，地下水的水位、水质等信息，与“第三次全国国土调查”图斑进行空间运算，形成基于“第三次全国国土调查”图斑单元的地表水体数量、地下水位埋深和地下水资源质量数据（图 13. 12）。

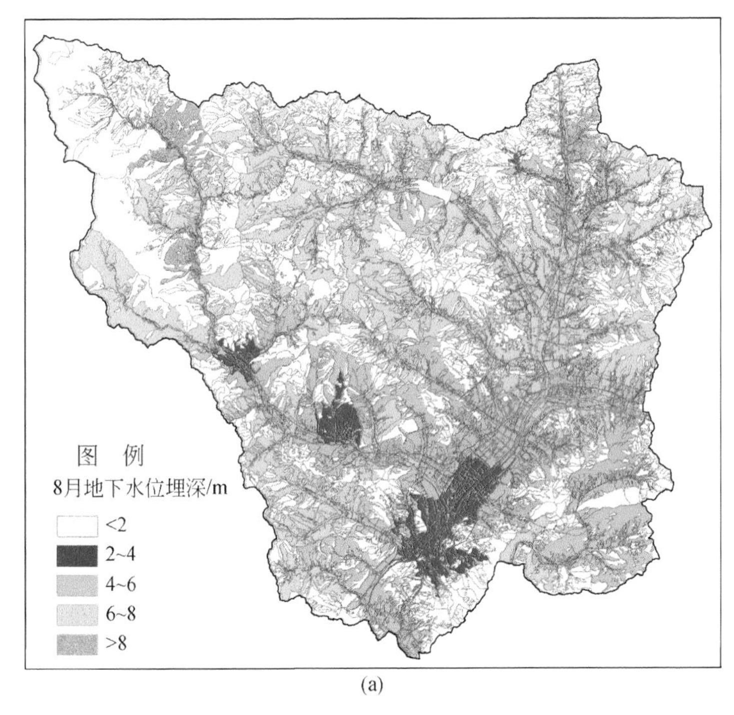

(a)

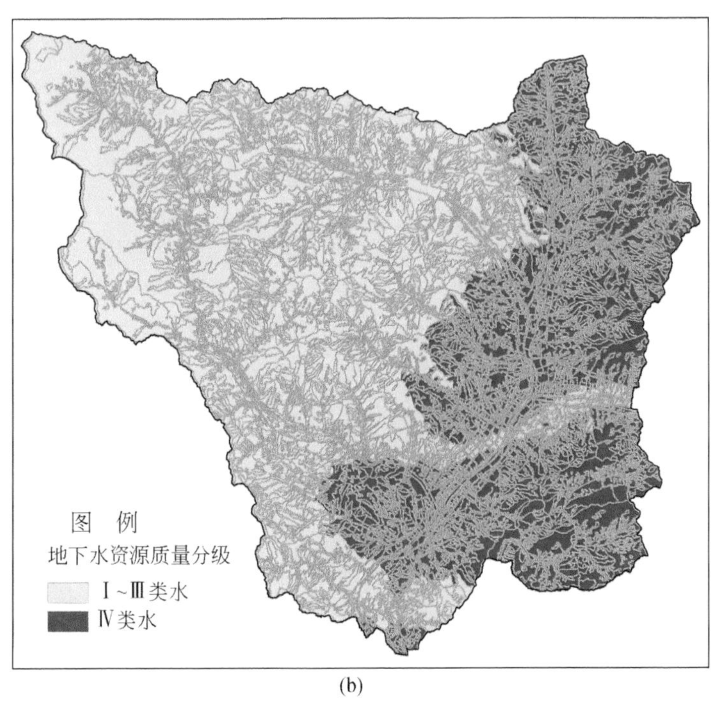

(b)

图 13. 12　基于“第三次全国国土调查”图斑单元的地下水位埋深图（a）和地下水资源质量图（b）

以示范区自然资源综合调查成果数据为核心内容，通过自然资源分层分类立体模型，以数字高程模型（DEM）为基础，以统一空间坐标系统为框架，利用三维可视化技术，将管理层、地表覆盖层、地表基质层、地下资源层中各类图层进行空间叠加组织，并进行可视化展示（图 13.13），形成三维自然资源综合调查数据库，实现对自然资源的精细化统一管理目标。

图 13.13　承德平泉市瀑河流域上游示范区地表覆盖层和管理层展示图

13.3　本章小结

（1）基于学理、法理和管理逻辑，系统梳理了科学内涵与管理外延相结合的地球圈层与自然资源分层分类关系基本框架，初步提出了 10 个自然资源一级类和与自然资源部门管理职责密切相关的 34 个二级类。

（2）研究制定自然资源综合调查数据库建设规范，明确自然资源综合调查数据库的数据内容、数据结构、数据组织存储等内容；以承德市和瀑河流域为示范区，探索不同尺度自然资源综合调查数据库建库技术方法，初步实现自然资源多源时空异构数据可算化治理，创新多门类自然资源数据管理与集成，支撑开展不同尺度的自然资源综合评价与区划，服务自然资源统一管理。

第14章　自然资源综合调查“承德模式”与经验做法

14.1　地质调查支撑服务生态文明建设的“承德模式”

14.1.1　自然资源综合调查的“承德模式”

承德自然资源综合调查的总体思路是紧紧围绕京津冀协同发展战略需求，精准把握自然资源综合调查的对象，基本建立了自然资源综合调查的“承德模式”，主要内容包括：

（1）以水资源为核心，开展承德全域水资源动态变化分析、典型流域水源涵养能力评价和城镇区供水保障调查勘察；

（2）以土地资源为纽带，评价承德市滦河、武烈河等主要河谷区和滦平-承德等主要农林经济带的土地质量、生态特征和土地利用适宜性；

（3）以矿产资源为试点，开展了滦平红旗小营一带的典型矿集区超贫钒钛磁铁矿的“资源潜力、环境影响、技术经济”三位一体综合评价，研究支撑承德现代矿业差异化管控路径；

（4）以地质遗迹资源为杠杆，提出了承德市地质遗迹保护名录，结合其他优势自然资源类型，打造完成兴隆县诗上庄村地质文化村；

（5）以地热资源和侧向山体资源为拓展，在勘察基础上完成中心城区城市侧向山体空间和北部新区浅层地热资源调查评价；

（6）以科学研究为创新引领，初步建立了承德坝上高原自然资源野外科学观测研究站，通过数据积累逐步查明坝上高原生态环境的演化过程、趋势、原因及机理。

在该模式指引下，主要从地质的视角出发，目标是查清山水林田湖草沙的相互关系，解决区域发展的系统性问题，同时将技术方法、工作模式、智慧服务等作为核心竞争力，在支撑国土空间规划、生态保护与修复、现代农林业高质量发展、生态文旅、特色自然资源开发利用等方面形成分级分类成果产品。

14.1.2　承德自然资源综合调查基本流程

（1）自然资源编图。系统地总结分析了前人已有的水文地质与水资源、土地质量、林草湿、矿产资源、地质遗迹等成果资料，开展承德自然资源编图。

（2）需求对接与补充调查。针对编图和需求对接发现的水、土、生态等重点问题开展水文地质、土地质量地球化学、地质遗迹、矿山地质环境等补充调查和多要素自然资源调查，支撑生态文明建设和高质量发展。

(3) 开展自然资源综合评价。开展地质文化村建设、双评价、自然资源与人文古迹等综合评价，提出地球系统科学解决方案，支撑国土空间规划、用途管制、生态保护与系统修复等自然资源管理中心工作。

(4) 探索示范经验和技术规范。开展自然资源资产价值评估、流域水平衡、区域碳平衡等专题研究，探索地质工作转型发展的路径，形成示范经验和技术规范。

14.2　自然资源综合调查经验做法

(1) 紧紧围绕承德“三区两城”功能定位，打造京津冀协同发展区与“透明雄安”相呼应的“生态承德”。从整个京津冀一体化考虑，紧密围绕承德市作为京津冀水源涵养功能区、国家绿色发展先行区、国家可持续发展议程创新示范区、环首都扶贫攻坚示范区和国际旅游城市的功能定位，坚持高点定位，提出了与“透明雄安”相呼应的“生态承德”建设目标。

(2) 精准对接需求、科学部署实施。紧密围绕武烈河百公里生态与文化产业走廊规划建设、国土空间规划、城镇供水、特色农业和中草药基地发展、地质文化村建设等方面的需求，统筹部署开展了针对性的调查研究工作，形成了系列成果报告和图集。

(3) 解放思想，大胆探索。武烈河百公里生态与文化产业走廊地质调查报告和图集，“双评价”报告和图集等都是探索性很强的工作，不仅需要发挥地质工作自身优势，而且要综合考虑社会历史文化等要素，需要创新思维、拓展知识结构。

(4) 充分依靠科技创新和信息化建设，努力提高地质调查成果和服务产品的质量和效益。野外调查运用“地质云”在线平台，大幅度提高了地质调查的技术水平和可靠程度，创新了工作理念，分析了地质建造对农业和生态格局的控制关系。

(5) 强有力的组织保障和高效的协同配合。中国地质调查局和承德市人民政府通力合作，密切协同，共同保障了地质调查工作的针对性、有效性。项目承担单位和承德市自然资源和规划局等有关部门建立了高效的协调联动机制，构建了作风优良、能打硬仗的强有力专业技术团队。

第15章　主要认识、结论与建议

15.1　主要认识与结论

15.1.1　解决资源环境和基础地质问题

（1）首次查清了塞罕坝地区的林水关系，完成了塞罕坝地区宜林宜草科学绿化地质条件评价，提出塞罕坝地区的乡土树种主要是栎、桦、榆等乔木，玄武岩和花岗岩风化壳区可作为未来植树造林的优选区域，保持生物多样性的乔木层适宜覆盖度为35%～55%，为河北省再造3个“塞罕坝”提供了基础地质资料。

（2）查明承德坝上高原指示草地退化的狼毒主要分布在风积相和冲积（湖沼）相生态地质单元，河湖相、薄层风积砂土壤和基岩残积单元内狼毒呈面状和带状密集分布，厚层状风积砂和冲积（湖沼）相单元内呈单点和斑状分布，为坝上高原狼毒防治提供了地质支撑。

（3）查清了滦河和潮河等主要流域总氮以 NO_3^- 为主，地下水 NO_3^- 平均浓度高于地表水，地表水 NO_3^- 含量超标主要源于生活用水、畜牧和渔业养殖排放及农业施用氮肥等，地下水 NO_3^- 主要来源于氨氮肥料使用，为京津冀水源涵养功能区流域生态补偿考核提供了技术支撑。

（4）基本查清了坝上高原月亮湖区及周边含水岩组地层结构，认为随着全球升温和大规模植树造林、草地变为林地，造成湖泊有效入渗补给量减少和蒸散量增大，湖区周边地下水开采与旅游开发用水增多造成湖泊持续萎缩，结论为月亮湖区生态修复提供了科学依据。

（5）编制完成承德市资源环境承载能力和国土空间开发适宜性评价“双评价”报告和图集，支撑服务武烈河百公里生态与文化产业走廊地质调查报告和图集，以及支撑服务承德市滦河新城区城市设计地质调查报告和图集，系统总结了承德市资源环境禀赋和重大资源环境问题。

15.1.2　成果转化应用和有效服务

（1）基于承德市自然资源综合地质调查数据和“双评价”成果，编制完成首个市级尺度的“承德市自然资源保护和利用“十四五”规划”，为承德市自然资源未来5年及远景规划提供系统性指导，对全国研究编制同类规划具有重要探索价值和示范意义。

（2）深度挖掘蓟县系叠层石和褶皱地貌遗迹资源，创建了地质+生态康养型的兴隆县诗上庄地质文化村，填补了承德在地质文化村建设领域的空白。

（3）牵头编制“承德市全域和中心城区山体保护报告”和“承德市中心城区山体地下空间开发利用建议报告”，有力支撑了承德市人大立法和中心城区城市控制性详细规划。

（4）构建了央地高效顺畅协调联动工作机制和成果对接服务机制。形成了“转型升级支撑服务国家战略发展、科技攻关破解制约地方发展难题”的自然资源综合调查“承德模式”。

15.1.3　科学理论创新和技术方法进步

（1）创新提出了学理、法理和管理相结合的自然资源与地表基质分类理论，总结形成编调结合，1∶25 万、1∶1 万、1∶5 万、1∶1 万和流域与行政单元等多种地表基质分布图的编图方法。

（2）形成了基于水土资源双约束下土地资源承载规模、矿产资源开发适宜性和文化保护重要性评价的技术方法。

（3）编制完成自然资源综合调查数据库建设规范（送审稿），初步探索形成市级尺度自然资源资产价值评估的技术方法。

15.1.4　人才成长和团队建设

（1）培养自然资源部科技领军人才 1 名，中国地质调查局杰出地质人才 1 人，中国地质调查局工程首席专家 1 人，中国地质学会生态地质专业委员会秘书长 1 人，中国地质学会“银锤奖”1 人。

（2）发表 SCI 论文 2 篇，中文核心期刊论文 17 篇，获批实用新型专利 7 项，出版《自然资源综合调查专辑》1 册。

（3）发表《山水筑生态，秉笔述承德》《续写塞罕坝绿色传奇——坝上高原自然生态演变及风险应对》等科普文章 10 篇，在“4 · 22”地球日、“6 · 25”土地日等开展科普活动五次。

15.2　建　　议

（1）以支撑服务国土空间规划、用途管制、生态保护与修复为抓手，以地质文化村（镇）建设、特色自然资源综合开发、地学科普与研学体验旅游、矿山修复治理与土地开发利用等为重点，探索自然资源综合调查成果转化应用的有效途径和方法。

（2）加强区域碳平衡和自然资源资产价值评估等自然资源管理前沿领域的探索与试点，深化林水、林岩、水沙等不同类型自然资源相互作用、互馈影响等研究，形成承德自然资源综合调查和地表基质编图等可推广、可复制的成果，为自然资源资产价值评估、“双碳”目标实现等提供支撑服务。

（3）开展坝上高原生态地质与地表基质调查和水平衡与水源涵养能力评价，精准支撑国土科学绿化。围绕河北省再造 3 个“塞罕坝”和承德市国土绿化的需求，要从水平衡和水源涵养能力、生态地质和地表基质适宜性的角度做好支持服务。

（4）进一步健全完善林、水、土等自然资源要素综合观测设施，建立塞罕坝地区自然资源野外长期科学观测研究站。加强塞罕坝及周边地区地表基质调查，开展降水量、地表水、地下水、土壤水和森林耗水关系研究，深化生态系统的水平衡分析，提出宜林则林、宜草则草、宜荒则荒的对策建议，为筑牢京津生态屏障提供科学依据。

参考文献

安培浚，张志强，王立伟. 2016. 地球关键带的研究进展. 地球科学进展，31(12)：1228-1234.

白超琨，侯红星，付宪军，等. 2021. 综合物探方法在河北保定地区地表基质层试点调查中的应用. 自然科学，9(4)：414-425.

蔡春芳，李宏涛. 2005. 沉积盆地地热化学硫酸盐还原作用评述. 地球科学进展，20(10)：1100-1105.

蔡运龙. 2018. 自然资源学原理. 北京：科学出版社.

曹伯勋. 1995. 地貌学及第四纪地质学. 武汉：中国地质大学出版社.

陈长成，邓木林，朱江. 2019. 面向国土空间规划的自然资源分类. 国土与自然资源研究，(5)：9-14.

储雪蕾. 2000. 北京地区地表水的硫同位素组成与环境地区化学. 第四纪研究，20(1)：87-97.

邓时琴. 1986. 关于修改和补充我国土壤质地分类系统的建议. 土壤，18(6)：304-311.

邓颂平，武建飞，李治君，等. 2019. 非油气矿产资源国情调查成果数据库建设思路探讨. 国土资源信息化，5：3-9.

邓颂平，周俊杰，范延平，等. 2022. 自然资源三维立体"一张图"建设思路探讨. 自然资源信息化，2：1-7.

杜文鹏，闫慧敏，杨艳昭. 2018. 自然资源资产负债表研究进展综述. 资源科学，40(5)：875-887.

葛良胜，杨贵才. 2020. 自然资源调查监测工作新领域：地表基质调查. 中国国土资源经济，(9)：4-11.

郭丽珠，王堃. 2018. 瑞香狼毒生物学生态学研究进展. 草地学报，26(3)：525-532.

郝爱兵，殷志强，彭令，等. 2020. 学理与法理和管理相结合的自然资源分类刍议. 水文地质工程地质，47(6)：1-7.

洪业汤，张鸿斌，朱泳煊，等. 1994. 中国大气降水的硫同位素组成特征. 自然科学进展，4(6)：741-745.

侯红星，张蜀冀，鲁敏，等. 2021. 自然资源地表基质层调查技术方法新经验：以保定地区地表基质层调查为例. 西北地质，54(3)：277-287.

侯宽昭. 1982. 中国种子植物科属词典(修订版). 北京：科学出版社.

胡健伟，余达征，陈雅莉. 2017. 国家水文数据库建设探讨. 水利信息化，2：1-4.

黄贤金. 2019. 自然资源统一管理：新时代、新特征、新趋向. 资源科学，41(1)：1-8.

姜雅，李福. 2014. 日本自然资源管理体制基本架构及改革趋势研究. 国土资源情报，(11)：6-15.

蒋颖魁，刘丛强，陶发详. 2007. 贵州乌江水系河水硫同位素组成特征研究. 水科学进展，18(4)：558-565.

孔雷，唐芳林，刘绍娟，等. 2019. 自然资源类型和类别划分体系研究. 林业建设，(2)：20-27.

李俊琦，马腾，邓娅敏，等. 2019. 江汉平原地球关键带监测网建设进展. 中国地质调查，6(5)：115-123.

李响，周效华，相振群，等. 2022. 地表基质调查的工作思路刍议：以海南岛为例. 地质通报，9(4)：1-10.

刘建军，刘剑炜，高崟，等. 2022. 自然资源三维立体时空主数据库建设技术框架. 地理信息世界，29(3)：37-42.

刘金涛，韩小乐，刘建立，等. 2019. 山坡表层关键带结构与水文连通性研究进展. 水科学进展，30(1)：112-122.

刘永慧，田冶，刘敖然，等. 2014. 河北围场御道口地区中全新世以来古植被与古气候演变. 南水北调与水利科技，12(1)：69-72.

马腾, 沈帅, 邓娅敏, 等. 2020. 流域地球关键带调查理论方法:以长江中游江汉平原为例. 地球科学, 45(12): 4498-4511.

潘瑞, 刘树庆, 宁国辉, 等. 2010. 土壤质地定名法及吸湿水与土壤粒级含量关系的研究. 北方园艺, (16): 25-29.

秦小光, 宁波, 殷志强, 等. 2011. 末次间冰期以来渭南黄土地区土壤有机碳碳库的演变. 地球科学-中国地质大学学报, 36(2): 386-392.

芮孝芳. 2018. 水文学原理. 北京: 高等教育出版社.

史志诚. 1997. 中国草地重要有毒植物. 北京:中国农业出版社.

苏轶娜, 王海平. 2016. 俄罗斯自然资源管理体制及其启示. 中国国土资源经济, 29(5): 54-58.

孙厚云, 卫晓锋, 孙晓明, 等. 2020. 御道口汉诺坝玄武岩偏硅酸矿泉水形成机制及其地质建造制约. 地球科学, 45(11): 4236-4253.

汪建国, 陈代钊, 严德天. 2009. 重大地质转折期的碳、硫循环与环境演变. 地学前缘, 16(6): 33-47.

王欢, 马青成, 耿朋帅, 等. 2015. 天然草地瑞香狼毒研究进展. 动物医学进展, 36(12): 154-160.

王京彬, 卫晓锋, 张会琼, 等. 2020. 基于地质建造的生态地质调查方法:以河北省承德市国家生态文明示范区综合地质调查为例. 中国地质, 47(6): 1611-1624.

王伟. 2018. 自然资源类型统一分类指标研究. 中国矿业, 27(6): 66-69.

卫晓锋, 樊刘洋, 孙紫坚, 等. 2020a. 河北承德柴白河流域地质建造对植物群落组成的影响. 中国地质, 47(6): 1869-1880.

卫晓锋, 王京彬, 孙厚云, 等. 2020b. 基于地质建造探索承德市土地利用优化路径. 水文地质工程地质, 47(6): 15-25.

吴克宁, 赵瑞. 2019. 土壤质地分类及其在我国应用探讨. 土壤学报, 56(1): 227-237.

肖春蕾, 聂洪峰, 刘建宇, 等. 2021. 生态-地质作用模式:诠释表生地质过程与生态特征的耦合. 中国地质调查, 8(6): 9-24.

肖琼, 杨雷, 蒲俊兵, 等. 2016. 重庆温塘峡背斜地表水-地下水-浅层地热水中硫同位素的环境指示意义研究. 地质学报, 90(8): 1945-1954.

姚敏, 李磊, 武建飞. 2019. 永久基本农田储备区数据库建设及应用. 国土资源信息化,(4) : 20-23.

殷志强, 秦小光, 张蜀冀, 等. 2020a. 地表基质分类及调查初步研究. 水文地质工程地质, 47(6): 8-14.

殷志强, 卫晓锋, 刘文波, 等. 2020b. 承德自然资源综合地质调查工程进展与主要成果. 中国地质调查, 7(3): 1-12.

查宗祥,吴明辉,任效颖. 2001. 全国 1 : 50 万土地利用数据库. 国土资源信息化, (2): 17-20, 33.

张保刚, 梁慧春. 2009. 草地土壤机械组成研究综述. 辽宁农业科学, (6): 38-41.

张德忠, 刘志刚, 卢红柳, 等. 2013. 河北地热, 北京: 地质出版社.

张凤荣. 2019. 建立统一的自然资源系统分类体系. 中国土地, 4: 9-10.

张甘霖, 宋效东, 吴克宁. 2021. 地球关键带分类方法与中国案例研究. 中国科学: 地球科学, 51(10): 1681-1692.

张文驹. 2019. 自然资源一级分类. 中国国土资源经济, 32(1): 4-14.

左其亭, 吴青松, 金君良, 等. 2022. 区域水平衡基本原理及理论体系. 水科学进展, 33(2): 165-173.

Banwart S A, Chorver J, Gaillardet G, et al. 2013. Sustaining Earth's Critical Zone Basic Science and Interdisciplinary Solutions for Global Challenges. United Kingdom: The University of Sheffield.

Bristol R S, Euliss N H, Booth N L, et al. 2012. Science Strategy for Core Science Systems in the U. S. Geological Survey, 2013–2023. Washington DC: US Geological Survey: 1-29.

Chorover J, Troch P A, Rasmussen C, et al. 2011. How water, carbon, and energy drive critical zone evolution:

the Jemez-Santa Catalina critical zone observatory. Vadose Zone Journal, 10(3): 884-899.

Clark I, Fritz P. 1997. Environmental Isotopes in Hydrology. New York: Lewis Publishers.

Daniel D, Richter J R, Megan L M. 2009. Monitoring Earth's critical zone science. Science, 326(20): 1067-1068.

Deines P, Langmuir D, Harmon R S, et al. 1974. Stable carbon isotope ratios and the existence of a gas phase in the evolution of carbonate ground waters. Geochimica et Cosmochimica Acta, 38(7): 1147-1164.

Gaillardet J, Dupré B, Louvat P, et al. 1999. Global silicate weathering and CO_2 consumption rates deduced from the chemistry of large rivers. Chemical Geology, 159(1-4): 3-30.

Guo H R, Cui H Y, Jin H, et al. 2015. Potential allelochemicals in root zone soils of *Stellera chamaejasme* L. and variations at different geographical growing sites. Plant Growth Regul, 77: 335-342.

Jin H, Yang X Y, Liu R T, et al. 2018. Bacterial community structure associated with the rhizosphere soils and roots of *Stellera chamaejasme* L. along a Tibetan elevation gradient. Annals of Microbiology, 68: 273-286.

Jin H X, He F L, Li C L, et al. 2015. Vegetation characteristics, abundance of soil microbes and soil physic-chemical properties in desertified alpine meadows of Maqu. Acta Prataculturae Sinica, 24(11): 20-28.

Li J, Pang Z H, Kong Y L, et al. 2018. Groundwater isotopes biased toward heavy rainfall events and implications on the local meteoric water line. Journal of Geophysical Research: Atmospheres, 123(11): 6259-6266.

Li J Z, Liu Y M, Mo C H, et al. 2016. IKONOS Image-based extraction of the distribution area of *Stellera chamaejasme* L. in Qilian County of Qinghai Province, China. Remote Sensing, 148(8): 1-15.

Liu J R, Song X F, Yuan G F, et al. 2009. Characteristics of 180 in precipitation over Eastern Monsoon China and the water vapor sources. Chinese Science Bulletin, 55(2): 200-211.

Moore J N, Norman D J, Kennedy B M. 2001. Fluid inclusion gas compositions from an active magmatic-hydrothermal system: a case study of the Geysers geothermal field. Chemical Geology, 173(1-3): 3-30.

Pang Z H, Reed M R. 1998. Theoretical chemical thermometry on geothermal waters: problems and methods. Geochimica et Cosmochimica Acta, 62(6): 1083-1091.

Sano Y J, Marty B. 1995. Origin of carbon in fumarolic gas from island arcs. Chemical Geology, 119(1-4): 265-274.

Spence J, Telmerk K. 2005. The role of sulfur in chemical weathering and atmospheric CO_2 fluxes: evidence from major ions, $\delta^{13}C_{DIC}$, and $\delta^{34}S$-SO_4 in rivers of the Canadian Cordillera. Geochimica et Cosmochimica Acta, 69(23): 5441-5458.

Sun G, Luo P, Wu P, et al. 2009. *Stellera chamaejasme* L. increases soil navailability, turnover rates and microbial biomass in an alpine meadow ecosystem on the eastern Tibetan Plateau of China. Soil Biology & Biochemistry, 41: 86-91.

Zhang G L, Song X D, Wu K N. 2021. A classification scheme for Earth's critical zones and its application in China. Science China Earth Sciences, 64(10): 1709-1720.